面向新工科普通高等教育系列教材

# 数值计算



第4版

马东升　董　宁　编著

机械工业出版社

本书介绍计算机上常用的数值计算方法，阐明数值计算方法的基本理论和实现，讨论一些数值计算方法的收敛性和稳定性，以及数值计算方法在计算机上实现时的一些问题。内容包括数值计算引论、非线性方程的数值解法、线性方程组的数值解法、插值法、曲线拟合的最小二乘法、数值积分和数值微分、常微分方程初值问题的数值解法。各章内容有一定的独立性，可根据需要进行学习。本书对各种数值计算方法都配有典型的例题，每章后有较丰富的习题，全书最后附有部分习题参考答案。

本书可作为高等院校工科各专业本科生学习数值分析或计算方法的教材或参考书，也可供从事科学与工程计算的科技人员参考。

本书有配套授课电子课件，需要的教师可登录 www. cmpedu. com 免费注册，审核通过后下载或联系编辑索取（微信：13146070618，电话：010－88379739）。

**图书在版编目（CIP）数据**

数值计算方法/马东升，董宁编著. —4 版. —北京：机械工业出版社，2024. 1（2025. 2 重印）

面向新工科普通高等教育系列教材

ISBN 978-7-111-74243-2

Ⅰ. ①数… Ⅱ. ①马… ②董… Ⅲ. ①数值计算—计算方法—高等学校—教材 Ⅳ. ①O241

中国国家版本馆 CIP 数据核字（2023）第 217040 号

机械工业出版社（北京市百万庄大街 22 号 邮政编码 100037）
策划编辑：王 斌 责任编辑：王 斌
责任校对：闫玥红 责任印制：刘 媛
涿州市般润文化传播有限公司印刷
2025 年 2 月第 4 版第 4 次印刷
184mm×260mm · 17. 75 印张 · 451 千字
标准书号：ISBN 978-7-111-74243-2
定价：69. 00 元

电话服务 网络服务
客服电话：010-88361066 机 工 官 网：www. cmpbook. com
010-88379833 机 工 官 博：weibo. com/cmp1952
010-68326294 金 书 网：www. golden-book. com
封底无防伪标均为盗版 机工教育服务网：www. cmpedu. com

# 前　　言

随着计算机技术与计算数学的发展，在计算机上用数值计算方法进行科学与工程计算已成为与理论分析、科学实验同样重要的科学研究方法。利用计算机计算各种数学模型的数值计算方法已成为科学和工程技术人员的必备知识。

本书介绍了与现代科学计算有关的数值计算方法，阐明了数值算法的基本理论和方法，讨论了有关数值算法的收敛性和稳定性，以及这些数值算法在计算机上实现时的一些问题。本书共七章：数值计算引论、非线性方程的数值解法、线性方程组的数值解法、插值法、曲线拟合的最小二乘法、数值积分和数值微分、常微分方程初值问题的数值解法。各章内容具有一定的独立性，可根据需要进行取舍。同时对各种算法都配有适当的例题和习题，并附有部分习题参考答案。本书叙述力求清晰准确，条理分明，概念和方法的引进深入浅出，通俗易懂。阅读本书需具备高等数学和线性代数的基本知识。

本书是在多年教学实践及科学研究成果的基础上，参考当前数值分析和计算方法教材编写而成的。自 2015 年本书第 3 版出版以来，先后重印了 19 次，感谢这些年来使用本书的老师和读者，正是他们的支持和关注，才有了本书的第 4 版。

书末列出了部分参考书目，作者谨向参考过的列出和未列出书目的编著者致以衷心的谢意。

限于作者水平，书中缺点和错误之处在所难免，敬请批评指正。

编　者

# 目　录

# 第1章　数值计算引论

本章介绍数值计算方法的研究对象及其主要特点和数值计算中的误差分析。误差分析包括误差的来源、近似数的误差表示、运算误差分析、数值稳定性和减小运算误差。

## 1.1　数值计算方法

随着计算机的发展与普及，继理论分析和科学实验之后，在计算机上用数值方法进行科学计算已成为科学研究的另一种重要手段。求解各种数学问题的数值计算方法不仅在自然科学领域得到广泛的应用，而且还渗透到包括生命科学、经济科学和社会科学的许多领域。数值计算方法是应用数学的一个分支，又称数值分析或计算方法，它是研究用数字计算机求解各种数学问题的数值方法及其理论的一门学科，是程序设计和对数值结果进行分析的依据与基础。本书介绍的是在微积分、线性代数和常微分方程等基础数学中最常用的、行之有效的数值方法，内容包括非线性方程的数值解法、数值代数、代数插值、曲线拟合的最小二乘法、数值积分和微分、常微分方程初值问题的数值解法等。

应用计算机解决科学计算问题需要经过以下几个主要过程：提出实际问题、建立数学模型、选用或构造数值计算方法、程序设计和上机计算得出数值结果。因此，选用或构造数值计算方法是应用计算机进行科学计算全过程的一个重要环节。

数值计算方法是以数学问题为研究对象，但它不是研究数学本身的理论，而是着重研究数学问题求解的数值方法及其相关理论，包括误差分析、收敛性和稳定性等内容。它应具有以下特点：

1）把每个求解的数学问题用计算机所能直接处理的四则运算的有限形式的公式表达出来即构成数值方法。

2）每个数值方法要保证收敛性，数值方法的解（即数值解）能逼近精确解到要求的程度，还要保证数值稳定性。

3）数值方法有良好的计算复杂度，即运算次数要少，同时所需存储量要小。

将数学模型问题变成数值问题，进而研究求解数值问题的数值方法，并设计行之有效的数值算法，这些内容属于计算方法的范围。

数学问题可以通过离散化、逼近(包括插值、数值微积分等)转化成数值问题。数值问题是指输入数据(即问题中的自变量和原始数据)与输出数据之间函数关系的一个确定无歧义的描述。

在计算机上可执行的求解数值问题的系列计算公式称为数值方法。“计算机上可执行的系列计算公式”是指这一系列计算公式中的运算只有四则运算和逻辑运算等在计算机上能够执行的运算。

用计算机上可执行的系列计算公式求解数值问题，具有完整而准确步骤的方法称为数值算法。因此，数值方法是数值算法的核心。

对一个数学问题能有许多不同的数值算法，而用计算机求解各种数学问题的数值算法即是数值计算方法研究的内容。

在数值计算方法中，对许多问题常采用的处理方法有构造性方法、离散化方法、递推化方法、迭代方法、近似替代方法、化整为零方法和外推法等。本书将详细讨论这些方法。

由于数值计算方法研究的对象以及解决问题方法的广泛适用性，现在流行的数学工具软件，如 Maple、MATLAB、Mathematica 等，已将其绝大多数内容设计成简单函数，经简单调用，便可得到运行结果。但由于实际问题具体特性的复杂性以及算法自身的适用范围决定了应用中必须选择、设计适合自己所要解决的特定问题的算法，因而掌握数值计算方法的思想和内容是必不可少的。

手算是熟悉数值计算公式、掌握数值计算方法和计算过程的重要一环。尽管手算的例题都很简单，但是其计算过程和步骤与计算机按程序计算的过程和步骤一致，因此，应该充分重视这一环节。数值计算方法的目的是用计算机解决科学研究和工程实际中的数值计算问题，因此，在计算机上熟练地实现这些数值方法是必备的基本技能。同时，通过上机实际计算，可以对各种数值方法进一步深入地理解。因此，对手算和上机计算都应给予充分重视。

## 1.2 误差的来源

在数值计算中，要大量地用数进行运算。这些数可以分成两类，一类是精确地反映实际情况的数，这类数称为精确数、准确数或真值，如教室里有 42 名学生，42 就是准确数。另一类数则不是这样，它们只能近似地反映实际情况，这类数称为近似数或某准确数的近似值。例如，通过测量得到桌子的长度为 956 mm，一般来说，这个测量值 956 是不能精确反映桌子实际长度的近似值。一个数的准确值与其近似值之差称为误差。近似数是有误差的数。误差在数值计算中是不可避免的，也就是说，在数值算法中，绝大多数情况下是不存在绝对的严格和精确的，在考虑数值算法时应该能够分析误差产生的原因，并能将误差限制在许可的范围之内。

误差的来源，即产生误差的原因是多方面的，可以根据误差产生的原因对误差进行分类，下面介绍工程上最常遇到的四类误差。

定量分析客观事物时，要抓住其主要的、本质的方面，忽略其次要因素，建立已知量和未知量之间的数学关系式，即数学模型。因此，这样得到的数学模型只是客观现象的一种近似描述，而这种数学描述上的近似必然会产生误差。建立的数学模型和实际事物的差距称为模型误差或描述误差。

例如物体在重力作用下自由下落，其下落距离 $s$ 与时间 $t$ 满足自由落体方程

$$s=\frac{1}{2}gt^2$$

其中，$g$ 为重力加速度。该方程就是自由落体的数学模型，它忽略了空气阻力这个因素，因而由此求出的在某一时刻 $t$ 的下落距离 $s$，必然是近似的、有误差的。

在建立的各种计算公式中，通常会包括一些参数，而这些参数又往往是通过观测或实验得到的，它们与真值之间有一定的差异，这就给计算带来了一定的误差。这种误差称为观测误差或测量误差。

自由落体方程中的重力加速度 $g$ 和时间 $t$ 就是观测得来的。观测值的精度依赖于测量仪器的精密程度和操作仪器的人的素质等。

在数值计算方法中不研究模型误差和观测误差，总是认为数学模型正确、合理地反映了客观实际，只是对求解数学模型时产生的误差进行分析研究，求解数学模型时常遇到的误差是截断误差和舍入误差。

许多数学运算是通过极限过程来定义的，而计算机只能完成有限次的算术运算与逻辑运算。因此，实际应用时，需将解题方案加工成算术运算与逻辑运算的有限序列，即表现为无穷过程的截断，这种无穷过程用有限过程近似引起的误差，即模型的准确解与用数值算法求得的准确解之差称为截断误差或方法误差。例如，数学模型是无穷级数

$$\sum_{k=0}^{+\infty} \frac{1}{k!} f^{(k)}(x_0)$$

在实际计算时，只能取前面的有限项(如 $n$ 项)

$$\sum_{k=0}^{n-1} \frac{1}{k!} f^{(k)}(x_0)$$

来代替，这样就舍弃了无穷级数的后半段，因而出现了误差，这种误差就是一种截断误差。这个数学模型的截断误差是

$$\sum_{k=0}^{+\infty} \frac{1}{k!} f^{(k)}(x_0) - \sum_{k=0}^{n-1} \frac{1}{k!} f^{(k)}(x_0) = \sum_{k=n}^{+\infty} \frac{1}{k!} f^{(k)}(x_0)$$

当计算机执行算法时，由于受计算机字长的限制，参加运算的数据总是只能具有有限位的数据，原始数据在机器中的表示可能会产生误差，每一次运算又可能产生新的误差，这种误差称为舍入误差或计算误差。

例如，圆周率 $\pi = 3.141\,592\,6\cdots$，$\sqrt{2} = 1.414\,213\,56\cdots$，$\frac{1}{3} = 0.333\,3\cdots$，在计算机上表示这些数时只能用有限位小数，如对小数点后四位进行四舍五入，则 $3.141\,6 - \pi = 0.000\,007\,3\cdots$，$1.414\,2 - \sqrt{2} = -0.000\,013\cdots$，$0.333\,3 - \frac{1}{3} = -0.000\,033\cdots$就是舍入误差。又比如计算机进行 4 位数乘 4 位数乘法运算，若乘积也只许保留 4 位，通常把第 5 位数字进行四舍五入，这时产生的误差就是舍入误差。

## 1.3 近似数的误差表示

近似数的误差常用绝对误差、相对误差和有效数字表示。下面介绍这三种表示方法及其相互之间的关系。

### 1.3.1 绝对误差

**定义 1-1** 设 $x^*$ 是准确值 $x$ 的一个近似值，则

$$e(x^*) = x - x^* \tag{1-1}$$

称为近似值 $x^*$ 的绝对误差，简称误差。在不易混淆时，$e(x^*)$ 简记为 $e^*$。

从定义 1-1 可以看出，$e^*$ 可正可负，当 $e^* > 0$ 时，$x^*$ 称为 $x$ 的弱(不足)近似值；当 $e^* < 0$

时，$x^*$称为$x$的强(过剩)近似值。$|e^*|$的大小标志着$x^*$的精度。一般地，在同一量的不同近似值中，$|e^*|$越小，$x^*$的精度越高。$e^*$是有量纲的。

一般情况下，无法准确知道绝对误差$e^*$的大小，但根据具体测量或计算情况，可以事先估计出误差的绝对值不超过某个正数$\varepsilon^*$，这个正数$\varepsilon^*$叫作误差绝对值的上界或误差限。

**定义 1-2** 如果

$$|e^*| = |x - x^*| \leqslant \varepsilon(x^*) \tag{1-2}$$

则称$\varepsilon(x^*)$为$x^*$近似$x$的绝对误差限，简称误差限(界)，用它反映近似数的精度。在不易混淆时，$\varepsilon(x^*)$简记为$\varepsilon^*$。

从定义1-2可以看出，$\varepsilon^*$是一个正数。又因为在任何情况下都有

$$|x - x^*| \leqslant \varepsilon^*$$

即

$$x^* - \varepsilon^* \leqslant x \leqslant x^* + \varepsilon^*$$

这就表明准确值$x$在区间$[x^* - \varepsilon^*, x^* + \varepsilon^*]$内，用$x = x^* \pm \varepsilon^*$来表示近似数$x^*$的精确度，或准确值所在的范围。同样有$-\varepsilon^* \leqslant e^* \leqslant \varepsilon^*$，即$|e^*|$是在$\varepsilon^*$的范围内，所以$\varepsilon^*$应取得尽可能小。例如，$x = 4.376\,281\,6\cdots$，取近似数$x^* = 4.376$，则$x - x^* = 0.000\,281\,6\cdots$，这时

$$|e^*| = 0.000\,281\,6\cdots < 0.000\,3 = 0.3 \times 10^{-3}$$

同样

$$|e^*| = 0.000\,281\,6\cdots < 0.000\,29 = 0.29 \times 10^{-3}$$

显然，$0.3\times10^{-3}$和$0.29\times10^{-3}$都是$|e^*|$的上界，都可以作为近似值$x^*$的绝对误差限，即

$$\varepsilon^* = 0.3 \times 10^{-3} \text{ 或 } \varepsilon^* = 0.29 \times 10^{-3}$$

由此可见，绝对误差限$\varepsilon^*$不是唯一的，这是因为一个数的上界不唯一。但是$\varepsilon^*$越小，$x^*$近似真值$x$的程度越好，即$x^*$的精度越高。在实际应用中，往往根据需要对准确值取近似值，按四舍五入原则取近似值是使用最广泛的取近似值的方法。

**例 1-1** 用一把有毫米刻度的尺子测量桌子的长度，读出来的值$x^* = 1\,235$ mm，这是桌子实际长度$x$的一个近似值，由尺子的精度可以知道，这个近似值的误差不会超过1/2 mm。

$$|x - x^*| = |x - 1\,235 \text{ mm}| \leqslant \frac{1}{2} \text{ mm}$$

$$1\,234.5 \text{ mm} \leqslant x \leqslant 1\,235.5 \text{ mm}$$

这表明真值$x$在区间$[1\,234.5, 1\,235.5]$内，写成

$$x = (1\,235 \pm 0.5) \text{ mm}$$

这里绝对误差限$\varepsilon^* = 0.5$ mm，即绝对误差限是末位的半个单位。

下面讨论“四舍五入”的绝对误差限。

设$x$为一实数，其十进制表示的标准形式(十进制规格化浮点数形式)是

$$x = \pm 0.x_1x_2\cdots \times 10^m$$

其中，$m$是整数；$x_1, x_2, \cdots$是$0, 1, \cdots, 9$中的任一数，但$x_1 \neq 0$。若经过四舍五入保留$n$位数字，得到近似值

$$x^* = \begin{cases} \pm 0.x_1x_2\cdots x_n \times 10^m, \text{当 } x_{n+1} \leqslant 4(\text{四舍}) \\ \pm 0.x_1x_2\cdots x_{n-1}(x_n + 1) \times 10^m, \text{当 } x_{n+1} \geqslant 5(\text{五入}) \end{cases}$$

四舍时的绝对误差

$$\begin{aligned}|x-x^*| &= (0.x_1x_2\cdots x_nx_{n+1}\cdots-0.x_1x_2\cdots x_n)\times 10^m\\ &\leqslant (0.x_1x_2\cdots x_n499\cdots-0.x_1x_2\cdots x_n)\times 10^m\\ &= 10^m\times 0.\underbrace{0\cdots0}_{n个0}499\cdots\leqslant\frac{1}{2}\times 10^{m-n}\end{aligned}$$

五入时的绝对误差

$$\begin{aligned}|x-x^*| &= (0.x_1x_2\cdots x_{n-1}(x_n+1)-0.x_1x_2\cdots x_n\cdots)\times 10^m\\ &= (0.\underbrace{0\cdots0}_{n-1个0}1-0.\underbrace{0\cdots0}_{n个0}x_{n+1}\cdots)\times 10^m\\ &\leqslant 10^{m-n}(1-0.x_{n+1})\end{aligned}$$

由于此时 $x_{n+1}\geqslant 5$，所以 $1-0.x_{n+1}\leqslant\frac{1}{2}$，有

$$|x-x^*|\leqslant\frac{1}{2}\times 10^{m-n} \tag{1-3}$$

所以，四舍五入得到的近似数的绝对误差限是其末位的半个单位，即

$$\varepsilon^*=\frac{1}{2}\times 10^{m-n}$$

**例 1-2** 圆周率 $\pi=3.141\ 59\cdots$，用四舍五入取小数点后 4 位时，近似值为 3.141 6，此时 $m=1$，$n=5$，$m-n=1-5=-4$，故绝对误差限 $\varepsilon^*=\frac{1}{2}\times 10^{-4}$。同样，取小数点后 2 位时，近似值为 3.14，其绝对误差限 $\varepsilon^*=\frac{1}{2}\times 10^{-2}$。

对于用四舍五入取得的近似值，专门定义有效数字来描述它。

## 1.3.2 相对误差

在同一量的近似值中，绝对误差越小，精度越高，但是，绝对误差不能比较不同条件下的精度。例如测量 10 mm 误差是 1 mm，测量 1 m 误差是 2 mm，后者比前者绝对误差大，但可以看出在精度上后者比前者情况好，这是因为一个量的近似值的精度不仅与绝对误差有关，还与该量本身的大小有关，为此引入相对误差的概念。

**定义 1-3** 相对误差是近似数 $x^*$ 的绝对误差 $e^*$ 与准确值 $x$ 的比值，即

$$\frac{e^*}{x}=\frac{x-x^*}{x},其中\ x\neq 0 \tag{1-4}$$

相对误差说明了近似数 $x^*$ 的绝对误差 $e^*$ 与 $x$ 本身比较所占的比例，它反映了一个近似数的准确程度，相对误差越小，精度就越高。但由于真值 $x$ 总是不知道的，因此在实际问题中，常取相对误差

$$e_r(x^*)=\frac{e^*}{x^*}=\frac{x-x^*}{x^*} \tag{1-5}$$

在不易混淆时，将 $e_r(x^*)$ 简记为 $e_r^*$。

当 $|e_r^*|=\left|\frac{e^*}{x^*}\right|$ 较小时

$$\frac{e^*}{x^*}-\frac{e^*}{x}=\frac{e^*(x-x^*)}{x^*x}=\frac{(e^*)^2}{x^*(x^*+e^*)}=\frac{\left(\frac{e^*}{x^*}\right)^2}{1+\frac{e^*}{x^*}}$$

是 $e_r^*$ 的平方级，故可忽略不计，实际问题中按式(1-5)取相对误差是合理的。

上例中 10 mm 时误差为 1 mm，1 m 时误差为 2 mm，其相对误差分别为 0. 1，0. 002，前者绝对误差小，后者相对误差小，并且精度比前者高。

在实际计算中，由于 $e^*$ 和 $x$ 都不能准确地求得，因此相对误差 $e_r^*$ 也不可能准确地得到，于是也像绝对误差那样，只能估计相对误差的范围。

相对误差可正可负，其绝对值的上界取为相对误差限，因为 $\varepsilon^*$ 是 $x^*$ 的绝对误差限，则 $\frac{\varepsilon^*}{|x^*|}$ 是 $x^*$ 的相对误差限，即有如下定义。

**定义 1-4**

$$|e_r^*|=\left|\frac{e^*}{x^*}\right|=\left|\frac{x-x^*}{x^*}\right|\leqslant\frac{\varepsilon^*}{|x^*|}=\varepsilon_r(x^*) \tag{1-6}$$

$\varepsilon_r(x^*)$ 称为相对误差限，在实际计算中用作相对误差，所以相对误差一般是指 $\varepsilon_r(x^*)$，在不易混淆时，$\varepsilon_r(x^*)$ 可简记为 $\varepsilon_r^*$。显然相对误差是无量纲的，通常用百分数表示。

由定义 1-4 可知，相对误差限可由绝对误差限求出，反之，绝对误差限也可由相对误差限求出，即

$$\varepsilon^*=|x^*|\varepsilon_r^*$$

**例 1-3** 光速 $c^*=(2.997\ 925\pm0.000\ 001)\times10^{10}$ cm/s，其相对误差限 $\varepsilon_r^*=\frac{\varepsilon^*}{|c^*|}=\frac{0.000\ 001}{2.997\ 925}=3.34\times10^{7}$，其中 $c^*=2.997\ 925\times10^{10}$ cm/s 是目前光速的公认值(测量值)。

**例 1-4** 取 3. 14 作为圆周率 π 的四舍五入近似值时，试求其相对误差限。

**解** 四舍五入的近似值 $x^*=3.14$ 的绝对误差限为 $\varepsilon^*=\frac{1}{2}\times10^{-2}$，则其相对误差限

$$\varepsilon_r^*=\frac{\varepsilon^*}{|x^*|}=\frac{\frac{1}{2}\times10^{-2}}{3.14}=0.159\%$$

### 1.3.3 有效数字

有效数字是近似数的一种表示方法，它不但能表示近似数的大小，而且不用计算近似数的绝对误差和相对误差，直接由组成近似数数字个数就能表示其精度。

**定义 1-5** 设数 $x$ 的近似值 $x^*=0.x_1x_2\cdots x_n\cdots\times10^m$，其中 $x_i$ 为 0 ~ 9 之间的任意数，但 $x_1\neq0$；$i=1, 2, 3, \cdots$；$m$ 为整数。若

$$|x-x^*|\leqslant\frac{1}{2}\times10^{m-n} \tag{1-7}$$

则称 $x^*$ 为 $x$ 的具有 $n$ 位有效数字的近似值，$x^*$ 准确到第 $n$ 位，$x_1x_2\cdots x_n$ 是 $x^*$ 的有效数字。

这里 $x^*$ 的位数可以是无限多位，也可以是有限位，如有 $n$ 位，数值计算中得到的近似数常常是有限位的。

**例 1-5** 以$\frac{22}{7}$作为圆周率 $\pi$ 的近似值，有几位有效数字？

**解** 由

$$\left|\pi-\frac{22}{7}\right| = |3.141\,592\cdots - 3.142\,857\cdots|$$

$$=0.001\,264\cdots < \frac{1}{2}\times 10^{-2}$$

因为 $m-n=2$，题中已知 $m=1$，所以有 $n=3$，即$\frac{22}{7}$作为 $\pi$ 的近似值有 3 位有效数字。

**例 1-6** 取 3.142 和 3.141 作为圆周率 $\pi$ 的近似值各有几位有效数字？

**解** $\pi=3.141\,592\cdots$，当取 3.142 作为其近似值时

$$|\pi-3.142| = 0.000\,407\cdots < 0.000\,5 = \frac{1}{2}\times 10^{-3}$$

即 $m-n=-3$，$m=1$，$n=4$，所以 3.142 作为 $\pi$ 的近似值有 4 位有效数字。

当取 3.141 作为 $\pi$ 的近似值时

$$|\pi-3.141| = 0.000\,59\cdots < 0.005 = \frac{1}{2}\times 10^{-2}$$

即 $m-n=-2$，$m=1$，$n=3$，所以 3.141 作为 $\pi$ 的近似值时有 3 位有效数字，不具有 4 位有效数字，3.14 是有效数字，千分位的 1 不是有效数字。

由定义 1-5 可以看出，如果近似数 $x^*$ 的误差限是某一位的半个单位，由该位到 $x^*$ 的第一位非零数字一共有 $n$ 位，$x^*$ 就有 $n$ 位有效数字，也就是说准确到该位。

四舍五入得到的近似数的绝对误差限 $\varepsilon^*$ 是其末位的半个单位，即

$$\varepsilon^* = \frac{1}{2}\times 10^{m-n}$$

那么用四舍五入得到的近似数就全是有效数字，即有 $n$ 位有效数字。例如四舍五入得到的近似数

$$0.23,\ 23,\ 23.00$$

分别有 2 位、2 位和 4 位有效数字。

同样若用四舍五入法取准确值的前 $n$ 位作为近似值 $x^*$，则 $x^*$ 有 $n$ 位有效数字，其中每一位数字都是 $x^*$ 的有效数字。例如取

$$3.14,\ 3.1416$$

作为圆周率 $\pi$ 的近似值，分别有 3 位和 5 位有效数字。3.142 是 $\pi$ 四舍五入得到的近似值，有 4 位有效数字，3.141 不是 $\pi$ 四舍五入得到的近似值，不具有 4 位有效数字，这和例 1-6 的结论是一致的。

如果 $x^*$ 准确到某位数字，将这位以后的数字进行四舍五入则不一定能得到有效数字。例如 3.145 作为 $\pi$ 的近似值准确到百分位，将其四舍五入得到 3.15，则其最后一位不是有效数字，3.15 作为 $\pi$ 的近似值只有两位有效数字。

在数值计算中约定，原始数据都用有效数字表示。凡是不标明绝对误差限的近似数都认

为是有效数。这样就可以从一个近似数的表示式中知道其绝对误差限或精度，一般来说，有效数字位数多的近似数准确度高。

关于有效数字还可指出以下几点：

1）若用四舍五入取准确值的前 $n$ 位 $x^*$ 作为近似值，则 $x^*$ 必有 $n$ 个有效数字。

例如，$\pi=3.141\,592\,6\cdots$，取3.14作为近似值，则有3位有效数字，取3.142作为近似值，则有4位有效数字。

2）有效数字位数相同的两个近似数，绝对误差不一定相同。

例如，设 $x_1^*=12\,345$，$x_2^*=12.345$ 二者均有5位有效数字，前者的绝对误差为$\frac{1}{2}\times 1$，后者的绝对误差为$\frac{1}{2}\times 10^{-3}$。

3）把任何数乘以 $10^p(p=0,\pm 1,\pm 2,\cdots)$ 等于移动该数的小数点，这样并不影响其有效数字的位数。

例如，$g=9.80\ \text{m/s}^2$ 具有3位有效数字，而 $g=0.009\,80\times 10^3\ \text{m/s}^2$ 也具有3位有效数字。但 $9.8\text{m/s}^2$ 与 $9.80\ \text{m/s}^2$ 的有效数字位数是不同的，前者有两位，后者有3位。因此，要注意诸如0.1，0.10，0.100，…的不同含义。

如果整数并非全是有效数字，则可用浮点数表示。如已知近似数300 000的绝对误差限不超过500，即$\frac{1}{2}\times 10^3$，则应把它表示成 $x^*=300\times 10^3$ 或 $0.300\times 10^6$。若记为 $x^*=300\,000$，则表示其误差限不超过$\frac{1}{2}$。这是因为

$$|x-300\times 10^3|=|x-0.300\times 10^6|\leqslant 500=\frac{1}{2}\times 10^{6-3}$$

即 $m=6$，$n=3$，而

$$300\,000=10^6\times(3\times 10^{-1}+0\times 10^{-2}+\cdots+0\times 10^{-6})$$

且

$$|x-300\,000|\leqslant\frac{1}{2}\times 10^{6-6}$$

即 $m=6$，$n=6$。

前者有3位有效数字，后者有6位有效数字。

**例 1-7** 某地粮食产量为875万吨，表示成

$$875\text{ 万吨}=875\times 10^4\text{ 吨}=0.875\times 10^7\text{ 吨}$$

绝对误差为$\frac{1}{2}\times 10^4$或$\frac{1}{2}\times 10^{-3}\times 10^7$，即$\frac{1}{2}$万吨。而875万吨不能表示成8 750 000吨，因为这时绝对误差为$\frac{1}{2}$吨。

有效数字位数与小数点后有多少位无关。但是具有 $n$ 位有效数字的近似数 $x^*$，其绝对误差限 $\varepsilon^*=\frac{1}{2}\times 10^{m-n}$，在 $m$ 相同的情况下，$n$ 越大则 $\varepsilon^*$ 越小。所以一般来说，近似同一

真值的近似数的有效数字位数越多，绝对误差越小。

4）准确值被认为具有无穷多位有效数字。

例如，直角三角形面积 $S=\frac{1}{2}ah=0.5ah$，其中 $a$ 是底边，$h$ 是高，不能认为公式中用 0.5 表示 $\frac{1}{2}$ 时，只有一位有效数字。因为 0.5 是真值，没有误差，$\varepsilon^*=0$，因此 $n\to+\infty$，所以准确值具有无穷多位有效数字。至于底边 $a$ 和高 $h$ 是测量得到的，因此是近似数，应根据测量仪器精度来确定其有效数字的位数。

### 1.3.4 有效数字与相对误差

根据有效数字与相对误差的概念可以得出二者之间的关系。

**定理 1-1** 若近似数 $x^*=\pm 0.x_1x_2\cdots x_n\cdots\times 10^m$ 具有 $n$ 位有效数字，则其相对误差

$$|e_r^*|\leqslant\frac{1}{2x_1}\times 10^{-(n-1)} \tag{1-8}$$

**证** 由于

$$x^*=\pm 0.x_1x_2\cdots x_n\cdots\times 10^m$$
$$|x^*|\geqslant x_1\times 10^{m-1}$$

又由于 $x^*$ 具有 $n$ 位有效数字，则

$$|x-x^*|\leqslant\frac{1}{2}\times 10^{m-n}$$

所以有

$$|e_r^*|=\left|\frac{x-x^*}{x^*}\right|\leqslant\frac{\frac{1}{2}\times 10^{m-n}}{x_1\times 10^{m-1}}=\frac{1}{2x_1}\times 10^{-(n-1)}$$
$$|e_r^*|\leqslant\frac{1}{2x_1}\times 10^{-(n-1)}$$

实际应用中，可以取

$$\varepsilon_r^*=\frac{1}{2x_1}\times 10^{-(n-1)}$$

由于 $n$ 越大，$\varepsilon_r^*$ 越小，所以有效数字位数越多，相对误差就越小。

**例 1-8** 取 3.14 作为圆周率 $\pi$ 的四舍五入的近似值时，试求其相对误差。

**解** 四舍五入的近似值 3.14，其各位都是有效数字，即 $n=3$，所以

$$\varepsilon_r^*=\frac{1}{2\times 3}10^{-(3-1)}=0.17\%$$

3.14 作为圆周率 $\pi$ 的四舍五入的近似值，由绝对误差计算出的相对误差是 0.159%（见例 1-4），而由有效数字计算出的相对误差是 0.17%，前者比后者准确程度好，这是因为后者代表了从 3.00 到 3.99 具有 3 位有效数字时的相对误差，而前者只代表 3.14 时的相对误差。

**例 1-9** 已知近似数 $x^*$ 有两位有效数字，试求其相对误差 $\varepsilon_r^*$。

**解** $n=2$，$\varepsilon_r^*=\frac{1}{2x_1}\times 10^{-(2-1)}$

但第一位有效数字 $x_1$ 未给出，所以有

$$\begin{cases} x_1 = 1, \varepsilon_r^* = \dfrac{1}{2\times 1}\times 10^{-(2-1)} = 5\% \\ x_1 = 9, \varepsilon_r^* = \dfrac{1}{2\times 9}\times 10^{-(2-1)} = 0.56\% \end{cases}$$

可按最不利的情况估计取 $x_1=1$，此时相对误差 $\varepsilon_r^*=5\%$ 为最大。

定理 1-1 中的条件只是一个充分条件，而不是必要条件。近似数的有效数字位数越多，其相对误差就越小。但是，相对误差越小，有效数字位数只是可能多。例如，如果一个近似数 $x^*$ 的相对误差满足定理的表达式，并不能保证 $x^*$ 一定具有 $n$ 位有效数字。这由定理的证明过程可以看出。举例来说，$x=\sin 29°20'=0.4900$，取一个近似值 $x^*=0.484$，其相对误差

$$\varepsilon_r^* = \left|\frac{0.4900-0.484}{0.484}\right| = 0.012397 < 0.0125 = \frac{1}{2\times 4}\times 10^{-(2-1)}$$

不能由此推出 $x^*$ 有两位有效数字，这是因为

$$|x-x^*| = |0.4900-0.484| = 0.0060 > 0.005$$

可知近似值 $x^*$ 并不具有两位有效数字。

在实际应用时，为使所取的近似数的相对误差满足一定的要求，可以用式(1-8)来确定所取的近似数应具有多少位有效数字。

**例 1-10** 求$\sqrt{6}$的近似值，使其相对误差不超过$\frac{1}{2}\times 10^{-3}$。

此题的含义是取几位有效数字就能使近似数的相对误差不超过$\frac{1}{2}\times 10^{-3}$，而不是已知该近似值的相对误差不超过$\frac{1}{2}\times 10^{-3}$时有几位有效数字。

**解** 因为$\sqrt{6}=2.4494\cdots$，则 $x_1=2$，设 $x^*$ 有 $n$ 位有效数字，由定理 $\varepsilon_r^*=\frac{1}{2\times x_1}\times 10^{-(n-1)}$有

$$\frac{1}{2\times 2}\times 10^{-(n-1)} \leqslant \frac{1}{2}\times 10^{-3}$$

求出满足此不等式的最小正数 $n=4$，故取 $x^*=2.449$。

由于定理 1-1 是对所有具有 $n$ 位有效数字的近似数都正确的结论，故对误差限的估计偏大。对本例题，根据相对误差确定具有的有效数字位数有可能偏多，实际上取 3 位有效数字时就能满足题目要求，取 2.45 作为近似值，其相对误差

$$\left|\frac{\sqrt{6}-2.45}{2.45}\right| \approx 0.0208\%$$

已小于$\frac{1}{2}\times 10^{-3}$。

已知近似数的相对误差时，可用如下定理确定其有效数字的位数。

**定理 1-2** 若近似数 $x^*=\pm 0.x_1x_2\cdots x_n\cdots\times 10^m$ 的相对误差

$$|e_r^*| \leqslant \frac{1}{2(x_1+1)}\times 10^{-(n-1)} \tag{1-9}$$

则该近似数至少具有 $n$ 位有效数字。

**证** 因为

$$x^* = \pm 0.x_1x_2\cdots x_n\cdots \times 10^m$$
$$|x^*| \leqslant (x_1+1)\times 10^{m-1}$$
$$|x-x^*| = \frac{|x-x^*|}{|x^*|}|x^*| \leqslant \frac{1}{2(x_1+1)}\times 10^{-(n-1)}\times(x_1+1)\times 10^{m-1}$$
$$= \frac{1}{2}\times 10^{m-n}$$

由有效数字定义可知，$x^*$ 具有 $n$ 位有效数字。

**例 1-11** 已知近似数的相对误差为 0.25%，问可能有几位有效数字。

**解** 代入式(1-9)

$$0.25\% = \frac{1}{2(x_1+1)}\times 10^{-(n-1)}$$

$x_1$ 未给出，取$\begin{cases} x_1=1 & 则\ n=3 \\ x_1=9 & 则\ n=2.3 \end{cases}$

按最不利的情况取，$x^*$ 至少有两位有效数字。

定理 1-2 中的条件也只是一个充分条件，而不是必要条件，即若 $x^*$ 具有 $n$ 位有效数字，其相对误差也不一定满足定理的表达式。因为定理的表达式成立时，$x^*$ 的有效数字可能多于 $n$ 位。

**例 1-12**

$$x = \sqrt{20}\approx 4.47$$

具有 3 位有效数字，取近似数

$$x^* = 4$$
$$|x-x^*| = |4.47-4| < 0.5 = \frac{1}{2}\times 10^{1-1}$$

可知，$x^*=4$ 具有一位有效数字，但其相对误差

$$\varepsilon_r^* = \left|\frac{x-x^*}{x^*}\right| = \frac{0.47}{4} > \frac{1}{2(4+1)}\times 10^{-(1-1)} = 0.1$$

不满足式(1-9)。

在实际应用时，为了使取的近似数具有 $n$ 位有效数字，要求所取的近似数的相对误差满足式(1-9)。

从绝对误差、相对误差、有效数字的定义和定理 1-1、定理 1-2 可以看出，有效数字的位数表征了近似数的精度；绝对误差与小数点后的位数有关；相对误差与有效数字的位数有关。

在数值计算中，一般都认为所有原始数据都是有效数字。计算值具有有效数字位数的多少是评定计算方法好坏的主要标准。

## 1.4 数值运算误差分析

近似数参加运算后所得的值一般也是近似值，这一现象称为误差传播，分析误差传播比较

复杂，下面讨论最基本的用泰勒展开对函数运算和算术运算进行分析来估计误差的方法。

### 1.4.1 函数运算误差

当自变量有误差时，一般情况下，相应的函数值也会产生误差。可用函数的泰勒展开式分析这种误差。

设一元函数 $f(x)$ 的自变量 $x$ 的近似值为 $x^*$，一元函数 $f(x)$ 的近似值为 $f(x^*)$，其误差限记为 $\varepsilon[f(x^*)]$，对 $f(x)$ 在近似值 $x^*$ 附近泰勒展开

$$f(x)=f(x^*)+f'(x^*)(x-x^*)+\frac{f''(\xi)}{2}(x-x^*)^2$$

$\xi$ 介于 $x$ 和 $x^*$ 之间，取绝对值得

$$|f(x)-f(x^*)| \leqslant |f'(x^*)|\varepsilon^* + \frac{f''(\xi)}{2}(\varepsilon^*)^2$$

式中 $\varepsilon^*$ 为近似数 $x^*$ 的绝对误差限。

设 $f'(x^*)$ 与 $f''(x^*)$ 相差不大，可忽略 $\varepsilon^*$ 的高次项，于是可得出函数运算的误差和相对误差

$$\varepsilon(f(x^*)) \approx |f'(x^*)|\varepsilon^* \tag{1-10}$$

$$\varepsilon_r(f(x^*)) \approx \left|\frac{f'(x^*)}{f(x^*)}\right|\varepsilon^* \tag{1-11}$$

设多元函数 $y=f(x_1,x_2,\cdots,x_n)$ 的自变量 $x_1$，$x_2$，$\cdots$，$x_n$ 的近似值为 $x_1^*$，$x_2^*$，$\cdots$，$x_n^*$，多元函数 $y$ 的近似值为 $y^*=f(x_1^*,\cdots,x_n^*)$，函数值 $y^*$ 的运算误差可用函数 $y$ 的泰勒展开式得到

$$f(x_1,x_2,\cdots,x_n) \approx f(x_1^*,x_2^*,\cdots,x_n^*) + \sum_{i=1}^{n}\frac{\partial f(x_1^*,x_2^*,\cdots,x_n^*)}{\partial x_i}(x_i-x_i^*)$$

记 $\frac{\partial f(x_1^*,x_2^*,\cdots,x_n^*)}{\partial x_i}=\left(\frac{\partial f}{\partial x_i}\right)^*$，则上式简记为

$$\begin{aligned} e(y^*) &\approx \sum_{i=1}^{n}\frac{\partial f(x_1^*,x_2^*,\cdots,x_n^*)}{\partial x_i}(x_i-x_i^*) \\ &= \sum_{i=1}^{n}\left(\frac{\partial f}{\partial x_i}\right)^* e_i^* \end{aligned}$$

于是误差限

$$\varepsilon(y^*) = \sum_{i=1}^{n}\left|\left(\frac{\partial f}{\partial x_i}\right)^*\right|\varepsilon^* \tag{1-12}$$

相对误差限

$$\varepsilon_r(y^*) = \sum_{i=1}^{n}\left|\left(\frac{\partial f}{\partial x_i}\right)^*\right|\frac{\varepsilon^*}{y^*} \tag{1-13}$$

利用上式可得和、差、积、商的误差估计。

**例 1-13** 设 $x>0$，$x$ 的相对误差为 2%，求 $x^n$ 的相对误差。

**解** 因 $x$ 有相对误差，所以设 $x$ 是真值 $\bar{x}$ 的一个近似值，利用式(1-10)有 $e(x^n)\approx nx^{n-1}(\bar{x}-x)$，由式(1-11)有

$$e_r(x^n) \approx \frac{nx^{n-1}(\bar{x}-x)}{x^n} = n\frac{\bar{x}-x}{x} = 2n\%$$

### 1.4.2 算术运算误差

和式 $y=f(x_1,x_2,\cdots,x_n)=x_1 \pm x_2 \pm \cdots \pm x_n$ 的误差估计。

因为

$$\left|\frac{\partial f}{\partial x_i}\right| = 1$$

有

$$e(y^*) = \sum_{i=1}^{n} e_i^*$$

$$|e(y^*)| \leqslant \sum_{i=1}^{n} |e_i^*|$$

和的绝对误差不超过各加数的绝对误差之和。为估计误差，设 $x_i^* > 0$，$i=1, 2, \cdots, n$，可得

$$|e_r(y^*)| \leqslant \max_{1 \leqslant i \leqslant n} |e_r(x_i^*)|$$

和的相对误差不超过相加各数中最不准确一项的相对误差。

同理，可得乘、除运算的误差，以两数 $x_1$ 和 $x_2$ 为例，有

$$|e(x_1^* x_2^*)| \approx |x_1^*|\,|e(x_2^*)| + |x_2^*|\,|e(x_1^*)| \tag{1-14}$$

$$\left|e\left(\frac{x_1^*}{x_2^*}\right)\right| \approx \frac{|x_1^*|\,|e(x_2^*)| + |x_2^*|\,|e(x_1^*)|}{(x_2^*)^2}, \quad x_2^* \neq 0 \tag{1-15}$$

**例 1-14** 已测得某场地长 $l$ 的值 $l^*=110$ m，宽 $d$ 的值 $d^*=80$ m，已知 $|l-l^*| \leqslant 0.2$m，$|d-d^*| \leqslant 0.1$m，求场地面积 $S=ld$ 的绝对误差限和相对误差限。

**解** 因为 $S=ld$，$\frac{\partial S}{\partial l}=d$，$\frac{\partial S}{\partial d}=l$，有

$$\varepsilon(S^*) \approx \left|\left(\frac{\partial S}{\partial l}\right)^*\right| e(l^*) + \left|\left(\frac{\partial S}{\partial d}\right)^*\right| \varepsilon(d^*)$$

其中

$$\left(\frac{\partial S}{\partial l}\right)^* = d^* = 80 \text{ m}, \left(\frac{\partial S}{\partial d}\right)^* = l^* = 110 \text{ m}$$

$$\varepsilon(d^*) = 0.1 \text{ m}, \varepsilon(l^*) = 0.2 \text{ m}$$

于是绝对误差限

$$\varepsilon(S^*) \approx (80 \times 0.2 + 110 \times 0.1) \text{ m}^2 = 27 \text{ m}^2$$

相对误差限

$$\varepsilon_r(S^*) = \frac{\varepsilon(S^*)}{|S^*|} = \frac{\varepsilon(S^*)}{l^* d^*} \approx \frac{27}{8\,800} \approx 0.31\%$$

**例 1-15** 正方形的边长约为 100 cm，怎样测量才能使其面积误差不超过 1 $cm^2$？

**解** 设正方形边长为 $x$ cm，测量值为 $x^*$ cm，面积

$$y = f(x) = x^2$$

由于$f'(x)=2x$，记自变量和函数的绝对误差分别是$e^*$和$e(y^*)$，则

$$e^* = x - x^*$$

$$e(y^*) = y - y^* \approx f'(x^*)(x - x^*) = 2x^* e^* = 200e^*$$

现要求$|e(y^*)| \approx 200e^* < 1$，于是

$$|e^*| \leqslant \left(\frac{1}{200}\right)\text{cm} = 0.005\ \text{cm}$$

要使正方形面积误差不超过1 $\text{cm}^2$，测量边长时绝对误差应不超过0.005 cm。

## 1.5 数值稳定性和减小运算误差

数值计算中，舍入误差是不可避免的，常用数值稳定性衡量舍入误差对计算过程的影响。为确保数值计算结果的正确性，避免运算中误差的危害，常常用到减小运算误差的若干原则。

### 1.5.1 数值稳定性

定量地分析舍入误差的积累，对大多数算法来说是非常困难的，为了推断舍入误差是否影响结果的可靠性，提出了数值稳定性的概念。

如果在执行算法的过程中舍入误差在一定条件下能够得到控制(或者说舍入误差的增长不影响产生可靠的结果)，则该算法是数值稳定的，否则是数值不稳定的。

算法数值稳定的一个必要条件是原始数据小的变化只会引起最后结果有小的变化。具体地说，假定原始数据有误差$\varepsilon$，而且算法执行过程中的一切误差仅由$\varepsilon$引起，设结果的误差为$e$，则稳定的算法必满足“当$\varepsilon$相对于原始数据不太大时，$e$相对于结果也不太大”。

在实际运算过程中，参与运算的各种数一般都带有一定的误差，这个误差或者是初值本身就有(如观测误差、估算误差等)，或者是由于受计算机有效数字位数的限制所造成的舍入误差。这些初始数据的误差(也称之为摄动)，以及在运算过程中所产生的舍入误差即使很小，也会随着计算过程的进行不断地传播下去，对以后的结果产生一定的影响。所谓数值稳定性问题，就是指误差的传播(或积累)是否受控制的问题。如果计算结果对初始数据的误差以及计算过程中的舍入误差不敏感，则可认为算法是数值稳定的，否则就是数值不稳定的。由于原始数据来自工程实际，因此往往是近似的，而且在计算过程中不可避免地会产生舍入误差，因此，确定算法时，必须要考虑数值稳定性问题。

例如，要计算积分$I_n = \int_0^1 x^n \mathrm{e}^{x-1}\mathrm{d}x$，由分部积分法有

$$I_n = x^n \mathrm{e}^{x-1}\Big|_0^1 - n\int_0^1 x^{n-1}\mathrm{e}^{x-1}\mathrm{d}x$$

可以得到计算$I_n$的递推公式

$$I_n = 1 - nI_{n-1},\ n = 1,2,\cdots$$

假设用4位小数计算9个积分值$(I_0,I_1,\cdots,I_8)$，先算出$I_0 = \mathrm{e}^{-1}\int_0^1 \mathrm{e}^x\mathrm{d}x = 1 - \mathrm{e}^{-1} \approx 0.6321$，

然后按递推关系计算出其余 $I_1$，$I_2$，…，$I_8$ 的值(如表 1-1 第一列所示的从上而下的正推值)，可以看到 $I_8$ 为负值，显然与 $I_n>0$ 矛盾。事实上，$I_7$ 和第三列真值(四位有效数字)相比已经连一位有效数字也没有了。发生这个现象的原因是 $I_0$ 带有不超过 $\frac{1}{2}\times10^{-4}$ 的误差，但这个初始数据的误差在以后的每次计算时顺次乘以 $n=1, 2, \cdots$ 而传播积累到 $I_n$ 中，使得算到 $I_7$ 就完全不准确了。

表 1-1

| $I_n$ | 第一列正推值 | 第二列倒推值 | 第三列真值 |
|---|---|---|---|
| $I_0$ | 0.632 1 | 0.632 1 | 0.632 1 |
| $I_1$ | 0.367 9 | 0.367 9 | 0.366 9 |
| $I_2$ | 0.264 2 | 0.264 2 | 0.264 2 |
| $I_3$ | 0.207 4 | 0.207 3 | 0.207 3 |
| $I_4$ | 0.170 4 | 0.170 9 | 0.170 9 |
| $I_5$ | 0.148 0 | 0.145 5 | 0.145 5 |
| $I_6$ | 0.112 0 | 0.126 8 | 0.126 8 |
| $I_7$ | 0.216 0 | 0.112 5 | 0.112 4 |
| $I_8$ | −0.728 0 | 0.100 0 | 0.100 8 |

如果将递推式改写成

$$I_{n-1} = (1 - I_n)/n \tag{1-16}$$

由积分估计式

$$e^{-1}\left(\min_{0\leqslant x\leqslant1} e^x\right)\int_0^1 x^n dx < I_n < e^{-1}\left(\max_{0\leqslant x\leqslant1} e^x\right)\int_0^1 x^n dx$$

有估计式

$$\frac{e^{-1}}{n+1} < I_n < \frac{1}{n+1}$$

当 $n=8$ 时，有 $0.040\,9<I_8<0.111\,1$，取初值 $I_8=0.100\,0$，按递推式(1-16)对 $n=7, 6, \cdots, 1$ 倒推计算，计算中小数点后第 5 位四舍五入得 $I_7$，$I_6$，…，$I_0$(如表 1-1 第二列所示的从下而上的倒推值)。与第三列真值(4 位有效数字)相比较，$I_5$，$I_4$，…，$I_0$ 各值全部为有效数字。这样计算的结果如此精确的原因是 $I_8$ 的误差传播到 $I_7$ 时要乘以 $\frac{1}{8}$，直到 $I_0$ 时，$I_8$ 的误差已缩小为 $\frac{1}{8!}$ 倍。

上面的例子说明，在确定算法时应该选用数值稳定性好的计算公式。

### 1.5.2 减小运算误差

在数值计算过程中，由于计算工具只能对有限位数进行运算，因而在运算过程中不可避免地要产生误差。如果能够掌握产生误差的规律，就可以把误差限制在最小的范围之内。而实际上，在运算过程中所产生的误差的大小，通常又与运算步骤有关。一般来说，在分析运算误差时，要考虑以下一些原则。

(1) 两个相近的数相减，会严重损失有效数字

对这个问题可通过相对误差的概念加以说明。设

$$y = x - A$$

其中，$A$ 和 $x$ 均为准确值。为计算简单，设 $A$ 运算时不发生误差，而 $x$ 有误差，其近似值为 $x^*$，由此可估计当用 $x^*$ 近似代替 $x$ 时，$y$ 的相对误差

$$\varepsilon_r(y^*) = \frac{\varepsilon(y^*)}{|y^*|} = \frac{|(x-A)-(x^*-A)|}{|x^*-A|}$$

$$= \frac{|x-x^*|}{|x^*-A|} = \frac{\varepsilon(x^*)}{|x^*-A|}$$

由此可以看出，在 $x$ 的绝对误差 $\varepsilon(x^*)$ 不变时，$x^*$ 越接近 $A$，则 $y$ 的相对误差 $\varepsilon_r(y^*)$ 会变得越大，而相对误差的增大必然会导致有效数字位数的减少。

从数值计算实例看，已知 2.01 和 2 皆为准确数，计算 $u=\sqrt{2.01}-\sqrt{2}$，使其有 3 位有效数字。当取 $\sqrt{2.01}$ 和 $\sqrt{2}$ 都是 3 位有效数字时，有

$$u = \sqrt{2.01} - \sqrt{2} = 1.42 - 1.41 = 0.01$$

此时计算结果只有 1 位有效数字，为避免两个相近的数相减造成有效数字位数的减少，往往需要对具有减法运算的公式改变计算方法，如通过因式分解、分母有理化、三角公式、泰勒展开等，防止相近的数减法运算的出现。例如，对 $u$ 的计算进行如下处理

$$u = \sqrt{2.01} - \sqrt{2} = \frac{2.01-2}{\sqrt{2.01}+\sqrt{2}} = \frac{0.01}{1.42+1.41} = 3.53 \times 10^{-3}$$

这样用 3 位有效数字进行计算，其结果也有 3 位有效数字。

下面是一些常见的公式变换的例子。

当 $x_1$ 和 $x_2$ 接近时，

$$\lg x_1 - \lg x_2 = \lg\left(\frac{x_1}{x_2}\right)$$

当 $x$ 接近 0 时，

$$\frac{1-\cos x}{\sin x} = \frac{\sin x}{1+\cos x}$$

当 $x$ 充分大时，

$$\arctan(x+1) - \arctan x = \arctan\frac{1}{1+x(x+1)}$$

$$\sqrt{x+1} - \sqrt{x} = \frac{1}{\sqrt{x+1}+\sqrt{x}}$$

当 $f(x^*)$ 和 $f(x)$ 很接近，但又需要进行 $f(x)-f(x^*)$ 运算时，为避免有效数字的丢失，可用泰勒展开式

$$f(x) - f(x^*) = f'(x^*)(x-x^*) + \frac{1}{2}f''(x^*)(x-x^*)^2 + \cdots$$

取右端的有限项近似左端。

如果计算公式不能改变，则可采用增加有效数字位数的方法。上例中当$\sqrt{2.01}$和$\sqrt{2}$都取6位有效数字时，结果有3位有效数字，即

$$u = \sqrt{2.01} - \sqrt{2} = 1.41774 - 1.41421 = 3.53 \times 10^{-3}$$

（2）防止大数“吃掉”小数

计算机的位数有限，因此在进行加减法运算时，要对阶和规格化。对阶是以大数为基准，小数向大数对齐，即比较相加减的两个数的阶，将阶小的尾数向右移，每移一位阶码加1，直到小数阶码与大数阶码一致时为止，并将移位后的尾数多于字长的部分进行四舍五入，然后对尾数进行加减运算，最后将尾数变为规格化形式。当参加运算的两个数的数量级相差很大时，若不注意运算次序，就有可能把数量级小的数“吃掉”。例如，在四位浮点机上进行运算

$$0.7315 \times 10^{3} + 0.4506 \times 10^{-5}$$

对阶是$0.7315 \times 10^{3} + 0.0000 \times 10^{3}$，规格化是$0.7315 \times 10^{3}$，结果是大数“吃掉”了小数。又如

$$0.8153 + 0.6303 \times 10^{3}$$

对阶是$0.0008 \times 10^{3} + 0.6303 \times 10^{3}$，规格化是$0.6311 \times 10^{3}$，结果是大数“吃掉”了部分小数。再如，已知$A = 10^{5}$，$B = 5$，$C = -10^{5}$。若按$(A + B) + C$进行计算，则结果接近于零，结果失真；若按$(A + C) + B$进行计算，则结果接近于正确的结果5。

防止大数吃掉小数特别要防止重要的物理量被“吃掉”。

例如，求解方程$x^{2} - (10^{5} + 1)x + 10^{5} = 0$，从因式分解可知其两个根分别是$10^{5}$和1。若用5位机求解时，$b = -(10^{5} + 1)$，对阶和规格化后是$-10^{5}$，再按求根公式求出两个根是$10^{5}$和0。在有些情况下，允许大数“吃掉”小数，如在计算$10^{5}$这个根时。而在另一些情况下则不允许，如计算另一个根0时，可将计算公式加以改变。例如，用$\dfrac{c}{ax_1}$求解，即$\dfrac{10^{5}}{1 \times 10^{5}} = 1$，从而对这个根进行了“保护”。

**例1-16** 在5位十进制计算机上计算

$$A = 52492 + \sum_{i=1}^{1000} \delta_i$$

其中$0.1 \leqslant \delta_i \leqslant 0.9$。

**解**

$$A = 52492 + \sum_{i=1}^{1000} \delta_i$$

$$0.52492 \times 10^{5} + \underbrace{0.00000 \times 10^{5} + \cdots + 0.00000 \times 10^{5}}_{1000\text{个}}$$

$$= 0.52492 \times 10^{5}$$

大数“吃掉”了小数，结果显然不可靠。

如果改变计算顺序，先把数量级相同的1 000个$\delta_i$相加，再和52 492相加，就不会出现大数“吃掉”小数的情况，这时

$$0.1 \times 10^{3} \leqslant \sum_{i=1}^{1000} \delta_i \leqslant 0.9 \times 10^{3}$$

于是有

$$0.001\times 10^5+0.52492\times 10^5\leqslant A\leqslant 0.009\times 10^5+0.52492\times 10^5$$

$$52\ 592\leqslant A\leqslant 533\ 92$$

因此要注意运算顺序，防止大数“吃掉”小数。如多个数相加，应按绝对值由小到大的顺序相加。

(3)绝对值太小的数不宜为除数

设 $x_1$，$x_2$ 的近似值分别是 $x_1^*$，$x_2^*$，$z=\dfrac{x_1}{x_2}$的近似值 $z^*=\dfrac{x_1^*}{x_2^*}$，有算术运算误差

$$|e(z^*)|\approx\frac{|x_1^2||e(x_2^*)|+|x_2^*||e(x_1^*)|}{(x_2^*)^2}$$

显然，当除数 $x_2^*$ 很小时，近似值 $z^*$ 的绝对误差 $e(z^*)$有可能很大，除法运算中应尽量避免除数的绝对值远远小于被除数的绝对值。当 $x_1$，$x_2$ 都是准确值时，由于$\left|\dfrac{x_1}{x_2}\right|$很大，会使其他较小的数加不到$\dfrac{x_1}{x_2}$中，而引起严重后果，或者会使计算机计算时“溢出”，导致计算无法进行下去。

在数值计算中，除数的绝对值远小于被除数的绝对值，将会使商的数量级增加，甚至会在计算机中造成“溢出”停机，而且绝对值很小的除数稍有一点误差，就会对计算结果影响很大。

例如，$\dfrac{3.1416}{0.001}=3\ 141.6$，当分母变为 0.001 1，即分母只有 0.0001 的变化时，有

$$\frac{3.1416}{0.0011}=2\ 856$$

商却起了巨大变化。因此，在计算过程中，还应注意避免用绝对值小的数当除数。

(4)简化计算步骤，减少运算次数

运算过程的每一步都有可能产生误差，而且这些误差都还有可能传递到下一步去，这种传递有时是增大的，有时是减小的。同时，运算过程的每一步产生的误差，也可能会积累到最终的结果中去，只不过这种误差的积累有时是增加的，有时则因互相抵消而减少。总而言之，在运算过程中都有可能引起导致结果误差增大的误差传播或误差积累问题。因此，在数值计算中，必须考虑尽量简化计算步骤。这样一方面可以减小计算量，另一方面由于减少了运算次数，从而减少了产生误差的机会，也可能使误差积累减小。

例如计算 $x^{255}$，如果逐个相乘，要进行 254 次乘法，但若改变成

$$x^{255}=xx^2x^4x^8x^{16}x^{32}x^{64}x^{128}$$

只要 14 次乘法运算。当改成 $x^{255}=(((((((x^2)^2)^2)^2)^2)^2)^2)^2/x$，只要 8 次乘法和 1 次除法。

又如计算多项式

$$p(x)=a_nx^n+a_{n-1}x^{n-1}+\cdots+a_1x+a_0$$

的值，若直接计算 $a_kx^k$ 再逐项相加，一共需进行

$$n+(n-1)+\cdots+2+1=\frac{n(n+1)}{2}$$

次乘法和 $n$ 次加法。若采用从后往前计算的方法，即 $x$ 的 $k$ 次幂等于其 $k-1$ 次幂再乘上 $x$，

从后往前 $k+1$ 项的部分和 $u_k$ 等于后 $k$ 项的部分和再加上前一项 $a_kx^k$，这样，逐项求和的方法可以归结为如下的递推关系

$$\begin{cases} t_k = xt_{k-1} \\ u_k = u_{k-1} + a_kt_k \end{cases} \quad k = 1,2,\cdots,n$$

其初值

$$\begin{cases} t_0 = 1 \\ u_0 = a_0 \end{cases}$$

这时，利用初值，对 $k=1$，2，…，$n$ 反复利用递推关系进行计算，最后可得 $u_n=p(x)$。为了计算一个 $x$ 点处的函数值 $p(x)$，利用这种方法共需进行 $2n$ 次乘法和 $n$ 次加法。还能不能减少乘法的次数呢？如果采用秦九韶算法，即从多项式前 $n$ 项提出 $x$，则有

$$p(x) = (a_nx^{n-1} + a_{n-1}x^{n-2} + \cdots + a_1)x + a_0$$

经过这个手续，括号内得到的是一个 $n-1$ 次多项式(注意降了一次)。如果对括号内再施以同样的手续，进一步有

$$p(x) = ((a_nx^{n-2} + a_{n-1}x^{n-3} + \cdots + a_2)x + a_1)x + a_0$$

这样每进行一步，最内层的多项式降低一次，最终可加工成如下嵌套形式

$$p(x) = (\cdots(a_nx + a_{n-1})x + \cdots + a_1)x + a_0$$

利用上式结构上的特点，从里往外一层一层地计算。设用 $v_k$ 表示第 $k$ 层(从里面数起)的值

$$v_k = xv_{k-1} + a_{n-k}, \quad k = 1,2,\cdots,n$$

作为初值，这里令 $v_0=a_n$。

写成递推形式

$$\begin{cases} v_0 = a_n \\ v_k = v_{k-1}x + a_{n-k} \quad k = 1,2,\cdots,n \end{cases} \tag{1-17}$$

这样，多项式函数求值只要用一个简单的循环就能完成，在这个循环当中一共只要进行 $n$ 次乘法和 $n$ 次加法就够了，充分利用递推公式，对提高计算效率往往很有好处。

为便于理解递推形式(1-17)的计算过程，将 $f(x)$ 按降幂排列的系数写在第一行，把要求值点 $x_0$ 及 $v_kx_0$ 写在第二行，第三行为第一、二两行相应之和 $v_k$，最后得到的 $v_n$ 即为所求 $f(x_0)$ 的值，即

| | | | | | | |
|---|---|---|---|---|---|---|
| | $a_n$ | $a_{n-1}$ | $a_{n-2}$ | $\cdots$ | $a_1$ | $a_0$ |
| $x=x_0$ | | $v_0x_0$ | $v_1x_0$ | $\cdots$ | $v_{n-2}x_0$ | $v_{n-1}x_0$ |
| | $v_0$ | $v_1$ | $v_2$ | $\cdots$ | $v_{n-1}$ | $v_n=f(x_0)$ |

**例 1-17** 求 $f(x)=2-x^2+3x^4$ 在 $x_0=2$ 的值。

**解**

| | | | | | |
|---|---|---|---|---|---|
| | 3 | 0 | −1 | 0 | 2 |
| $x=2$ | | 6 | 12 | 22 | 44 |
| | 3 | 6 | 11 | 22 | $46=f(2)$ |

多项式求值的这种算法称为秦九韶算法，它是我国宋代数学家秦九韶最先提出的。秦九韶算法的特点在于它通过一次式的反复计算，逐步得出高次多项式的值。具体地说，它将一个 $n$ 次多项式的求值问题，归结为重复计算 $n$ 个一次式来实现。这种化繁为简的处理方法在

数值分析中是屡见不鲜的。

又如要计算和式 $\sum_{n=1}^{1\,000}\frac{1}{n(n+1)}$ 的值，如果直接逐项求和，运算次数多且误差积累，但可进行化简处理

$$\sum_{n=1}^{1\,000}\frac{1}{n(n+1)}=\sum_{n=1}^{1\,000}\left(\frac{1}{n}-\frac{1}{n+1}\right)=\left(\frac{1}{1}-\frac{1}{2}\right)+\left(\frac{1}{2}-\frac{1}{3}\right)+\cdots+\left(\frac{1}{1\,000}-\frac{1}{1\,001}\right)=1-\frac{1}{1\,001}$$

则整个计算只要一次求倒数和一次减法。

为了减少计算时间还应考虑充分利用耗时少的运算。例如，$k+k$ 比 $2k$，$a\times a$ 比 $a^2$，$b\times 0.25$ 比 $\frac{b}{4}$ 要节省运算时间。

## 1.6 习题

1. 已知圆周率 $\pi=3.141\,592\,653\cdots$，问

(1) 若其近似值取 5 位有效数字，则该近似值是多少？其误差限是多少？

(2) 若其近似值精确到小数点后面 4 位，则该近似值是什么？其误差限是什么？

(3)若其近似值的绝对误差限为 $0.5\times10^{-5}$，则该近似值是什么？

2. 下列各数都是经过四舍五入得到的近似值，求各数的绝对误差限、相对误差限和有效数字的位数。

(1) 3 580；

(2) 0.047 6；

(3) 30.120；

(4) $0.301\,2\times10^{-5}$。

3. 确定圆周率 $\pi$ 如下近似值的绝对误差限、相对误差限、并求其有效数字的位数。

(1) $\frac{22}{7}$；

(2) $\frac{223}{71}$；

(3) $\frac{335}{113}$。

4. 设 $x=108.57\ln t$，其近似数 $x^*$ 的相对误差 $e(x^*)\leqslant0.1$，证明 $t^*$ 的相对误差 $e_r(t^*)<0.1\%$。

5. 要使$\sqrt{6}$的近似值的相对误差限小于 0.1%，要取几位有效数字？

6. 已知近似数 $x^*$ 的相对误差限为 0.3%，问 $x^*$ 至少有几位有效数字？

7. 设 $x>0$，$x^*$ 的相对误差限为 $\delta$，求 $\ln x^*$ 的绝对误差限和相对误差限。

8. 计算球体积 $V=\frac{4}{3}\pi r^3$ 时，为使 $V$ 的相对误差不超过 0.3%，问半径 $r$ 的相对误差允许是多少？

9. 真空中自由落体运动距离 $s$ 和时间 $t$ 的关系是 $s=\frac{1}{2}gt^2$，并设重力加速度 $g$ 是准确的，而对 $t$ 的测量有 $\pm 0.1\text{s}$ 的误差，证明当 $t$ 增加时，距离 $s$ 的绝对误差增加，而相对误差却减少。

10. 求积分值 $I_n = \int_0^1 \frac{x^n}{x+5}\mathrm{d}x, n = 0,1,\cdots,8$。

11. 设 $a = 1\,000$，取 4 位有效数字用如下两个等价的式子

$$x = \sqrt{a+1} - \sqrt{a} \quad 和 \quad x = \frac{1}{\sqrt{a+1}+\sqrt{a}}$$

进行计算，求 $x$ 的近似值 $x^*$，并将结果与准确值 $x=0.015\,807\,437\cdots$ 进行比较，各有多少位有效数字。

12. 计算 $f=(\sqrt{2}-1)^6$，取 $\sqrt{2}\approx 1.4$，利用下列等价的式子计算，得到的哪一个结果最好？

$$\frac{1}{(\sqrt{2}+1)^6};(3-2\sqrt{2})^3;\frac{1}{(3+2\sqrt{2})^3};99-70\sqrt{2}$$

13. 利用四位数学用表求 $1-\cos 2°$，比较不同方法计算所得结果的误差。

14. 用消元法解线性方程组

$$\begin{cases} x + 10^{15}y = 10^{15} \\ x + y = 2 \end{cases}$$

若只用 3 位数计算，结果是否可靠？

15. 反双曲正弦函数 $f(x)=\ln(x-\sqrt{x^2-1})$，求 $f(30)$ 的值。若开平方用 6 位函数表，问求对数时误差有多大？若改用另一等价公式 $\ln(x-\sqrt{x^2-1}) = -\ln(x+\sqrt{x^2-1})$ 计算，求对数时误差有多大？

16. 利用 $\sqrt{783}\approx 27.982$（有 5 位有效数字）求方程 $x^2-56x+1=0$ 的两个根，使其至少具有 4 位有效数字？

17. 用秦九韶算法计算

$$p(x) = x^3 - 3x - 1$$

在 $x=2$ 处的值。

18. 为了使计算

$$y=10+\frac{3}{x-1}+\frac{4}{(x-1)^2}-\frac{6}{(x-1)^3}$$

的乘除法运算次数尽量少，应将表达式改成怎样的计算形式？

# 第 2 章　非线性方程的数值解法

在科学研究和工程技术中常常遇到求解非线性方程的问题。例如求 $n$ 次代数方程

$$a_nx^n + a_{n-1}x^{n-1} + \cdots + a_1x + a_0 = 0 \tag{2-1}$$

的根，或求超越方程

$$e^{-x} - \sin\left(\frac{\pi x}{2}\right) = 0$$

的根。求解这两类方程都可以表示为求非线性方程 $f(x) = 0$ 的根，或称求函数 $f(x)$ 的零点。

对于高次代数方程，由代数基本定理可知多项式根的数目和方程的次数相同，但如果是超越方程就复杂得多，如果有解，可能是一个或几个，也可能是无穷多个。

求非线性方程的根，常遇到两种情形，一种是要求出在给定范围内的某个根，而根的粗略位置已从问题的物理背景或其他方法知道了；另一种是求出在给定范围内方程的全部根，而根的数目和位置事先并不知道，这在解超越方程时是比较困难的。

本章介绍几种对代数方程和超越方程均适用的较为有效的方法，但大部分要知道根在什么范围内，而且此范围内只有一个根，对于工程实际问题，这点一般是可以做到的。

## 2.1　初始近似值的搜索

非线性方程 $f(x) = 0$ 的根的分布可能很复杂。可以根据方程本身的特点，用数学分析的方法进行推导，判断根存在的区间，也可用作图法或借助于某些数学工具软件，如 MATLAB、Mathematica 等描绘出函数的图像，直观地了解根的分布情况。下面给出方程的根和两种利用计算机寻找有根区间、确定初始近似值的常用方法。

### 2.1.1　方程的根

对于一元非线性方程 $f(x) = 0$，若 $f(x)$ 为代数多项式

$$a_nx^n + a_{n-1}x^{n-1} + \cdots + a_1x + a_0$$

则称 $f(x) = 0$ 为代数方程，否则称为超越方程。

超越方程包括指数方程、对数方程和三角方程等，如

$$\cos x + \ln x^2 = 0$$

若存在 $x^*$ 使 $f(x^*) = 0$，则称 $x^*$ 是方程的解或根，也称 $x^*$ 是函数 $f(x)$ 的零点或根。

方程的根可能是实数也可能是复数，相应地称为实根和复根。

若函数 $f(x)$ 可分解为

$$f(x) = (x - x^*)^m g(x), g(x^*) \neq 0 \tag{2-2}$$

其中，$m$ 是大于 1 的正整数，则称 $x^*$ 是方程 $f(x) = 0$ 的 $m$ 重根。

重根也可用如下条件判断。

设函数 $f(x)$ 有 $m$ 阶连续导数，方程 $f(x) = 0$ 有 $m$ 重根 $x^*$ 的充要条件是

$$f(x^*) = f'(x^*) = \cdots = f^{(m-1)}(x^*) = 0, \quad f^{(m)}(x^*) \neq 0 \tag{2-3}$$

**例 2-1** 求 $x=0$ 是方程 $f(x)=e^{2x}-1-2x-2x^2=0$ 的几重根?

**解** $f(x)=e^{2x}-1-2x-2x^2$　　$f(0)=0$

$f'(x)=2e^{2x}-2-4x$　　$f'(0)=0$

$f''(x)=4e^{2x}-4$　　$f''(0)=0$

$f'''(x)=8e^{2x}$　　$f'''(0)=8\neq 0$

因此，$x=0$ 是 $f(x)=e^{2x}-1-2x-2x^2=0$ 的三重根。

若方程 $f(x)=0$ 在区间 $[a,b]$ 内至少有一个根，则称区间 $[a,b]$ 为有根区间。

若在区间 $[a,b]$ 内只有方程 $f(x)=0$ 的一个根，则称区间 $[a,b]$ 为隔根区间。寻找隔根区间 $[a,b]$ 的步骤称为根的隔离。

用数学分析中的介值定理可判断有根区间。

**定理 2-1** 设函数 $f(x)$ 在区间 $[a,b]$ 上连续，且 $f(a)f(b)<0$，则方程 $f(x)=0$ 在区间 $[a,b]$ 上至少有一个根。

用定理 2-2 可判断隔根区间。

**定理 2-2** 设函数 $f(x)$ 在区间 $[a,b]$ 上是单调连续函数，且 $f(a)f(b)<0$，则方程 $f(x)=0$ 在区间 $[a,b]$ 上有且仅有一个根。

数值方法求根的近似值，要解决以下三个问题。

1）根的存在性。方程有没有根，如果有根，有几个根。

2）根的隔离。找出有根区间，把有根区间分成较小的子区间，每个子区间有一个根，进行根的隔离，这时可将有根子区间内任一点都看成该根的一个近似值。

3）根的精确化。对已知根的初始近似值，逐步精确化，使其近似程度提高，直到满足要求的精度。

## 2.1.2 逐步搜索法

设单值连续函数 $f(x)$ 在有根区间 $[a,b]$ 内，不妨假定 $f(a)<0$，从 $x_0=a$ 出发，按预定步长 $h\left(\text{譬如取 } h=\dfrac{b-a}{N}, N \text{ 为正整数}\right)$，一步一步地向右跨，每跨一步进行一次根的“搜索”，即检查点 $x_k=a+kh$，$k=1,2,\cdots$ 上的函数值 $f(x_k)$ 的符号，一旦发现 $x_k$ 处与 $a$ 处函数值异号，即 $f(x_k)>0$，则可确定一个缩小了的有根区间 $[x_{k-1},x_k]$，其宽度等于预定的步长 $h$。特别地，可能有 $f(x_k)=0$，这时 $x_k$ 即为所求的根。这种方法称为逐步搜索法。

**例 2-2** 方程 $f(x)=x^3-x-1=0$，利用逐步搜索法确定一个有根区间。

**解** $f(0)<0$，$f(2)>0$，$f(x)$ 在区间 $(0,2)$ 内至少有一个实根。

设从 $x=0$ 出发，取 $h=0.5$ 为步长向右进行根的搜索，列表如下

| $x$ | 0 | 0.5 | 1.0 | 1.5 |
|---|---|---|---|---|
| $f(x)$ | − | − | − | + |

可以看出，在区间 $[1.0,1.5]$ 内必有一根。

逐步搜索法确定步长 $h$ 是个关键。只要步长 $h$ 取得足够小，利用这种方法可以得到具有

任意精度的近似根。不过当减小步长时，搜索的步数相应增多，从而使计算量加大。因此，逐步搜索法一般用于初步确定根的位置。

### 2.1.3 区间二分法

设函数$f(x)$在区间$[a,b]$上单调连续，若$f(a)f(b)<0$(区间两端点的函数值$f(a)$和$f(b)$异号)，则方程$f(x)=0$在区间$(a,b)$内有唯一的实根$x^*$。

将有根区间$[a,b]$用中点$x_0=\frac{1}{2}(a+b)$分成两半，计算函数值$f\left(\frac{a+b}{2}\right)$。若$f\left(\frac{a+b}{2}\right)=0$，就得到方程的实根$x^*=\frac{a+b}{2}$，否则检查$f(x_0)$与$f(a)$是否同号，如同号，说明所求的根$x^*$在$x_0$的右侧，这时令$a_1=x_0$，$b_1=b$；否则，$x^*$在$x_0$的左侧，这时令$a_1=a$，$b_1=x_0$，这样新的有根区间$[a_1,b_1]$的长度为原有根区间$[a,b]$的一半。

对压缩了的有根区间$[a_1,b_1]$又可施以同样的方法，即用中点$x_1=\frac{a_1+b_1}{2}$将区间$[a_1,b_1]$分为两半，然后判定所求的根在$x_1$的哪一侧，从而又确定一个新的有根区间$[a_2,b_2]$，其长度是区间$[a_1,b_1]$的一半。

如此反复二分下去，即可得出一系列有根区间

$$[a,b]\supset[a_1,b_1]\supset[a_2,b_2]\supset\cdots\supset[a_k,b_k]\supset\cdots$$

其中，每个区间的长度都是前一个区间的一半，因此二分$k$次后的有根区间$[a_k,b_k]$的长度为

$$b_k-a_k=\frac{1}{2^k}(b-a) \tag{2-4}$$

可见，如果二分过程无限地继续下去，这些有根区间最终必收敛于一点$x^*$，该点显然就是所求的根。

取有根区间$[a_k,b_k]$的中点

$$x_k=\frac{1}{2}(a_k+b_k) \tag{2-5}$$

作为根的近似值，此时的误差

$$\left|x^*-x_k\right|\leqslant\frac{1}{2}(b_k-a_k)=\frac{1}{2^{k+1}}(b-a) \tag{2-6}$$

若事先给定的误差要求为$\varepsilon$，则只需

$$\left|x^*-x_k\right|\leqslant\frac{1}{2^{k+1}}(b-a)<\varepsilon \tag{2-7}$$

便可停止计算。

**例 2-3** 证明$1-x-\sin x=0$在区间$[0,1]$内有一个根，使用二分法求误差不大于$\frac{1}{2}\times10^{-4}$的根要二分多少次。

**证** 令$f(x)=1-x-\sin x$，$f(x)$是连续函数。

$$f'(x)=-1-\cos x<0,\quad x\in[0,1]$$

$f(x)$在区间$[0,1]$上单调减少。

又$f(0)=1>0$，$f(1)=-\sin 1<0$，$f(x)$在区间$[0,1]$上有且仅有一个根。

使用二分法时，误差限

$$\left|x^{*}-x_{k}\right| \leqslant \frac{1}{2^{k+1}}(b-a)$$

$$\frac{1-0}{2^{k+1}} \leqslant \frac{1}{2} \times 10^{-4}$$

$$k \geqslant \frac{\lg(1-0)+4}{\lg 2}=13.28$$

所以需二分 14 次。

区间二分法的优点是简单，收敛速度与比值为$\frac{1}{2}$的等比级数相同，它的局限性是只能用于求单根，不能用于求重根和复根。

用计算机进行区间二分法的过程如下：

1）找出$f(x)=0$的根存在区间$[a,b]$，读入$a$，$b$和允许误差$\varepsilon$。

2）计算$f(x)$在区间$[a,b]$中点的值$f\left(\frac{a+b}{2}\right)$。

3）判断：若$f\left(\frac{a+b}{2}\right)f(a)>0$，则根位于区间$\left(\frac{a+b}{2},b\right)$中，以$\frac{a+b}{2}$代替$a$。否则，以$\frac{a+b}{2}$代替$b$。

4）若$b-a<\varepsilon$，计算终止，输出$\frac{a+b}{2} \Rightarrow x$，否则转向 2）。

这里$b-a<\varepsilon$的含义是$b_k-a_k<\varepsilon$，$k$是二分次数，此时输出的$x$即是$x_{k-1}$，并将其取为根$x^*$的近似值。计算过程没有对二分后等于 0，即$f\left(\frac{a+b}{2}\right)f(a)=0$进行单独判断，而是包含在步骤 3）的“否则”一项中进行判断，因为等于 0 是特例，这样可以缩短程序运行时间。

**例 2-4** 用区间二分法求方程$x^3-x-1=0$在区间$[1,1.5]$内的一个实根，使误差不大于 0.001。

**解** 取$f(x)=x^3-x-1$，$f'(x)=3x^2-1$，在区间$[1,1.5]$上，$f'(x)>0$，即$f(x)$在区间$[1,1.5]$上单调连续，且$f(1)=-1<0$，$f(1.5)=0.875>0$，所以$f(x)$在区间$[1,1.5]$上有一个根。

计算过程见表 2-1。从计算结果可以看出$b_9-a_9=0.0010$，由

$$\left|x^{*}-x_{k}\right| \leqslant \frac{1}{2}(b_k-a_k)=b_{k+1}-a_{k+1}$$

取$x^* \approx x_8=1.325$。此时满足$\left|x^*-x_8\right| \leqslant 0.001$。

注意例 2-3 是事先估计计算次数，例 2-4 是事后判定计算结果和控制计算过程结束。计算机执行程序时就是采用例 2-4 的事后判定方式。当然因为

$$b_{k+1}-a_{k+1}=\frac{1}{2^{k+1}}(b-a)$$

所以两种判定方法是完全一致的，只是具体计算步骤不同而已。

表 2-1

| $k$ | $a_k$ | $b_k$ | $x_k$ | $f(x_k)$的符号 | $b_k-a_k$ |
|---|---|---|---|---|---|
| 0 | 1.000 0 | 1.500 0 | 1.250 0 | − | 0.500 0 |
| 1 | 1.250 0 | 1.500 0 | 1.375 0 | + | 0.250 0 |
| 2 | 1.250 0 | 1.375 0 | 1.312 5 | − | 0.125 0 |
| 3 | 1.312 5 | 1.375 0 | 1.343 8 | + | 0.062 5 |
| 4 | 1.312 5 | 1.343 8 | 1.328 2 | + | 0.031 3 |
| 5 | 1.312 5 | 1.328 2 | 1.320 4 | − | 0.015 7 |
| 6 | 1.320 4 | 1.328 2 | 1.324 3 | − | 0.007 8 |
| 7 | 1.324 3 | 1.328 2 | 1.326 3 | + | 0.003 9 |
| 8 | 1.324 3 | 1.326 3 | 1.325 3 | + | 0.002 0 |
| 9 | 1.324 3 | 1.325 3 | | | 0.001 0 |

## 2.2 迭代法

基本迭代法或简单迭代法又称不动点迭代法、Picard 迭代法等，为简单起见一般常称之为迭代法。

### 2.2.1 迭代原理

迭代法是一种逐次逼近的方法，它是用某个固定公式反复校正根的近似值，使之逐步精确，最后得到满足精度要求的结果。

例如求方程 $x^3-x-1=0$ 在 $x=1.5$ 附近的一个根。

将所给方程改写成

$$x=\sqrt[3]{x+1}$$

的形式，这是关于 $x$ 的隐函数形式。当用方程的根 $x^*$ 代入上式两边时，两边应相等，即有

$$x^*=\sqrt[3]{x^*+1}$$

假设初值 $x_0=1.5$ 是其根，代入后，得

$$x_1=\sqrt[3]{x_0+1}=\sqrt[3]{1.5+1}=1.357\ 21$$

求得的 $x_1$ 不等于 $x_0$，再将 $x_1$ 代入，求得 $x_2$

$$x_2=\sqrt[3]{x_1+1}=\sqrt[3]{1.357\ 21+1}=1.330\ 86$$

$x_2$ 与 $x_1$ 不等，再用 $x_2$ 代入，求得 $x_3$

$$x_3=\sqrt[3]{x_2+1}=\sqrt{1.330\ 86+1}=1.325\ 88$$

如此下去，这种逐步校正的过程称为迭代过程。这里用的公式称为迭代公式，即有迭代公式

$$x_{k+1}=\sqrt[3]{x_k+1},\ k=0,\ 1,\ 2,\ \cdots$$

迭代结果如表 2-2 所示。

表 2-2

| $k$ | $x_k$ | $k$ | $x_k$ |
|---|---|---|---|
| 0 | 1.5 | 5 | 1.324 76 |
| 1 | 1.357 21 | 6 | 1.324 73 |
| 2 | 1.330 86 | 7 | 1.324 72 |
| 3 | 1.325 88 | 8 | 1.324 72 |
| 4 | 1.324 94 | | |

仅取 6 位数字时，$x_7$ 与 $x_8$ 相同，即认为 $x_7$ 是方程的根

$$x^* \approx x_7 = 1.324\ 72$$

对于一般连续函数方程 $f(x)=0$，改写成如下形式的等价方程

$$x = \varphi(x) \tag{2-8}$$

其中，$\varphi(x)$ 也是连续函数，称为迭代函数。

由于式(2-8)是隐式方程，其右端含有未知的 $x$，因而不能直接求解。如果给出根的某个初始近似值 $x_0$，将它代入式(2-8)的右端，即转化为显式的计算公式

$$x_1 = \varphi(x_0)$$

从而求出 $x_1$，再取 $x_1$ 作为新的近似值，又有

$$x_2 = \varphi(x_1)$$

如此反复计算，迭代公式为

$$x_{k+1} = \varphi(x_k), k = 0,1,2,\cdots \tag{2-9}$$

如果迭代值 $x_k$ 有极限，则称迭代收敛，这时极限值 $x^* = \lim\limits_{k\to+\infty} x_k$ 显然就是方程 $x=\varphi(x)$ 的根。

可以看出，迭代法的基本思想是将隐式方程 $x=\varphi(x)$ 的求根问题归结为计算一组显式公式 $x_{k+1}=\varphi(x_k)$，也就是说，迭代过程实质上是一个逐步显式化的过程。

求方程 $x=\varphi(x)$ 的根，在几何上就是求直线 $y=x$ 与曲线 $y=\varphi(x)$ 交点 $A$ 的横坐标 $x^*$，如图 2-1a 所示，由初始值 $x_0$ 得曲线 $y=\varphi(x)$ 上的点 $A_0(x_0,\varphi(x_0))$。再在直线 $y=x$ 上找与 $A_0$ 在同一水平线上的点 $A_0'(x_1,x_1)$；得曲线 $y=\varphi(x)$ 上且与 $A_0'$ 点在同一垂直线上的点 $A_1(x_1,\varphi(x_1))$；然后，在直线 $y=x$ 上找与 $A_1$ 点在同一水平线上的点 $A_1'(x_2,x_2)$，…，这样做

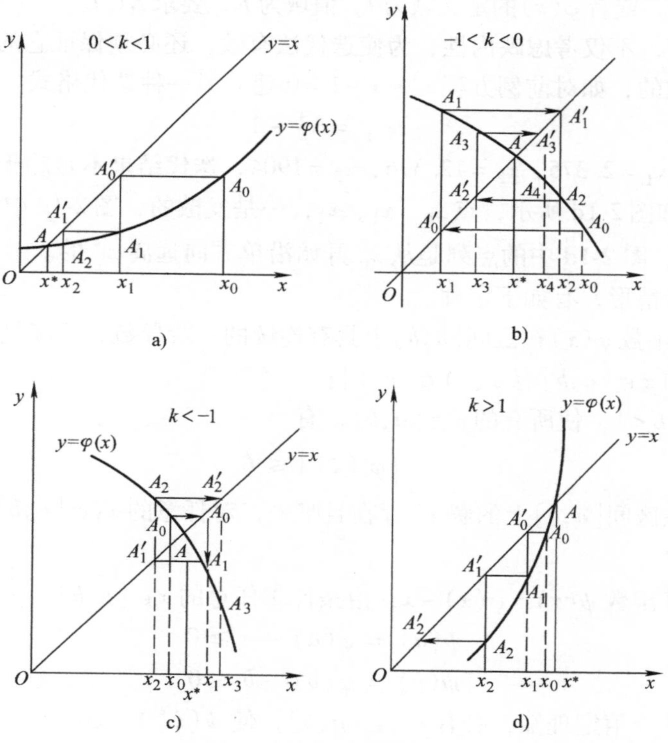


图 2-1　收敛性的几何解释

下去，在曲线上得点列 $A_0$，$A_1$，$A_2$，…逐渐逼近于交点 $A$，点列的横坐标 $x_0$，$x_1$，$x_2$，…逐渐趋于根 $x^*$。而图 2-1b 中的数列 $x_0$，$x_1$，$x_2$，…是从 $x^*$ 的两端依次逐渐趋于 $x^*$ 的。$x^*$ 满足方程 $x=\varphi(x)$，称 $x^*$ 为 $\varphi(x)$ 的不动点，$x^*$ 即方程 $f(x)=0$ 的根。

### 2.2.2 迭代的收敛性

迭代收敛才能应用，下面先讨论在区间上的全局收敛性，再讨论在所求根的邻域的局部收敛性。

**1. 区间收敛性**

迭代过程要收敛，必须先映内，以保证迭代过程可连续进行，下面讨论映内的含义。

**定义 2-1** 对任意初值 $x_0 \in [a,b]$，若按迭代格式

$$x_{k+1} = \varphi(x_k), k = 0,1,2,\cdots$$

生成的序列 $\{x_k\} \in [a,b]$，则称该迭代格式映内。

譬如求方程 $x=e^{-x}$ 在 0.5 附近的根。

将方程改写成 $x=-\ln x$，其迭代格式

$$x_{k+1} = -\ln x_k$$

其中，$\varphi(x)=-\ln x$，而 $\ln x$ 定义域仅为 $(0,+\infty)$，当取 $x_0=0.5$ 时，进行迭代可得 $x_1=0.6931$，$x_2=0.3666$，$x_3=1.0034$，$x_4=-0.0034$。可见 $x_4$ 已超过了 $\ln x$ 的定义域，迭代不能继续，此格式不映内。为使迭代过程不中断，必须要求序列 $\{x_k\}$ 的任一项 $x_k$ 要在函数 $\varphi(x)$ 定义域内，值域包含在定义域内即可，无需一致，记为区间 $[a,b]$，也就是对任一 $x\in[a,b]$，必有 $\varphi(x)\in[a,b]$，或者 $\varphi(x)$ 的定义域为 $I$，值域为 $K$，要求 $K\subset I$。

在实际问题中，不仅考虑映内性，为使迭代法有效，还必须保证它的收敛性。但迭代过程不一定总是收敛的，如对前例方程 $x^3-x-1=0$ 建立另一种迭代格式

$$x_{k+1} = x_k^3 - 1$$

取 $x_0=1.5$，可得 $x_1=2.375$，$x_2=12.396$，$x_3=1904$，迭代结果不是趋于某个极限，而是发散的。如图 2-1c 和图 2-1d 所示，点 $x_0$，$x_1$，$x_2$，…是发散的，图 2-1c 中的点列是从 $x_0$ 开始沿两端远离 $x^*$ 的，图 2-1d 中的点列是从 $x_0$ 开始沿单方向远离 $x^*$ 的。

进而研究一般情形，有如下定理。

**定理 2-3** 设函数 $\varphi(x)$ 在区间 $[a,b]$ 上具有连续的一阶导数，且满足

① 对所有的 $x\in[a,b]$ 有 $\varphi(x)\in[a,b]$；

② 存在 $0<L<1$，使所有的 $x\in[a,b]$，有

$$\left|\varphi'(x)\right| \leqslant L$$

则方程 $x=\varphi(x)$ 在区间 $[a,b]$ 上的解 $x^*$ 存在且唯一，对任意的 $x_0\in[a,b]$，迭代过程 $x_{k+1}=\varphi(x_k)$ 均收敛于 $x^*$。

**证** 考虑连续函数 $\psi(x)=\varphi(x)-x$，由条件①任意的 $x\in[a,b]$，$\varphi(x)\in[a,b]$，有

$$\psi(a) = \varphi(a) - a \geqslant 0$$

$$\psi(b) = \varphi(b) - b \leqslant 0$$

由函数连续性介值定理知，必有 $x^*\in[a,b]$，使 $\psi(x^*)=\varphi(x^*)-x^*=0$，所以有解 $x^*$ 存在，即

$$x^* = \varphi(x^*)$$

假设有两个解 $x^*$ 和 $\tilde{x}$，两个解 $x^*, \tilde{x} \in [a,b]$，且

$$x^* = \varphi(x^*), \tilde{x} = \varphi(\tilde{x})$$

由微分中值定理有 $x^* - \tilde{x} = \varphi(x^*) - \varphi(\tilde{x}) = \varphi'(\xi)(x^* - \tilde{x})$，其中 $\xi$ 是 $x^*$ 和 $\tilde{x}$ 之间的点，从而有 $\xi \in [a,b]$，进而有 $(x^* - \tilde{x})[1 - \varphi'(\xi)] = 0$，由条件②有 $\left|\varphi'(x)\right| < 1$，所以 $x^* - \tilde{x} = 0$，即 $x^* = \tilde{x}$，方程 $x = \varphi(x)$ 在区间 $[a,b]$ 上的解唯一。

按迭代过程 $x_k = \varphi(x_{k-1})$，有

$$x^* - x_k = \varphi(x^*) - \varphi(x_{k-1}) = \varphi'(\xi)(x^* - x_{k-1})$$
$$\left|x^* - x_k\right| = \left|\varphi'(\xi)(x^* - x_{k-1})\right| \leqslant L\left|x^* - x_{k-1}\right|$$

递推之

$$\left|x^* - x_k\right| \leqslant L\left|x^* - x_{k-1}\right| \leqslant L^2\left|x^* - x_{k-2}\right| \leqslant \cdots \leqslant L^k\left|x^* - x_0\right|$$

由于 $L<1$，所以有 $\lim\limits_{k\to+\infty} x_k = x^*$。

可以看出，$L$ 越小，收敛得越快。

定理 2-3 的条件是充分条件而不是必要条件，这从定理的证明过程可以看出。对某些问题在区间 $[a,b]$ 上不满足

$$\left|\varphi'(x)\right| \leqslant L < 1$$

迭代法也收敛。例如，$f(x) = x^3 - 2x = 0$，取 $\varphi(x) = \frac{1}{2}x^3$，$\varphi'(x) = \frac{3}{2}x^2$，在区间 $[-1,1]$ 上不满足 $\left|\varphi'(x)\right| < 1$，但实际上 $x^* = 0$，当初值 $x_0$ 取在 0 附近时，迭代法也收敛。又如，求 $x = 2x(1-x)$ 在区间 $(0,1)$ 内的根，这里 $\varphi(x) = 2x(1-x)$，显然当 $x \in \left(0, \frac{1}{4}\right)$ 时，$\varphi'(x) = 2 - 4x > 1$，不满足 $\left|\varphi'(x)\right| < 1$，但是建立的迭代过程对任意 $x_0 \in (0,1)$ 均收敛，如取 $x_0 = 0.000\,1$ 迭代 17 次得 $x_{17} = 0.500 = x^*$。但是在实际应用时，还是用这个定理判断收敛性，当不满足收敛条件时，改变迭代公式使之满足，然后进行迭代。

上面讨论的是区间 $[a,b]$ 上迭代的收敛性，因此称为全局收敛性或大范围收敛性。定理 2-3 就是全局（区间）收敛定理或大范围收敛定理。

**定理 2-4**　设在区间 $[a,b]$ 上方程 $x = \varphi(x)$ 有根 $x^*$，且对任意 $x \in [a,b]$ 有 $\left|\varphi'(x)\right| \geqslant 1$，则对任意 $x_0(\neq x^*) \in [a,b]$，迭代过程 $x_{k+1} = \varphi(x_k)$ 一定发散。

**证**　当 $x_k(\neq x^*) \in [a,b]$ 时，有

$$\left|x^* - x_k\right| = \left|\varphi'(\xi)\right|\left|x^* - x_{k-1}\right| \geqslant \left|x^* - x_{k-1}\right| \geqslant \left|x^* - x_0\right|$$

迭代误差 $\left|x^* - x_k\right|$ 不会收敛于 0，迭代公式 $x_{k+1} = \varphi(x_k)$ 一定发散。

当然定理 2-4 讨论的也是区间 $[a,b]$ 上迭代过程的不收敛性。

**例 2-5**　对方程 $xe^x - 1 = 0$ 构造收敛的迭代格式并求其根，要求精度 $\varepsilon = 10^{-5}$。

**解**　设 $f(x) = xe^x - 1$，则

$$f(0) = -1 < 0, \quad f(1) = e - 1 > 0$$

故 $f(x) = 0$ 在区间 $(0,1)$ 内有根。

又 $f'(x)=e^x+xe^x=e^x(1+x)>0$，对 $x>0$，方程 $f(x)=0$ 在 $(0,+\infty)$ 内仅有一个根，即区间 $(0,1)$ 内的那个根。

等价方程 $x=e^{-x}$，迭代函数 $\varphi(x)=e^{-x}$，在区间 $[0,1]$ 上，$\varphi(x)\in[e^{-1},1]\subset[0,1]$，$\left|\varphi'(x)\right|=\left|e^{-x}\right|<1$，当 $x\in(0,1)$ 时，$x_{k+1}=\varphi(x_k)$ 收敛。取 $x_0=0.5$ 进行迭代，计算结果如表 2-3 所示。

从计算结果可以看出

$$\left|x_{18}-x_{17}\right|=\left|0.567\,141-0.567\,148\right|=0.000\,007<10^{-5}$$

取 $x^*\approx0.567\,14$。已知所求根的准确值是 0.567 143，此近似值已有 5 位有效数字。

题中要求 $\varepsilon=10^{-5}$，一般来说，为保证运算结果的精度，此结果中所要求的有效数字的位数多取一位或两位进行运算就可以了。

**表 2-3**

| $k$ | $x_k$ | $k$ | $x_k$ |
|---|---|---|---|
| 0 | 0.500 000 | 10 | 0.566 907 |
| 1 | 0.606 531 | 11 | 0.567 277 |
| 2 | 0.545 239 | 12 | 0.567 067 |
| 3 | 0.579 703 | 13 | 0.567 186 |
| 4 | 0.560 065 | 14 | 0.567 119 |
| 5 | 0.571 172 | 15 | 0.567 157 |
| 6 | 0.564 863 | 16 | 0.567 135 |
| 7 | 0.568 438 | 17 | 0.567 148 |
| 8 | 0.566 409 | 18 | 0.567 141 |
| 9 | 0.567 560 | | |

**例 2-6** 求 $x^3-2x-5=0$ 的最小正根。

**解** 确定最小正根所在区间，取 $f(x)=x^3-2x-5$，用试凑法

| $x$ | 0 | 1 | 2 | 3 |
|---|---|---|---|---|
| $f(x)$ | −5 | −6 | −1 | 16 |

故 $x^*\in[2,3]$。

取迭代格式 $x_{k+1}=\dfrac{2x_k+5}{x_k^2}$，则 $\varphi(x)=\dfrac{2x+5}{x^2}$

$$\varphi'(x)=\frac{-2(x+5)}{x^3}$$

$$\varphi'(2)=-\frac{14}{8},\quad \varphi'(3)=-\frac{16}{27}$$

$$\max_{2\leqslant x\leqslant3}\left|\varphi'(x)\right|>1$$

将原方程改写成

$$x=\frac{1}{2}(x^3-5)$$

$$\varphi'(x)=\frac{3}{2}x^2,\quad \varphi'(2)=6>1$$

将原方程改写成 $$x = \sqrt[3]{(2x+5)}$$

$$\varphi'(x) = \frac{2}{3}(2x+5)^{-\frac{2}{3}}$$

$$\max_{2\leqslant x\leqslant 3} \left|\varphi'(x)\right| = 0.94 < 1$$

取 $$x_{k+1} = \sqrt[3]{2x_k+5},\ k=0,\ 1,\ 2,\ \cdots$$

选初值 $x_0=2.5$，具体计算如表2-4所示，取 $x^*=2.0946$。

表 2-4

| $k$ | $x_k$ | $k$ | $x_k$ |
|---|---|---|---|
| 0 | 2.5 | 4 | 2.094 8 |
| 1 | 2.154 4 | 5 | 2.094 6 |
| 2 | 2.103 6 | 6 | 2.094 6 |
| 3 | 2.095 9 | | |

从定理2-3可得以下推论。

**推论 2-1** 在定理2-3的条件下，有误差估计式

$$\left|x^*-x_k\right| \leqslant \frac{L}{1-L}\left|x_k-x_{k-1}\right| \tag{2-10}$$

$$\left|x^*-x_k\right| \leqslant \frac{L^k}{1-L}\left|x_1-x_0\right| \tag{2-11}$$

**证**

$$\begin{aligned}\left|x^*-x_k\right| &\leqslant L\left|x^*-x_{k-1}\right| = L\left|x^*-x_k+x_k-x_{k-1}\right|\\ &\leqslant L\left(\left|x^*-x_k\right|+\left|x_k-x_{k-1}\right|\right)\end{aligned}$$

即 $$(1-L)\left|x^*-x_k\right| \leqslant L\left|x_k-x_{k-1}\right|$$

已知 $L<1$，故有

$$\left|x^*-x_k\right| \leqslant \frac{L}{1-L}\left|x_k-x_{k-1}\right|$$

该式称为验后误差估计式。

$$\begin{aligned}\left|x_k-x_{k-1}\right| &= \left|\varphi(x_{k-1})-\varphi(x_{k-2})\right| = \left|\varphi'(\xi)(x_{k-1}-x_{k-2})\right|\\ &\leqslant L\left|x_{k-1}-x_{k-2}\right|\end{aligned}$$

$$\begin{aligned}\left|x^*-x_k\right| &\leqslant \frac{L}{1-L}\left|x_k-x_{k-1}\right| \leqslant \frac{L^2}{1-L}\left|x_{k-1}-x_{k-2}\right| \leqslant \cdots\\ &\leqslant \frac{L^k}{1-L}\left|x_1-x_0\right|\end{aligned}$$

即 $$\left|x^*-x_k\right| \leqslant \frac{L^k}{1-L}\left|x_1-x_0\right|$$

该式称为验前误差估计式。

由验后误差估计式(2-10)可知，只要相邻两次迭代值 $x_k$ 和 $x_{k-1}$ 的偏差充分小，就能保

证迭代值 $x_k$ 足够准确，因而可用 $|x_k - x_{k-1}|$ 来控制迭代过程的结束。取 $x_k$ 作为根 $x^*$ 的近似值。但当 $L\approx 1$ 时，这个方法就不可靠了。

用残差 $f(x_k)$ 控制迭代过程的结束看起来似乎比较容易，但 $|f(x_k)|$ 小的话，并不一定能够保证 $|x^* - x_k|$ 也小，同样 $|x^* - x_k|$ 小也不能保证 $|f(x_k)|$ 小，因此常将误差 $|x^* - x_k|$ 判断用 $|x_k - x_{k-1}|$ 判断和残差 $f(x_k)$ 判断结合起来。

**2. 局部收敛性**

对于区间收敛性定理 2-3 中的条件①，$x\in[a,b]$，$\varphi(x)\in[a,b]$ 的映内性不易验证，且对较大范围的有根区间此条件也不一定成立。而在所求根的邻域，定理的条件是成立的。

**定义 2-2** 如果存在 $x^*$ 的某个邻域 $\Delta$：$|x - x^*|\leqslant\delta$，$\delta$ 是任意指定的正数，使迭代过程 $x_{k+1}=\varphi(x_k)$ 对于任意初值 $x_0\in\Delta$ 均收敛，则迭代过程 $x_{k+1}=\varphi(x_k)$ 在根 $x^*$ 邻域具有局部收敛性。

**定理 2-5** 设 $\varphi(x)$ 在 $x=\varphi(x)$ 的根 $x^*$ 邻域有连续的一阶导数，且

$$|\varphi'(x^*)|<1 \tag{2-12}$$

则迭代过程 $x_{k+1}=\varphi(x_k)$ 具有局部收敛性。

**证** 由于 $|\varphi'(x^*)|<1$，存在充分小邻域 $\Delta$：$|x - x^*|\leqslant\delta$，使下式成立

$$|\varphi'(x)|\leqslant L<1$$

这里 $L$ 为某个定数，据微分中值定理

$$\varphi(x)-\varphi(x^*) = \varphi'(\xi)(x - x^*)$$

注意到 $\varphi(x^*)=x^*$，又当 $x\in\Delta$ 时，$\xi\in\Delta$，故有

$$|\varphi(x) - x^*| \leqslant L|x - x^*| \leqslant |x - x^*| \leqslant \delta$$

于是由定理 2-3 的条件①可以断定 $x_{k+1}=\varphi(x_k)$ 对于任意 $x_0\in\Delta$ 收敛。

**例 2-7** 设 $\varphi(x)=x+\alpha(x^2-5)$，要使迭代过程

$$x_{k+1} = \varphi(x_k)$$

局部收敛到 $x^*=\sqrt{5}$，求 $\alpha$ 的取值范围。

**解**

$$\varphi(x)=x+\alpha(x^2-5)$$

$$\varphi'(x) = 1 + 2\alpha x$$

由在根 $x^*=\sqrt{5}$ 邻域具有局部收敛性时，收敛条件

$$|\varphi'(x^*)| = |1 + 2\alpha\sqrt{5}|<1$$

$$-1 < 1 + 2\alpha\sqrt{5} < 1$$

所以

$$-\frac{1}{\sqrt{5}} < \alpha < 0$$

由于在实际应用时，方程的根 $x^*$ 事先不知道，故条件

$$|\varphi'(x^*)| < 1$$

无法验证。但如果已知根的初值 $x_0$ 在根 $x^*$ 附近，又根据 $\varphi'(x)$ 的连续性，则可采用

$$\left|\varphi'(x_0)\right| < 1$$

来代替 $\left|\varphi'(x^*)\right|<1$ 判断迭代过程 $x_{k+1}=\varphi(x_k)$ 的收敛性。

**例 2-8** 对方程 $x^3-x^2-1=0$ 在初值 $x_0=1.5$ 附近建立收敛的迭代格式，并求解，要求精确到小数点后 4 位。

**解** 构造迭代公式。写出方程的等价形式

$$x=\sqrt[3]{x^2+1}$$

迭代格式

$$x_{k+1}=\sqrt[3]{x_k^2+1},\ k=0,\ 1,\ \cdots$$

判断迭代格式的收敛性。迭代函数

$$\varphi(x)=\sqrt[3]{x^2+1}$$

$$\varphi'(x)=\frac{2x}{3\sqrt[3]{(x^2+1)^2}}$$

有

$$\left|\varphi'(x_0)\right|_{x_0=1.5}=0.4558<1$$

所以迭代收敛。

计算结果如表 2-5 所示，取 $x^*\approx x_9=1.4656$，此时 $\left|x_9-x_8\right|<\frac{1}{2}\times10^{-4}$。

表 2-5

| $k$ | $x_k$ | $\left|x_{k+1}-x_k\right|$ |
|---|---|---|
| 0 | 1.5 | |
| 1 | 1.481 24 | 0.018 76 |
| 2 | 1.472 71 | 0.008 53 |
| 3 | 1.468 82 | 0.003 89 |
| 4 | 1.467 05 | 0.001 77 |
| 5 | 1.466 24 | 0.000 81 |
| 6 | 1.465 88 | 0.000 36 |
| 7 | 1.465 70 | 0.000 18 |
| 8 | 1.465 63 | 0.000 07 |
| 9 | 1.465 60 | 0.000 03 |

**例 2-9** 求方程 $2x-\lg x=7$ 的最大根。

**解** 初值的确定：令 $f(x)=2x-\lg x-7$，取 $x$ 值进行试凑

| $x$ | $0^+$ | 1 | 2 | 3 | 4 | 5 |
|---|---|---|---|---|---|---|
| $f(x)$ | + | −5 | −3.3 | −1.5 | 0.4 | 2.3 |

取初值 $x_0=3.5$，建立迭代格式 $x_{k+1}=\frac{1}{2}(\lg x_k+7)$，迭代函数 $\varphi(x)=\frac{1}{2}(\lg x+7)$。

判断收敛性 $\varphi'(x)=\frac{1}{2}\frac{1}{\ln10}\frac{1}{x}$，$\left|\varphi'(x)\right|_{x=3.5}=0.062<1$，收敛。

进行迭代计算，结果如表 2-6 所示。取 $x^*=3.7893$。

表 2-6

| $k$ | $x_k$ |
|---|---|
| 0 | 3.5 |
| 1 | 3.7 |
| 2 | 3.79 |
| 3 | 3.789 3 |
| 4 | 3.789 3 |

方程在 $x=0$ 附近还有一个实根，但显然上述迭代格式在 $x=0$ 的邻域是不收敛的，用它不能求出这个根。若改写成

$$x = 10^{2x-7}$$

迭代函数 $\varphi(x)=10^{2x-7}$，在 $x=0$ 附近任选初值迭代，可得根的近似值为 $1.0\times10^{-7}$。

在使用迭代法前，应该先判断迭代格式的收敛性，但是当 $\varphi'(x)$ 较难求取或较复杂时，可试算几步看其误差的绝对值是否下降，以确定其收敛性。

迭代法的一个突出优点是算法的逻辑结构简单，图 2-2 描述了迭代过程 $x_{k+1}=\varphi(x_k)$，图中 $x_0$，$x_1$ 分别表示每次迭代的初值和终值，$\varepsilon$ 为精度，$N$ 为最大迭代次数，用以控制计算时间。

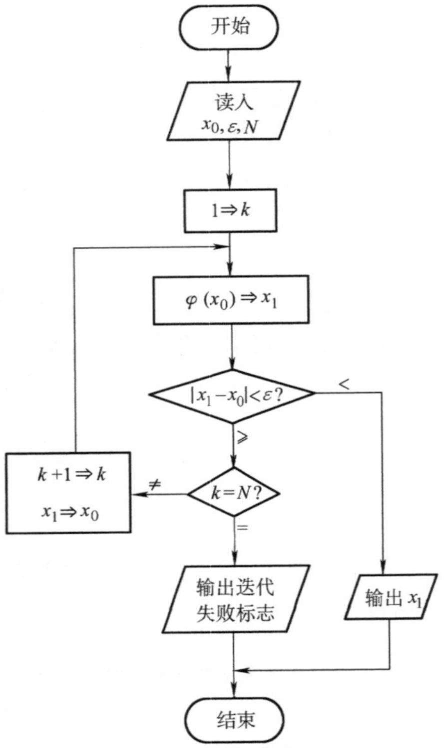


图 2-2 迭代法框图

### 2.2.3 迭代过程的收敛速度

一种迭代法具有实用价值，不但需要肯定它是收敛的，还要求它收敛得比较快。所谓迭代过程的收敛速度，是指在接近收敛时迭代误差的下降速度。

**定义 2-3** 设迭代过程 $x_{k+1}=\varphi(x_k)$ 收敛于 $x=\varphi(x)$ 的根 $x^*$，令迭代误差 $e_k=x_k-x^*$，若存在常数 $p(p\geqslant1)$ 和 $c(c>0)$，使

$$\lim_{k\to+\infty}\frac{|e_{k+1}|}{|e_k|^p}=c \tag{2-13}$$

则称序列 $\{x_k\}$ 是 $p$ 阶收敛的，$c$ 称渐近误差常数。

从定义 2-3 的表达式(2-13)可以看出，$|e_{k+1}|$ 和 $|e_k|^p$ 为同阶无穷小量，即以 $|e_k|$ 为基本无穷小量时，$|e_{k+1}|$ 为 $p$ 阶无穷小量，阶数 $p$ 越高，收敛速度越快，收敛速度是误差的收缩率，阶数越高，误差下降得越快。特别地，$p=1.0<c<1$ 时称线性收敛，$p=2$ 时称平方收敛或二次收敛，$p>1$ 时称超线性收敛。

下面讨论 $p$ 为大于 1 的整数时，迭代函数的导数和收敛速度的关系。

**定理 2-6** 对迭代过程 $x_{k+1}=\varphi(x_k)$，若 $\varphi^{(p)}(x)$ 在所求根 $x^*$ 的邻域连续，且

$$\varphi'(x^*)=\varphi''(x^*)=\cdots=\varphi^{(p-1)}(x^*)=0,\quad \varphi^{(p)}(x^*)\neq0 \tag{2-14}$$

则迭代过程在 $x^*$ 邻域是 $p$ 阶收敛的。

**证** 由于 $\varphi'(x^*)=0$，即在 $x^*$ 邻域 $\left|\varphi'(x^*)\right|<1$，所以 $x_{k+1}=\varphi(x_k)$ 有局部收敛性。

将 $\varphi(x_k)$ 在 $x^*$ 处泰勒展开到 $p-1$ 阶

$$\varphi(x_k) = \varphi(x^*) + \varphi'(x^*)(x_k - x^*) + \frac{1}{2}\varphi''(x^*)(x_k - x)^2 +$$

$$\cdots + \frac{1}{p!}\varphi^{(p)}(\xi)(x_k - x^*)^p, \quad \xi \in x^* \text{ 的邻域}$$

将已知 $\varphi'(x^*)=\varphi''(x^*)=\cdots=\varphi^{(p-1)}(x^*)=0$，$\varphi^{(p)}(x^*)\neq 0$ 代入，并注意 $\varphi(x_k)=x_{k+1}$，$\varphi(x^*)=x^*$，则有

$$x_{k+1} - x^* = \frac{\varphi^{(p)}(\xi)}{p!}(x_k - x^*)^p$$

$$\frac{e_{k+1}}{e_k^p} = \frac{\varphi^{(p)}(\xi)}{p!}$$

$$\lim_{k\to+\infty} \frac{e_{k+1}}{e_k^p} = \frac{\varphi^{(p)}(x^*)}{p!} \neq 0 \tag{2-15}$$

$$\lim_{k\to+\infty} \frac{\left|e_{k+1}\right|}{\left|e_k\right|^p} = \frac{\left|\varphi^{(p)}(x^*)\right|}{p!} \neq 0 \tag{2-16}$$

从定理2-6可以看出，迭代过程的收敛速度依赖于迭代函数 $\varphi(x)$ 的选取。当 $\varphi'(x^*)\neq 0$ 时，则该迭代过程最多是线性收敛，当 $\varphi'(x^*)=0$ 时，迭代过程至少是平方收敛。

**例 2-10** 迭代过程 $x_{k+1}=\frac{2}{3}x_k+\frac{1}{x_k^2}$ 收敛于 $x^*=\sqrt[3]{3}$ 时，问其收敛速度。

**解** 因为

$$\varphi(x_k) = \frac{2}{3}x_k + \frac{1}{x_k^2}$$

$$\varphi(x) = \frac{2}{3}x + \frac{1}{x^2}$$

所以

$$\varphi'(x) = \frac{2}{3} - \frac{2}{x^3}, \quad \varphi''(x) = \frac{6}{x^4}$$

将 $x^*=\sqrt[3]{3}$ 代入

$$\varphi'(x^*) = 0, \quad \varphi''(x^*) = \frac{6}{3\sqrt[3]{3}} = \frac{2}{\sqrt[3]{3}} \neq 0$$

故 $\{x_k\}$ 是二阶收敛的。

**例 2-11** 设 $\varphi(x)=x+\alpha(x^2-5)$，要使迭代过程 $x_{k+1}=\varphi(x_k)$ 至少平方收敛到 $x^*=\sqrt{5}$，确定 $\alpha$ 的值。

**解**

$$\varphi(x) = x + \alpha(x^2 - 5)$$

$$\varphi'(x) = 1 + 2\alpha x$$

当 $\varphi'(x^*)=0$ 时，$x=\varphi(x)$ 至少平方收敛，所以取

$$1+2\alpha\sqrt{5}=0$$

$$\alpha=-\frac{1}{2\sqrt{5}}$$

### 2.2.4 迭代的加速

对于收敛的迭代过程，只要迭代次数足够多，便可使结果达到要求的精度，但有的迭代过程收敛缓慢，从而使计算量很大，这时需要对迭代进行加速。

**1. 加权法加速**

设 $x_k$ 是根 $x^*$ 的某个近似值，用迭代公式校正一次得

$$\bar{x}_{k+1}=\varphi(x_k)$$

又

$$x^*=\varphi(x^*)$$

由中值定理有 $x^*-\bar{x}_{k+1}=\varphi(x^*)-\varphi(x_k)=\varphi'(\xi)(x^*-x_k)$，其中 $\xi\in(x^*,x_k)$，即有

$$x^*-\bar{x}_{k+1}=\varphi'(\xi)(x^*-x_k) \tag{2-17}$$

当 $(x^*,x_k)$ 范围不大时，设 $\varphi'(\xi)$ 变化不大，其估计值为 $c$，则有

$$x^*-\bar{x}_{k+1}\approx c(x^*-x_k)$$

由此解出

$$x^*\approx\frac{1}{1-c}\bar{x}_{k+1}-\frac{c}{1-c}x_k$$

这就是说，如果将迭代值 $\bar{x}_{k+1}$ 与 $x_k$ 加权平均，可以期望所得到的

$$x_{k+1}=\frac{1}{1-c}\bar{x}_{k+1}-\frac{c}{1-c}x_k$$

是比 $\bar{x}_{k+1}$ 更好的近似根。这样加速后的计算过程由迭代和改进两步组成，即

$$\begin{cases}\bar{x}_{k+1}=\varphi(x_k)\\ x_{k+1}=\dfrac{1}{1-c}\bar{x}_{k+1}-\dfrac{c}{1-c}x_k\end{cases}$$

或合并写成

$$x_{k+1}=\frac{1}{1-c}[\varphi(x_k)-cx_k]$$

**例 2-12** 用加权法加速技术求方程 $x=\mathrm{e}^{-x}$ 在 0.5 附近的一个根。

**解** 因为在 $x_0=0.5$ 附近

$$\varphi'(x)\Big|_{0.5}=-\mathrm{e}^{-x}\Big|_{0.5}=-\mathrm{e}^{-0.5}\approx-0.6$$

所以加速迭代公式写成

$$x_{k+1}=\frac{1}{1.6}(\mathrm{e}^{-x_k}+0.6x_k)$$

计算结果如表 2-7 所示。用不动点迭代（见例 2-5）18 次得到精度 $10^{-4}$ 的结果 0.567 141（见表 2-3），这里迭代 4 次即可得到 0.567 143，加速的效果是显著的。

**表 2-7**

| $k$ | $x_k$ | $k$ | $x_k$ |
|---|---|---|---|
| 0 | 0.5 | 3 | 0.567 143 |
| 1 | 0.566 582 | 4 | 0.567 143 |
| 2 | 0.567 132 | | |

**2. 埃特金加速法和斯蒂芬森迭代法**

埃特金加速法是通过已知序列$\{x_k\}$构造一个更快收敛的序列$\{\bar{x}_k\}$，从而用于加快已知序列$\{x_k\}$收敛速度的方法。

设序列$\{x_k\}$线性收敛到$x^*$，由式(2-17)有

$$x_{k+1}-x^*=\varphi'(\xi_k)(x_k-x^*),\ \xi_k\in(x_k,x^*)$$

$$\frac{x_{k+1}-x^*}{x_k-x^*}=\varphi'(\xi_k)$$

设$\varphi'(x)$在$x$变化时，改变不大，近似常数，于是有

$$\frac{x_{k+1}-x^*}{x_k-x^*}\approx\frac{x_{k+2}-x^*}{x_{k+1}-x^*}$$

由此可得

$$x^*\approx\frac{x_kx_{k+2}-x_{k+1}^2}{x_{k+2}-2x_{k+1}+x_k}=x_k-\frac{(x_{k+1}-x_k)^2}{x_{k+2}-2x_{k+1}+x_k}=x_{k+2}-\frac{(x_{k+2}-x_k)^2}{x_{k+2}-2x_{k+1}+x_k}$$

取上式$x^*$的近似值为$\bar{x}_{k+1}$，并记

$$\bar{x}_{k+1}=x_k-\frac{(\Delta x_k)^2}{\Delta^2x_k},\ k=0,\ 1,\ \cdots \tag{2-18}$$

其中，$\Delta x_k=x_{k+1}-x_k$是$x_k$点的一阶差分，$\Delta^2x_k=x_{k+2}-2x_{k+1}+x_k$是$x_k$点的二阶差分。式(2-18)称埃特金加速法，也称$\Delta^2$加速法。可以看出，$\bar{x}_{k+1}$是比$x_k$，$x_{k+1}$，$x_{k+2}$更接近于$x^*$的近似解，这种利用根序列$\{x_k\}$相邻三个值$x_k$，$x_{k+1}$，$x_{k+2}$将$x_k$加速成$\bar{x}_{k+1}$的方法称为埃特金加速法。

**定理 2-7** 设序列$\{x_k\}$线性收敛于$x^*$，则埃特金加速法产生的$\bar{x}_{k+1}$使

$$\lim_{k\to+\infty}\frac{\bar{x}_{k+1}-x^*}{x_k-x^*}=0$$

**证** 由$\{x_k\}$线性收敛于$x^*$，有

$$\lim_{k\to+\infty}\frac{x_{k+1}-x^*}{x_k-x^*}=c$$

$$\lim_{k\to+\infty}\frac{x_{k+2}-x^*}{x_k-x^*}=c^2$$

又由式(2-18)，有

$$\bar{x}_{k+1}-x^*=x_k-\frac{(x_{k+1}-x_k)^2}{x_{k+2}-2x_{k+1}+x_k}-x^*=x_k-x^*-\frac{[(x_{k+1}-x^*)-(x_k-x^*)]^2}{(x_{k+2}-x^*)-2(x_{k+1}-x^*)+(x_k-x^*)}$$

于是

$$\frac{\bar{x}_{k+1}-x^*}{x_k-x^*}=1-\frac{\left(\dfrac{x_{k+1}-x^*}{x_k-x^*}-1\right)^2}{\dfrac{x_{k+2}-x^*}{x_k-x^*}-2\dfrac{x_{k+1}-x^*}{x_k-x^*}+1}$$

$$\lim_{k\to+\infty}\frac{\bar{x}_{k+1}-x^*}{x_k-x^*}=1-\frac{(c-1)^2}{c^2-2c+1}=0$$

定理 2-7 表明$\{\bar{x}_k\}$的收敛速度比$\{x_k\}$的收敛速度快。

埃特金加速法不管序列$\{x_k\}$是如何产生的，只要有三个相邻点 $x_k$，$x_{k+1}$，$x_{k+2}$，就可以将 $x_k$加速成 $\bar{x}_{k+1}$。当把不动点迭代法和埃特金加速法结合起来，即得到斯蒂芬森迭代法，即

$$\begin{cases} y_k = \varphi(x_k) \\ z_k = \varphi(y_k) \\ x_{k+1} = x_k - \dfrac{(y_k - x_k)^2}{z_k - 2y_k + x_k} \end{cases} \tag{2-19}$$

将上式写成另一种不动点迭代

$$x_{k+1} = \psi(x_k)，\ k = 0，1，2，\cdots$$

其中

$$\psi(x) = x - \frac{[\varphi(x) - x]^2}{\varphi(\varphi(x)) - 2\varphi(x) + x}$$

埃特金加速法是对任意收敛序列$\{x_k\}$进行加速的，而对$\{x_k\}$是怎样产生的没有要求。斯蒂芬森迭代法规定序列$\{x_k\}$是由不动点迭代产生的。若$\{x_k\}$由不动点迭代产生，则埃特金加速法和斯蒂芬森迭代法一致。

斯蒂芬森迭代法对不动点迭代的收敛性和收敛速度给予改善，只要不动点迭代函数 $\varphi(x)$满足 $\varphi'(x^*) \neq 1$，不管其是否收敛，由它构造的斯蒂芬森迭代法至少平方收敛。当然原来的迭代法已有二阶或更高的收敛速度时，就没有必要使用斯蒂芬森迭代法，因这时加速效果已不明显。

**例 2-13** 用斯蒂芬森迭代法求方程 $x^3 - x - 1 = 0$ 在区间$[1,1.5]$上的根。

**解** 由式(2-19)写出迭代公式

$$\begin{cases} y_k = x_k^3 - 1 \\ z_k = y_{k+1}^3 - 1 \\ x_{k+1} = x_k - \dfrac{(y_k - x_k)^2}{z_k - 2y_k + x_k} \end{cases}$$

取 $x_0 = 1.25$，计算结果如表 2-8 所示。

**表 2-8**

| $k$ | $x_k$ | $k$ | $x_k$ |
|---|---|---|---|
| 0 | 1.25 | 3 | 1.324 884 |
| 1 | 1.361 508 | 4 | 1.324 718 |
| 2 | 1.330 592 | 5 | 1.324 718 |

这个例题的迭代公式中，前两个式子

$$y_k = x_k^3 - 1$$
$$z_k = y_{k+1}^3 - 1$$

是不收敛的，但通过加速公式

$$x_{k+1} = x_k - \frac{(y_k - x_k)^2}{z_k - 2y_k + x_k}$$

后，使迭代过程收敛并有较高的收敛速度。从而说明对不收敛的迭代格式可用斯蒂芬森迭代

法使之收敛并有较高的收敛速度。

**例 2-14** 利用斯蒂芬森迭代法求方程 $x = \mathrm{e}^{-x}$ 在 0.5 附近的根。

**解** 取迭代函数 $\varphi(x) = \mathrm{e}^{-x}$，斯蒂芬森迭代法

$$\begin{cases} y_k = \mathrm{e}^{-x_k} \\ z_k = \mathrm{e}^{-y_k} \\ x_{k+1} = x_k - \dfrac{(y_k - x_k)^2}{z_k - 2y_k + x_k} \end{cases}$$

取 $x_0 = 0.5$ 时，计算结果如表 2-9 所示。此例说明用不动点迭代(见例 2-5)18 次才能得到的结果，用加权法加速(见例 2-12)时需要 4 次迭代，而斯蒂芬森迭代只需 2 次。当然加权法计算比不动点迭代法复杂，而斯蒂芬森迭代法又比加权法复杂。

**表 2-9**

| $k$ | $x_k$ | $y_k$ | $z_k$ |
|---|---|---|---|
| 0 | 0.5 | 0.606 531 | 0.545 239 |
| 1 | 0.567 624 | 0.566 871 | 0.567 298 |
| 2 | 0.567 143 | | |

## 2.3 牛顿迭代法

用不动点迭代法可逐步精确方程根的近似值，但先要找出方程 $f(x) = 0$ 的等价形式 $x = \varphi(x)$，$\varphi(x)$ 的选择应使迭代收敛，而且收敛得越快越好，但 $\varphi(x)$ 的选择不是唯一的，因此需要试凑。下面介绍的两种选取 $\varphi(x)$ 的方法，能使迭代收敛，且有较快的收敛速度，本节介绍牛顿迭代法，下节介绍弦截法。

### 2.3.1 迭代公式的建立

牛顿迭代法是通过非线性方程线性化得到迭代序列的一种方法。

对于非线性方程 $f(x) = 0$，若已知根 $x^*$ 的一个近似值 $x_k$，将 $f(x)$ 在 $x_k$ 处展成一阶泰勒公式

$$f(x) = f(x_k) + f'(x_k)(x - x_k) + \frac{f''(\xi)}{2!}(x - x_k)^2$$

忽略高次项，有

$$f(x) \approx f(x_k) + f'(x_k)(x - x_k)$$

这是直线方程，用这个直线方程来近似非线性方程 $f(x)$。将非线性方程 $f(x) = 0$ 的根 $x^*$ 代入 $f(x^*) = 0$，即

$$f(x_k) + f'(x_k)(x^* - x_k) \approx 0$$

解出

$$x^* \approx x_k - \frac{f(x_k)}{f'(x_k)}$$

将右端取为 $x_{k+1}$，则 $x_{k+1}$ 是比 $x_k$ 更接近于 $x^*$ 的近似值，即

$$x_{k+1} = x_k - \frac{f(x_k)}{f'(x_k)} \tag{2-20}$$

这就是牛顿迭代公式，相应的迭代函数是

$$\varphi(x)=x-\frac{f(x)}{f'(x)}$$

牛顿迭代法有明显的几何意义（见图2-3），方程$f(x)=0$的根$x^*$在几何上解释为曲线$y=f(x)$与$x$轴的交点的横坐标。设$x_k$是根$x^*$的某个近似值，过曲线$y=f(x)$上横坐标为$x_k$的点$P_k$引切线

$$y=f(x_k)+f'(x_k)(x-x_k)$$

设该切线与$x$轴的交点的横坐标为$x_{k+1}$，有

$$x_{k+1}=x_k-\frac{f(x_k)}{f'(x_k)}$$

则这样获得的$x_{k+1}$即为按牛顿迭代法求得的近似根。由于这种几何背景，牛顿迭代法亦称切线法。

图2-4描述了牛顿迭代法的计算过程。图中$x_0$和$x_1$分别表示每次迭代的初值和终值，$\varepsilon$为精度控制量，$N$为允许最大迭代次数。

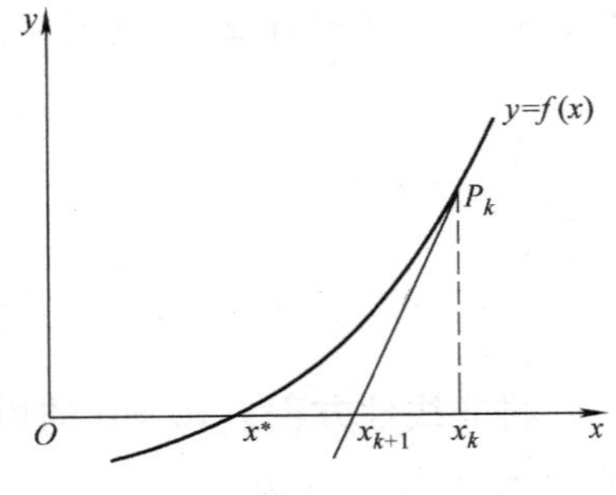


图2-3　牛顿迭代法的几何意义

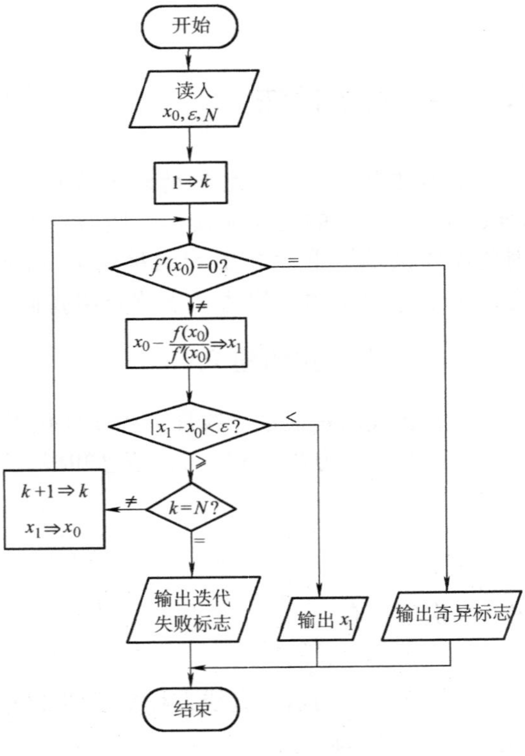


图2-4　牛顿迭代法框图

**例2-15**　用牛顿迭代法求$x=e^{-x}$在0.5附近的根。

**解**　由$x=e^{-x}$有$xe^x-1=0$，取

$$f(x)=xe^x-1=0$$

$$f'(x)=e^x+xe^x$$

牛顿迭代公式

$$x_{k+1}=x_k-\frac{x_k e^{x_k}-1}{e^{x_k}+x_k e^{x_k}}=x_k-\frac{x_k-e^{-x_k}}{1+x_k},\ k=0,\ 1,\ \cdots$$

取 $x_0=0.5$，计算结果如表2-10所示，迭代4次就得到8位有效数字，可以看出牛顿迭代法比不动点迭代法收敛要快得多。

表 2-10

| $k$ | $x_k$ | $k$ | $x_k$ |
|---|---|---|---|
| 0 | 0.5 | 3 | 0.567 143 291 |
| 1 | 0.571 020 440 | 4 | 0.567 143 290 |
| 2 | 0.567 155 569 | | |

下面给出牛顿迭代法在数学上的应用实例。

**例 2-16** 构造平方根表。导出计算$\sqrt{c}$($c>0$)的牛顿迭代公式，并计算$\sqrt{115}$。

**解** 计算$\sqrt{c}$($c>0$)是求 $x^2-c=0$ 的正根，解出 $x$，即得到$\sqrt{c}$。

取 $f(x)=x^2-c$，$f'(x)=2x$，则有构造平方根表的牛顿迭代公式

$$x_{k+1}=x_k-\frac{x_k^2-c}{2x_k}=\frac{1}{2}\left(x_k+\frac{c}{x_k}\right),\ k=0,\ 1,\ \cdots$$

$\sqrt{115}$的值在10~11之间，取初值 $x_0=10$，则

$$x_{k+1}=\frac{1}{2}\left(x_k+\frac{115}{x_k}\right),\ k=0,\ 1,\ \cdots$$

计算结果如表2-11所示。当 $k=3$ 时，得8位有效数字10.723 805。

该迭代公式每步只用一次除法和一次加法再进行一次移位即可，计算量小，并对任意 $x_0>0$，总收敛到$\sqrt{c}$，且是平方收敛，因此迭代公式常作为求平方根的标准子程序。

表 2-11

| $k$ | $x_k$ | $k$ | $x_k$ |
|---|---|---|---|
| 0 | 10 | 3 | 10.723 805 |
| 1 | 10.750 000 | 4 | 10.723 805 |
| 2 | 10.723 837 | | |

## 2.3.2 牛顿迭代法的收敛情况

这里先讨论收敛性，再讨论收敛速度。

牛顿迭代法的迭代函数

$$\varphi(x)=x-\frac{f(x)}{f'(x)}$$

则有

$$\varphi'(x)=\frac{f(x)f''(x)}{[f'(x)]^2}$$

可以利用收敛条件来选择初值 $x_0$，当然这只是选初值的一种方法，即收敛时 $|\varphi'(x)|<1$，所以

$$[f'(x_0)]^2>|f''(x_0)|\ |f(x_0)|$$

这是充分条件，不是必要条件，不满足时也可能会收敛，而且应用这个条件也不太方便，要求出一阶导数和二阶导数。

**定理 2-8** 设函数$f(x)$满足$f(x^*)=0$，$f'(x^*)\neq 0$，且$f''(x)$在$x^*$邻域连续，则牛顿迭代法在$x^*$局部收敛，且至少二阶收敛。并有

$$\lim_{k\to+\infty}\frac{e_{k+1}}{e_k^2}=\frac{f''(x^*)}{2f'(x^*)}$$

**证** 因为$f(x^*)=0$，而$f'(x^*)\neq 0$，在$x^*$邻域，则有

$$\varphi'(x^*)=\frac{f(x^*)f''(x^*)}{[f'(x^*)]^2}=0$$

$$\varphi''(x)=\frac{-2f(x)[f''(x^*)]^2+[f'(x)]^2f''(x)+f(x)f'(x)f'''(x)}{[f'(x)]^3}$$

$$\varphi''(x^*)=\frac{f''(x^*)}{f'(x^*)} \tag{2-21}$$

又因为$f''(x)$在$x^*$邻域连续，则牛顿迭代法局部收敛，且至少二阶收敛。当$f''(x^*)\neq 0$时，$\varphi''(x^*)\neq 0$，牛顿迭代法在$x^*$邻域为二阶收敛。

$$0=f(x^*)=f(x_k)+f'(x_k)(x^*-x_k)+\frac{f''(\xi)}{2}(x^*-x_k)^2,\ \xi\in[x^*,x_k]$$

$$x_k-x^*=\frac{f(x_k)}{f'(x_k)}+\frac{f''(\xi)}{2f'(x_k)}(x_k-x^*)^2$$

$$x_k-\frac{f(x_k)}{f'(x_k)}-x^*=\frac{f''(\xi)}{2f'(x_k)}(x_k-x^*)^2$$

$$x_{k+1}-x^*=\frac{f''(\xi)}{2f'(x_k)}(x_k-x^*)^2$$

$$\lim_{k\to+\infty}\frac{x_{k+1}-x^*}{(x_k-x^*)^2}=\frac{f''(x^*)}{2f'(x^*)}$$

$$\lim_{k\to+\infty}\frac{e_{k+1}}{e_k^2}=\frac{f''(x^*)}{2f'(x^*)}$$

或者直接将式(2-21)代入式(2-15)，也可得出上式。

定理2-8说明，如果$f(x)=0$的单根附近存在着连续的二阶导数，当初值在单根附近时，牛顿迭代法具有平方收敛速度。因此，牛顿迭代法的突出特点是收敛速度快，但缺点是每次要计算导数$f'(x_k)$，且计算复杂，计算量增大。

### 2.3.3 牛顿迭代法的修正

对上面提出的牛顿迭代法的缺点，提出了许多修正方法，这里先讨论求导和初值的问题，再讨论重根时的修正。

**1. 简化牛顿迭代法**

应用牛顿迭代公式$x_{k+1}=x_k-\dfrac{f(x_k)}{f'(x_k)}$，需要每步计算$f'(x_k)$，如果遇到的问题中$f'(x_k)$很难计算，有时可修正迭代过程为

$$x_{k+1}=x_k-\frac{f(x_k)}{c} \tag{2-22}$$

其中 $c$ 是某一常数，这个方法称为简化牛顿迭代法。

只有当 $c=f'(x_k)$ 时，迭代才是二阶收敛的，此时才有 $\varphi'(x)=0$，否则是线性收敛的，但是当 $c$ 取值接近 $f'(x)$ 时，收敛也较快，但这时计算比牛顿切线法简单。所以在实际考虑 $f'(x)=c$ 时，$c$ 在初始值 $x_0$ 时取 $f'(x_0)$，然后可在一些点 $x_k$ 上取 $c=f'(x_k)$，这样既保证了计算简单又使收敛较快，在某些点上接近平方收敛。

这种简化牛顿迭代法的几何意义是用各点 $x_k$ 处斜率均为 $c$ 的平行弦代替相应点处的切线，因此通常称为平行弦法。

**2. 牛顿下山法**

初值 $x_0$ 在单根 $x^*$ 邻域时，牛顿迭代法具有平方收敛速度，如果初值 $x_0$ 偏离 $x^*$ 较远，则牛顿迭代法可能发散或收敛得很慢。

**例 2-17** 用牛顿迭代法求方程 $x^3-x-1=0$ 在 $x=1.5$ 附近的一个根。

**解** 取迭代初值 $x_0=1.5$，用牛顿迭代公式

$$x_{k+1}=x_k-\frac{x_k^3-x_k-1}{3x_k^2-1},\ k=0,\ 1,\ \cdots$$

计算结果如表 2-12 所示。其中 $x_3=1.32472$ 的每一位数字都是有效数字。

表 2-12

| $k$ | $x_k$(初值 1.5) | $x_k$(初值 0.6) | $k$ | $x_k$(初值 1.5) | $x_k$(初值 0.6) |
|---|---|---|---|---|---|
| 0 | 1.5 | 0.6 | 3 | 1.324 72 | 7.986 |
| 1 | 1.347 83 | 17.9 | 4 | 1.324 72 | 5.357 |
| 2 | 1.325 20 | 11.946 8 | | | |

如果改用 $x_0=0.6$ 作为初值，迭代一次得 $x_1=17.9$，这个结果反而比 $x_0$ 更偏离了所求的根 $x^*$，从而使迭代过程收敛变慢。

牛顿下山法是扩大初值范围的修正牛顿法。为防止初值的选取造成迭代发散或迭代值偏离所求的根，要求迭代过程对所选的初值能达到使函数值单调下降，即要满足下山条件

$$\left|f(x_{k+1})\right|<\left|f(x_k)\right|$$

为此，可从加速收敛的方法导出牛顿下山法。将牛顿迭代法的计算结果

$$\bar{x}_{k+1}=x_k-\frac{f(x_k)}{f'(x_k)}$$

与前一步的近似值 $x_k$ 适当加权平均作为新的改进值 $x_{k+1}$

$$x_{k+1}=\lambda\bar{x}_{k+1}+(1-\lambda)x_k$$

将上二式合并化简可得牛顿下山法迭代公式

$$x_{k+1}=x_k-\lambda\frac{f(x_k)}{f'(x_k)} \tag{2-23}$$

其中 $\lambda$ 称为下山因子。通过适当选取下山因子 $\lambda$ 保证函数值 $f(x_k)$ 能单调下降。

下山因子的选择是逐步探索进行的，从 $\lambda=1$ 开始反复将 $\lambda$ 的值减半进行试算，一旦单调下降条件成立，则称"下山成功"；反之，如果在上述过程中找不到使单调下降条件成立的下山因子 $\lambda$，则称"下山失败"，这时需另选初值 $x_0$ 重算。

当 $\lambda \neq 1$ 时，牛顿下山法只有线性收敛速度，但对初值的选取却放得很宽。某一初值对牛顿迭代法不收敛，常可用牛顿下山法选取初值。

再考察上例，前面已经指出，若取 $x_0 = 0.6$，按牛顿迭代公式求得的迭代值 $\bar{x}_1 = 17.9$，当取下山因子 $\lambda = \frac{1}{32}$时，$x_1 = 1.140\ 625$，此时满足单调下降条件，为加快收敛速度，转入牛顿切线法进行计算，计算结果如表 2-13 所示。

表 2-13

| $k$ | $\lambda$ | $x_k$ | $f(x_k)$ | $\lvert f(x_{k+1})\rvert < \lvert f(x_k)\rvert$ |
|---|---|---|---|---|
| 0 | 1 | 0.6 | −1.384 | |
| 1 | 1 | 17.9 | 5 716 | 否 |
| | $\frac{1}{2}$ | 9.25 | 781 | 否 |
| | $\frac{1}{4}$ | 4.925 | 114 | 否 |
| | $\frac{1}{8}$ | 2.762 5 | 17.319 | 否 |
| | $\frac{1}{16}$ | 1.681 25 | 2.070 9 | 否 |
| | $\frac{1}{32}$ | 1.140 625 | −0.625 | 是 |
| 2 | 1 | 1.366 81 | 0.186 6 | |
| 3 | 1 | 1.326 28 | $6.67\times10^{-3}$ | |
| 4 | 1 | 1.324 72 | $9.65\times10^{-6}$ | |
| 5 | 1 | 1.324 72 | $-1.08\times10^{-9}$ | |

牛顿下山法的算法框图如图 2-5 所示。图中 $\varepsilon_\lambda$ 的意义是 $\lambda$ 的取值下限，用以控制计算量，$\varepsilon_\lambda$ 的取值范围是 $0<\varepsilon_\lambda \leqslant \lambda < 1$。当满足下山条件，即下山成功时，将 $x_1$ 取为牛顿迭代法的初值，转入具有平方收敛的牛顿迭代法。当 $\lambda \leqslant \varepsilon_\lambda$时，需要重选初值 $x_0$，再进行计算，重选的方法可用 $x_0+\delta$，其中 $\delta$ 是预先指定的数，转入牛顿下山法再进行计算。

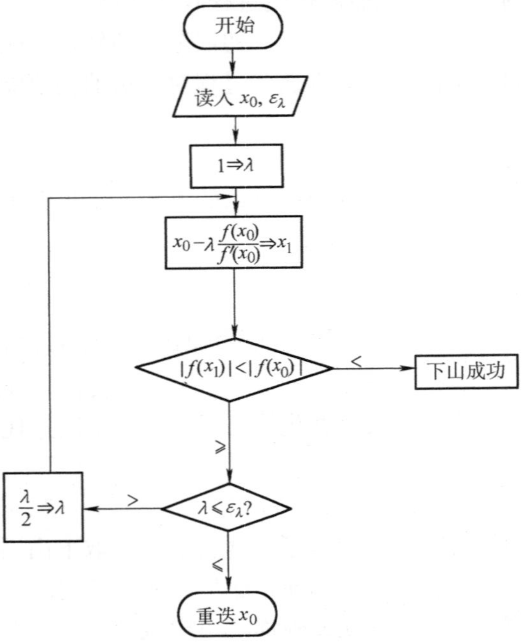

图 2-5　牛顿下山法框图

**3. 重根时的修正**

牛顿迭代法具有平方收敛速度是指单根时的情况，当不是单根时，就没有平方收敛速度。为了得到平方收敛速度，可进行如下的修正。

当重根数已知时，设 $x^*$ 是 $f(x)=0$ 的 $m$ 重根($m\geqslant2$)，即满足

$$f(x^*)=f'(x^*)=\cdots=f^{(m-1)}(x^*)=0,$$
$$f^{(m)}(x^*)\neq0$$

则牛顿迭代法迭代过程

$$x_{k+1}=x_k-\frac{f(x_k)}{f'(x_k)}$$

是线性收敛，不是平方收敛，下面予以证明。

**证** 迭代函数

$$\varphi(x)=x-\frac{f(x)}{f'(x)}$$

令 $x=x^*+h$，将 $f(x)$，$f'(x)$ 在 $x^*$ 处泰勒展开，并注意到 $x^*=\varphi(x^*)$，则

$$\begin{aligned}\varphi(x^*+h)&=(x^*+h)-\frac{f(x^*+h)}{f'(x^*+h)}\\&=(x^*+h)-\frac{f(x^*)+f'(x^*)h+\cdots+\frac{f^{(m)}(x^*)}{m!}h^m+O(h^{m+1})}{f'(x^*)+f''(x^*)h+\cdots+\frac{f^{(m)}(x^*)}{(m-1)!}h^{m-1}+O(h^m)}\end{aligned}$$

将已知 $m$ 重根的条件代入

$$\begin{aligned}\varphi(x^*+h)&=(x^*+h)-\frac{\frac{f^{(m)}(x^*)}{m!}h^m+O(h^{m+1})}{\frac{f^{(m)}(x^*)}{(m-1)!}h^{m-1}+O(h^m)}\\&=x^*+h-\frac{1}{m}h+O(h^2)\\&=x^*+\left(1-\frac{1}{m}\right)h+O(h^2)\end{aligned}$$

$$\begin{aligned}\varphi'(x^*)&=\lim_{h\to0}\frac{\varphi(x^*+h)-\varphi(x^*)}{h}\\&=\lim_{h\to0}\frac{x^*+\left(1-\frac{1}{m}\right)h+O(h^2)-x^*}{h}=1-\frac{1}{m}\end{aligned}$$

由于 $m\geqslant2$，$\varphi'(x^*)\neq0$，所以牛顿迭代法线性收敛。

取迭代函数 $\varphi(x)=x-m\dfrac{f(x)}{f'(x)}$，重新计算 $\varphi'(x^*)$，则仍有 $\varphi'(x^*)=0$，这时修正的牛顿迭代法

$$x_{k+1}=x_k-m\frac{f(x_k)}{f'(x_k)}\tag{2-24}$$

是平方收敛的，但这种修正方法需要预知重根数 $m$ 的值。

**例 2-18** 已知 $x=\sqrt{2}$ 是方程 $f(x)=x^4-4x^2+4=0$ 的二重根，用牛顿迭代法和重根修正公式求解。

**解** 牛顿迭代法

$$x_{k+1}=x_k-\frac{x_k^4-4x_k^2+4}{4x_k^3-8x_k}=x_k-\frac{(x_k^2-2)^2}{4x_k(x_k^2-2)}=x_k-\frac{x_k^2-2}{4x_k}$$

重根数 $m=2$ 时的修正牛顿迭代法

$$x_{k+1}=x_k-2\,\frac{x_k^2-2}{4x_k}$$

取 $x_0=1.5$，迭代结果如表2-14第2列和第3列所示。

重根法有平方收敛速度，经过3次迭代达到了 $10^{-9}$ 精度，而牛顿法是一阶的，要经过30次迭代才能得到相同的结果。

表 2-14

| $k$ | 牛顿值 $x_k$ | $x_k$($m$ 已知) | $x_k$($m$ 未知) |
|---|---|---|---|
| 0 | 1.5 | 1.5 | 1.5 |
| 1 | 1.458 333 333 | 1.416 666 667 | 1.411 764 706 |
| 2 | 1.436 607 143 | 1.414 215 686 | 1.414 211 438 |
| 3 | 1.524 497 619 | 1.414 213 562 | 1.414 213 562 |
| 4 | 1.471 350 112 | 1.414 213 562 | 1.414 213 562 |

当重根数未知时，令 $\mu(x)=\dfrac{f(x)}{f'(x)}$。若 $x^*$ 是 $f(x)$ 的 $m$ 重根，则 $f(x)=(x-x^*)^m g(x)$，且 $g(x^*)\neq 0$，则有

$$\mu(x)=\frac{(x-x^*)^m g(x)}{m(x-x^*)^{m-1}g(x)+(x-x^*)^m g'(x)}=\frac{(x-x^*)g(x)}{mg(x)+(x-x^*)g'(x)}$$

故 $x^*$ 是 $\mu(x)$ 的单重零点。

牛顿迭代法修正为

$$x_{k+1}=x_k-\frac{\mu(x_k)}{\mu'(x_k)} \tag{2-25}$$

该方法是二阶收敛的。此时

$$\varphi(x)=x-\frac{\mu(x)}{\mu'(x)}=x-\frac{f'(x)f(x)}{[f'(x)]^2-f(x)f''(x)}$$

迭代格式

$$x_{k+1}=x_k-\frac{f'(x_k)f(x_k)}{[f'(x_k)]^2-f(x_k)f''(x_k)},\quad k=0,\ 1,\ \cdots$$

这种方法不需要知道重根数，但迭代格式稍微复杂。表2-14第4列给出了这种方法的计算结果，经过3次迭代也得到了具有 $10^{-9}$ 精度的近似值。

## 2.4 弦截法

弦截法又称弦位法、弦割法、割线法、弦法和离散牛顿法。

牛顿迭代法的优点是收敛速度快，但它有个明显的缺点就是每迭代一次都要计算 $f'(x_k)$，如果函数 $f(x)$ 比较复杂，计算 $f'(x_k)$ 可能很麻烦，尤其当 $|f'(x_k)|$ 很小时，计算需很精确，否则误差会很大。为了避免计算导数，改用差商代替导数，这就是弦截法。弦截法又分单点弦法和双点弦法。双点弦法的收敛速度低于牛顿迭代法，但又高于不动点迭代法，因此是工程计算中常用的方法。

### 2.4.1 单点弦法

设方程 $f(x)=0$，在区间 $[x_0,x_1]$ 上有唯一根 $x^*$，选 $f(x)=0$ 上的两点 $(x_0,f(x_0))$ 和

$(x_1, f(x_1))$作弦（直线），则有两点式方程

$$f(x)=f(x_1)+\frac{f(x_1)-f(x_0)}{x_1-x_0}(x-x_1)$$

由于$f(x_0)\neq f(x_1)$，可解出$f(x)$和$x$轴的交点$x_2$

$$x_2=x_1-\frac{f(x_1)}{f(x_1)-f(x_0)}(x_1-x_0)$$

若$f(x_2)=0$，则$x^*=x_2$，否则，再过$f(x_0)$和$f(x_2)$作弦，弦和$x$轴交点为$x_3$，即

$$x_3=x_2-\frac{f(x_2)}{f(x_2)-f(x_0)}(x_2-x_0)$$

写成迭代格式

$$x_{k+1}=x_k-\frac{f(x_k)}{f(x_k)-f(x_0)}(x_k-x_0), \quad k=1, 2, \cdots \tag{2-26}$$

可以看出，将牛顿迭代公式(2-20)中的导数项$f'(x)$换成差商$\frac{f(x_k)-f(x_0)}{x_k-x_0}$即是上述迭代格式。

这个公式的几何意义是过两个点作弦，这个弦和$x$轴的交点即是根的新的近似值，因为弦的一个端点$(x_0, f(x_0))$始终不变，只有另一个端点变动，所以这种方法称为单点弦法。单点弦法的几何意义如图 2-6 所示。

**例 2-19** 求$x^3-0.2x^2-0.2x-1.2=0$在区间$[1, 1.5]$内的实根(取 3 位小数)。

**解** 据题意$f(x)=x^3-0.2x^2-0.2x-1.2$，取$x_0=1.5$，$f(x_0)=1.425$，有

$$x_{k+1}=x_k-\frac{f(x_k)}{f(x_k)-1.425}(x_k-1.5), \quad k=1, 2, \cdots$$

取$x_1=1$，计算结果如表 2-15 所示，取$x^*\approx x_7=1.200$。

**表 2-15**

| $k$ | $x_k$ | $f(x_k)$ | $k$ | $x_k$ | $f(x_k)$ |
|---|---|---|---|---|---|
| 1 | 1 | −0.6 | 5 | 1.198 | −0.007 |
| 2 | 1.15 | −0.173 | 6 | 1.199 | −0.004 |
| 3 | 1.190 | −0.036 | 7 | 1.200 | 0.000 |
| 4 | 1.193 | −0.025 | | | |

## 2.4.2 双点弦法

为加速收敛，改用两个端点都在变动的弦，即用差商$\frac{f(x_k)-f(x_{k-1})}{x_k-x_{k-1}}$替代牛顿迭代公式(2-20)中的导数$f'(x)$，从而导出

$$x_{k+1}=x_k-\frac{f(x_k)}{f(x_k)-f(x_{k-1})}(x_k-x_{k-1}), \quad k=1, 2, \cdots \tag{2-27}$$

这种迭代法称为双点弦法或快速弦法。

双点弦法的收敛速度比单点弦法快，仅稍慢于牛顿法，是超线性收敛。

双点弦法在计算 $x_{k+1}$ 时要用到前面两点的值 $x_k$ 和 $x_{k-1}$，这种迭代法称两步法，使用这类方法，在计算前必须先提供两个开始值 $x_0$ 和 $x_1$。

双点弦法的几何意义如图 2-7 所示。先过 $B_0(x_0, f(x_0))$ 点和 $B_1(x_1, f(x_1))$ 点作弦，这个弦（或其延长线）和 $x$ 轴的交点 $x_2$ 即是根的新的近似值，再过 $B_1$ 点和 $B_2(x_2, f(x_2))$ 点作弦求出 $x_3$，依此类推，当收敛时可求出满足精度要求的 $x_k$。

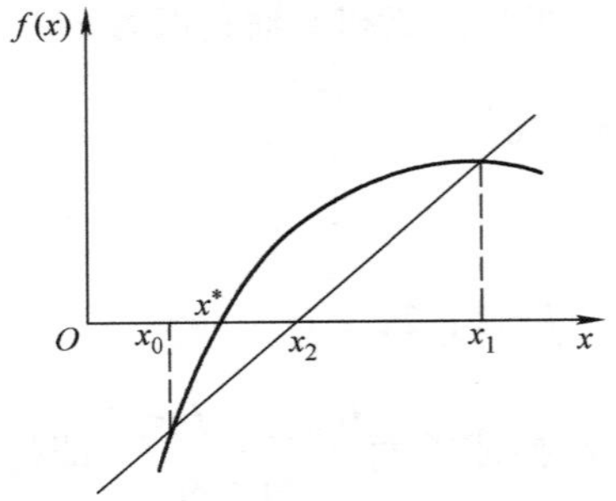


图 2-6　单点弦法的几何意义

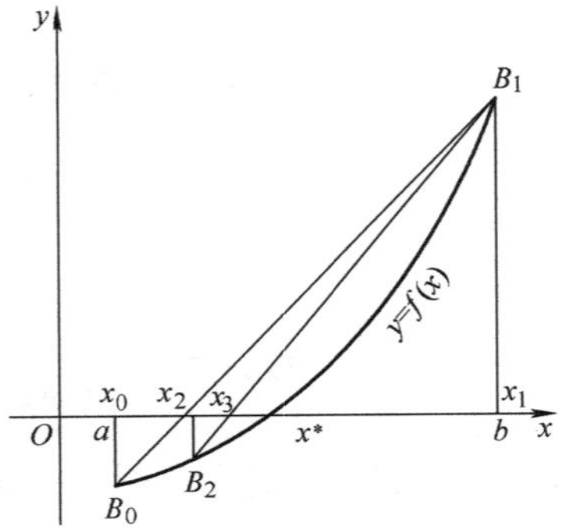


图 2-7　双点弦法的几何意义

**例 2-20**　用双点弦法解方程 $x = e^{-x}$。

**解**　设 $f(x) = xe^x - 1 = 0$，取初值 $x_0 = 0.5$ 和 $x_1 = 0.6$ 作为开始值，按式(2-27)双点弦法迭代公式有

$$x_{k+1} = x_k - \frac{f(x_k)}{f(x_k) - f(x_{k-1})}(x_k - x_{k-1}),\ k = 1,\ 2,\ \cdots$$

进行计算，结果如表 2-16 所示，与不动点迭代法的计算结果表 2-3 和牛顿迭代法的计算结果表 2-10 相比较，其收敛速度远快于不动点迭代法，仅比牛顿迭代法稍慢一点，是超线性收敛。图 2-8 给出了双点弦法的算法框图。

**表　2-16**

| $k$ | $x_k$ | $f(x_k)$ |
|---|---|---|
| 1 | 0.5 | −0.175 639 356 |
| 2 | 0.6 | 0.093 271 28 |
| 3 | 0.565 315 | −0.005 044 415 |
| 4 | 0.567 095 | −0.000 133 432 |
| 5 | 0.567 143 | −0.000 000 802 |

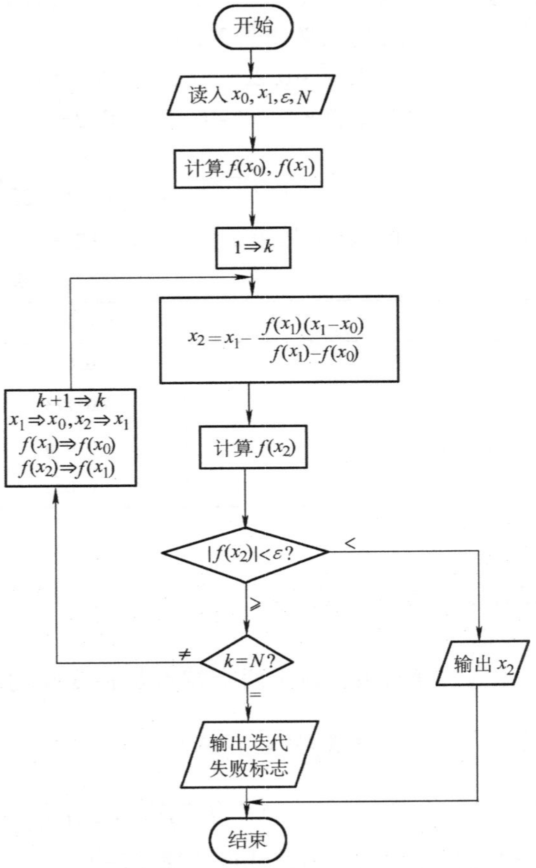


图 2-8　双点弦法框图

可以将双点弦法的计算步骤归纳如下：

1）选定初始值 $x_0$ 和 $x_1$，计算 $f(x_0)$，$f(x_1)$。

2）按双点弦法迭代公式(2-27)计算 $x_2$，并求 $f(x_2)$。

3）判断：如果 $|f(x_2)| < \varepsilon$，$\varepsilon$ 给定精度，则迭代停止，输出 $x_2$；否则，用 $(x_2, f(x_2))$ 和

$(x_1, f(x_1))$分别代替$(x_1, f(x_1))$和$(x_0, f(x_0))$，重复2)和3)。

## 2.5 多项式方程求根

多项式方程又称代数方程，多项式方程求根可用一般函数方程$f(x)=0$求根法求解。但由于多项式只取决于其系数，因此可以导出更有效、更经济的求根方法。在讨论求根方法之前，先讲一个定理作为数学准备知识。

**定理 2-9** 对于任意多项式$c(x)$和$d(x)$，其中$d(x)\neq 0$，存在唯一的多项式$Q(x)$和$r(x)$，满足

$$c(x)=Q(x)d(x)+r(x)$$

且$r(x)$次数小于$d(x)$的次数，$Q(x)$称为商多项式，$r(x)$称为余多项式。

根据定理2-9可以写出

$$c(x)=Q(x)d(x)+r(x)$$

的次数，当$c(x)$为$n$次，$d(x)$为$m$次，且$m<n$时，$Q(x)$为$n-m$次，$r(x)$小于$m$次。

设$n$次多项式方程

$$f(x)=a_0x^n+a_1x^{n-1}+\cdots+a_{n-1}x+a_n=0$$

其中，系数$a_0$，$a_1$，…，$a_n$是实数。下面讨论其两种求根的方法。

### 2.5.1 牛顿法求根

对于牛顿法求根的迭代格式

$$x_{k+1}=x_k-\frac{f(x_k)}{f'(x_k)},\quad k=0,\ 1,\ \cdots$$

首先，建立多项式系数和$f(x_k)$的关系，即$f(x_k)$的计算格式，然后再建立$f'(x_k)$的计算格式，这样就得到牛顿法求多项式方程的根的计算方法。

以$(x-x_k)$除多项式$f(x)$，设商

$$Q(x)=b_0x^{n-1}+b_1x^{n-2}+\cdots+b_{n-2}x+b_{n-1}$$

余数为$b_n$，则

$$f(x)=(x-x_k)Q(x)+b_n \tag{2-28}$$

将$f(x)$和$Q(x)$代入上式，有

$$\begin{aligned}
&a_0x^n+a_1x^{n-1}+\cdots+a_{n-1}x+a_n\\
&=(x-x_k)(b_0x^{n-1}+b_1x^{n-2}+\cdots+b_{n-2}x+b_{n-1})+b_n\\
&=b_0x^n+(b_1-b_0x_k)x^{n-1}+(b_2-b_1x_k)x^{n-2}+\cdots+(b_n-b_{n-1}x_k)
\end{aligned}$$

根据多项式理论，如果两个多项式同次项系数全相等，那么这两个多项式相等。即两个多项式相等的充要条件是两个多项式关于$x$的各次幂的系数相同。因此，比较上式两端有

$$\begin{cases} b_0 = a_0 \\ b_1 = a_1 + x_k b_0 \\ b_2 = a_2 + x_k b_1 \\ \quad \vdots \\ b_n = a_n + x_k b_{n-1} \end{cases}$$

写成递推关系式

$$\begin{cases} b_0 = a_0 \\ b_i = a_i + b_{i-1} x_k, \ i = 1, 2, \cdots, n \end{cases}$$

因为由式(2-28)得出 $f(x_k) = b_n$，所以 $f(x_k)$ 可按上式递推计算。

再用 $(x - x_k)$ 除 $Q(x)$，设商

$$H(x) = c_0 x^{n-2} + c_1 x^{n-3} + \cdots + c_{n-3} x + c_{n-2}$$

余数为 $c_{n-1}$，则有

$$Q(x) = (x - x_k) H(x) + c_{n-1} \tag{2-29}$$

将 $Q(x)$ 和 $H(x)$ 的表达式代入上式，并比较系数，有

$$\begin{cases} c_0 = b_0 \\ c_i = b_i + x_k c_{i-1}, \ i = 1, 2, \cdots, n-1 \end{cases}$$

对式(2-28)求导，有

$$f'(x) = (x - x_k) Q'(x) + Q(x)$$

并考虑式(2-29)，有

$$f'(x_k) = Q(x_k) = c_{n-1}$$

这样 $f'(x_k)$ 可递推计算 $c_{n-1}$ 求得。

牛顿法求多项式方程的根的计算步骤可归纳为如下几步：

1）取 $x_0 = 0$，或找出初始值 $x_0$。

2）对 $k = 0, 1, 2, \cdots$ 计算

$$b_i = a_i + x_k b_{i-1}, \ b_0 = a_0, \ i = 1, 2, \cdots, n$$

$$c_i = b_i + x_k c_{i-1}, \ c_0 = b_0, \ i = 1, 2, \cdots, n-1$$

$$x_{k+1} = x_k - \frac{b_n}{c_{n-1}}$$

3）误差判断用 $b_n < \varepsilon$ 或用 $|x_{k+1} - x_k| = \left|\frac{b_n}{c_{n-1}}\right| < \varepsilon$。

整个计算过程只要对 $k = 0, 1, 2, \cdots$ 算到 $x_{k+1}$ 满足精度要求（误差判断）为止。

**例 2-21** 设 $f(x) = x^3 - x^2 + 2x + 5$，若取 $x_0 = -1$，用递推公式计算 $f(x_k)$ 和 $f'(x_k)$，并按牛顿迭代过程计算 $x_{k+1}$，$k = 0, 1, \cdots$。计算结果如表 2-17 所示。

**表 2-17**

| $k$ | $x_k$ | $b_i$ | $c_i$ | $\frac{b_n}{c_{n-1}}$ |
|---|---|---|---|---|
| 0 | -1 | 1<br>-2<br>4<br>1 | 1<br>-3<br>7 | 0.142 857 |

（续）

| $k$ | $x_k$ | $b_i$ | $c_i$ | $\frac{b_n}{c_{n-1}}$ |
|---|---|---|---|---|
| 1 | -1.142 857 | 1<br>-2.142 857<br>4.448 979<br>-0.084 546 | 1<br>-3.285 714<br>9.141 426 | -0.010 305 |
| 2 | -1.129 807 | 1<br>-2.129 807<br>4.406 241<br>-0.021 764 | 1<br>-3.259 614<br>8.089 006 | 0.002 691 |
| 3 | -1.132 498 | 1<br>-2.132 498<br>4.415 050<br>-0.000 035 | 1<br>-3.264 996<br>8.089 006 | -0.000 004 |
| 4 | -1.132 494 | 1<br>-2.132 494<br>4.415 037<br>-0.000 003 | | |

### 2.5.2 劈因子法

实多项式的复根成对出现，每一对复根对应于一个实系数二次式 $x^2+ux+v$，建立求 $n$ 次多项式实二次因式的迭代法，这样不需复数运算，节省机时，这种方法称为劈因子法，它是牛顿法的推广。

设多项式 $f(x)=a_0x^n+a_1x^{n-1}+\cdots+a_{n-1}x+a_n$ 分离出二次因式 $\omega^*(x)=x^2+u^*x+v^*$ 对应着一对共轭复根。

劈因子法的基本思想是从多项式的某个近似的二次因式

$$\omega(x)=x^2+ux+v$$

出发，用迭代的方法，使之逐步精确，求出满足精度要求的数值解。

以 $x^2+ux+v$ 除 $f(x)$，得商

$$p(x)=b_0x^{n-2}+b_1x^{n-3}+\cdots+b_{n-3}x+b_{n-2}$$

及余项 $r_0x+r_1$，因此，有

$$f(x)=(x^2+ux+v)p(x)+(r_0x+r_1) \tag{2-30}$$

显然 $r_0$ 和 $r_1$ 都是 $u$ 和 $v$ 变化的函数

$$\begin{cases} r_0=r_0(u,v) \\ r_1=r_1(u,v) \end{cases}$$

逐步修改 $u$ 和 $v$，使 $r_0$ 和 $r_1$ 变小，当用满足精度的 $u$ 和 $v$ 组成 $x^2+ux+v$ 时，就得到要求的 $f(x)$ 的二次因式。

考察方程

$$\begin{cases} r_0(u,v)=0 \\ r_1(u,v)=0 \end{cases}$$

这是关于 $u$ 和 $v$ 的非线性方程组，设其解$(u^*,v^*)$，则有

$$\begin{cases} r_0(u^*,v^*)=0 \\ r_1(u^*,v^*)=0 \end{cases}$$

将其左端在点$(u,v)$展开到一阶项

$$\begin{cases} r_0+\dfrac{\partial r_0}{\partial u}(u^*-u)+\dfrac{\partial r_0}{\partial v}(v^*-v)\approx 0 \\ r_1+\dfrac{\partial r_1}{\partial u}(u^*-u)+\dfrac{\partial r_1}{\partial v}(v^*-v)\approx 0 \end{cases}$$

这样，运用牛顿切线法的处理思想将非线性方程线性化，可得到下列线性方程组

$$\begin{cases} r_0+\dfrac{\partial r_0}{\partial u}\Delta u+\dfrac{\partial r_0}{\partial v}\Delta v=0 \\ r_1+\dfrac{\partial r_1}{\partial u}\Delta u+\dfrac{\partial r_1}{\partial v}\Delta v=0 \end{cases} \tag{2-31}$$

其中 $\Delta u=u^*-u$，$\Delta v=v^*-v$，解出增量 $\Delta u$ 和 $\Delta v$，即可得到改进的二次因式

$$\omega(x)=x^2+(u+\Delta u)x+(v+\Delta v)$$

这是比 $x^2+ux+v$ 更接近真解的改进式。

下面说明方程组(2-31)系数的计算方法。

首先，讨论 $r_0$ 和 $r_1$ 的计算。

将 $p(x)$表达式代入式(2-30)，并和$f(x)$比较系数，可得

$$\begin{cases} b_0=a_0 \\ b_1=a_1-ub_0 \\ b_2=a_2-ub_1-vb_0 \\ \quad\vdots \\ b_{n-2}=a_{n-2}-ub_{n-3}-vb_{n-4} \\ r_0=a_{n-1}-ub_{n-2}-vb_{n-3} \\ r_1=a_n-vb_{n-2} \end{cases}$$

由此可以递推 $b_1$，$b_2$，…，$b_{n-2}$，$r_0$，$r_1$。写成简便的形式

$$\begin{cases} b_0=a_0 \\ b_1=a_1-ub_0 \\ b_i=a_i-ub_{i-1}-vb_{i-2},\ i=2,3,\cdots,n \\ r_0=b_{n-1} \\ r_1=b_n+ub_{n-1} \end{cases}$$

其次，讨论$\dfrac{\partial r_0}{\partial v}$和$\dfrac{\partial r_1}{\partial v}$的计算。

将式(2-30)对 $v$ 求偏导数，注意 $x^2+ux+v$ 是 $v$ 的函数，$p(x)$是$f(x)$除以 $x^2+ux+v$ 的

商，故 $p(x)$ 也是 $v$ 的函数，$f(x)$ 和 $v$ 无关，因此有

$$p(x) = -(x^2 + ux + v)\frac{\partial p}{\partial v} + s_0 x + s_1 \tag{2-32}$$

式中 $s_0 = -\frac{\partial r_0}{\partial v}$，$s_1 = -\frac{\partial r_1}{\partial v}$。

可见，用 $x^2 + ux + v$ 除 $p(x)$，余式为 $s_0 x + s_1$，由于 $p(x)$ 是 $n-2$ 次多项式，$\frac{\partial p}{\partial v}$为 $n-4$ 次多项式，记为

$$\frac{\partial p}{\partial v} = c_0 x^{n-4} + c_1 x^{n-5} + \cdots + c_{n-5}x + c_{n-4}$$

上式代入式(2-32)，并与 $p(x)$ 表达式相比较，有相应的递推关系

$$\begin{cases} c_0 = b_0 \\ c_1 = b_1 - ub_0 \\ \quad \vdots \\ c_i = b_{i-u}c_{i-1} - vc_{i-2}, \quad 2 \leqslant i \leqslant n-2 \\ \quad \vdots \\ s_0 = c_{n-3} \\ s_1 = c_{n-2} + uc_{n-3} \end{cases}$$

因此

$$\frac{\partial r_0}{\partial v} = -s_0, \quad \frac{\partial r_1}{\partial v} = -s_1$$

最后计算系数$\frac{\partial r_0}{\partial u}$，$\frac{\partial r_1}{\partial u}$。

将式(2-30)对 $u$ 求偏导，有

$$xp(x) = -(x^2 + ux + v)\frac{\partial p}{\partial u} - \frac{\partial r_0}{\partial u}x - \frac{\partial r_1}{\partial u}$$

式(2-32)两端乘 $x$，并整理，有

$$\begin{aligned} xp(x) &= -(x^2 + ux + v)x\frac{\partial p}{\partial v} + (s_0 x + s_1)x \\ &= -(x^2 + ux + v)\left(x\frac{\partial p}{\partial v} - s_0\right) - (us_0 - s_1)x - vs_0 \end{aligned}$$

比较上二式，有

$$\frac{\partial r_0}{\partial u} = us_0 - s_1, \quad \frac{\partial r_1}{\partial u} = vs_0$$

因此，由 $u$，$v$，$s_0$，$s_1$ 可求出$\frac{\partial r_0}{\partial u}$，$\frac{\partial r_1}{\partial u}$。

算法框图如图 2-9 所示。图中读入 $u_0$ 和 $v_0$，即 $x^2 + u_0 x + v_0$ 是多项式的初始近似二次因式，输出 $u_1$ 和 $v_1$，即 $x^2 + u_1 x + v_1$ 是满足精度要求的二次因式。$|\Delta u|$，$|\Delta v| < \varepsilon$ 是指 $\max(|\Delta u|, |\Delta v|) < \varepsilon$。

初始二次因式可从物理背景给出，也可从数学上估计。下面介绍一种估计的方法。

设首一式 $f(x)=x^n+a_1x^{n-1}+\cdots+a_{n-2}x^2+a_{n-1}x+a_n$，则其末尾二次因式 $x^2+\dfrac{a_{n-1}}{a_{n-2}}x+\dfrac{a_n}{a_{n-2}}$ 是该多项式的一对最小复根的二次因式。

**证** 设方程 $f(x)=0$ 的 $n$ 个根 $|x_1|\geqslant|x_2|\geqslant\cdots\geqslant|x_{n-2}|\geqslant|x_{n-1}|\geqslant|x_n|$ 由根与系数的关系（Vieta 定理）有

$$a_n=(-1)^n x_1x_2\cdots x_{n-1}x_n$$

$$a_{n-1}=(-1)^{n-1}(x_1x_2\cdots x_{n-1}+x_1x_2\cdot\cdots\cdot x_{n-2}x_n+\cdots)\approx(-1)^{n-1}(x_1x_2\cdots x_{n-1}+x_1x_2\cdot\cdots\cdot x_{n-2}x_n)$$

$$a_{n-2}=(-1)^{n-2}(x_1x_2\cdots x_{n-3}x_{n-2}+x_1x_2\cdots x_{n-3}x_{n-1}+\cdots)\approx(-1)^{n-2}(x_1x_2\cdots x_{n-3}x_{n-2})$$

因此，有

$$\frac{a_n}{a_{n-2}}\approx x_{n-1}x_n,\quad -\frac{a_{n-1}}{a_{n-2}}\approx x_{n-1}+x_n$$

即 $x^2+\dfrac{a_{n-1}}{a_{n-2}}x+\dfrac{a_n}{a_{n-2}}$ 是对应于一对最小复根的二次因式。

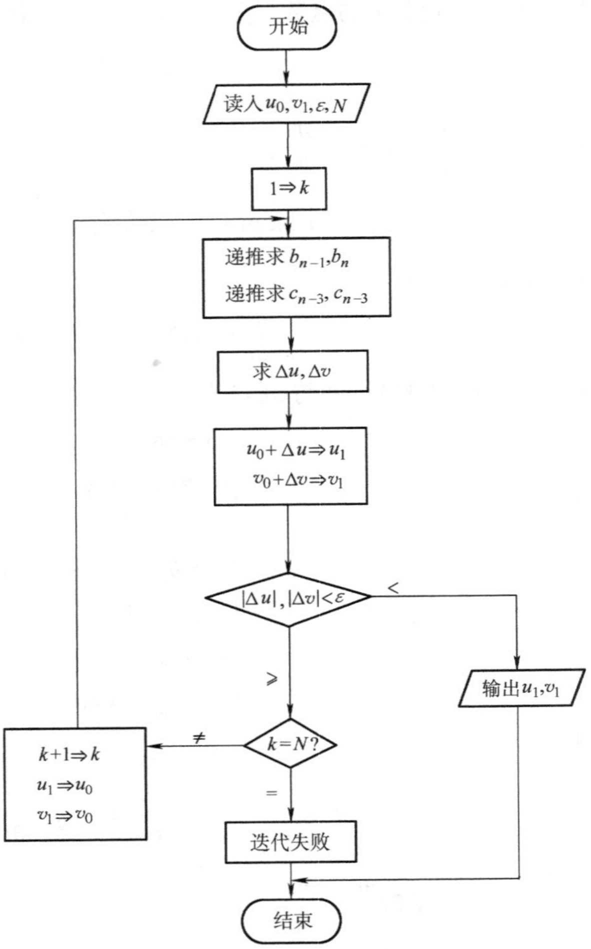

图 2-9 劈因子法框图

**例 2-22** 用劈因子法求 $x^4+8x^3+39x^2-62x+50=0$ 的一对最小复根的二次因式。

**解** 取对应一对最小复根的尾部二次因式 $x^2-1.6x+1.3$ 作为初始近似二次因式。计算结果如表 2-18 所示，所求二次因式为 $x^2-2x+2$。

**表 2-18**

| $k$ | $u$ | $v$ | $b_i$ | $c_i$ | $\Delta u$ | $\Delta v$ |
|---|---|---|---|---|---|---|
| 0 | −1.6 | 1.3 | 1<br>−6.4<br>27.46<br>−9.744<br>−1.288 4 | 1<br>−4.8<br>18.48<br>26.064 | −0.362 8 | 0.633 3 |
| 1 | −1.962 8 | 1.933 3 | 1<br>−6.037 2<br>25.216 9<br>−0.832 5<br>−0.381 9 | 1<br>−4.074 4<br>15.286 4<br>37.048 7 | −0.036 84 | 0.066 07 |

（续）

| $k$ | $u$ | $v$ | $b_i$ | $c_i$ | $\Delta u$ | $\Delta v$ |
|---|---|---|---|---|---|---|
| 2 | −1.999 6 | 1.999 4 | 1<br>−6.000 4<br>25.002 2<br>−0.008 4<br>−0.002 2 | 1<br>−4.000 8<br>15.002 8<br>37.990 4 | −0.000 4 | 0.000 7 |
| 3 | −2.000 0 | 2.000 1 | 1<br>−6.000 0<br>24.999 9<br>0.000 4<br>−0.001 5 | 1<br>−4.000 0<br>14.999 8<br>38.00 | 0.000 0 | −0.000 1 |
| 4 | −2.000 0 | 2.000 0 | 1<br>−6.000 0<br>25.000 0<br>0.000 0<br>0.000 0 | 1<br>−4.000 0<br>15.000 0<br>38.000 0 | 0.000 0 | 0.000 0 |

## 2.6 习题

1. 求方程 $x^3-1.8x^2+0.15x+0.65=0$ 的有根区间。

2. 用区间二分法求方程 $x^5+3x-1=0$ 的最小正根，要求误差不大于$\frac{1}{2}\times 10^{-2}$。

3. 用区间二分法求方程 $x^3-x-1=0$ 在区间$[1,2]$上的近似根，误差小于 $10^{-3}$ 至少要二分多少次？

4. 给定函数$f(x)$，对任意 $x$，$f'(x)$存在，且$0<m\leqslant f'(x)\leqslant M$，证明对$0<\lambda<\frac{2}{M}$的任意常数 $\lambda$，迭代过程 $x_{k+1}=x_k-\lambda f(x_k)$均收敛于$f(x)=0$ 的根。

5. 已知 $x=\varphi(x)$在区间$[a,b]$上只有一个实根，而且当 $x\in[a,b]$时 $|\varphi'(x)|\geqslant L>1$（$L$ 为常数），问如何将 $x=\varphi(x)$化为适合于迭代的形式？

6. 方程 $x^3-x^2-1=0$ 在区间$[1.3,1.6]$上有一个根，把方程写成 4 种不同的形式：

（1）$x=1+\frac{1}{x^2}$，对应迭代格式 $x_{k+1}=1+\frac{1}{x_k^2}$；

（2）$x^3=1+x^2$，对应迭代格式 $x_{k+1}=\sqrt[3]{1+x_k^2}$；

（3）$x^2=\frac{1}{x-1}$，对应迭代格式 $x_{k+1}=\sqrt{\frac{1}{x_k-1}}$；

（4）$x=\sqrt{x^3-1}$，对应迭代格式 $x_{k+1}=\sqrt{x_k^3-1}$。

判断迭代格式的收敛性，选一种迭代格式求 $x_0=1.5$ 附近的根（4 位有效数字）。

7. 证明对任意初值 $x_0\in\mathbf{R}$，由迭代公式

$$x_{k+1}=\cos x_k,\ k=0,\ 1,\ 2,\ \cdots$$

所产生的序列$\{x_k\}$都收敛于方程 $x=\cos x$ 的根。

8. 设方程 $12-3x+2\cos x=0$ 的迭代法 $x_{k+1}=4+\frac{2}{3}\cos x_k$

(1) 证明对任意初值 $x_0\in\mathbf{R}$，均有 $\lim\limits_{k\to+\infty}x_k=x^*$，其中 $x^*$ 为方程的根；

(2) 取 $x_0=4$，求此迭代法的近似根，使误差不超过 $10^{-3}$，并列出各次迭代值；

(3) 证明此迭代法的收敛阶。

9. 对求方程 $x^3-x^2-0.8=0$ 在初值 $x_0=1.5$ 附近建立收敛的迭代格式，并求解使之有4位有效数字。

10. 能否用迭代法求解下列方程，若不能，将方程改写成能用迭代法求解的形式。

(1) $x=\frac{(\cos x+\sin x)}{4}$；

(2) $x=4-2^x$。

11. 用不动点迭代法求函数 $f(x)=x-\ln x-2$ 在区间 $(2,+\infty)$ 内的零点，并用斯蒂芬森迭代法加速。

12. 设 $x^*$ 是方程 $f(x)=0$ 的单根，$x=\varphi(x)$ 是 $f(x)=0$ 的等价方程，若 $\varphi(x)=x-m(x)f(x)$，证明当 $m(x^*)\neq\frac{1}{f'(x^*)}$ 时，$x_{k+1}=\varphi(x_k)$ 至多是一阶收敛的；当 $m(x^*)=\frac{1}{f'(x^*)}$ 时，$x_{k+1}=\varphi(x_k)$ 至少是二阶收敛的。

13. 确定常数 $p$，$q$，$r$，使迭代过程

$$x_{k+1}=px_k+q\frac{a}{x_k^2}+r\frac{a^2}{x_k^5}$$

产生的序列$\{x_k\}$收敛到$\sqrt[3]{a}$，并使其收敛阶尽可能高。

14. 利用适当的迭代格式证明

$$\lim_{k\to+\infty}\underbrace{\sqrt{2+\sqrt{2+\cdots+\sqrt{2}}}}_{k\text{个}2}=2$$

15. 设函数 $f(x)=(x^3-a)^2$，写出解 $f(x)=0$ 的牛顿迭代格式，并证明此格式的收敛阶。

16. 导出计算$\frac{1}{\sqrt{a}}$(其中 $a>0$)的牛顿迭代公式，要求该迭代公式既无开方又无除法运算。

17. 分别用牛顿迭代法和求重根的修正牛顿迭代法求方程 $2x^2+2x+1-e^{2x}=0$ 在根 $x^*=0$ 的近似值，取初值 $x_0=0.5$，精确到 $|f(x_k)|\leqslant10^{-4}$。

18. 设 $x^*$ 是方程 $f(x)=0$ 的 $m$(其中 $m\geqslant2$)重根，即 $f(x)=(x-x^*)^m q(x)$，$q(x^*)\neq0$，证明牛顿迭代法

$$x_{k+1}=x_k-\frac{f(x_k)}{f'(x_k)}$$

仅为线性收敛，是一阶方法。而改进牛顿迭代法

$$x_{k+1}=x_k-m\frac{f(x_k)}{f'(x_k)}$$

则是二阶方法。

19. 设非线性方程 $f(x)=(x^3-3x^2+3x-1)(x+3)=0$ 的根 $x_1=-3$，$x_2=1$。写出求 $x_1$ 和 $x_2$ 的近似值时具有二阶局部收敛的牛顿迭代公式。

20. 设 $f(x)\in C^2[a,b]$，且 $x^*\in(a,b)$ 是 $f(x)=0$ 的单根，证明单点弦法

$$x_{k+1}=x_k-\frac{f(x_k)}{f(x_k)-f(x_0)}(x_k-x_0),k=1,2,\cdots$$

局部收敛。

21. 用单点弦法和双点弦法，求 Leonardo 方程 $x^3+2x^2+10x-20=0$ 在 $x_0=1.5$ 附近的根。

22. 用劈因子法求方程 $x^4+7x^3+24x^2+25x-15=0$ 的二次因式(精确到 $10^{-4}$)。

# 第 3 章　线性代数方程组的数值解法

工程实践中提出的计算问题有很多涉及求解线性代数方程组，这些线性代数方程组可能以完整问题独立地出现，也可能作为更复杂过程的组成部分而存在。

$n$ 阶线性代数方程组的一般形式

$$\begin{cases} a_{11}x_1 + a_{12}x_2 + \cdots + a_{1n}x_n = b_1 \\ a_{21}x_1 + a_{22}x_2 + \cdots + a_{2n}x_n = b_2 \\ \qquad\qquad\vdots \\ a_{n1}x_1 + a_{n2}x_2 + \cdots + a_{nn}x_n = b_n \end{cases}$$

或写成矩阵 - 向量形式

$$\boldsymbol{Ax} = \boldsymbol{b}$$

其中 $\boldsymbol{A}$ 称为系数矩阵，$\boldsymbol{x}$ 称为解向量，$\boldsymbol{b}$ 称为右端常向量，分别为

$$\boldsymbol{A} = \begin{pmatrix} a_{11} & \cdots & a_{1n} \\ \vdots & & \vdots \\ a_{n1} & \cdots & a_{nn} \end{pmatrix},\quad \boldsymbol{x} = \begin{pmatrix} x_1 \\ x_2 \\ \vdots \\ x_n \end{pmatrix},\quad \boldsymbol{b} = \begin{pmatrix} b_1 \\ b_2 \\ \vdots \\ b_n \end{pmatrix}$$

若矩阵 $\boldsymbol{A}$ 非奇异，即 $\boldsymbol{A}$ 的行列式 $\det \boldsymbol{A} \neq 0$，根据克莱姆(Gramer)法则，方程组有唯一解

$$x_i = \frac{D_i}{D}, i = 1,2,\cdots,n$$

其中，$D$ 表示 $\det \boldsymbol{A}$，$D_i$ 表示 $D$ 中第 $i$ 列换成 $\boldsymbol{b}$ 后所得的行列式。对于较高阶的情况，用这种方法求解是不现实的。一个 $n$ 阶行列式有 $n!$ 项，每一项又是 $n$ 个数的乘积。就算不计舍入误差对计算结果的影响，对较大的 $n$，其运算量之大也是计算机在一般情况下难以容许的。因此，线性代数方程组的计算机解法使用另外两类方法：直接法和迭代法。

直接法是经过有限步算术运算，若计算过程中没有舍入误差可求得方程组精确解的方法。但是，由于实际计算过程中总存在着舍入误差，因此，用直接法得到的结果并不是绝对精确的。直接法中最基本的方法是高斯消去法和矩阵三角分解法等，这类方法是解低阶稠密矩阵方程组及某些大型稀疏方程组(如大型带状方程组)的有效方法。直接法的优点是可以预先估计计算的工作量，并且根据消去法的基本原理，可以得到有关矩阵运算的一些方法，因此其应用很广泛。

迭代法是用某种极限过程去逐步逼近线性方程组精确解的方法。迭代法的优点是简单，所需计算机存储单元少，便于编制计算机程序，但这种方法存在着迭代收敛性和收敛快慢的问题。在迭代法中，由于极限过程一般不可能进行到底，因此，只能得到满足一定精度要求的近似解，当然，这在实际应用中已足够了。迭代法是解大型稀疏系数矩阵的线性方程组，尤其是解微分方程离散后得到的大型方程组的一种重要方法。

## 3.1 高斯消去法

高斯消去法是一种直接法，这种方法只包含有限次的四则运算，计算有限步就能直接得到方程组的精确解。但是，在实际计算过程中由于舍入误差的存在和影响，也只能求得近似解。

### 3.1.1 顺序高斯消去法

顺序高斯消去法简称为高斯消去法，是一种古老的求解线性方程组的方法，高斯消去法及基于高斯消去法的基本思想而改进、变形得到的主元素消去法，三角分解法等仍是目前计算机上常用的有效算法。

**1. 基本思想**

顺序高斯消去法的基本思想是反复利用线性方程组初等变换中的一种变换，即用一个不为零的数乘一个方程后加至另一个方程，使方程组变成同解的上三角形方程组，然后再自下而上对上三角形方程组求解。这样，顺序高斯消去法可分成“消去”和“回代”两个过程，下面以一个简单的例子予以说明。

考虑三阶方程组

$$\begin{cases} 2x_1 - x_2 + 3x_3 = 1 \\ 4x_1 + 2x_2 + 5x_3 = 4 \\ x_1 + 2x_2 = 7 \end{cases}$$

及其相应的增广矩阵

$$\begin{pmatrix} 2 & -1 & 3 & 1 \\ 4 & 2 & 5 & 4 \\ 1 & 2 & 0 & 7 \end{pmatrix}$$

消元过程的第 1 步是第 1 个方程不动，确定第 2 个和第 3 个方程的乘数，即将第 2 个和第 3 个方程 $x_1$ 项系数除以第 1 个方程 $x_1$ 项系数，得到乘数

$$m_{21} = \frac{4}{2} = 2, m_{31} = \frac{1}{2} = 0.5$$

用第 2 个和第 3 个方程分别减去其乘数 $m_{21}$ 和 $m_{31}$ 乘以第 1 个方程的积，这样就消去了第 2 个和第 3 个方程的 $x_1$ 项，于是有等价方程组

$$\begin{cases} 2x_1 - x_2 + 3x_3 = 1 \\ \quad 4x_2 - x_3 = 2 \\ 2.5x_2 - 1.5x_3 = 6.5 \end{cases}$$

相应地，增广矩阵化为

$$\begin{pmatrix} 2 & -1 & 3 & 1 \\ 0 & 4 & -1 & 2 \\ 0 & 2.5 & -1.5 & 6.5 \end{pmatrix}$$

消元过程的第 2 步是第 1 个和第 2 个方程不动，确定第 3 个方程的乘数，即将第 3 个方

程 $x_2$ 项系数除以第 2 个方程 $x_2$ 项系数，得到乘数

$$m_{32} = \frac{2.5}{4} = 0.625$$

用第 3 个方程减去其乘数 $m_{32}$乘以第 2 个方程，这样就消去了第 3 个方程的 $x_2$ 项，于是有等价方程组

$$\begin{cases} 2x_1 - x_2 + 3x_3 = 1 \\ \quad\quad 4x_2 - x_3 = 2 \\ \quad\quad -0.875x_3 = 5.25 \end{cases}$$

相应地，增广矩阵化为

$$\begin{pmatrix} 2 & -1 & 3 & 1 \\ 0 & 4 & -1 & 2 \\ 0 & 0 & -0.875 & 5.25 \end{pmatrix}$$

这样，消元过程就把原方程组化为上三角形方程组，系数矩阵成为上三角形矩阵。

回代过程是将上三角形方程组自下而上求解，从而得出

$$x_3 = -6,\ x_2 = -1,\ x_1 = 9$$

由此看出，顺序高斯消去法的基本思想是通过初等变换消去方程组系数矩阵主对角线以下的元素，而使方程组化为等价的上三角形方程组，再通过回代求出方程组的解。

**2. 计算步骤**

下面讨论一般的 $n$ 阶线性方程组的高斯消去法。

记 $\boldsymbol{Ax}=\boldsymbol{b}$ 为 $\boldsymbol{A}^{(1)}\boldsymbol{x}=\boldsymbol{b}^{(1)}$，$\boldsymbol{A}^{(1)}$和 $\boldsymbol{b}^{(1)}$的元素分别记为 $a_{ij}^{(1)}$和 $b_i^{(1)}$，$i$，$j=1$，2，…，$n$，系数上标(1)代表第 1 次消元之前的状态。

第 1 次消元时，设 $a_{11}^{(1)}\neq 0$。

对行计算乘数

$$m_{i1} = \frac{a_{i1}^{(1)}}{a_{11}^{(1)}}, i = 2,3,\cdots,n \tag{3-1}$$

用 $-m_{i1}$乘以第 1 个方程，加到第 $i$ 个方程，消去第 2 个方程到第 $n$ 个方程的未知数 $x_1$，得到 $\boldsymbol{A}^{(2)}\boldsymbol{x}=\boldsymbol{b}^{(2)}$，即

$$\begin{pmatrix} a_{11}^{(1)} & a_{12}^{(1)} & \cdots & a_{1n}^{(1)} \\ & a_{22}^{(2)} & \cdots & a_{2n}^{(2)} \\ & \vdots & & \vdots \\ & a_{n2}^{(2)} & \cdots & a_{nn}^{(2)} \end{pmatrix} \begin{pmatrix} x_1 \\ x_2 \\ \vdots \\ x_n \end{pmatrix} = \begin{pmatrix} b_1^{(1)} \\ b_2^{(2)} \\ \vdots \\ b_n^{(2)} \end{pmatrix} \tag{3-2}$$

其中

$$\begin{cases} a_{ij}^{(2)} = a_{ij}^{(1)} - m_{i1}a_{1j}^{(1)} \\ b_i^{(2)} = b_i^{(1)} - m_{i1}b_1^{(1)} \end{cases}$$

$i$，$j=2$，3，…，$n$

第 $k$ 次消元($2\leqslant k\leqslant n-1$)时，设第 $k-1$ 次消元已完成，即有

$$\boldsymbol{A}^{(k)}\boldsymbol{x} = \boldsymbol{b}^{(k)}$$

其中

$$
A^{(k)}=\begin{pmatrix} a_{11}^{(1)} & a_{12}^{(1)} & & \cdots & a_{1n}^{(1)} \\ & a_{22}^{(2)} & a_{23}^{(2)} & \cdots & a_{2n}^{(2)} \\ & & \ddots & & \vdots \\ & & & a_{kk}^{(k)} \cdots & a_{kn}^{(k)} \\ & & & \vdots & \vdots \\ & & & a_{nk}^{(k)} & a_{nn}^{(k)} \end{pmatrix}, b^{(k)}=\begin{pmatrix} b_1^{(1)} \\ b_2^{(2)} \\ \vdots \\ b_k^{(k)} \\ \vdots \\ b_n^{(k)} \end{pmatrix} \tag{3-3}
$$

设 $a_{kk}^{(k)} \neq 0$，计算乘数

$$
m_{ik}=\frac{a_{ik}^{(k)}}{a_{kk}^{(k)}}, i=k+1,\cdots,n
$$

用 $-m_{ik}$ 乘以第 $k$ 个方程，加到第 $i$ 个方程，消去第 $i$ 个方程到第 $n$ 个方程的未知数 $x_k$，得到

$$
A^{(k+1)} x=b^{(k+1)}
$$

其中

$$
\begin{cases} a_{ij}^{(k+1)}=a_{ij}^{(k)}-m_{ik} a_{kj}^{(k)} \\ b_i^{(k+1)}=b_i^{(k)}-m_{ik} b_k^{(k)} \end{cases} i, \ j=k+1,\cdots,n
$$

只要 $a_{kk}^{(k)} \neq 0$，消元过程就可以进行下去，直到经过 $n-1$ 次消元之后，消元过程结束，得到

$$
A^{(n)} x=b^{(n)}
$$

或者写成

$$
\begin{pmatrix} a_{11}^{(1)} & a_{12}^{(1)} & \cdots & a_{1n}^{(1)} \\ & a_{22}^{(2)} & \cdots & a_{2n}^{(2)} \\ & & \ddots & \vdots \\ & & & a_{nn}^{(n)} \end{pmatrix}\begin{pmatrix} x_1 \\ x_2 \\ \vdots \\ x_n \end{pmatrix}=\begin{pmatrix} b_1^{(1)} \\ b_2^{(2)} \\ \vdots \\ b_n^{(n)} \end{pmatrix}
$$

这是一个与原方程组等价的上三角形方程组。把经过 $n-1$ 次消元将线性方程组化为上三角形方程组的计算过程叫作消元过程。

当 $a_{nn}^{(n)} \neq 0$ 时，对上三角形方程组自下而上逐步回代解方程组计算 $x_n$，$x_{n-1}$，$\cdots$，$x_1$，即

$$
\begin{cases} x_n=\dfrac{b_n^{(n)}}{a_{nn}^{(n)}} \\ x_i=\left(b_i^{(i)}-\sum\limits_{j=i+1}^{n} a_{ij}^{(i)} x_j\right) / a_{ii}^{(i)}, i=n-1,\cdots,2,1 \end{cases}
$$

$a_{kk}^{(k)}(k=1,2,\cdots,n)$ 称为各次消元的主元素；$m_{ik}(k=1,2,\cdots,n-1,i=k+1,\cdots,n-1,n)$ 称为各次消元的乘数，主元素所在的行称为主行。

当用 $k$ 表示消元过程的次序时，高斯消去法的计算步骤如下。

1）消元过程。

设 $a_{kk}^{(k)} \neq 0$，对 $k=1$，2，$\cdots$，$n-1$ 计算

$$
\begin{cases} m_{ik}=a_{ik}^{(k)} / a_{kk}^{(k)} \\ a_{ij}^{(k+1)}=a_{ij}^{(k)}-m_{ik} a_{kj}^{(k)} \\ b_i^{(k+1)}=b_i^{(k)}-m_{ik} b_k^{(k)} \end{cases} \quad i,j=k+1,k+2,\cdots,n \tag{3-4}
$$

2）回代过程。

$$\begin{cases} x_n = b_n^{(n)}/a_{nn}^{(n)} \\ x_i = \left(b_i^{(i)} - \sum\limits_{j=i+1}^{n} a_{ij}^{(i)} x_j\right)/a_{ii}^{(i)} \end{cases} \quad i = n-1, \cdots, 2, 1 \tag{3-5}$$

综上所述画出高斯消去法的算法框图如图3-1所示，其中“选主元”框后文将给出说明。框图中计算机运算和存储方式有如下特点：

1）按消元规则进行运算后，对角线以下元素为0，故运算中对于对角线以下元素不进行计算，以减小计算量。

2）对角线下元素对回代求解无影响，故将乘数放在该处，即

$$\frac{a_{ik}}{a_{kk}} \to a_{ik}, i = k+1, k+2, \cdots, n$$

以节省存储单元。

3）对角线以上元素和常数项采用“原地”工作方式，即经变换后的元素仍放在原来的位置上

$$\begin{cases} a_{ij} - a_{ik}a_{kj} \to a_{ij} \\ b_i - a_{ik}b_k \to b_i \end{cases} \quad i,j = k+1, k+2, \cdots, n$$

以节省存储单元。

4）回代后的值仍放在常数项存储单元

$$\begin{cases} b_n/a_{nn} \to b_n \\ \left(b_i - \sum\limits_{j=i+1}^{n} a_{ij}x_j\right)/a_{ii} \to b_i, i = n-1, n-2, \cdots, 1 \end{cases}$$

以节省存储单元。这时 $b_1$，$b_2$，…，$b_n$ 单元中存放的就是输出值 $x_1$，$x_2$，…，$x_n$。

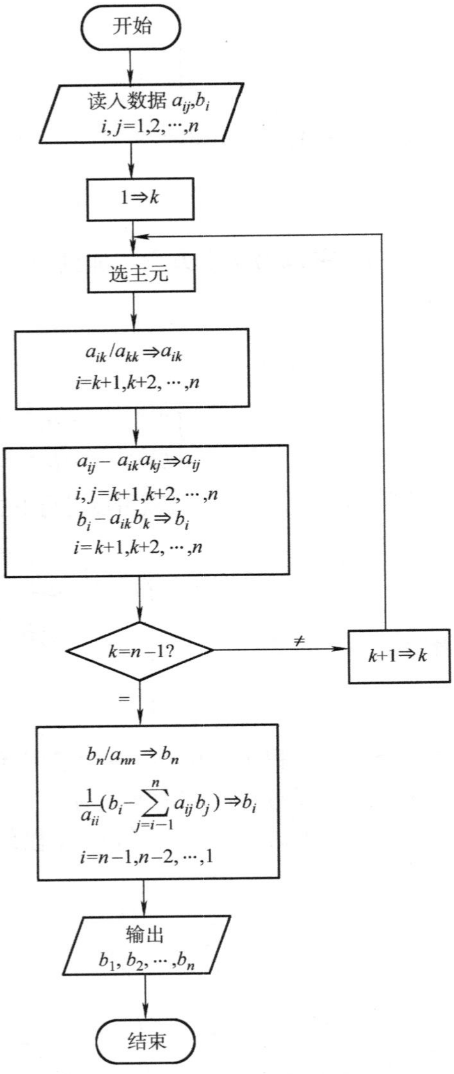

图3-1　高斯消去法框图

### 3. 使用条件

前面介绍的消去法是按给定的自然顺序，即按 $x_1$，$x_2$，$x_3$，…的顺序逐个消元的。第一步消 $x_1$ 时取第一个方程作为保留方程，并利用它和其余方程进行的线性组合来消去它们所含的 $x_1$。为叙述方便，把保留的方程和相应的系数叫作第一步的主方程和主行，并且把 $x_1$ 在主行中的系数 $a_{11}$ 叫作第一步的主元素。在第 $k$ 步消 $x_k$ 时用方程

$$a_{kk}^{(k)} x_k + a_{k,k+1}^{(k)} x_{k+1} + \cdots + a_{kn}^{(k)} x_n = b_k^{(k)}$$

作为保留方程并用它和以下各方程(第 $k+1, k+2, \cdots, n$ 个)进行线性组合消去它们所含的变元 $x_k$，将第 $k$ 步消 $x_k$ 时用的方程及其系数分别叫作第 $k$ 步的主方程和主行，而 $x_k$ 的系数 $a_{kk}^{(k)}$ 叫作第 $k$ 步的主元素。在消去 $x_k$ 时要用 $a_{kk}^{(k)}$ 作为除数确定消去行的乘数，因此要使第 $k$ 步消元能够进行，就要求主元素 $a_{kk}^{(k)}$ 不为零，而高斯消去法能进行到底，要求各步主元素都

不为零。这里 $k=1, 2, \cdots, n-1$。回代时要求 $a_{nn}^{(n)} \neq 0$。因此，高斯消去法的使用条件是

$$a_{kk}^{(k)} \neq 0, k = 1,2,\cdots,n$$

**定理 3-1** 方程组系数矩阵的顺序主子式全不为零，则高斯消去法能实现方程组的求解。

**证** 上三角形方程组是从原方程组出发，通过逐次进行“一行乘一不为零的数加到另一行”而得出的，该变换不改变系数矩阵顺序主子式的值。

设方程组系数矩阵 $\boldsymbol{A}=(a_{ij})_n$，其顺序主子式

$$D_i = \begin{vmatrix} a_{11} & \cdots & a_{1i} \\ \vdots & & \vdots \\ a_{i1} & \cdots & a_{ii} \end{vmatrix} \neq 0, i = 1,2,\cdots,n \tag{3-6}$$

经变换得到的上三角形方程组的顺序主子式

$$D_i = \begin{vmatrix} a_{11}^{(1)} & a_{12}^{(2)} & \cdots & a_{1i}^{(1)} \\ & a_{22}^{(2)} & \cdots & a_{2i}^{(2)} \\ & & \ddots & \vdots \\ & & & a_{ii}^{(i)} \end{vmatrix} = a_{11}^{(1)} a_{22}^{(2)} \cdots a_{ii}^{(i)} \neq 0, i = 1,2,\cdots,n \tag{3-7}$$

所以能实现高斯消去法求解。

在用顺序高斯消去法时，在消元之前检查方程组的系数矩阵的顺序主子式，当阶数较高时是很难做到的。一般可用系数矩阵的特性判断，如下面将讨论的对角占优矩阵，这时就能保证顺序高斯消去法的求解。另一种常用的方法是通过系数矩阵是否非奇异来判断，只要系数矩阵非奇异(方程组一般都已假设)通过初等行变换中的“交换两行”就能实现方程组求解，这就是下面讨论的选主消去法。

若线性方程组的系数具有某种性质时，如常遇到的对角占优方程组，自然能够用高斯消去法求解。

**定义 3-1** 设矩阵 $\boldsymbol{A}=(a_{ij})_n$ 每一行对角元素的绝对值都大于同行其他元素绝对值之和

$$|a_{ii}| > \sum_{\substack{j=1 \\ j\neq i}}^{n} \{a_{ij}\}, i = 1,2,\cdots,n \tag{3-8}$$

则称 $\boldsymbol{A}$ 为严格行对角占优矩阵。本书只讨论这种情况，所以它简称为严格对角占优矩阵。

**定理 3-2** 设方程组 $\boldsymbol{Ax}=\boldsymbol{b}$，如果系数矩阵 $\boldsymbol{A}$ 为严格对角占优矩阵，则用高斯消去法求解时，主元素 $a_{kk}^{(k)}$ 全不为零。

**证** $\boldsymbol{A}=(a_{ij})$ 为严格对角占优，经过一步高斯消去得到

$$\boldsymbol{A}^{(2)} = \begin{pmatrix} a_{11} & \boldsymbol{a}_1^{\mathrm{T}} \\ & \boldsymbol{A}_2 \end{pmatrix}, \text{其中} \boldsymbol{A}_2 = \begin{pmatrix} a_{22}^{(2)} & \cdots & a_{2n}^{(2)} \\ \vdots & & \vdots \\ a_{n2}^{(2)} & \cdots & a_{nn}^{(2)} \end{pmatrix}$$

由 $\boldsymbol{A}$ 为严格对角占优，故

$$\sum_{\substack{j=1 \\ j\neq i}}^{n} |a_{ij}| < |a_{ii}|, i = 1,2,\cdots,n$$

经过一步高斯消去得

$$a_{ij}^{(2)} = a_{ij} - \frac{a_{i1}a_{1j}}{a_{11}}, \quad i, j=2, 3, \cdots, n$$

$$\sum_{\substack{j=2\\j\neq i}}^{n}\left|a_{ij}^{(2)}\right| \leqslant \sum_{\substack{j=2\\j\neq i}}^{n}\left|a_{ij}\right| + \frac{\left|a_{i1}\right|}{\left|a_{11}\right|}\sum_{\substack{j=2\\j\neq i}}^{n}\left|a_{1j}\right|$$

$$= \sum_{\substack{j=1\\j\neq i}}^{n}\left|a_{ij}\right| - \left|a_{i1}\right| + \frac{\left|a_{i1}\right|}{\left|a_{11}\right|}\left(\sum_{j=2}^{n}\left|a_{1j}\right| - \left|a_{1i}\right|\right)$$

再利用 $\boldsymbol{A}$ 严格对角占优，由上式可得

$$\sum_{\substack{j=2\\j\neq i}}^{n}\left|a_{ij}^{(2)}\right| < \left|a_{ii}\right| - \left|a_{i1}\right| + \frac{\left|a_{i1}\right|}{\left|a_{11}\right|}\left(\left|a_{11}\right| - \left|a_{1i}\right|\right)$$

$$= \left|a_{ii}\right| - \frac{\left|a_{i1}\right|\left|a_{1i}\right|}{\left|a_{11}\right|}$$

$$\leqslant \left|a_{ii} - \frac{a_{i1}a_{1i}}{a_{11}}\right| = \left|a_{ii}^{(2)}\right|, i = 2,3,\cdots,n$$

比较

$$\sum_{\substack{j=2\\j\neq i}}^{n}\left|a_{ij}^{(2)}\right| < \left|a_{ii}^{(2)}\right|$$

当 $\boldsymbol{A}$ 为严格对角占优时，$a_{11}$ 不为 0，余下的子阵 $\boldsymbol{A}_2$ 仍是对角占优的，由此可递推 $a_{kk}^{(k)}$ 全不为 0。

**4. 计算量**

高斯消去法的计算量可由下述定理给出。

**定理 3-3** 高斯消去法求解 $n$ 阶线性方程组共需乘除法次数近似为 $\frac{1}{3}n^3$。

**证** 在消元过程中，第 $k$ 次消元需要 $n-k$ 次除法，$(n-k)(n-k+1)$ 次乘法和 $(n-k)(n-k+1)$ 次加减法，因此消元过程计算量为

除法次数 $\sum_{k=1}^{n-1}(n-k) = \frac{1}{2}n(n-1)$

乘法次数 $\sum_{k=1}^{n-1}(n-k)(n-k+1) = \frac{1}{3}n(n^2-1)$

加减法次数 $\sum_{k=1}^{n-1}(n-k)(n-k+1) = \frac{1}{3}n(n^2-1)$

在回代过程中，计算 $x_i$，需要 1 次除法，$n-i$ 次乘法和 $n-i$ 次加减法，因此回代过程计算量为

除法次数 $n$

乘法次数 $\sum_{i=1}^{n}(n-i) = \frac{1}{2}n(n-1)$

加减法次数 $\sum_{i=1}^{n}(n-i) = \frac{1}{2}n(n-1)$

所以高斯消去法总计算量为

乘除法次数　$\frac{1}{2}n(n-1)+\frac{1}{3}n(n^2-1)+n+\frac{1}{2}n(n-1)=\frac{1}{3}n(n^2+3n-1)$

加减法次数　$\frac{1}{3}n(n^2-1)+\frac{1}{2}n(n-1)=\frac{1}{6}n(2n^2+3n-5)$

由于计算机进行一次乘除法所需时间远远大于进行一次加减法所需的时间，因此估计一个算法的计算量时，一般只考虑乘除法次数。高斯消去法所需乘除法总计算量为$\frac{1}{3}n(n^2+3n-1)$，当 $n$ 较大时近似为$\frac{1}{3}n^3$。

### 3.1.2　列主元高斯消去法

线性方程组只要系数矩阵非奇异，就存在唯一解，但是按顺序消元过程中可能出现主元素 $a_{kk}^{(k)}=0$，这时尽管系数矩阵非奇异，消元过程却无法再进行，或者即使 $a_{kk}^{(k)}\neq 0$，但如果其绝对值很小，用它为除数也会导致其他元素的数量级急剧增大和使舍入误差扩大，将严重影响计算结果的精度。

**例 3-1**　考察方程组

$$\begin{cases}10^{-5}x_1+x_2=1\\ x_1+x_2=2\end{cases}$$

设用高斯消去法求解。确定乘数 $m_{21}=10^5$，再计算系数

$$\begin{cases}a_{22}^{(2)}=a_{22}-m_{21}a_{12}=1-10^5\\ b_2^{(2)}=2-10^5\end{cases}$$

设取四位浮点十进制进行计算，则有

$$1-10^5\,\underline{\triangle}\,-10^5,\quad 2-10^5\,\underline{\triangle}\,-10^5$$

这里$\underline{\triangle}$表示对阶舍入的计算过程，因而这时方程组的实际形式是

$$\begin{cases}10^{-5}x_1+x_2=1\\ x_2=1\end{cases}$$

由此回代解出 $x_1=0$，$x_2=1$。

这个结果严重失真。追其根源是在确定乘数 $m_{21}$时，用了绝对值较小的数 $10^{-5}$作为除数，使误差扩大，在计算 $a_{22}^{(2)}$ 和 $b_2^{(2)}$ 时发生了大数“吃掉”小数的情况。避免这类错误的一种有效方法是在消元前先调整方程的次序。将方程组改写为

$$\begin{cases}x_1+x_2=2\\ 10^{-5}x_1+x_2=1\end{cases}$$

再进行消元，得

$$\begin{cases}x_1+x_2=2\\ (1-10^{-5})x_2=1\end{cases}$$

这时 $1-10^{-5}\,\underline{\triangle}\,1$，因而上述方程组的实际形式是

$$\begin{cases}x_1+x_2=2\\ x_2=1\end{cases}$$

由此回代解出 $x_1 = x_2 = 1$，这个结果是正确的。

又如线性方程组当取五位有效数字时，有

$$\begin{cases}0.000\,3x_1 + 3.000\,0x_2 = 2.000\,1\\ 1.000\,0x_1 + 1.000\,0x_2 = 1.000\,0\end{cases}$$

用顺序高斯消去法求解时，确定乘数

$$m_{21} = \frac{a_{21}}{a_{11}} = \frac{1.000\,0}{0.000\,3} = 3\,333.3$$

消去第二个方程的 $x_1$，有

$$\begin{cases}0.000\,3x_1 + 3.000\,0\,x_2 = 2.000\,1\\ \qquad\qquad -9\,999.0\,x_2 = -6\,666.0\end{cases}$$

回代求解得 $x_2 = 0.666\,7$，$x_1 = 0$。

方程组的解是 $x_1 = 0.333\,3$，$x_2 = 0.666\,7$，可见用顺序消去法得出的解 $x_1$ 误差较大，原因是用绝对值小的数 0.000 3 为除数，使误差扩大。当交换方程顺序时，有

$$\begin{cases}1.000\,0x_1 + 1.000\,0x_2 = 1.000\,0\\ 0.000\,3x_1 + 3.000\,0x_2 = 2.000\,1\end{cases}$$

确定乘数 $m_{21} = \dfrac{0.000\,3}{1.000\,0}$，进行消元

$$\begin{cases}1.000\,0x_1 + 1.000\,0\,x_2 = 1.000\,0\\ \qquad\qquad 2.999\,7\,x_2 = 1.999\,8\end{cases}$$

回代求解得 $x_2 = 0.666\,7$，$x_1 = 0.333\,3$，这个结果和准确解非常接近，这是由于在确定乘数时是用了绝对值相对较大的数作为除数。

为避免在消元过程确定乘数时所用除数是零或绝对值小的数，即零主元或小主元，在每一次消元之前，要增加一个选主元的过程，将绝对值大的元素交换到主对角线的位置上来。根据交换的方法又分成全选主元和列选主元两种选主元方法。

全选主元是当变换到第 $k$ 步时，从右下角 $n-k+1$ 阶子阵中选取绝对值最大的元素，然后通过行交换与列交换将其交换到 $a_{kk}$ 的位置上，并且保留下交换的信息，以供后面调整解向量中分量的次序时使用。

**例 3-2**　用全选主元法求解线性方程组

$$\begin{cases}x_1 + 2x_2 + 3x_3 = 1\\ 5x_1 + 4x_2 + 10x_3 = 0\\ 3x_1 - 0.1x_2 + x_3 = 2\end{cases}$$

**解**　用增广矩阵的变换表示全选主元、消元和回代过程，且用下画线标识相应的全主元。

$$\begin{matrix} x_1 & x_2 & x_3 & b \\ \end{matrix} \qquad\qquad \begin{matrix} x_3 & x_2 & x_1 & b \end{matrix}$$

$$\begin{pmatrix}1 & 2 & 3 & 1\\ 5 & 4 & \underline{10} & 0\\ 3 & -0.1 & 1 & 2\end{pmatrix} \xrightarrow[\text{交换 1，3 列}]{\text{交换 1，2 行}} \begin{pmatrix}\underline{10} & 4 & 5 & 0\\ 3 & 2 & 1 & 1\\ 1 & -0.1 & 3 & 2\end{pmatrix}$$

$$\xrightarrow{\text{消元}}\begin{matrix} x_3 & x_2 & x_1 & b \\ \end{matrix}\begin{pmatrix} \underline{10} & 4 & 5 & 0 \\ 0 & 0.8 & -0.5 & 1 \\ 0 & -0.5 & \underline{2.5} & 2 \end{pmatrix}\xrightarrow[\text{交换 2、3 列}]{\text{交换 2、3 行}}\begin{matrix} x_3 & x_1 & x_2 & b \\ \end{matrix}\begin{pmatrix} \underline{10} & 5 & 4 & 0 \\ 0 & \underline{2.5} & -0.5 & 2 \\ 0 & -0.5 & 0.8 & 1 \end{pmatrix}$$

$$\xrightarrow{\text{消元}}\begin{matrix} x_3 & x_1 & x_2 & b \\ \end{matrix}\begin{pmatrix} \underline{10} & 5 & 4 & 0 \\ 0 & \underline{2.5} & -0.5 & 2 \\ 0 & 0 & \underline{0.7} & 1.4 \end{pmatrix}\xrightarrow{\text{回代}}\begin{matrix} x_3 & x_1 & x_2 & b \\ \end{matrix}\begin{pmatrix} 1 & 0 & 0 & -1.4 \\ 0 & 1 & 0 & 1.2 \\ 0 & 0 & 1 & 2 \end{pmatrix}$$

因此，原方程的解为

$$x_1 = 1.2, x_2 = 2, x_3 = -1.4$$

列选主元是当消元到第 $k$ 步时，从 $k$ 列的 $a_{kk}$ 以下（包括 $a_{kk}$）的各元素中选出绝对值最大的，然后通过行交换将其交换到 $a_{kk}$ 的位置上。交换系数矩阵中的两行（包括常数项），只相当于两个方程的位置交换了，因此，列选主元不影响求解的结果。

设主元在第 $l(k\leqslant l\leqslant n)$ 个方程，即

$$|a_{lk}| = \max_{k\leqslant i\leqslant n}|a_{ik}| \tag{3-9}$$

若 $l\neq k$，将 $l$ 和 $k$ 方程互易位置，使新的 $a_{kk}$ 成为主元，然后继续进行，这一步骤称为列选主元。

图 3-2 描述了列选主元的处理过程，它是图 3-1 中选主元框的具体化。

列选主元比全选主元的运算量小，但一般可以满足精度要求，所以列选主元更常被采用。

值得注意的是，有些特殊类型的方程组，可以保证 $a_{kk}^{(k)}$ 就是主元。

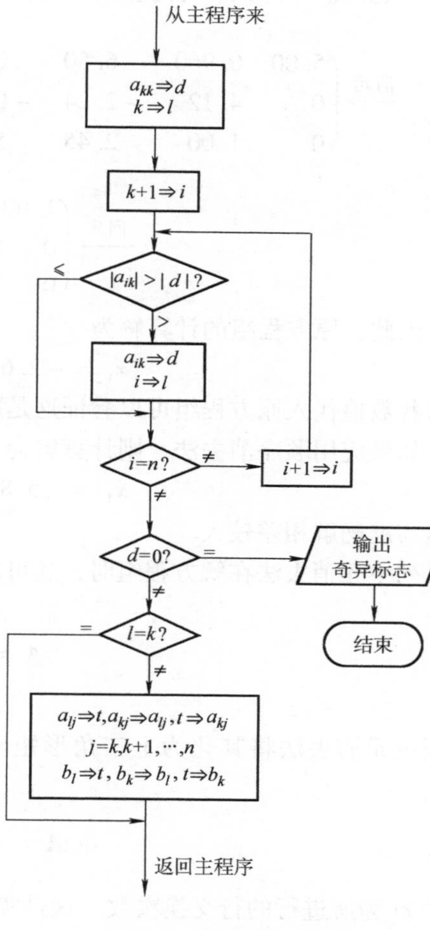


图 3-2　列选主元框图

**定理 3-4**　设线性方程组系数矩阵 $\boldsymbol{A}=(a_{ij})_n$ 对称且严格对角占优，则 $a_{kk}^{(k)}(k=1,2,\cdots,n)$ 全是列主元。

**证**　因为 $\boldsymbol{A}=(a_{ij})_n$ 对称且严格对角占优，故有

$$|a_{11}| > \sum_{i=2}^{n}|a_{i1}| \geqslant \max_{2\leqslant i\leqslant n}|a_{i1}|$$

所以 $a_{11}$ 是主元，由消元过程和对称可得

$$a_{ij}^{(2)} = a_{ij} - \frac{a_{i1}a_{1j}}{a_{11}} = a_{ji} - \frac{a_{1i}a_{j1}}{a_{11}} = a_{ji}^{(2)}, i,j = 2,3,\cdots,n$$

故除去第 1 行第 1 列外，剩下的方程组系数矩阵仍是对称的，又因为它也是对角占优的，故

$a_{22}^{(2)}$ 也是列主元，类推之 $a_{kk}^{(k)}$ 全是列主元。

**例 3-3** 用列主元消去法求解方程组

$$\begin{cases} 0.50x_1 + 1.1x_2 + 3.1x_3 = 6.0 \\ 2.0x_1 + 4.5x_2 + 0.36x_3 = 0.020 \\ 5.0x_1 + 0.96x_2 + 6.5x_3 = 0.96 \end{cases}$$

设其系数均有两位有效数字，为了减小舍入误差，在以下的计算中都多保留一位数字。

若用增广矩阵的变换表示列选主元、消元与回代过程时，有

$$\begin{pmatrix} 0.500 & 1.10 & 3.10 & 6.00 \\ 2.00 & 4.50 & 0.360 & 0.0200 \\ 5.00 & 0.960 & 6.50 & 0.960 \end{pmatrix} \xrightarrow[\text{列选主元}]{\text{交换 1、3 行}} \begin{pmatrix} 5.00 & 0.960 & 6.50 & 0.960 \\ 2.00 & 4.50 & 0.360 & 0.0200 \\ 0.500 & 1.10 & 3.10 & 6.00 \end{pmatrix}$$

$$\xrightarrow{\text{消元}} \begin{pmatrix} 5.00 & 0.960 & 6.50 & 0.960 \\ 0 & 4.12 & -2.24 & -0.364 \\ 0 & 1.00 & 2.45 & 5.90 \end{pmatrix} \xrightarrow{\text{消元}} \begin{pmatrix} 5.00 & 0.960 & 6.50 & 0.960 \\ 0 & 4.12 & -2.24 & -0.364 \\ 0 & 0 & 2.99 & 5.99 \end{pmatrix}$$

$$\xrightarrow{\text{回代}} \begin{pmatrix} 1.00 & 0 & 0 & -2.60 \\ 0 & 1.00 & 0 & 1.00 \\ 0 & 0 & 1.00 & 2.00 \end{pmatrix}$$

因此，原方程组的计算解为

$$x_1 = -2.60, x_2 = 1.00, x_3 = 2.00$$

把这些数值代入原方程组可以验证这是准确解。

如果应用顺序消去法，则计算解为

$$x_1 = -5.80, x_2 = 2.40, x_3 = 2.02$$

显然与准确解相差较大。

列主元消去法在解方程组时，还可求出系数行列式。设系数矩阵

$$\boldsymbol{A} = \begin{pmatrix} a_{11} & \cdots & a_{1n} \\ \vdots & & \vdots \\ a_{n1} & \cdots & a_{nn} \end{pmatrix} \tag{3-10}$$

用列主元消去法将其化为上三角形矩阵，对角线上元素为 $a_{11}^{(1)}$，$a_{22}^{(2)}$，…，$a_{nn}^{(n)}$，于是行列式

$$\det\boldsymbol{A} = (-1)^m a_{11}^{(1)} a_{22}^{(2)} \cdots a_{nn}^{(n)} \tag{3-11}$$

其中 $m$ 为所进行的行交换次数。这是实际中求行列式值的可靠方法。

**例 3-4** 用列主元消去法求解方程组

$$\begin{cases} 12x_1 - 3x_2 + 3x_3 = 15 \\ -18x_1 + 3x_2 - x_3 = -15 \\ x_1 + x_2 + x_3 = 6 \end{cases}$$

并求出系数矩阵 $\boldsymbol{A}$ 的行列式的值 $\det\boldsymbol{A}$。

**解** 用方程组的增广矩阵求解。先列选主，第 1 行与第 2 行交换得

$$\begin{pmatrix} -18 & 3 & -1 & -15 \\ 12 & -3 & 3 & 15 \\ 1 & 1 & 1 & 6 \end{pmatrix} \xrightarrow{\text{消元}} \begin{pmatrix} -18 & 3 & -1 & -15 \\ 0 & -1 & \dfrac{7}{3} & 5 \\ 0 & \dfrac{7}{6} & \dfrac{17}{18} & \dfrac{31}{6} \end{pmatrix}$$

$$\xrightarrow{\text{选主元}} \begin{pmatrix} -18 & 3 & -1 & -15 \\ 0 & \dfrac{7}{6} & \dfrac{17}{18} & \dfrac{31}{6} \\ 0 & -1 & \dfrac{7}{3} & 5 \end{pmatrix} \xrightarrow{\text{消元}} \begin{pmatrix} -18 & 3 & -1 & -15 \\ 0 & \dfrac{7}{6} & \dfrac{17}{18} & \dfrac{31}{6} \\ 0 & 0 & \dfrac{22}{7} & \dfrac{66}{7} \end{pmatrix}$$

回代得

$$x_3 = 3, \quad x_2 = 2, \quad x_1 = 1$$

行列式

$$\det \boldsymbol{A} = (-1)^2(-18) \times \frac{7}{6} \times \frac{22}{7} = -66$$

### 3.1.3 高斯－若尔当消去法

前述的高斯消去法有消元和回代两个过程，当对消元过程稍加改变便可以使方程组化为对角形方程组

$$\boldsymbol{Dx} = \boldsymbol{b} \tag{3-12}$$

的形式，其中矩阵 $\boldsymbol{D}$ 为对角形矩阵，即

$$\boldsymbol{D} = \begin{pmatrix} a_{11}^{(1)} & & & \\ & a_{22}^{(2)} & & \\ & & \ddots & \\ & & & a_{nn}^{(n)} \end{pmatrix} \tag{3-13}$$

这时求解就不需回代了。这种只有消元过程而无回代过程的消去法称为高斯－若尔当(Gauss-Jordan)消去法。

高斯－若尔当消去法的特点是每次消元时利用主元将其所在列的其余元素全部消为0，即在第 $k$ 次消元时，不仅把 $k$ 列中 $(k,k)$ 位置以下的元素消为0，而且同时把 $(k,k)$ 位置以上的元素也化为0，消去的行是从第1行到第 $n$ 行，但主行不进行消元，这样经过 $n$ 次消元后系数矩阵就成为对角阵，这时显然可以直接求出方程组的解。

例如，考虑下列方程组

$$\begin{cases} 2x_1 + 2x_2 + 3x_3 = 3 \\ 4x_1 + 7x_2 + 7x_3 = 1 \\ -2x_1 + 4x_2 + 5x_3 = -7 \end{cases}$$

其相应的增广矩阵

$$\begin{pmatrix} 2 & 2 & 3 & 3 \\ 4 & 7 & 7 & 1 \\ -2 & 4 & 5 & -7 \end{pmatrix}$$

第一次消元得

$$\begin{pmatrix} 2 & 2 & 3 & 3 \\ 0 & 3 & 1 & -5 \\ 0 & 6 & 8 & -4 \end{pmatrix}$$

第二次消元得

$$\begin{pmatrix} 2 & 0 & \frac{7}{3} & \frac{19}{3} \\ 0 & 3 & 1 & -5 \\ 0 & 0 & 6 & 6 \end{pmatrix}$$

第三次消元得

$$\begin{pmatrix} 2 & 0 & 0 & 4 \\ 0 & 3 & 0 & -6 \\ 0 & 0 & 6 & 6 \end{pmatrix}$$

不需回代，由此可求出

$$x_1 = 2, \quad x_2 = -2, \quad x_3 = 1$$

当高斯–若尔当消去法消元的每一步都先用主元去除其所在行的各元素(包括常数项)时，方程组便可化成

$$\begin{pmatrix} 1 & & & \\ & 1 & & \\ & & \ddots & \\ & & & 1 \end{pmatrix}\begin{pmatrix} x_1 \\ x_2 \\ \vdots \\ x_n \end{pmatrix} = \begin{pmatrix} b_1^{(n)} \\ b_2^{(n)} \\ \vdots \\ b_n^{(n)} \end{pmatrix} \tag{3-14}$$

这时等号右端即为方程组的解。高斯–若尔当消去法每一步消元之前都用主元去除其所在行的各元素(包括常数项)，这个过程称为归一化，这样方程组的系数矩阵最终转化为单位矩阵。

为减小误差，高斯–若尔当消去法还常用列选主元技术。

例如考虑高斯消去法时的三阶方程组

$$\begin{cases} 2x_1 - x_2 + 3x_3 = 1 \\ 4x_1 + 2x_2 + 5x_3 = 4 \\ x_1 + 2x_2 = 7 \end{cases}$$

其相应的增广矩阵

$$\begin{pmatrix} 2 & -1 & 3 & 1 \\ 4 & 2 & 5 & 4 \\ 1 & 2 & 0 & 7 \end{pmatrix}$$

进行第一列选主元变成

$$\begin{pmatrix} 4 & 2 & 5 & 4 \\ 2 & -1 & 3 & 1 \\ 1 & 2 & 0 & 7 \end{pmatrix}$$

归一和第一次消元得

$$\begin{pmatrix} 1 & 0.5 & 1.25 & 1 \\ 0 & -2 & 0.5 & -1 \\ 0 & 1.5 & -1.25 & 6 \end{pmatrix}$$

进行第二列选主元，归一和第二次消元得

$$\begin{pmatrix} 1 & 0 & 1.375 & 0.75 \\ 0 & 1 & -0.25 & 0.5 \\ 0 & 0 & -0.875 & 5.25 \end{pmatrix}$$

归一和第三次消元得

$$\begin{pmatrix} 1 & 0 & 0 & 9 \\ 0 & 1 & 0 & -1 \\ 0 & 0 & 1 & -6 \end{pmatrix}$$

由此直接得出 $x_1=9$，$x_2=-1$，$x_3=-6$。

高斯－若尔当消去法执行一次归一化过程需要进行 $n-k+1$ 次除法，而执行一次消去过程需要进行 $(n-1)(n-k+1)$ 次乘法。因此，高斯－若尔当消去法进行的乘除法总计算工作量为

$$\sum_{k=1}^{n}(n-k+1)n=\frac{n^2}{2}(n+1)\approx\frac{1}{2}n^3$$

由此看出，高斯－若尔当消去法比高斯消去法多了约 1/6 的计算工作量。但高斯－若尔当消去法不需回代，算法结构稍许简单。

用归一化的高斯－若尔当消去法求矩阵的逆是比较方便的。

设 $\boldsymbol{A}$ 非奇异，则 $\boldsymbol{A}^{-1}$ 存在，记

$$\boldsymbol{A}^{-1}=\boldsymbol{X}=\begin{pmatrix} x_{11} & \cdots & x_{1n} \\ \vdots & & \vdots \\ x_{n1} & \cdots & x_{nn} \end{pmatrix} \tag{3-15}$$

则求 $\boldsymbol{A}$ 的逆矩阵 $\boldsymbol{A}^{-1}$ 等价于求 $n$ 阶矩阵 $\boldsymbol{X}$。使

$$\boldsymbol{AX}=\boldsymbol{I}$$

其中 $\boldsymbol{I}$ 为 $n\times n$ 的单位矩阵。把 $\boldsymbol{X}$ 和 $\boldsymbol{I}$ 分块

$$\boldsymbol{X}=(\boldsymbol{x}_1,\boldsymbol{x}_2,\cdots,\boldsymbol{x}_n),\boldsymbol{I}=(\boldsymbol{e}_1,\boldsymbol{e}_2,\cdots,\boldsymbol{e}_n)$$

其中

$$\boldsymbol{x}_i=(x_{1i},x_{2i},\cdots,x_{ni})^{\mathrm{T}}$$

$$\boldsymbol{e}_1=(1,0,\cdots,0)^{\mathrm{T}},\cdots,\boldsymbol{e}_n=(0,\cdots,0,1)^{\mathrm{T}}$$

则求解 $\boldsymbol{AX}=\boldsymbol{I}$ 又等价于求解系数矩阵相同的 $n$ 个方程组

$$\boldsymbol{Ax}_j=\boldsymbol{e}_j,\quad j=1,2,\cdots,n$$

即

$$\boldsymbol{Ax}_1=\begin{pmatrix}1\\0\\\vdots\\0\end{pmatrix},\boldsymbol{Ax}_2=\begin{pmatrix}0\\1\\\vdots\\0\end{pmatrix},\cdots,\boldsymbol{Ax}_n=\begin{pmatrix}0\\\vdots\\0\\1\end{pmatrix} \tag{3-16}$$

可以用上述高斯－若尔当消去法（或再加上选主元技术）求解这 $n$ 个方程组。

**例 3-5** 求下列非奇异矩阵 $\boldsymbol{A}$ 的逆矩阵

$$\boldsymbol{A}=\begin{pmatrix}1&2&3\\2&1&2\\1&3&4\end{pmatrix}$$

**解** 对矩阵 $\boldsymbol{A}$ 增加一个同维的单位矩阵 $I_3$，然后用列主元高斯－若尔当消去法求解

$$\left(\begin{array}{ccc:ccc}1&2&3&1&0&0\\2&1&2&0&1&0\\1&3&4&0&0&1\end{array}\right)$$

$$\xrightarrow{\text{列选主元}}\left(\begin{array}{ccc:ccc}2&1&2&0&1&0\\1&2&3&1&0&0\\1&3&4&0&0&1\end{array}\right)\xrightarrow{\text{归一消元}}\left(\begin{array}{ccc:ccc}1&0.5&1&0&0.5&0\\0&1.5&2&1&-0.5&0\\0&2.5&3&0&-0.5&1\end{array}\right)$$

$$\xrightarrow{\text{列选主元}}\left(\begin{array}{ccc:ccc}1&0.5&1&0&0.5&0\\0&2.5&3&0&-0.5&1\\0&1.5&2&1&-0.5&0\end{array}\right)\xrightarrow{\text{归一消元}}\left(\begin{array}{ccc:ccc}1&0&0.4&0&0.6&-0.2\\0&1&1.2&0&-0.2&0.4\\0&0&0.2&1&-0.2&-0.6\end{array}\right)$$

$$\xrightarrow{\text{归一消元}}\left(\begin{array}{ccc:ccc}1&0&0&-2&1&1\\0&1&0&-6&1&4\\0&0&1&5&-1&-3\end{array}\right)=(\boldsymbol{I}_3\;\vdots\;\boldsymbol{A}^{-1})$$

## 3.2 矩阵三角分解法

矩阵三角分解法是指高斯消去法解线性方程组的变形解法，高斯消去法有多种变形，有的是高斯消去法的改进或改写，有的是用于某种特殊形式系数矩阵时的化简。

### 3.2.1 高斯消去法的矩阵描述

应用高斯消去法解 $n$ 阶线性方程 $\boldsymbol{Ax}=\boldsymbol{b}$ 先将其记为 $\boldsymbol{A}^{(1)}\boldsymbol{x}=\boldsymbol{b}^{(1)}$，经过 $n-1$ 步消去之后，得出一个等价的上三角形方程组 $\boldsymbol{A}^{(n)}\boldsymbol{x}=\boldsymbol{b}^{(n)}$，对上三角形方程组用逐步回代就可以求出解来。上述的过程还可通过矩阵分解来实现。

设线性方程组 $\boldsymbol{A}^{(1)}\boldsymbol{x}=\boldsymbol{b}^{(1)}$，系数矩阵 $\boldsymbol{A}^{(1)}$ 的各阶顺序主子式不为零，则可用顺序高斯消去法求解。对系数矩阵 $\boldsymbol{A}^{(1)}$ 进行除不交换两行位置的初等行变换相当于用初等矩阵 $\boldsymbol{M}_1$ 左乘 $\boldsymbol{A}^{(1)}$，在对方程组第一次消元后，$\boldsymbol{A}^{(1)}$ 和 $\boldsymbol{b}^{(1)}$ 分别化为 $\boldsymbol{A}^{(2)}$ 和 $\boldsymbol{b}^{(2)}$，即

$$\begin{cases}\boldsymbol{M}_1\boldsymbol{A}^{(1)}=\boldsymbol{A}^{(2)}\\\boldsymbol{M}_1\boldsymbol{b}^{(1)}=\boldsymbol{b}^{(2)}\end{cases}\tag{3-17}$$

其中
$$
\boldsymbol{M}_1=\begin{pmatrix}1 & & & & \\ -m_{21} & 1 & & & \\ -m_{31} & & 1 & & \\ \vdots & & & \ddots & \\ -m_{n1} & & & & 1\end{pmatrix} \tag{3-18}
$$

第 $k$ 次消元时，$\boldsymbol{A}^{(k)}$ 和 $\boldsymbol{b}^{(k)}$ 分别化为 $\boldsymbol{A}^{(k+1)}$ 和 $\boldsymbol{b}^{(k+1)}$，即

$$
\begin{cases}\boldsymbol{M}_k\boldsymbol{A}^{(k)}=\boldsymbol{A}^{(k+1)}\\ \boldsymbol{M}_k\boldsymbol{b}^{(k)}=\boldsymbol{b}^{(k+1)}\end{cases} \tag{3-19}
$$

其中
$$
\boldsymbol{M}_k=\begin{pmatrix}1 & & & & \\ & \ddots & & & \\ & & 1 & & \\ & & -m_{k+1,k} & & \\ & & \vdots & \ddots & \\ & & -m_{n,k} & & 1\end{pmatrix} \tag{3-20}
$$

消元过程是对 $k=1\sim n-1$ 进行的，因此有

$$
\begin{cases}\boldsymbol{M}_{n-1}\cdots\boldsymbol{M}_2\boldsymbol{M}_1\boldsymbol{A}^{(1)}=\boldsymbol{A}^{(n)}\\ \boldsymbol{M}_{n-1}\cdots\boldsymbol{M}_2\boldsymbol{M}_1\boldsymbol{b}^{(1)}=\boldsymbol{b}^{(n)}\end{cases} \tag{3-21}
$$

将上三角形矩阵 $\boldsymbol{A}^{(n)}$ 记为 $\boldsymbol{U}$，并注意到 $\boldsymbol{A}^{(1)}$ 就是 $\boldsymbol{A}$，于是有

$$
\boldsymbol{A}=\boldsymbol{M}_1^{-1}\boldsymbol{M}_2^{-1}\cdots\boldsymbol{M}_{n-1}^{-1}\boldsymbol{U}=\boldsymbol{L}\boldsymbol{U}
$$

其中
$$
\boldsymbol{L}=\boldsymbol{M}_1^{-1}\boldsymbol{M}_2^{-1}\cdots\boldsymbol{M}_{n-1}^{-1}=\begin{pmatrix}1 & & & & \\ m_{21} & 1 & & & \\ m_{31} & m_{32} & 1 & & \\ m_{41} & m_{42} & m_{43} & \ddots & \\ \vdots & \vdots & \vdots & & \\ m_{n1} & m_{n2} & m_{n3} & \cdots & 1\end{pmatrix} \tag{3-22}
$$

为单位下三角形矩阵。

这样高斯消去法的实质是将系数矩阵 $\boldsymbol{A}$ 分解为两个三角形矩阵 $\boldsymbol{L}$ 和 $\boldsymbol{U}$ 相乘，即

$$
\boldsymbol{A}=\boldsymbol{L}\boldsymbol{U} \tag{3-23}
$$

在上述矩阵描述中遇到了下三角形矩阵运算。主对角线以上元素全为零的方阵称为下三角形矩阵。下三角形矩阵的乘积仍是下三角形矩阵。若下三角形矩阵可逆，其逆矩阵仍是下三角形矩阵，而且下三角形矩阵的乘积和逆矩阵很容易求得。

### 3.2.2 矩阵的直接三角分解

可以不经过消元步骤，直接将矩阵分解。

**定义 3-2** 将矩阵 $\boldsymbol{A}$ 分解成一个下三角阵 $\boldsymbol{L}$ 和一个上三角阵 $\boldsymbol{U}$ 的乘积

$$
\boldsymbol{A}=\boldsymbol{L}\boldsymbol{U}
$$

称为对矩阵 $\boldsymbol{A}$ 的三角分解，又称 LU 分解。

矩阵 $\boldsymbol{A}$ 的三角分解从矩阵 $\boldsymbol{A}$ 的元素直接得到 $\boldsymbol{L}$ 和 $\boldsymbol{U}$ 的元素，不用中间步骤，即不用消元过程，所以是直接分解。

$\boldsymbol{A}$ 的 LU 分解只要求 $\boldsymbol{L}$ 是下三角矩阵，$\boldsymbol{U}$ 是上三角矩阵，并不一定要求 $\boldsymbol{L}$ 或 $\boldsymbol{U}$ 是单位三角矩阵，此时，若 $\boldsymbol{A}$ 存在某种 LU 分解，则此分解不是唯一的。当 $\boldsymbol{L}$ 是单位下三角矩阵或者 $\boldsymbol{U}$ 是单位上三角矩阵，则这两种分解都是唯一的。

把 $\boldsymbol{A}$ 分解成一个单位下三角阵 $\boldsymbol{L}$ 和一个上三角阵 $\boldsymbol{U}$ 的乘积称为杜里特尔分解。把 $\boldsymbol{A}$ 分解成一个下三角阵 $\boldsymbol{L}$ 和一个单位上三角阵 $\boldsymbol{U}$ 的乘积称为克洛特分解。

下面给出杜里特尔分解的可分唯一的充分条件。

**定理 3-5** 矩阵 $\boldsymbol{A}$ 各阶主子式不为零，则可唯一地分解成一个单位下三角阵 L 和一个非奇异的上三角阵 $\boldsymbol{U}$ 的乘积。

**证** 高斯消去法的矩阵描述已表明 $\boldsymbol{A}=\boldsymbol{LU}$ 的存在性。

再证 $\boldsymbol{A}$ 的 LU 分解唯一。设 $\boldsymbol{A}$ 有两种 LU 分解

$$\boldsymbol{A} = \boldsymbol{LU} = \overline{\boldsymbol{L}}\,\overline{\boldsymbol{U}}$$

因为 $|\boldsymbol{A}|\neq 0$，则 $\boldsymbol{L}$，$\boldsymbol{U}$，$\overline{\boldsymbol{L}}$，$\overline{\boldsymbol{U}}$均为非奇异矩阵，有

$$\overline{\boldsymbol{L}}^{-1}\boldsymbol{L} = \overline{\boldsymbol{U}}\boldsymbol{U}^{-1}$$

上式左端为单位下三角阵，右端是上三角阵，由矩阵相等，它们只能都是 $n$ 阶单位阵，即

$$\overline{\boldsymbol{L}}^{-1}\boldsymbol{L} = \boldsymbol{I},\overline{\boldsymbol{U}}\boldsymbol{U}^{-1} = \boldsymbol{I}$$

故有 $\boldsymbol{L}=\overline{\boldsymbol{L}}$，$\boldsymbol{U}=\overline{\boldsymbol{U}}$，从而唯一性得证。

定理 3-5 中各阶主子式不为零也可说成顺序主子阵非奇异。上述分解即是杜里特尔分解，对于克洛特分解所需条件也是一样的。

定理 3-5 中的条件是顺序主子阵非奇异，因为非奇异矩阵就不一定存在 LU 分解，设

$$\boldsymbol{A} = \begin{pmatrix} 0 & 1 \\ 1 & 0 \end{pmatrix}$$

则 $|\boldsymbol{A}| = -1 \neq 0$，$\boldsymbol{A}$ 非奇异。若 $\boldsymbol{A}$ 有 LU 分解，即存在数 $a$，$b$，$c$，$d$，使

$$\begin{pmatrix} 0 & 1 \\ 1 & 0 \end{pmatrix} = \begin{pmatrix} 1 & \\ a & 1 \end{pmatrix}\begin{pmatrix} b & d \\ & c \end{pmatrix}$$

比较等式两边第 1 列，有

$$b = 0,ab = 1$$

上两式不能同时成立，即 $\boldsymbol{A}$ 不存在 LU 分解。

**例 3-6** 判断下列矩阵 $\boldsymbol{A}$ 是否有唯一的杜里特尔分解。

（1）$\boldsymbol{A}=\begin{pmatrix} 0 & a \\ 0 & b \end{pmatrix}$

（2）$\boldsymbol{A}=\begin{pmatrix} 0 & 0 \\ a & b \end{pmatrix}$

**解** 矩阵 $\boldsymbol{A}$ 的顺序主子式为 0，不符合定理 3-5 的条件，但该定理是杜里特尔的可分唯一的充分条件，因此不能据此定理判断 $\boldsymbol{A}$ 不能分解。

（1）设 $\boldsymbol{A}=\boldsymbol{LU}$，即

$$\begin{pmatrix}0 & a\\ 0 & b\end{pmatrix}=\begin{pmatrix}1 & \\ l_{21} & 1\end{pmatrix}\begin{pmatrix}u_{11} & u_{12}\\ & u_{22}\end{pmatrix}$$

由矩阵求法有

$$u_{11}=0,\ u_{12}=a,\ l_{21}u_{11}=0,\ l_{21}u_{12}+u_{22}=b$$

从而 $u_{11}=0$，$u_{12}=a$，$l_{21}$任意，由 $l_{21}$和 $a$，$b$ 可定 $u_{22}$，所以 $\boldsymbol{A}$ 可分解，但分解不唯一。

（2）设 $\boldsymbol{A}=\boldsymbol{LU}$，即

$$\begin{pmatrix}0 & 0\\ a & b\end{pmatrix}=\begin{pmatrix}1 & \\ l_{21} & 1\end{pmatrix}\begin{pmatrix}u_{11} & u_{12}\\ & u_{22}\end{pmatrix}$$

则有 $u_{11}=u_{12}=0$，$l_{21}u_{11}=a$，$l_{21}u_{12}+u_{22}=b$。

若 $a\neq0$，则与 $l_{21}u_{11}=a$ 矛盾，所以 $\boldsymbol{A}$ 不能分解。

若 $a=0$，即题(1)情况，可分解，但不唯一。

理论上根据定理3-5 确定矩阵系数时，因为定理是充分条件，会使系数的取值范围减小，但在实践中矩阵的 LU 分解仅限于其各阶主子阵非奇异的情况。

例如，设 $\boldsymbol{A}=\begin{pmatrix}a+1 & 2\\ 2 & 1\end{pmatrix}$，讨论 $a$ 取何值时，矩阵 $\boldsymbol{A}$ 可进行 LU 分解。

**解**　当 $\boldsymbol{A}$ 的顺序主子式不为0，矩阵 $\boldsymbol{A}$ 存在 LU 分解，即有

$$a+1\neq0,(a+1)-2\times2\neq0$$

所以

$$a\neq-1,a\neq3$$

下面推导杜里特尔分解法的分解步骤。

设 $\boldsymbol{A}=\boldsymbol{LU}$ 为

$$\begin{pmatrix}a_{11} & a_{12} & \cdots & a_{1n}\\ a_{21} & a_{22} & \cdots & a_{2n}\\ & \vdots & \vdots & \\ \vdots & a_{ir} & a_{ri} & \vdots\\ & \vdots & \vdots & \\ a_{n1} & a_{n2} & \cdots & a_{nn}\end{pmatrix}=\begin{pmatrix}1 & & & \\ l_{21} & 1 & & \\ \vdots & \vdots & \ddots & \\ l_{n1} & l_{n2} & \cdots & 1\end{pmatrix}\begin{pmatrix}u_{11} & u_{12} & \cdots & u_{1n}\\ & u_{22} & \cdots & u_{2n}\\ & & \ddots & \vdots\\ & & & u_{nn}\end{pmatrix} \tag{3-24}$$

由矩阵乘法规则

$$a_{1i}=u_{1i},i=1,2,\cdots,n$$
$$a_{i1}=l_{i1}u_{11},i=2,3,\cdots,n$$

由此可得 $\boldsymbol{U}$ 的第一行元素和 $\boldsymbol{L}$ 的第一列元素

$$u_{1i}=a_{1i},i=1,2,\cdots,n \tag{3-25}$$

$$l_{i1}=\frac{a_{i1}}{u_{11}},i=2,3,\cdots,n \tag{3-26}$$

当已得出 $\boldsymbol{U}$ 的前 $r-1$ 行元素和 $\boldsymbol{L}$ 的前 $r-1$ 列元素，则对于 $i=r$，$r+1$，…，$n$，有

$$a_{ri}=\sum_{k=1}^{n}l_{rk}u_{ki}=\sum_{k=1}^{r-1}l_{rk}u_{ki}+u_{ri}$$

$$a_{ir} = \sum_{k=1}^{n} l_{ik}u_{kr} = \sum_{k=1}^{r-1} l_{ik}u_{kr} + l_{ir}u_{rr}$$

又可得计算 $\boldsymbol{U}$ 的第 $r$ 行元素和 $\boldsymbol{L}$ 的第 $r$ 列元素的公式

$$u_{ri} = a_{ri} - \sum_{k=1}^{r-1} l_{rk}u_{ki}, i = r, r+1, \cdots, n \tag{3-27}$$

$$l_{ir} = \left(a_{ir} - \sum_{k=1}^{r-1} l_{ik}u_{kr}\right)/u_{rr}, i = r+1, r+2, \cdots, n \tag{3-28}$$

计算矩阵 $\boldsymbol{A}$ 的行列式 $|\boldsymbol{A}|$ 时，由于

$$|\boldsymbol{A}| = |\boldsymbol{L}|\,|\boldsymbol{U}| = u_{11}u_{22}\cdots u_{nn} \tag{3-29}$$

只要将矩阵 $\boldsymbol{U}$ 的主对角线元素相乘即可。

利用杜里特尔分解，并将 $\boldsymbol{A}$、$\boldsymbol{L}$、$\boldsymbol{U}$ 写在一起

$$\begin{array}{|cc|cc|ccc}
\hline
(a_{11}) & u_{11} & (a_{12}) & u_{12} & \cdots & (a_{1n}) & u_{1n} & ① \\
\cline{3-7}
(a_{21}) & l_{21} & (a_{22}) & l_{22} & \cdots & (a_{2n}) & u_{2n} & ③ \\
\cline{5-7}
(a_{31}) & l_{31} & (a_{32}) & l_{32} & \cdots & (a_{3n}) & u_{3n} & ⑤ \\
\vdots & \vdots & \vdots & \vdots & \ddots & \vdots & & \\
 & & & & & (a_{nn}) & u_{nn} & \vdots \\
\multicolumn{2}{c}{②} & \multicolumn{2}{c}{④} & \cdots & & &
\end{array}$$

由此可得，手算时杜里特尔分解的步骤如下。

1）计算顺序：按框从外到内，每一框先行后列，即按①、②、③、④、⑤…顺序，行从左到右，列从上到下。

2）计算方法：计算行时，先求 $u_{ri}$ 对应元 $a_{ri}$ 逐项减去 $u_{ri}$ 所在行左面各框元素 $l_{rk}$ 乘以 $u_{ri}$ 所在列上面各框相应的元 $u_{ki}$，$k=1, 2, \cdots, r-1$。计算列 $l_{ir}$ 时，在进行上述相应运算后，再除以 $l_{ir}$ 所在框的对角元 $u_{rr}$。

**例 3-7** 对下列矩阵 $\boldsymbol{A}$ 进行杜里特尔分解，并计算 $|\boldsymbol{A}|$。

$$\boldsymbol{A} = \begin{pmatrix} 2 & 2 & 3 \\ 4 & 7 & 7 \\ -2 & 4 & 5 \end{pmatrix}$$

**解** 按计算步骤有

$$u_{11} = 2, u_{12} = 2, u_{13} = 3$$

$$l_{21} = \frac{4}{2} = 2, l_{31} = \frac{-2}{2} = -1$$

对于 $r=2$

$$u_{22} = a_{22} - l_{21}u_{12} = 7 - 2 \times 2 = 3$$

$$u_{23} = a_{23} - l_{21}u_{13} = 7 - 2 \times 3 = 1$$

$$l_{32} = \frac{1}{u_{22}}(a_{32} - l_{31}u_{12}) = \frac{1}{3} \times (4 + 1 \times 2) = 2$$

对于 $r=3$

$$u_{33} = a_{33} - l_{31}u_{13} - l_{32}u_{23} = 5 - (-1) \times 3 - 2 \times 1 = 6$$

所以有

$$L = \begin{pmatrix} 1 & & \\ 2 & 1 & \\ -1 & 2 & 1 \end{pmatrix}, U = \begin{pmatrix} 2 & 2 & 3 \\ & 3 & 1 \\ & & 6 \end{pmatrix}$$

$$|A| = u_{11}u_{22}u_{33} = 2 \times 3 \times 6 = 36$$

将 $A$、$L$、$U$ 写在一起时

| | | | | | |
|---|---|---|---|---|---|
| (2) | 2 | (2) | 2 | (3) | 3 |
| (4) | 2 | (7) | 3 | (7) | 1 |
| (−2) | −1 | (4) | 2 | (5) | 6 |

### 3.2.3 用矩阵三角分解法解线性方程组

求解线性方程组 $Ax = b$ 时，当对 $A$ 进行 LU 分解时，其等价于求解 $LUx = b$，这时可归结为利用递推计算相继求解两个三角形(系数矩阵为三角矩阵)方程组，用顺代，由

$$Ly = b$$

求出 $y$，再利用回代，由 $Ux = y$ 求出 $x$。

综上所述，便可得到利用杜里特尔分解法解线性方程组 $Ax = b$ 的计算步骤。

1）计算 $u_{1i}$，$i = 1, 2, \cdots, n$ 和 $l_{i1}$，$i = 2, 3, \cdots, n$。

2）对于 $r = 2, 3, \cdots, n$，计算 $u_{ri}$，$i = r, r+1, \cdots, n$ 和 $l_{ir}$，$i = r+1, r+2, \cdots, n$。

3）求解 $Ly = b$，即计算

$$\begin{cases} y_1 = b_1 \\ y_i = b_i - \sum\limits_{k=1}^{i-1} l_{ik} y_k, i = 2,3,\cdots,n \end{cases} \tag{3-30}$$

4）求解 $Ux = y$，即计算

$$\begin{cases} x_n = y_n / u_{nn} \\ x_i = \left( y_i - \sum\limits_{k=i+1}^{n} u_{ik} x_k \right) \Big/ u_{ii}, i = n-1,\cdots,2,1 \end{cases} \tag{3-31}$$

用 LU 直接分解的方法求解线性方程组的计算量为$\frac{1}{3}n^3$，和高斯消去法需要的计算量的数量级基本相同。

**例 3-8** 用杜里特尔分解法求解方程组

$$\begin{pmatrix} 2 & 2 & 3 \\ 4 & 7 & 7 \\ -2 & 4 & 5 \end{pmatrix} \begin{pmatrix} x_1 \\ x_2 \\ x_3 \end{pmatrix} = \begin{pmatrix} 3 \\ 1 \\ -7 \end{pmatrix}$$

**解** 对系数矩阵进行杜里特尔分解已见例 3-7。

$$L = \begin{pmatrix} 1 & & \\ 2 & 1 & \\ -1 & 2 & 1 \end{pmatrix}, U = \begin{pmatrix} 2 & 2 & 3 \\ & 3 & 1 \\ & & 6 \end{pmatrix}$$

由方程组

$$\begin{pmatrix}1 & & \\ 2 & 1 & \\ -1 & 2 & 1\end{pmatrix}\begin{pmatrix}y_1\\ y_2\\ y_3\end{pmatrix}=\begin{pmatrix}3\\ 1\\ -7\end{pmatrix}$$

有 $y_1=3, y_2=1-2\times 3=-5, y_3=-7-(-1)\times 3-2(-5)=6$

再由方程组

$$\begin{pmatrix}2 & 2 & 3\\ & 3 & 1\\ & & 6\end{pmatrix}\begin{pmatrix}x_1\\ x_2\\ x_3\end{pmatrix}=\begin{pmatrix}3\\ -5\\ 6\end{pmatrix}$$

有 $x_3=1，x_2=-2，x_1=2$

对矩阵 $\boldsymbol{A}$ 进行 LU 分解的规则不仅能用于分解 $\boldsymbol{A}$，而且能用于将 $\boldsymbol{Ax}=\boldsymbol{b}$ 消元化成 $\boldsymbol{Ux}=\boldsymbol{y}$ 时，由 $\boldsymbol{b}$ 算出 $\boldsymbol{y}$，当将式(3-30)中 $y_i$ 换成 $u_{r,n+1}$，$b_i$ 换成 $a_{r,n+1}$，$y_k$ 换成 $u_{k,n+1}$ 时，就是式(3-27)中 $i$ 取 $n+1$ 时的情形，这样可以把 $\boldsymbol{b}$ 看成 $\boldsymbol{A}$ 的右边的一个列，并且按照对 $\boldsymbol{A}$ 的元素 $a_{ij}(i<j)$ 的分解规则来处理，则由 $\boldsymbol{b}$ 得到相应的 $\boldsymbol{y}$，即按

| | | | | | | | | | |
|---|---|---|---|---|---|---|---|---|---|
| $(a_{11})$ | $u_{11}$ | $(a_{12})$ | $u_{12}$ | $\cdots$ | $(a_{1n})$ | $u_{1n}$ | $(b_1)$ | $y_1$ |
| $(a_{21})$ | $l_{21}$ | $(a_{22})$ | $l_{22}$ | $\cdots$ | $(a_{2n})$ | $u_{2n}$ | $(b_2)$ | $y_2$ |
| $(a_{31})$ | $l_{31}$ | $(a_{32})$ | $l_{32}$ | $\cdots$ | $(a_{3n})$ | $u_{3n}$ | $(b_3)$ | $y_3$ |
| $\vdots$ | $\vdots$ | $\vdots$ | $\vdots$ | $\ddots$ | $\vdots$ | $\vdots$ | $\vdots$ | $\vdots$ |
| | | | | $\cdots$ | $(a_{nn})$ | $u_{nn}$ | $(b_n)$ | $y_n$ |

计算即可。

**例 3-9** 用杜里特尔分解法求解方程组

$$\begin{pmatrix}2 & 2 & 3 & 4\\ 2 & 4 & 9 & 16\\ 4 & 8 & 24 & 63\\ 6 & 16 & 51 & 100\end{pmatrix}\begin{pmatrix}x_1\\ x_2\\ x_3\\ x_4\end{pmatrix}=\begin{pmatrix}1\\ 1\\ 3\\ -29\end{pmatrix}$$

**解** 对系数矩阵包括常数项进行杜里特尔分解

| | | | | | | | | | |
|---|---|---|---|---|---|---|---|---|---|
| (2) | 2 | (2) | 2 | (3) | 3 | (4) | 4 | (1) | 1 |
| (2) | 1 | (4) | 2 | (9) | 6 | (16) | 12 | (1) | 0 |
| (4) | 2 | (8) | 2 | (24) | 6 | (63) | 31 | (3) | 1 |
| (6) | 3 | (16) | 5 | (51) | 2 | (100) | −34 | (−29) | −34 |

由方程组 $\boldsymbol{Ux}=\boldsymbol{y}$，有

$$\begin{pmatrix} 2 & 2 & 3 & 4 \\ & 2 & 6 & 12 \\ & & 6 & 31 \\ & & & -34 \end{pmatrix}\begin{pmatrix} x_1 \\ x_2 \\ x_3 \\ x_4 \end{pmatrix}=\begin{pmatrix} 1 \\ 0 \\ 1 \\ -34 \end{pmatrix}$$

有

$$x_4=1,\ x_3=-5,\ x_2=9,\ x_1=-3$$

线性方程组系是指具有相同系数矩阵，但右端项不同的一系列方程组。如

$$\begin{cases} \boldsymbol{Ax}=\boldsymbol{b}_1 \\ \boldsymbol{Ax}=\boldsymbol{b}_2 \\ \boldsymbol{Ax}=\boldsymbol{b}_3 \\ \quad\vdots \\ \boldsymbol{Ax}=\boldsymbol{b}_n \end{cases} \tag{3-32}$$

其中 $\boldsymbol{A}\in\mathbf{R}^{n\times n}$，$\boldsymbol{x}\in\mathbf{R}^n$，$\boldsymbol{b}_1$，$\boldsymbol{b}_2$，$\boldsymbol{b}_3$，$\cdots\in\mathbf{R}^n$。

用系数矩阵 $\boldsymbol{A}$ 的 LU 分解法求解线性方程组时，由于把对系数矩阵的计算和对右端项的计算分开，这使计算线性方程组系非常方便。只需进行一次矩阵三角分解，然后再解多个三角方程组，且每多解一个方程组仅需增加大约 $n^2$ 次乘除法运算。当方程组系的右端项是单位矩阵 $\boldsymbol{I}$ 的各个列向量 $\boldsymbol{i}_1$，$\boldsymbol{i}_2$，…，$\boldsymbol{i}_n$ 时，有

$$\boldsymbol{AX}=\boldsymbol{I}$$

其中 $\boldsymbol{A}$、$\boldsymbol{X}$、$\boldsymbol{I}\in\mathbf{R}^{n\times n}$，此时有

$$\boldsymbol{X}=\boldsymbol{A}^{-1} \tag{3-33}$$

由此可求出矩阵的逆矩阵。

用直接三角分解法求矩阵 $\boldsymbol{A}$ 的逆矩阵 $\boldsymbol{A}^{-1}$ 的步骤如下：

1）对矩阵 $\boldsymbol{A}$ 和单位矩阵 $\boldsymbol{I}$ 组成的增广矩阵 $\boldsymbol{AI}$ 进行杜里特尔分解

$$\boldsymbol{AI}\rightarrow\boldsymbol{LUY}$$

其中 $\boldsymbol{A}$，$\boldsymbol{I}$，$\boldsymbol{L}$，$\boldsymbol{U}$，$\boldsymbol{Y}\in\mathbf{R}^{n\times n}$，$\boldsymbol{L}$ 为单位下三角阵，$\boldsymbol{U}$ 为上三角阵。

2）对 $j=1$，2，…，$n$ 求解方程组系

$$\boldsymbol{Ux}=\boldsymbol{y}_j$$

其中 $\boldsymbol{y}_j$ 是矩阵 $\boldsymbol{Y}$ 的第 $j$ 列。解记为 $\boldsymbol{x}=\boldsymbol{a}_j$，$j=1$，2，…，$n$。

3）$\boldsymbol{A}^{-1}=(\boldsymbol{a}_1,\boldsymbol{a}_2,\cdots,\boldsymbol{a}_n)$。

**例 3-10** 用杜里特尔分解法求下列矩阵 $\boldsymbol{A}$ 的逆 $\boldsymbol{A}^{-1}$。

$$\boldsymbol{A}=\begin{pmatrix} 1 & 1 & -1 \\ 1 & 2 & -2 \\ -2 & 1 & 1 \end{pmatrix}$$

| | | | | | | | | | | | |
|---|---|---|---|---|---|---|---|---|---|---|---|
| (1) | 1 | (1) | 1 | (−1) | −1 | (1) | 1 | (0) | 0 | (0) | 0 |
| (1) | 1 | (2) | 1 | (−2) | −1 | (0) | −1 | (1) | 1 | (0) | 0 |
| (−2) | −2 | (1) | 3 | (1) | 2 | (0) | 5 | (0) | −3 | (1) | 1 |

**解**　对 $\boldsymbol{AI}$ 进行杜里特尔分解

解线性方程组系

$$\begin{pmatrix}1&1&-1\\&1&-1\\&&2\end{pmatrix}\begin{pmatrix}x_1\\x_2\\x_3\end{pmatrix}=\begin{pmatrix}1\\-1\\5\end{pmatrix}\quad \boldsymbol{a}_1=\boldsymbol{x}_1=\begin{cases}2\\1.5\\2.5\end{cases}$$

$$\begin{pmatrix}1&1&-1\\&1&-1\\&&2\end{pmatrix}\begin{pmatrix}x_1\\x_2\\x_3\end{pmatrix}=\begin{pmatrix}0\\1\\-3\end{pmatrix}\quad \boldsymbol{a}_2=\boldsymbol{x}_2=\begin{cases}-1\\-0.5\\-1.5\end{cases}$$

$$\begin{pmatrix}1&1&-1\\&1&-1\\&&2\end{pmatrix}\begin{pmatrix}x_1\\x_2\\x_3\end{pmatrix}=\begin{pmatrix}0\\0\\1\end{pmatrix}\quad \boldsymbol{a}_3=\boldsymbol{x}_3=\begin{cases}0\\0.5\\0.5\end{cases}$$

矩阵 $\boldsymbol{A}$ 的逆矩阵 $\boldsymbol{A}^{-1}=(\boldsymbol{a}_1,\boldsymbol{a}_2,\boldsymbol{a}_3)$，即

$$\boldsymbol{A}^{-1}=\begin{pmatrix}2&-1&0\\1.5&-0.5&0.5\\2.5&-1.5&0.5\end{pmatrix}$$

最后给出克洛特分解的分解形式和解线性方程组的计算顺序。

设 $\boldsymbol{A}=\boldsymbol{LU}$ 为

$$\begin{pmatrix}a_{11}&\cdots&a_{1n}\\\vdots&&\vdots\\a_{n1}&\cdots&a_{nn}\end{pmatrix}=\begin{pmatrix}l_{11}&&&\\l_{21}&l_{22}&&\\\vdots&\vdots&\ddots&\\l_{n1}&l_{n2}&\cdots&l_{nn}\end{pmatrix}\begin{pmatrix}1&u_{12}&u_{13}&\cdots&u_{1n}\\&1&u_{23}&\cdots&u_{2n}\\&&\ddots&&\vdots\\&&&&1\end{pmatrix}\tag{3-34}$$

类似于上述的杜里特尔分解的推导，这里可得

$$l_{i1}=a_{i1},\ i=1,\ 2,\ \cdots,\ n$$

$$u_{1i}=\frac{a_{1i}}{l_{11}},\ i=2,\ 3,\ \cdots,\ n$$

并且当 $\boldsymbol{L}$ 的前 $r-1$ 列元素和 $\boldsymbol{U}$ 的前 $r-1$ 行元素已经算出以后，对于 $i=r,\ r+1,\ \cdots,\ n$ 有

$$l_{ir}=a_{ir}-\sum_{k=1}^{r-1}l_{ik}u_{kr},i=r,r+1,\cdots,n\tag{3-35}$$

$$u_{ri}=\left(a_{ri}-\sum_{k=1}^{r-1}l_{rk}u_{ki}\right)\Big/l_{rr},i=r+1,r+2,\cdots,n\tag{3-36}$$

于是解线性方程组 $\boldsymbol{Ax}=\boldsymbol{b}$ 的计算步骤如下：

1）计算 $l_{i1}$，$i=1,\ 2,\ \cdots,n$ 和 $u_{1i},i=2,\ 3,\ \cdots,\ n$。

2）对于 $r=2,\ 3,\cdots,n$ 计算 $l_{ir}$，$i=r,\ r+1,\ \cdots,\ n$ 和 $u_{ri},i=r+1,\ r+2,\ \cdots,\ n$。

3）求解 $\boldsymbol{Ly}=\boldsymbol{b}$，即计算

$$\begin{cases}y_1=b_1/l_{11}\\y_i=\left(b_i-\sum_{k=1}^{i-1}l_{ik}y_k\right)\Big/l_{ii},i=2,3,\cdots,n\end{cases}\tag{3-37}$$

4）求解 $\boldsymbol{Ux}=\boldsymbol{y}$，即计算

$$
\begin{cases} x_n = y_n \\ x_i = y_i - \sum\limits_{k=i+1}^{n} u_{ik}x_k, i = n-1, \cdots, 2, 1 \end{cases} \tag{3-38}
$$

**例 3-11** 用克洛特分解法解线性方程组

$$
\begin{pmatrix} 2 & -1 & 1 \\ 4 & 2 & 1 \\ 2 & 1 & 2 \end{pmatrix}\begin{pmatrix} x_1 \\ x_2 \\ x_3 \end{pmatrix} = \begin{pmatrix} 5 \\ 4 \\ 5 \end{pmatrix}
$$

**解** 按计算步骤对线性方程组的系数矩阵进行克洛特分解

$$
l_{11}=2,\ l_{21}=4,\ l_{31}=2
$$

$$
u_{12}=\frac{a_{12}}{l_{11}}=\frac{-1}{2}=-\frac{1}{2},\ u_{13}=\frac{a_{13}}{l_{11}}=\frac{1}{2}
$$

对于$r=2$，$i=2$ $\quad l_{22}=a_{22}-l_{21}u_{12}=2-4\times\left(-\frac{1}{2}\right)=4$

$$
i=3 \quad l_{32}=a_{32}-l_{31}u_{12}=1-2\times\left(-\frac{1}{2}\right)=2
$$

$$
i=3 \quad u_{23}=\frac{1}{l_{22}}(a_{23}-l_{21}u_{13})=\frac{1}{4}\left(1-4\times\frac{1}{2}\right)=-\frac{1}{4}
$$

$$
r=3,\ i=3 \quad l_{33}=a_{33}-l_{31}u_{13}-l_{32}u_{23}=2-2\times\frac{1}{2}-2\left(-\frac{1}{4}\right)=\frac{3}{2}
$$

所以有

$$
\begin{pmatrix} 2 & -1 & 1 \\ 4 & 2 & 1 \\ 2 & 1 & 2 \end{pmatrix}=\begin{pmatrix} 2 & & \\ 4 & 4 & \\ 2 & 2 & \frac{3}{2} \end{pmatrix}\begin{pmatrix} 1 & \frac{1}{2} & \frac{1}{2} \\ & 1 & -\frac{1}{4} \\ & & 1 \end{pmatrix}
$$

解下三角形方程组

$$
\begin{pmatrix} 2 & & \\ 4 & 4 & \\ 2 & 2 & \frac{3}{2} \end{pmatrix}\begin{pmatrix} y_1 \\ y_2 \\ y_3 \end{pmatrix} = \begin{pmatrix} 5 \\ 4 \\ 5 \end{pmatrix}
$$

$$
y_1=\frac{5}{2},\ y_2=-\frac{3}{2},\ y_3=2
$$

解上三角形方程组

$$
\begin{pmatrix} 1 & -\frac{1}{2} & \frac{1}{2} \\ & 1 & -\frac{1}{4} \\ & & 1 \end{pmatrix}\begin{pmatrix} x_1 \\ x_2 \\ x_3 \end{pmatrix} = \begin{pmatrix} \frac{5}{2} \\ -\frac{3}{2} \\ 2 \end{pmatrix}
$$

$$x_3=2,\ x_2=-1,\ x_1=1$$

或直接对系数矩阵分解，并求出 $y$

| | | | | | | | |
|---|---|---|---|---|---|---|---|
| (2) | 2 | (−1) | $-\frac{1}{2}$ | (1) | $\frac{1}{2}$ | (5) | $\frac{5}{2}$ |
| (4) | 4 | (2) | 4 | (1) | $-\frac{1}{4}$ | (4) | $-\frac{3}{2}$ |
| (2) | 2 | (1) | 2 | (2) | $\frac{3}{2}$ | (5) | 2 |

再解上三角方程组，可同样得到 $x_3=2$，$x_2=-1$，$x_1=1$。

### 3.2.4　追赶法

在数值计算中，常常会遇到一种系数矩阵是特殊稀疏矩阵的三对角方程组

$$\begin{pmatrix} b_1 & c_1 & & & \\ a_2 & b_2 & c_2 & & \\ & \ddots & \ddots & \ddots & \\ & & a_{n-1} & b_{n-1} & c_{n-1} \\ & & & a_n & b_n \end{pmatrix}\begin{pmatrix} x_1 \\ x_2 \\ \vdots \\ x_{n-1} \\ x_n \end{pmatrix}=\begin{pmatrix} f_1 \\ f_2 \\ \vdots \\ f_{n-1} \\ f_n \end{pmatrix} \tag{3-39}$$

或写成

$$\boldsymbol{Ax}=\boldsymbol{f}$$

其中 $\boldsymbol{A}$ 称为三对角矩阵，非零元素分布在主对角线及其相邻两条次对角线上。

这种方程组往往阶数较大，但零元素很多，用高斯消去法求解需很大内存，零元素都得参加运算，计算速度也慢。可以用克洛特分解推出如下递推关系进行求解，设 $\boldsymbol{L}$ 是下二对角矩阵，$\boldsymbol{U}$ 是单位上二对角矩阵，有

$$\boldsymbol{A}=\boldsymbol{LU}$$

$$\begin{pmatrix} b_1 & c_1 & & & \\ a_2 & b_2 & c_2 & & \\ & \ddots & \ddots & \ddots & \\ & & a_{n-1} & b_{n-1} & c_{n-1} \\ & & & a_n & b_n \end{pmatrix}=\begin{pmatrix} l_1 & & & \\ a_2 & l_2 & & \\ & \ddots & \ddots & \\ & & a_n & l_n \end{pmatrix}\begin{pmatrix} 1 & u_1 & & \\ & \ddots & \ddots & \\ & & \ddots & u_{n-1} \\ & & & 1 \end{pmatrix}$$

按乘法展开

$$\begin{cases} b_1=l_1 \\ c_i=l_iu_i \\ b_{i+1}=a_{i+1}u_i+l_{i+1} \end{cases} \qquad i=1,\ 2,\ \cdots,\ n-1$$

则可计算

$$
\begin{cases}
l_1 = b_1 \\
u_i = c_i / l_i \qquad\qquad i = 1,\ 2,\ \cdots,\ n-1 \\
l_{i+1} = b_{i+1} - a_{i+1} u_i
\end{cases}
\tag{3-40}
$$

按上式可依次计算

$$
l_1 \to u_1 \to l_2 \to u_2 \to \cdots \to l_n
$$

当 $l_i \neq 0$ 时，由上式可唯一确定 $\boldsymbol{L}$ 和 $\boldsymbol{U}$。

系数行列式

$$
\det \boldsymbol{A} = \det \boldsymbol{L} \cdot \det \boldsymbol{U} = l_1 l_2 \cdots l_n \tag{3-41}
$$

定理 3-6 给出 $l_i \neq 0$ 的充分条件。

**定理 3-6**　设三对角矩阵 $\boldsymbol{A}$ 满足

① $|b_1| > |c_1| > 0$。

② $|b_i| \geqslant |a_i| + |c_i|$，且 $a_i c_i \neq 0$，$i = 2,\ 3,\ \cdots,\ n-1$。

③ $|b_n| > |a_n| > 0$，

则 $l_i \neq 0$。

**证**　用归纳法易证 $|u_i| < 1$，$i = 1,\ 2,\ \cdots,\ n-1$。

由已知显然有 $|u_1| < 1$，设 $|u_{i-1}| < 1$，则有

$$
|u_i| = \left|\frac{c_i}{l_i}\right| = \left|\frac{c_i}{b_i - a_i u_{i-1}}\right| \leqslant \frac{|c_i|}{\big|\,|b_i| - |a_i|\,|u_{i-1}|\,\big|}
$$

$$
< \frac{|c_i|}{|b_i| - |a_i|} \leqslant 1,\ i = 2,\ 3,\ \cdots,\ n-1
$$

即有

$$
|u_i| < 1,\ i = 1,\ 2,\ \cdots,\ n-1
$$

由于

$$
\begin{aligned}
|l_i| = |b_i - a_i u_{i-1}| &\geqslant |b_i| - |a_i|\,|u_{i-1}| \\
&> |b_i| - |a_i| \geqslant |c_i| \geqslant 0
\end{aligned}
$$

以及

$$
l_1 = b_1 \neq 0
$$

得到

$$
l_i \neq 0,\ i = 1,\ 2,\ \cdots,\ n
$$

因此由 $\boldsymbol{A}$ 可唯一确定 $\boldsymbol{L}$ 和 $\boldsymbol{U}$，由于 $\boldsymbol{L}$ 非奇异，$\boldsymbol{A}$ 非奇异，对应的三对角方程组的解存在且唯一。

定理 3-6 是充分性定理，条件并非完全必要，矩阵三对角线上有零元素时，可对定理的三个条件进行如下修改：

① $|b_1| > |c_1|$。

② $|b_i| > |a_i| + |c_i|$，$i = 2,\ 3,\ \cdots,\ n-1$。

③ $|b_n| > |a_n|$

可以证明，系数矩阵是严格对角占优阵的三对角方程组均可用该法对其进行分解。

求解 $\boldsymbol{Ax} = \boldsymbol{f}$ 可分两步进行。

由 $\boldsymbol{A}=\boldsymbol{LU}$ 代入 $\boldsymbol{Ax}=\boldsymbol{f}$ 得

$$\boldsymbol{L}(\boldsymbol{Ux})=\boldsymbol{f}$$

写成

$$\boldsymbol{Ly}=\boldsymbol{f}$$

其中

$$\boldsymbol{y}=\boldsymbol{Ux}$$

因此求解时，由

$$\boldsymbol{Ly}=\boldsymbol{f} \tag{3-42}$$

$$\begin{pmatrix} l_1 & & & \\ a_2 & l_2 & & \\ & \ddots & \ddots & \\ & & a_n & l_n \end{pmatrix}\begin{pmatrix} y_1 \\ y_2 \\ \vdots \\ y_n \end{pmatrix}=\begin{pmatrix} f_1 \\ f_2 \\ \vdots \\ f_n \end{pmatrix}$$

得到方程组

$$\begin{cases} l_1 y_1 = f_1 \\ a_i y_{i-1} + l_i y_i = f_i, \ i=2,\ 3,\ \cdots,\ n \end{cases}$$

解出

$$\begin{cases} y_1 = f_1 / l_1 \\ y_i = (f_i - a_i y_{i-1}) / l_i, \ i=2,\ 3,\ \cdots,\ n \end{cases} \tag{3-43}$$

又由

$$\boldsymbol{Ux}=\boldsymbol{y}$$

$$\begin{pmatrix} 1 & u_1 & & & \\ & 1 & u_2 & & \\ & & \ddots & \ddots & \\ & & & & u_{n-1} \\ & & & & 1 \end{pmatrix}\begin{pmatrix} x_1 \\ x_2 \\ \vdots \\ x_{n-1} \\ x_n \end{pmatrix}=\begin{pmatrix} y_1 \\ y_2 \\ \vdots \\ y_n \end{pmatrix}$$

得到方程组

$$\begin{cases} x_1 + u_1 x_2 = y_1 \\ x_2 + u_2 x_3 = y_2 \\ \qquad \vdots \\ x_{n-1} + u_{n-1} x_n = y_{n-1} \\ x_n = y_n \end{cases}$$

解出

$$\begin{cases} x_n = y_n \\ x_i = y_i - u_i x_{i+1}, \ i=n-1,\ \cdots,\ 2,\ 1 \end{cases} \tag{3-44}$$

常把上述顺序求 $y_i$ 的消元过程式(3-43)称为“追”的过程，逆序求 $x_i$ 的回代过程式(3-44)称为“赶”的过程，因此称这种方法为追赶法，或称托马斯法。

**例 3-12** 用追赶法解三对角方程组

$$
\begin{pmatrix} 2 & -1 & & \\ -1 & 3 & -2 & \\ & -2 & 4 & -2 \\ & & -3 & 5 \end{pmatrix}\begin{pmatrix} x_1 \\ x_2 \\ x_3 \\ x_4 \end{pmatrix}=\begin{pmatrix} 3 \\ 1 \\ 0 \\ -5 \end{pmatrix}
$$

**解**　用追赶法计算公式

$$
l_1=b_1=2,\ u_1=c_1/l_1=-\frac{1}{2}
$$

$$
l_2=b_2-a_2u_1=\frac{5}{2},\ u_2=c_2/l_2=-\frac{4}{5}
$$

$$
l_3=b_3-a_3u_2=\frac{12}{5},\ u_3=c_3/l_3=-\frac{5}{6}
$$

$$
l_4=b_4-a_4u_3=\frac{5}{2}
$$

所以有

$$
\begin{pmatrix} 2 & -1 & & \\ -1 & 3 & -2 & \\ & -2 & 4 & -2 \\ & & -3 & 5 \end{pmatrix}=\begin{pmatrix} 2 & & & \\ -1 & \frac{5}{2} & & \\ & -2 & \frac{12}{5} & \\ & & -3 & \frac{5}{2} \end{pmatrix}\begin{pmatrix} 1 & -\frac{1}{2} & & \\ & 1 & -\frac{4}{5} & \\ & & 1 & -\frac{5}{6} \\ & & & 1 \end{pmatrix}
$$

$$
y_1=f_1/l_1=\frac{3}{2}=1.5,\ y_2=(f_2-a_2y_1)/l_2=1
$$

$$
y_3=(f_3-a_3y_2)/l_3=\frac{5}{6},\ y_4=(f_4-a_4y_3)/l_4=-1
$$

$$
x_4=y_4=-1,\ x_3=y_3-u_3x_4=0,\ x_2=y_2-u_2x_3=1
$$

$$
x_1=y_1-u_1x_2=2
$$

## 3.3　平方根法

系数矩阵为对称正定矩阵的方程组称为对称正定方程组，对称正定方程组可用高斯消去法、LU 分解法求解，但可导出计算量更小的平方根法。利用对称正定矩阵的三角分解（乔累斯基分解）求解对称正定方程组的方法称为平方根法，这种方法已成为目前计算机上广泛应用的有效方法。

### 3.3.1　对称正定矩阵

**定义 3-3**　若矩阵 $\boldsymbol{A}\in\mathbf{R}^{n\times n}$ 满足 $\boldsymbol{A}^{\mathrm{T}}=\boldsymbol{A}$，则称 $\boldsymbol{A}$ 为对称矩阵，又对任意非零向量 $\boldsymbol{x}\in\mathbf{R}^{n}$，有

$$
(\boldsymbol{Ax},\boldsymbol{x})=\boldsymbol{x}^{\mathrm{T}}\boldsymbol{Ax}>0
$$

则称矩阵 $\boldsymbol{A}$ 为正定矩阵(或对称正定矩阵)。

**定理 3-7** 对称正定矩阵 $\boldsymbol{A}$ 的对角元为正，即

$$a_{ii}>0,\ i=1,\ 2,\cdots,n$$

**定理 3-8** 实对称矩阵 $\boldsymbol{A}$ 正定的充要条件是 $\boldsymbol{A}$ 的所有特征值为正。

**定理 3-9** 对称正定矩阵非奇异，其逆亦为对称正定矩阵。

**定理 3-10** 实对称矩阵 $\boldsymbol{A}$ 正定的充要条件是 $\boldsymbol{A}$ 的所有顺序主子式为正。

**推论 3-1** 正定矩阵的顺序主子阵是正定的。

**例 3-13** 判断矩阵

$$\boldsymbol{A}=\begin{pmatrix} 4 & -1 & 0 \\ -1 & 4 & -1 \\ 0 & -1 & 4 \end{pmatrix}$$

的正定性。

**解** $\boldsymbol{A}=\boldsymbol{A}^{\mathrm{T}}$，且

$|\boldsymbol{A}_1|=4>0$，$|\boldsymbol{A}_2|=4\times4-(-1)(-1)=15>0$，$|\boldsymbol{A}_3|=56>0$

因此，矩阵 $\boldsymbol{A}$ 是对称正定矩阵。

### 3.3.2 对称正定矩阵的乔累斯基分解

正定矩阵对称且顺序主子式为正，因此满足三角分解条件。

**定理 3-11** 对称正定矩阵 $\boldsymbol{A}$ 存在唯一的单位下三角矩阵 $\boldsymbol{L}$ 和对角矩阵 $\boldsymbol{D}$，使

$$\boldsymbol{A}=\boldsymbol{L}\boldsymbol{D}\boldsymbol{L}^{\mathrm{T}} \tag{3-45}$$

**证** $\boldsymbol{A}$ 对称正定，故顺序主子式

$$|\boldsymbol{A}_i|>0,\ i=1,\ 2,\ \cdots,\ n$$

有唯一的杜里特尔分解

$$\boldsymbol{A}=\boldsymbol{L}\boldsymbol{U}$$

其中 $\boldsymbol{L}$ 单位下三角矩阵，$\boldsymbol{U}$ 上三角矩阵。

设矩阵 $\boldsymbol{U}$ 的对角元素为 $u_{ii}$，$i=1,\ 2,\ \cdots,\ n$，并以 $\boldsymbol{A}_i$，$\boldsymbol{L}_i$，$\boldsymbol{U}_i$ 依次表示矩阵 $\boldsymbol{A}$，$\boldsymbol{L}$，$\boldsymbol{U}$ 的 $i$ 阶顺序主子阵，则

$$|\boldsymbol{A}_i|=|\boldsymbol{L}_i\boldsymbol{U}_i|=|\boldsymbol{L}_i||\boldsymbol{U}_i|=u_{11}u_{22}\cdots u_{ii},\ i=1,\ 2,\ \cdots,\ n$$

于是 $u_{ii}>0$，$i=1,\ 2,\ \cdots,\ n$。

用 $\boldsymbol{D}$ 表示以 $u_{ii}(i=1,2,\cdots,n)$ 为对角元素的对角矩阵，则

$$\boldsymbol{A}=\boldsymbol{L}\boldsymbol{U}=\boldsymbol{L}\boldsymbol{D}\boldsymbol{D}^{-1}\boldsymbol{U}=\boldsymbol{L}\boldsymbol{D}(\boldsymbol{D}^{-1}\boldsymbol{U})$$

其中 $\boldsymbol{D}^{-1}\boldsymbol{U}$ 是单位上三角矩阵。

由于 $\boldsymbol{A}=\boldsymbol{A}^{\mathrm{T}}$，有

$$\boldsymbol{A}=\boldsymbol{A}^{\mathrm{T}}=(\boldsymbol{D}^{-1}\boldsymbol{U})^{\mathrm{T}}\boldsymbol{D}\boldsymbol{L}^{\mathrm{T}}$$

式中 $(\boldsymbol{D}^{-1}\boldsymbol{U})^{\mathrm{T}}$ 是单位下三角矩阵，由 LU 分解的唯一性，比较上两式，有

$$\boldsymbol{L}=(\boldsymbol{D}^{-1}\boldsymbol{U})^{\mathrm{T}}$$

$$\boldsymbol{D}^{-1}\boldsymbol{U}=\boldsymbol{L}^{\mathrm{T}}$$

因此矩阵 $\boldsymbol{A}$ 可唯一分解为

$$\boldsymbol{A}=\boldsymbol{L}\boldsymbol{D}\boldsymbol{L}^{\mathrm{T}}$$

定理得证。

又由 $u_{ii}>0$ 知 $\boldsymbol{D}$ 可唯一地分解为 $\boldsymbol{D}=\boldsymbol{D}^{\frac{1}{2}}\boldsymbol{D}^{\frac{1}{2}}$，其中

$$\boldsymbol{D}^{\frac{1}{2}}=\begin{pmatrix}\sqrt{u_{11}} & & \\ & \ddots & \\ & & \sqrt{u_{nn}}\end{pmatrix}$$

于是有

$$\boldsymbol{A}=\boldsymbol{L}\boldsymbol{D}^{\frac{1}{2}}(\boldsymbol{L}\boldsymbol{D}^{\frac{1}{2}})^{\mathrm{T}}$$

令 $\widetilde{\boldsymbol{L}}=\boldsymbol{L}\boldsymbol{D}^{\frac{1}{2}}$，则有唯一分解

$$\boldsymbol{A}=\widetilde{\boldsymbol{L}}\widetilde{\boldsymbol{L}}^{\mathrm{T}} \tag{3-46}$$

其中 $\widetilde{\boldsymbol{L}}$ 是对角元素均为正数的下三角矩阵。由此有如下定理。

**定理 3-12** 对称正定矩阵 $\boldsymbol{A}$ 存在唯一的对角元素均为正数的下三角矩阵 $\boldsymbol{L}$，使

$$\boldsymbol{A}=\boldsymbol{L}\boldsymbol{L}^{\mathrm{T}} \tag{3-47}$$

这种分解称为乔累斯基分解。当 $\boldsymbol{L}$ 的元素求出后，$\boldsymbol{L}^{\mathrm{T}}$ 的元素即可求出，因此乔累斯基分解较一般的 LU 分解乘除法计算量小得多。它所需要的乘除次数约为 $\frac{1}{6}n^3$ 数量级，差不多比 LU 分解节省一半的工作量，但要进行 $n$ 次开方运算。

**例 3-14** 设 $\boldsymbol{A}=\begin{pmatrix}a+1 & 2\\ 2 & 1\end{pmatrix}$，讨论 $a$ 取何值时，可对矩阵 $\boldsymbol{A}$ 实施乔累斯基分解？

**解** 理论上根据定理 3-12 确定矩阵系数 $a$ 时，因为定理是充分性条件，会使 $a$ 的取值范围减小。但在工程实践中，对称正定矩阵是大量存在的，据统计可达实际矩阵的一半，而乔累斯基分解只是针对对称正定矩阵提出的，所以本题在实践上还是用定理 3-12 确定参数 $a$ 的取值范围。

矩阵对称正定可进行乔累斯基分解，即 $a$ 满足

$$a+1>0,\ a+1-4>0$$

因此要求

$$a>3$$

下面推导乔累斯基分解的计算公式。

将 $\boldsymbol{A}=\boldsymbol{L}\boldsymbol{L}^{\mathrm{T}}$ 写成

$$\begin{pmatrix}a_{11} & \cdots & a_{1n}\\ \vdots & a_{ii} & \vdots\\ a_{n1} & \cdots & a_{nn}\end{pmatrix}=\begin{pmatrix}l_{11} & & & \\ l_{21} & l_{22} & & \\ \vdots & & \ddots & \\ l_{n1} & l_{n2} & \cdots & l_{nn}\end{pmatrix}\begin{pmatrix}l_{11} & l_{21} & \cdots & l_{n1}\\ & l_{22} & \cdots & l_{n2}\\ & & \ddots & \vdots\\ & & & l_{nn}\end{pmatrix}$$

按矩阵乘法，对 $i=1,\ 2,\ \cdots,\ n$ 有

$$a_{ij}=a_{ji}=\sum_{k=1}^{n}l_{jk}l_{ik}=\sum_{k=1}^{i}l_{jk}l_{ik}=\sum_{k=1}^{i-1}l_{jk}l_{ik}+l_{ji}l_{ii}\quad j=i,i+1,\cdots,n$$

因此，对于 $i=1,\ 2,\ \cdots,\ n$，有

$$\begin{cases} l_{ii} = \left(a_{ii} - \sum_{k=1}^{i-1} l_{ik}^2\right)^{\frac{1}{2}} \\ l_{ji} = \left(a_{ji} - \sum_{k=1}^{i-1} l_{jk} l_{ik}\right) \Big/ l_{ii}, \quad j = i+1, i+2, \cdots, n \end{cases} \tag{3-48}$$

并有

$$|\boldsymbol{A}| = |\boldsymbol{L}\boldsymbol{L}^{\mathrm{T}}| = |\boldsymbol{L}||\boldsymbol{L}^{\mathrm{T}}| = \prod_{i=1}^{n} l_{ii}^2$$

**例 3-15** 对矩阵

$$\boldsymbol{A} = \begin{pmatrix} 3 & 3 & 5 \\ 3 & 5 & 9 \\ 5 & 9 & 17 \end{pmatrix}$$

进行乔累斯基分解。

**解** 矩阵 $\boldsymbol{A}$ 对称，且 $|\boldsymbol{A}_1| = 3 > 0$，$|\boldsymbol{A}_2| = 6 > 0$，$|\boldsymbol{A}| = 4 > 0$，$\boldsymbol{A}$ 对称正定。

$i=1 \quad l_{11} = \sqrt{a_{11}} = \sqrt{3}$

$j=2 \quad l_{21} = a_{21}\dfrac{1}{l_{11}} = \dfrac{3}{\sqrt{3}} = \sqrt{3}$

$j=3 \quad l_{31} = a_{31}\dfrac{1}{l_{11}} = \dfrac{5}{\sqrt{3}}$

$i=2 \quad l_{22} = \sqrt{a_{22} - l_{21}^2} = \sqrt{5-3} = \sqrt{2}$

$j=3 \quad l_{32} = (a_{32} - l_{31}l_{21})\dfrac{1}{l_{22}} = \left(9 - \dfrac{5}{\sqrt{3}}\sqrt{3}\right)\dfrac{1}{\sqrt{2}} = 2\sqrt{2}$

$i=3 \quad l_{33} = \sqrt{a_{33} - l_{31}^2 - l_{32}^2} = \sqrt{17 - \left(\dfrac{5}{\sqrt{3}}\right)^2 - (2\sqrt{2})^2} = \sqrt{\dfrac{2}{3}}$

$$\boldsymbol{L} = \begin{pmatrix} \sqrt{3} & & \\ \sqrt{3} & \sqrt{2} & \\ \dfrac{5}{\sqrt{3}} & 2\sqrt{2} & \sqrt{\dfrac{2}{3}} \end{pmatrix}$$

$$|\boldsymbol{A}| = (\sqrt{3})^2(\sqrt{2})^2\left(\sqrt{\frac{2}{3}}\right)^2 = 4$$

利用对称正定矩阵的乔累斯基分解，求解对称正定方程组 $\boldsymbol{Ax} = \boldsymbol{b}$ 的方法称为平方根法。

将 $\boldsymbol{A} = \boldsymbol{L}\boldsymbol{L}^{\mathrm{T}}$ 代入 $\boldsymbol{Ax} = \boldsymbol{b}$，有

$$\boldsymbol{L}\boldsymbol{L}^{\mathrm{T}}\boldsymbol{x} = \boldsymbol{b}$$

令 $\boldsymbol{L}^{\mathrm{T}}\boldsymbol{x} = \boldsymbol{y}$，有

$$\begin{cases} \boldsymbol{Ly} = \boldsymbol{b} \\ \boldsymbol{L}^{\mathrm{T}}\boldsymbol{x} = \boldsymbol{y} \end{cases}$$

相应的求解公式

$$\begin{cases} y_i = (b_i - \sum_{k=1}^{i-1} l_{ik}y_k)/l_{ii}, i = 1,2,\cdots,n \\ x_i = (y_i - \sum_{k=i+1}^{n} l_{ki}x_k)/l_{ii}, i = n,n-1,\cdots,1 \end{cases} \tag{3-49}$$

由矩阵分解公式可知

$$a_{ii} = \sum_{k=1}^{i} l_{ik}^2$$

所以

$$|l_{ik}| \leqslant \sqrt{a_{ii}},\ k \leqslant i$$

这表明，平方根法所求得的中间量 $l_{ik}$ 是完全可以控制的，故舍入误差的增长也是可控的，因而计算过程是稳定的。但是，平方根法解正定方程组的缺点是需要进行开方运算。

**例 3-16** 用平方根法解下列线性方程组并计算 $|\boldsymbol{A}|$。

$$\begin{pmatrix} 3 & 3 & 5 \\ 3 & 5 & 9 \\ 5 & 9 & 17 \end{pmatrix}\begin{pmatrix} x_1 \\ x_2 \\ x_3 \end{pmatrix} = \begin{pmatrix} 0 \\ -2 \\ -4 \end{pmatrix}$$

**解** 由上题已知

$$\boldsymbol{L} = \begin{pmatrix} \sqrt{3} & & \\ \sqrt{3} & \sqrt{2} & \\ \dfrac{5}{\sqrt{3}} & 2\sqrt{2} & \sqrt{\dfrac{2}{3}} \end{pmatrix}$$

由 $\boldsymbol{Ly} = \boldsymbol{b}$ 有

$$\begin{pmatrix} \sqrt{3} & & \\ \sqrt{3} & \sqrt{2} & \\ \dfrac{5}{\sqrt{3}} & 2\sqrt{2} & \sqrt{\dfrac{2}{3}} \end{pmatrix}\begin{pmatrix} y_1 \\ y_2 \\ y_3 \end{pmatrix} = \begin{pmatrix} 0 \\ -2 \\ -4 \end{pmatrix}$$

$$y_1 = 0,\ y_2 = -\sqrt{2},\ y_3 = 0$$

由 $\boldsymbol{L}^{\mathrm{T}}\boldsymbol{x} = \boldsymbol{y}$ 有

$$\begin{pmatrix} \sqrt{3} & \sqrt{3} & \dfrac{5}{\sqrt{3}} \\ & \sqrt{2} & 2\sqrt{2} \\ & & \sqrt{\dfrac{2}{3}} \end{pmatrix}\begin{pmatrix} x_1 \\ x_2 \\ x_3 \end{pmatrix} = \begin{pmatrix} 0 \\ -\sqrt{2} \\ 0 \end{pmatrix}$$

$$x_3 = 0,\ x_2 = -1,\ x_1 = 1$$

$$|\boldsymbol{A}| = (\sqrt{3})^2(\sqrt{2})^2\left(\sqrt{\frac{2}{3}}\right)^2 = 4$$

### 3.3.3 改进平方根法

将对称正定矩阵 $\boldsymbol{A} = (a_{ij})_{n\times n}$ 进行 $\boldsymbol{LDL}^{\mathrm{T}}$ 分解，则可避免开方运算。其中 $\boldsymbol{D} = \mathrm{diag}(d_i)$，

且 $d_i>0$，$\boldsymbol{L}$ 为单位下三角矩阵，则

$$\begin{pmatrix} a_{11} & \cdots & a_{1n} \\ & \ddots & \\ \vdots & a_{ij} & \vdots \\ & \ddots & \\ a_{n1} & \cdots & a_{nn} \end{pmatrix}=\begin{pmatrix} 1 & & & \\ l_{21} & 1 & & \\ \vdots & \vdots & \ddots & \\ l_{n1} & l_{n2} & \cdots & 1 \end{pmatrix}\begin{pmatrix} d_1 & & & \\ & d_2 & & \\ & & \ddots & \\ & & & d_n \end{pmatrix}\begin{pmatrix} 1 & l_{21} & l_{31} & \cdots & l_{n1} \\ & 1 & l_{32} & \cdots & l_{n2} \\ & & \ddots & & \vdots \\ & & & & 1 \end{pmatrix}$$

由矩阵乘法，当 $i\geqslant j$ 时，有

$$a_{ij}=\sum_{k=1}^{j}l_{ik}d_k l_{jk}=\sum_{k=1}^{j-1}l_{ik}d_k l_{jk}+l_{ij}d_j,l_{jj}=1$$

于是，对 $i=1,2,\cdots,n$ 有

$$\begin{cases} l_{ij}=\left(a_{ij}-\sum\limits_{k=1}^{j-1}l_{ik}d_k l_{jk}\right)\Big/d_j,j=1,2,\cdots,i-1 \\ d_i=a_{ii}-\sum\limits_{k=1}^{i-1}d_k l_{ik}^2 \end{cases}\tag{3-50}$$

按照这种方式进行 $LDL^{\mathrm{T}}$ 分解，虽然避免了开方运算，但在计算每个元时多了相乘的因子，乘法运算比 $LL^{\mathrm{T}}$ 分解约增大一倍。但分析计算 $l_{ij}$ 和 $d_i$ 的公式可以看出，式中许多计算是重复的，为了避免重复计算，进行如下变换

$$\boldsymbol{A}=\boldsymbol{LDL}^{\mathrm{T}}=\boldsymbol{TL}^{\mathrm{T}}$$

其中 $\boldsymbol{T}=\boldsymbol{LD}$，即有

$$\begin{pmatrix} 1 & & \\ l_{21} & 1 & \\ & & \ddots & \\ l_{n1} & & & 1 \end{pmatrix}\begin{pmatrix} d_1 & & & \\ & d_2 & & \\ & & \ddots & \\ & & & d_n \end{pmatrix}\begin{pmatrix} 1 & l_{21} & \cdots & l_{n1} \\ & 1 & & \\ & & \ddots & \\ & & & 1 \end{pmatrix}=\begin{pmatrix} d_1 & & & \\ t_{21} & d_2 & & \\ \vdots & & \ddots & \\ t_{n1} & t_{n2} & \cdots & d_n \end{pmatrix}\begin{pmatrix} 1 & l_{21} & \cdots & l_{n1} \\ & 1 & & \vdots \\ & & \ddots & \\ & & & 1 \end{pmatrix}$$

辅助变量

$$t_{ij}=l_{ij}d_j$$

代入式(3-50)，对 $i=1,2,\cdots,n$ 计算

$$\begin{cases} t_{ij}=a_{ij}-\sum\limits_{k=1}^{j-1}t_{ik}l_{jk},j=1,2,\cdots,i-1 \\ l_{ij}=\dfrac{t_{ij}}{d_j},j=1,2,\cdots,i-1 \\ d_i=a_{ii}-\sum\limits_{k=1}^{i-1}t_{ik}l_{ik} \end{cases}\tag{3-51}$$

利用上式得到按行计算 $L$ 和 $D$ 各元素的公式，计算顺序是 $d_1\to l_{21}\to d_2\to l_{31}\to l_{32}\to d_3\to l_{41}\to l_{42}\to l_{43}\to\cdots$。按照这种方式进行分解，乘法运算次数与 $LL^{\mathrm{T}}$ 分解相当，且不需要开方运算。

计算行列式时，由 $\boldsymbol{A}=\boldsymbol{LDL}^{\mathrm{T}}$，有

$$|\boldsymbol{A}|=|\boldsymbol{LDL}^{\mathrm{T}}|=|\boldsymbol{L}||\boldsymbol{D}||\boldsymbol{L}^{\mathrm{T}}|=|\boldsymbol{D}|=d_1d_2\cdots d_n\tag{3-52}$$

求解线性方程组

$$\boldsymbol{Ax}=\boldsymbol{b}$$

等价于求解 $\boldsymbol{L}(\boldsymbol{D}\boldsymbol{L}^{\mathrm{T}}\boldsymbol{x})=\boldsymbol{b}$，可分解成由 $\boldsymbol{L}\boldsymbol{y}=\boldsymbol{b}$ 求 $\boldsymbol{y}$，再由 $\boldsymbol{D}\boldsymbol{L}^{\mathrm{T}}\boldsymbol{x}=\boldsymbol{y}$ 求 $\boldsymbol{x}$，这种方法称为改进平方根法。其计算公式

$$\begin{cases} y_i = b_i - \sum\limits_{k=1}^{i-1} l_{ik}y_k, i = 1,2,\cdots,n \\ x_i = \dfrac{y_i}{d_i} - \sum\limits_{k=i+1}^{n} l_{ki}x_k, i = n,n-1,\cdots,1 \end{cases} \tag{3-53}$$

**例 3-17** 用改进平方根法解线性方程组

$$\begin{pmatrix} 3 & 3 & 5 \\ 3 & 5 & 9 \\ 5 & 9 & 17 \end{pmatrix}\begin{pmatrix} x_1 \\ x_2 \\ x_3 \end{pmatrix} = \begin{pmatrix} 0 \\ -2 \\ -4 \end{pmatrix}$$

**解** 由例 3-15 已知系数矩阵对称正定，设有

$$\begin{pmatrix} 3 & 3 & 5 \\ 3 & 5 & 9 \\ 5 & 9 & 17 \end{pmatrix} = \begin{pmatrix} 1 & & \\ l_{21} & 1 & \\ l_{31} & l_{32} & 1 \end{pmatrix}\begin{pmatrix} d_1 & & \\ & d_2 & \\ & & d_3 \end{pmatrix}\begin{pmatrix} 1 & l_{21} & l_{31} \\ & 1 & l_{32} \\ & & 1 \end{pmatrix}$$

由式(3-51)可得

$i=1 \quad d_1=a_{11}=3$

$i=2 \quad t_{21}=a_{21}=3，\ l_{21}=\dfrac{t_{21}}{d_1}=\dfrac{3}{3}=1$

$\qquad d_2=a_{22}-t_{21}l_{21}=5-3\times 1=2$

$i=3 \quad t_{31}=a_{31}=5，\ t_{32}=a_{32}-t_{31}l_{21}=9-5\times 1=4$

$\qquad l_{31}=\dfrac{t_{31}}{d_1}=\dfrac{5}{3}，\ l_{32}=\dfrac{t_{32}}{d_2}=\dfrac{4}{2}=2$

$\qquad d_3=a_{33}-t_{31}l_{31}-t_{32}l_{32}=17-5\times\dfrac{5}{3}-4\times 2=\dfrac{2}{3}$

因此

$$\boldsymbol{L}=\begin{pmatrix} 1 & & \\ 1 & 1 & \\ \dfrac{5}{3} & 2 & 1 \end{pmatrix} \qquad \boldsymbol{D}=\begin{pmatrix} 3 & & \\ & 2 & \\ & & \dfrac{2}{3} \end{pmatrix}$$

由改进平方根法有

$$\begin{pmatrix} 1 & & \\ 1 & 1 & \\ \dfrac{5}{3} & 2 & 1 \end{pmatrix}\begin{pmatrix} y_1 \\ y_2 \\ y_3 \end{pmatrix} = \begin{pmatrix} 0 \\ -2 \\ -4 \end{pmatrix}$$

$$y_1=0，\ y_2=-2，\ y_3=0$$

$$\begin{pmatrix} 1 & 1 & \dfrac{5}{3} \\ & 1 & 2 \\ & & 1 \end{pmatrix}\begin{pmatrix} x_1 \\ x_2 \\ x_3 \end{pmatrix} = \begin{pmatrix} d_1^{-1} & & \\ & d_2^{-1} & \\ & & d_3^{-1} \end{pmatrix}\begin{pmatrix} 0 \\ -2 \\ 0 \end{pmatrix} = \begin{pmatrix} 0 \\ -1 \\ 0 \end{pmatrix}$$

$$x_3=0,\ x_2=-1,\ x_1=1$$

## 3.4 向量和矩阵的范数

引入实数的绝对值和复数的模(也称绝对值)来表示实数和复数的“大小”，从而带来许多用处。例如，数列收敛的概念就是通过绝对值来表示的。此外，平面向量 $\boldsymbol{x}$，当其在直角坐标系中的分量为 $x_1$ 和 $x_2$ 时，也用 $\sqrt{x_1^2+x_2^2}$ 给出其大小(或长度)的度量。类似地，空间向量也有相仿的结果。范数这个概念就是这些表示“大小”的数值的普遍化。它在研究数值计算方法的收敛性和稳定性中有着重要的应用。

这里只考虑 $n$ 维向量空间 $\mathbf{R}^n$ 的情形。但所得结果可以推广到复向量空间和无限维空间(包括函数空间)。

### 3.4.1 向量范数

**定义 3-4** 设向量 $\boldsymbol{x}\in\mathbf{R}^n$，其范数 $\|\boldsymbol{x}\|$ 是一个实数，且满足

① $\|\boldsymbol{x}\|\geqslant0$，当且仅当 $\boldsymbol{x}=\boldsymbol{0}$ 时，$\|\boldsymbol{x}\|=0$；

② 对任意实数 $\lambda$，$\|\lambda\boldsymbol{x}\|=|\lambda|\,\|\boldsymbol{x}\|$；

③ 对任意向量 $\boldsymbol{y}\in\mathbf{R}^n$，$\|\boldsymbol{x}+\boldsymbol{y}\|\leqslant\|\boldsymbol{x}\|+\|\boldsymbol{y}\|$(三角不等式)。

由定义 3-4 可知，向量 $\boldsymbol{x}$ 的范数 $\|\boldsymbol{x}\|$ 是按一定规律与 $\boldsymbol{x}$ 对应的实数，这个实数的值是什么并没有给出，但只要满足这三个条件，这个实数就是向量 $\boldsymbol{x}$ 的一种范数，因此又常称定义中的三个条件为向量范数公理。

向量范数 $\|\boldsymbol{x}\|$ 具有如下性质：

① 当 $\|\boldsymbol{x}\|\neq0$ 时，$\left\|\dfrac{\boldsymbol{x}}{\|\boldsymbol{x}\|}\right\|=1$。

**证** 利用条件②，有

$$\left\|\frac{\boldsymbol{x}}{\|\boldsymbol{x}\|}\right\|=\frac{1}{\|\boldsymbol{x}\|}\|\boldsymbol{x}\|=1$$

② $\|\boldsymbol{x}\|=\|-\boldsymbol{x}\|$。

③ $\|\boldsymbol{x}\|-\|\boldsymbol{y}\|\leqslant\|\boldsymbol{x}-\boldsymbol{y}\|$

**证** $\|\boldsymbol{x}\|=\|(\boldsymbol{x}-\boldsymbol{y})+\boldsymbol{y}\|\leqslant\|\boldsymbol{x}-\boldsymbol{y}\|+\|\boldsymbol{y}\|$。

$$\|\boldsymbol{x}\|-\|\boldsymbol{y}\|\leqslant\|\boldsymbol{x}-\boldsymbol{y}\|$$

**例 3-18** 证明对任意同维向量 $\boldsymbol{x}$ 和 $\boldsymbol{y}$，有

$$\big|\|\boldsymbol{x}\|-\|\boldsymbol{y}\|\big|\leqslant\|\boldsymbol{x}-\boldsymbol{y}\|$$

**证** $\|\boldsymbol{x}\|=\|(\boldsymbol{x}-\boldsymbol{y})+\boldsymbol{y}\|\leqslant\|\boldsymbol{x}-\boldsymbol{y}\|+\|\boldsymbol{y}\|$

$$\|\boldsymbol{x}\|-\|\boldsymbol{y}\|\leqslant\|\boldsymbol{x}-\boldsymbol{y}\|$$

同理有

$$\|\boldsymbol{y}\|-\|\boldsymbol{x}\|\leqslant\|\boldsymbol{x}-\boldsymbol{y}\|$$

即

$$\|\boldsymbol{x}\|-\|\boldsymbol{y}\|\geqslant-\|\boldsymbol{x}-\boldsymbol{y}\|$$

$$\|\boldsymbol{x}\|-\|\boldsymbol{y}\|\leqslant\|\boldsymbol{x}-\boldsymbol{y}\|$$

满足定义 3-4 的范数不是唯一的，常用的有如下三种范数：

1 – 范数(绝对值范数)

$$\|\boldsymbol{x}\|_1=\sum_{i=1}^{n}|x_i|=|x_1|+|x_2|+\cdots+|x_n| \tag{3-54}$$

2－范数（欧几里得范数）

$$\|\boldsymbol{x}\|_2=\left(\sum_{i=1}^{n}x_i^2\right)^{\frac{1}{2}}=\sqrt{x_1^2+x_2^2+\cdots+x_n^2} \tag{3-55}$$

∞－范数（最大范数）

$$\|\boldsymbol{x}\|_\infty=\max_{1\leqslant i\leqslant n}|x_i|=\max_i\{|x_1|,\cdots,|x_i|,\cdots,|x_n|\} \tag{3-56}$$

这三种范数都满足定义3-4中的三个条件。

先看1－范数：

① 当$\boldsymbol{x}\neq\boldsymbol{0}$时，显然$\|\boldsymbol{x}\|_1=\sum_{i=1}^{n}|x_i|>0$，只有当$\boldsymbol{x}=\boldsymbol{0}$时，由于其各分量都为0，所以有$\|\boldsymbol{x}\|_1=0$。

② 对任意实数$\boldsymbol{\lambda}$，有

$$\|\boldsymbol{\lambda x}\|_1=\sum_{i=1}^{n}|\boldsymbol{\lambda}x_i|=|\boldsymbol{\lambda}|\sum_{i=1}^{n}|x_i|=|\boldsymbol{\lambda}|\|\boldsymbol{x}\|_1$$

③ 对任意向量$\boldsymbol{y}\in\mathbf{R}^n$，有

$$\begin{aligned}\|\boldsymbol{x}+\boldsymbol{y}\|_1&=\sum_{i=1}^{n}|x_i+y_i|\leqslant\sum_{i=1}^{n}(|x_i|+|y_i|)\\&=\sum_{i=1}^{n}|x_i|+\sum_{i=1}^{n}|y_i|=\|\boldsymbol{x}\|_1+\|\boldsymbol{y}\|_1\end{aligned}$$

再看∞－范数：

① 当$\boldsymbol{x}\neq\boldsymbol{0}$，有$\|\boldsymbol{x}\|_\infty=\max_i|x_i|>0$，只有当$\boldsymbol{x}=\boldsymbol{0}$时，才有$\|\boldsymbol{x}\|_\infty=0$。

② 对任意实数$\boldsymbol{\lambda}$，因为$\boldsymbol{\lambda x}=[\boldsymbol{\lambda}x_1,\boldsymbol{\lambda}x_2,\cdots,\boldsymbol{\lambda}x_n]^{\mathrm{T}}$，所以

$$\|\boldsymbol{\lambda x}\|_\infty=\max_i|\boldsymbol{\lambda}x_i|=|\boldsymbol{\lambda}|\max_i|x_i|=|\boldsymbol{\lambda}|\|\boldsymbol{x}\|_\infty$$

③ 对任意向量$\boldsymbol{y}=(y_1,y_2,\cdots,y_n)^{\mathrm{T}}$，有

$$\begin{aligned}\|\boldsymbol{x}+\boldsymbol{y}\|_\infty&=\max_i|x_i+y_i|\leqslant\max_i(|x_i|+|y_i|)\\&=\max_i|x_i|+\max_i|y_i|=\|\boldsymbol{x}\|_\infty+\|\boldsymbol{y}\|_\infty\end{aligned}$$

因此$\|\boldsymbol{x}\|_\infty=\max_i|x_i|$是$\mathbf{R}^n$上的一个范数。

2－范数也满足范数的三个条件：

① 对于$\|\boldsymbol{x}\|_2=\sqrt{x_1^2+x_2^2+\cdots+x_n^2}$，当$\boldsymbol{x}\neq\boldsymbol{0}$时，显然$\|\boldsymbol{x}\|_2>0$，只有当$\boldsymbol{x}=\boldsymbol{0}$时，$\|\boldsymbol{x}\|_2=0$。

② 对任意实数$\boldsymbol{\lambda}$，因为$\boldsymbol{\lambda x}=[\boldsymbol{\lambda}x_1,\boldsymbol{\lambda}x_2,\cdots,\boldsymbol{\lambda}x_n]^{\mathrm{T}}$，所以

$$\|\boldsymbol{\lambda x}\|_2=\sqrt{(\boldsymbol{\lambda}x_1)^2+(\boldsymbol{\lambda}x_2)^2+\cdots+(\boldsymbol{\lambda}x_n)^2}=|\boldsymbol{\lambda}|\|\boldsymbol{x}\|_2$$

③ 对任意向量$\boldsymbol{y}=(y_1,y_2,\cdots,y_n)^{\mathrm{T}}$，有

$$\|\boldsymbol{x}+\boldsymbol{y}\|_2=\sqrt{(x_1+y_1)^2+(x_2+y_2)^2+\cdots+(x_n+y_n)^2}$$

因为

$$\begin{aligned}&\left(\sqrt{(x_1+y_1)^2+(x_2+y_2)^2+\cdots+(x_n+y_n)^2}\right)^2\\&=(x_1+y_1)^2+(x_2+y_2)^2+\cdots+(x_n+y_n)^2\end{aligned}$$

$$=x_1^2+x_2^2+\cdots+x_n^2+2(x_1y_1+x_2y_2+\cdots+x_ny_n)+y_1^2+y_2^2+\cdots+y_n^2$$

利用柯西－施瓦兹不等式

$$|(\boldsymbol{x},\boldsymbol{y})|\leqslant\|\boldsymbol{x}\|_2\|\boldsymbol{y}\|_2$$

可得

$$\begin{aligned}\|\boldsymbol{x}+\boldsymbol{y}\|_2^2&=\|\boldsymbol{x}\|_2^2+2(\boldsymbol{x},\boldsymbol{y})+\|\boldsymbol{y}\|_2^2\\&\leqslant\|\boldsymbol{x}\|_2^2+2\|\boldsymbol{x}\|_2\|\boldsymbol{y}\|_2+\|\boldsymbol{y}\|_2^2\end{aligned}$$

所以有 $\|\boldsymbol{x}+\boldsymbol{y}\|_2\leqslant\|\boldsymbol{x}\|_2+\|\boldsymbol{y}\|_2$

**例 3-19** 求向量 $\boldsymbol{x}=(1,0,-1,2)^{\mathrm{T}}$ 的范数。

**解** $\|\boldsymbol{x}\|_1=1+0+|-1|+2=4$

$$\|\boldsymbol{x}\|_2=\sqrt{1^2+0^2+(-1)^2+2^2}=\sqrt{6}$$

$$\|\boldsymbol{x}\|_\infty=2$$

**例 3-20** 求单位向量 $\boldsymbol{e}=(1,1,\cdots,1)_n^{\mathrm{T}}$ 的范数。

**解** $\|\boldsymbol{e}\|_1=1+1+\cdots+1=n$

$$\|\boldsymbol{e}\|_2=\sqrt{1^2+1^2+\cdots+1^2}=\sqrt{n}$$

$$\|\boldsymbol{e}\|_\infty=1$$

以上三种范数都是 $p$－范数的特例，三种范数写成统一的表达形式，即 $p$－范数

$$\|\boldsymbol{x}\|_p=\left(\sum_{i=1}^n|x_i|^p\right)^{\frac{1}{p}},\ 1\leqslant p\leqslant+\infty$$

当 $p=1$ 时是 1－范数；当 $p=2$ 时是 2－范数；当 $p=\infty$ 时是 $\infty$－范数。用如下定理证明。

**定理 3-13** 对向量 $\boldsymbol{x}$，有 $\lim\limits_{p\to+\infty}\|\boldsymbol{x}\|_p=\|\boldsymbol{x}\|_\infty$

**证** 因为 $\|\boldsymbol{x}\|_\infty=\max\limits_{1\leqslant i\leqslant n}|x_i|$

所以 $$\|\boldsymbol{x}\|_\infty=\left(\max_{1\leqslant i\leqslant n}|x_i|^p\right)^{\frac{1}{p}}\leqslant\left(\sum_{i=1}^n|x_i|^p\right)^{\frac{1}{p}}\leqslant\left(n\max_{1\leqslant i\leqslant n}|x_i|^p\right)^{\frac{1}{p}}$$

即 $$\|\boldsymbol{x}\|_\infty\leqslant\|\boldsymbol{x}\|_p\leqslant n^{\frac{1}{p}}\|\boldsymbol{x}\|_\infty$$

当 $p\to+\infty$ 时，$n^{\frac{1}{p}}\to1$，有 $\lim\limits_{p\to+\infty}\|\boldsymbol{x}\|_p=\|\boldsymbol{x}\|_\infty$

前面讨论了 $p$ 取三种值 1，2，$\infty$ 时的三种范数，这些范数之间有着重要的关系。

**定理 3-14** 设 $\mathbf{R}^n$ 上的任意两种范数 $\|\boldsymbol{x}\|_a$ 和 $\|\boldsymbol{x}\|_b$ 都存在与 $\boldsymbol{x}$ 无关的正常数 $c_1$ 和 $c_2$ 使得

$$c_1\|\boldsymbol{x}\|_a\leqslant\|\boldsymbol{x}\|_b\leqslant c_2\|\boldsymbol{x}\|_a$$

称满足不等式的两种范数 $\|\boldsymbol{x}\|_a$ 和 $\|\boldsymbol{x}\|_b$ 是等价的。

容易看出，范数的等价关系具有传递性，即若 $\|\cdot\|_a$ 与 $\|\cdot\|_b$ 等价，$\|\cdot\|_b$ 与 $\|\cdot\|_c$ 等价，则 $\|\cdot\|_a$ 与 $\|\cdot\|_c$ 等价。

**推论 3-2** 有限维 $\mathbf{R}^n$ 上的不同范数是等价的。

范数 $\|\cdot\|_p(p<+\infty)$ 均与 $\|\cdot\|_\infty$ 等价，因而任何两种 $p$－范数 $(p\leqslant+\infty)$ 彼此都是等价的。特别地，前述三种常用范数 $\|\cdot\|_1$，$\|\cdot\|_2$ 和 $\|\cdot\|_\infty$ 彼此等价。

范数的等价性保证了运用具体范数研究收敛性在理论上的合法性。下面先给出收敛的定义，然后给出收敛性定理。

**定义 3-5** 设给定 $\mathbf{R}^n$ 中的向量序列 $\{\boldsymbol{x}^{(k)}\}$，即

$$x^{(0)},\ x^{(1)},\ \cdots,\ x^{(k)},\ \cdots$$

其中
$$x^{(k)}=(x_1^{(k)},\ x_2^{(k)},\ \cdots,\ x_n^{k})^{\mathrm{T}}$$

若对任何 $i(i=1,2,\cdots,n)$，都有

$$\lim_{k\to+\infty} x_i^{(k)} = x_i^*$$

则向量 $\boldsymbol{x}^*=(x_1^*,x_2^*,\cdots,x_n^*)^{\mathrm{T}}$ 称为向量序列 $\{\boldsymbol{x}^{(k)}\}$ 的极限，或者说向量序列 $\{\boldsymbol{x}^{(k)}\}$ 依坐标收敛于向量 $\boldsymbol{x}^*$，记为 $\lim\limits_{k\to+\infty}\boldsymbol{x}^{(k)}=\boldsymbol{x}^*$。

**定理 3-15** $\lim\limits_{k\to+\infty}\boldsymbol{x}^{(k)}=\boldsymbol{x}^*$ 的充要条件是 $\lim\limits_{k\to+\infty}\|\boldsymbol{x}^{(k)}-\boldsymbol{x}^*\|=0$，其中 $\|\cdot\|$ 为向量中的任一种范数。

按不同方式规定的范数，其值一般不同。但在各种范数下，考虑向量序列收敛性时结论是一致的，一致的含义是收敛都收敛，且有相同的极限。提出各种范数是为解不同问题时用的，即对某一个问题可能是一种范数方便，而其余范数不方便。

## 3.4.2 矩阵范数

**定义 3-6** 设 $\boldsymbol{A}\in\mathbf{R}^{n\times n}$，$x\in\mathbf{R}^n$，定义矩阵 $\boldsymbol{A}$ 的范数

$$\|\boldsymbol{A}\|=\max_{\boldsymbol{x}\neq\boldsymbol{0}}\frac{\|\boldsymbol{A}\boldsymbol{x}\|}{\|\boldsymbol{x}\|} \tag{3-57}$$

这样，对于每一种向量范数 $\|\boldsymbol{x}\|_p$（如 $p=1,2,+\infty$），相应的矩阵范数 $\|\boldsymbol{A}\|_p$ 为

$$\|\boldsymbol{A}\|_p=\max_{\boldsymbol{x}\neq\boldsymbol{0}}\frac{\|\boldsymbol{A}\boldsymbol{x}\|_p}{\|\boldsymbol{x}\|_p}$$

其中 max 是指 $\dfrac{\|\boldsymbol{A}\boldsymbol{x}\|}{\|\boldsymbol{x}\|}$ 的最大可能值或最小上界（或写成 sup），即取遍所有的不为 $\boldsymbol{0}$ 的 $\boldsymbol{x}$，比值 $\dfrac{\|\boldsymbol{A}\boldsymbol{x}\|}{\|\boldsymbol{x}\|}$ 中最大的，定义为 $\boldsymbol{A}$ 的矩阵范数。举例来说，若有 $\dfrac{\|\boldsymbol{A}\boldsymbol{x}\|}{\|\boldsymbol{x}\|}\leqslant 8$ 时，能够证明当某个 $\boldsymbol{x}$ 时，有 $\dfrac{\|\boldsymbol{A}\boldsymbol{x}\|}{\|\boldsymbol{x}\|}=8$ 存在，则 $\|\boldsymbol{A}\|=8$。

由矩阵范数的定义可直接得到

$$\|\boldsymbol{A}\|\geqslant\frac{\|\boldsymbol{A}\boldsymbol{x}\|}{\|\boldsymbol{x}\|}$$

即有相容性条件

$$\|\boldsymbol{A}\boldsymbol{x}\|\leqslant\|\boldsymbol{A}\|\|\boldsymbol{x}\| \tag{3-58}$$

矩阵范数具有如下性质：

① $\|\boldsymbol{A}\|\geqslant 0$，当且仅当 $\boldsymbol{A}=\boldsymbol{0}$ 时，$\|\boldsymbol{A}\|=0$。

② 对任意实数 $\lambda$，$\|\lambda\boldsymbol{A}\|=|\lambda|\|\boldsymbol{A}\|$。

③ 对同维方阵 $\boldsymbol{B}$，有 $\|\boldsymbol{A}+\boldsymbol{B}\|\leqslant\|\boldsymbol{A}\|+\|\boldsymbol{B}\|$，$\|\boldsymbol{A}\boldsymbol{B}\|\leqslant\|\boldsymbol{A}\|\|\boldsymbol{B}\|$。

这些性质可由向量范数定义直接验证。

① 设 $\boldsymbol{A}\neq\boldsymbol{0}$，存在 $\boldsymbol{x}\neq\boldsymbol{0}$，使 $\boldsymbol{A}\boldsymbol{x}\neq\boldsymbol{0}$，根据向量范数的性质 $\|\boldsymbol{A}\boldsymbol{x}\|>0$，所以 $\|\boldsymbol{A}\|=\max\limits_{\boldsymbol{x}\neq\boldsymbol{0}}\dfrac{\|\boldsymbol{A}\boldsymbol{x}\|}{\|\boldsymbol{x}\|}>$

0。当 $A=0$，存在 $x\neq 0$，使 $\|Ax\|=0$，则 $\|A\|=\max\limits_{x\neq 0}\dfrac{\|Ax\|}{\|x\|}=0$。

② $\|\lambda A\|=\max\limits_{x\neq 0}\dfrac{\|\lambda Ax\|}{\|x\|}$，根据向量范数的性质 $\|\lambda Ax\|=|\lambda|\|Ax\|$，所以

$$\|\lambda A\|=\max_{x\neq 0}\frac{|\lambda|\|Ax\|}{\|x\|}=|\lambda|\max_{x\neq 0}\frac{\|Ax\|}{\|x\|}=|\lambda|\|A\|$$

③ $\|A+B\|=\max\limits_{x\neq 0}\dfrac{\|(A+B)x\|}{\|x\|}=\max\limits_{x\neq 0}\dfrac{\|Ax+Bx\|}{\|x\|}\leqslant\max\limits_{x\neq 0}\left(\dfrac{\|Ax\|}{\|x\|}+\dfrac{\|Bx\|}{\|x\|}\right)=\max\limits_{x\neq 0}\dfrac{\|Ax\|}{\|x\|}+\max\limits_{x\neq 0}$ $\dfrac{\|Bx\|}{\|x\|}=\|A\|+\|B\|$(其中利用了向量范数的三角不等式)，所以

$$\|A+B\|\leqslant\|A\|+\|B\|$$

$$\|AB\|=\max_{x\neq 0}\frac{\|ABx\|}{\|x\|}\leqslant\max_{x\neq 0}\frac{\|A\|\|Bx\|}{\|x\|}$$

即 $\|AB\|\leqslant\|A\|\max\limits_{x\neq 0}\dfrac{\|Bx\|}{\|x\|}=\|A\|\|B\|$，故

$$\|AB\|\leqslant\|A\|\|B\|$$

又证 $\|ABx\|\leqslant\|A\|\|Bx\|\leqslant\|A\|\|B\|\|x\|$

当 $x\neq 0$ 时，$\dfrac{\|ABx\|}{\|x\|}\leqslant\|A\|\|B\|$，又 $\|AB\|=\max\limits_{x\neq 0}\dfrac{\|ABx\|}{\|x\|}\leqslant\|A\|\|B\|$

**例 3-21** 已知矩阵 $A=\begin{pmatrix}-5 & -3 & 1\\ 4 & 0 & 1\\ 5 & 1 & 2\end{pmatrix}$

则

$$\|A\|_\infty=\max_i\begin{Bmatrix}9\\5\\8\end{Bmatrix}=9$$

$$\|A\|_1=\max_j\{14\quad 4\quad 4\}=14$$

**例 3-22** 已知 $A=\begin{pmatrix}-5 & -3 & 1\\ 4 & 0 & 1\\ 5 & 1 & -2\end{pmatrix}$，$x=\begin{pmatrix}2\\-5\\1\end{pmatrix}$

则 $Ax=\begin{pmatrix}6\\9\\3\end{pmatrix}$，$\|x\|_\infty=5$，$\|A\|_\infty=9$，$\|Ax\|_\infty=9$，$\|x\|_1=8$，$\|A\|_1=14$，$\|Ax\|_1=18$，从而可验证满足相容性条件

$$\|Ax\|\leqslant\|A\|\|x\|，即\ 9<9\times 5，\ 18<8\times 14$$

**例 3-23** 证明 $\|I\|=1$，其中 $I$ 是单位矩阵

**证** 按矩阵范数的定义

$$\|I\|=\max_{x\neq 0}\frac{\|Ix\|}{\|x\|}=\max_{x\neq 0}\frac{\|x\|}{\|x\|}=1$$

矩阵范数定义的另一种方法是

$$\|A\| = \max_{\|x\|=1} \|Ax\|$$

这是由于$\|A\| = \max_{x\neq 0}\dfrac{\|Ax\|}{\|x\|} = \max_{x\neq 0}\left\|A\dfrac{x}{\|x\|}\right\|$，而$\left\|\dfrac{x}{\|x\|}\right\| = 1$，所以有$\|A\| = \max_{\|x\|=1}\|Ax\|$。

同样，矩阵范数和向量范数密切相关，向量范数有相应的矩阵范数，即

$$\|A\|_p = \max_{\|x\|_p=1} \|Ax\|_p \text{（如 } p=1,2,+\infty\text{）}$$

矩阵范数的求取有如下定理。

**定理 3-16** 对 $n$ 阶方阵 $A = (a_{ij})_n$

$$\|A\|_\infty = \max_{1\leqslant i\leqslant n} \sum_{j=1}^{n} |a_{ij}| \tag{3-59}$$

$$\|A\|_1 = \max_{1\leqslant j\leqslant n} \sum_{i=1}^{n} |a_{ij}| \tag{3-60}$$

$$\|A\|_2 = \sqrt{\lambda_{\max}(A^{\mathrm{T}}A)} \tag{3-61}$$

其中 $\lambda_{\max}(A^{\mathrm{T}}A)$表示矩阵 $A^{\mathrm{T}}A$ 的最大特征值。$\|A\|_\infty$，$\|A\|_1$，$\|A\|_2$ 分别称为矩阵 $A$ 的行范数，列范数和谱范数。

**证** 以下仅验证$\|A\|_\infty$，$\|A\|_1$ 可类似地验证。

对于任意 $x = (x_1, x_2, \cdots, x_n)^{\mathrm{T}}$，有

$$\|Ax\|_\infty = \max_{1\leqslant i\leqslant n}\left|\sum_{j=1}^{n} a_{ij}x_j\right| \leqslant \max_{1\leqslant i\leqslant n}\sum_{j=1}^{n}|a_{ij}| \max_{1\leqslant j\leqslant n}|x_j|$$

因此当$\|x\|_\infty = \max_{1\leqslant j\leqslant n}|x_j| = 1$ 时，有

$$\|Ax\|_\infty \leqslant \max_{1\leqslant i\leqslant n}\sum_{j=1}^{n}|a_{ij}| \tag{3-62}$$

另一方面，设对于某一下标 $k(1\leqslant k\leqslant n)$有

$$\max_{1\leqslant i\leqslant n}\sum_{j=1}^{n}|a_{ij}| = \sum_{j=1}^{n}|a_{kj}|$$

取 $x$ 的分量为

$$\hat{x}_j = \begin{cases} 1, & a_{kj}\geqslant 0 \\ -1, & a_{kj}<0 \end{cases}$$

则$\|\hat{x}\|_\infty = 1$，且

$$a_{kj}\hat{x}_j = |a_{kj}|,\ j=1,\ 2,\ \cdots,\ n$$

从而有

$$\begin{aligned} \|A\hat{x}\|_\infty &= \max_{1\leqslant i\leqslant n}\left|\sum_{j=1}^{n}a_{ij}\hat{x}_j\right| = \left|\sum_{j=1}^{n}a_{kj}\hat{x}_j\right| \\ &= \sum_{j=1}^{n}|a_{kj}| = \max_{1\leqslant i\leqslant n}\sum_{j=1}^{n}|a_{ij}| \end{aligned} \tag{3-63}$$

综合式(3-62)和式(3-63)即可断定

$$\|A\|_\infty = \max_{\|x\|_\infty=1}\|Ax\|_\infty = \max_{1\leqslant i\leqslant n}\sum_{j=1}^{n}|a_{ij}|$$

对于$\|A\|_1$可类似地证明。

从上述定理可以看出，计算$\|A\|_\infty$和$\|A\|_1$比较容易，而计算$\|A\|_2$时因为要求$A^TA$的特征值，所以较困难，但当$A$对称时，有

$$\|A\|_2=\sqrt{\lambda_{\max}(A^TA)}=\sqrt{\lambda_{\max}(A^2)}$$

**例 3-24** 已知$A=\begin{pmatrix}1 & -2\\ -3 & 4\end{pmatrix}$，求$\|A\|_\infty$，$\|A\|_1$，$\|A\|_2$。

**解** $\|A\|_\infty=7$，$\|A\|_1=6$

$$A^TA=\begin{pmatrix}10 & -14\\ -14 & 20\end{pmatrix},\ \det(\lambda I-A^TA)=\begin{vmatrix}\lambda-10 & 14\\ 14 & \lambda-20\end{vmatrix}=\lambda^2-30\lambda+4=0$$

$$\lambda_{1,2}=15\pm\sqrt{221},\ \|A\|_2=\sqrt{29.866}\approx5.465$$

## 3.5 方程组的性态和误差分析

前面介绍了高斯消去法、矩阵三角分解法、平方根法等求解线性方程组的方法，但从数值计算的角度来看，只介绍方法是不够的，还要考虑所得的解是否可靠，这就需要了解方程组的性态和对解进行误差分析。

### 3.5.1 方程组的性态和矩阵的条件数

实际问题中提出的线性方程组

$$Ax=b$$

由于数据$A$和$b$往往是从观测或实验得到的，因而带有一定的误差，这个误差的微小变化又称扰动，所以方程组是有扰动的方程组，下面研究扰动对方程组解的影响。

**例 3-25** 设有线性方程组

$$\begin{cases}2x_1+6x_2=8\\ 2x_1+6.000\ 01\ x_2=8.000\ 01\end{cases}$$

其解为$x_1=x_2=1$，当系数和右端项微小变化时，考虑扰动后的方程组

$$\begin{cases}2x_1+6x_2=8\\ 2x_1+5.999\ 99x_2=8.000\ 02\end{cases}$$

其精确解为$x_1=10$，$x_2=-2$。

上述两个方程组仅数据有微小的变化，但二者的解却大不相同，这种现象的出现完全是由方程组的性态决定的。

**定义 3-7** 数据$A$或$b$的微小变化(又称扰动或摄动)引起方程组$Ax=b$的解有巨大的变化，则称方程组为病态方程组，系数矩阵$A$称为病态矩阵；否则方程组是良态方程组，系数矩阵$A$也是良态矩阵。

该定义只是定性地说明了方程组的性态，为了定量地刻画方程组“病态”的程度，下面就一般方程组$Ax=b$进行讨论。首先考察右端项$b$的扰动对解的影响，然后再看系数矩阵$A$的扰动对解的影响，最后分析$A$和$b$对解的共同扰动。

**定理 3-17** 设$A$非奇异，$Ax=b\neq0$，且

$$A(x+\delta x)=b+\delta b$$

则
$$\frac{\|\delta x\|}{\|x\|}\leqslant\|A\|\|A^{-1}\|\frac{\|\delta b\|}{\|b\|} \tag{3-64}$$

**证** 设$A$精确且非奇异，$b$有扰动$\delta b$使解$x$有扰动$\delta x$，则
$$A(x+\delta x)=b+\delta b$$
消去$Ax=b$，有
$$\delta x=A^{-1}\delta b$$
$$\|\delta x\|\leqslant\|A^{-1}\|\|\delta b\|$$
又
$$\|b\|\leqslant\|A\|\|x\|$$
相比较可得
$$\frac{\|\delta x\|}{\|x\|}\leqslant\|A\|\|A^{-1}\|\frac{\|\delta b\|}{\|b\|}$$

上式给出了解的相对误差上界，$b$的微小变化$\delta b$引起$x$的变化$\delta x$，相对变化了$\|A\|\|A^{-1}\|$。

**定理3-18** 设$A$为非奇异矩阵，$Ax=b\neq 0$，且
$$(A+\delta A)(x+\delta x)=b$$
若$\|A^{-1}\|\|\delta A\|<1$，则
$$\frac{\|\delta x\|}{\|x\|}\leqslant\frac{\|A^{-1}\|\|A\|\frac{\|\delta A\|}{\|A\|}}{1-\|A^{-1}\|\|A\|\frac{\|\delta A\|}{\|A\|}} \tag{3-65}$$

**证** 设$b$是精确的，$A$有微小误差(扰动)$\delta A$，解为$x+\delta x$，则
$$(A+\delta A)(x+\delta x)=b$$
消去$Ax=b$，得
$$(A+\delta A)\delta x=-\delta Ax$$
如果$\delta A$不受限制，$A+\delta A$可能奇异，而
$$A+\delta A=A(I+A^{-1}\delta A)$$
当$\|A^{-1}\delta A\|<1$时，$(I+A^{-1}\delta A)^{-1}$存在，则有
$$\delta x=-(I+A^{-1}\delta A)^{-1}A^{-1}\delta Ax$$
因此$\|\delta x\|\leqslant\dfrac{\|A^{-1}\|\|\delta A\|\|x\|}{1-\|A^{-1}(\delta A)\|}$，设$\|A^{-1}\|\|\delta A\|<1$，即有
$$\frac{\|\delta x\|}{\|x\|}\leqslant\frac{\|A^{-1}\|\|A\|\frac{\|\delta A\|}{\|A\|}}{1-\|A^{-1}\|\|A\|\frac{\|\delta A\|}{\|A\|}}$$
若$\delta A$充分小，且在$\|A^{-1}\|\|\delta A\|<1$时，矩阵$A$的相对误差$\dfrac{\|\delta A\|}{\|A\|}$在解中可能放大$\|A^{-1}\|\|A\|$倍。

总之，量$\|A^{-1}\|\|A\|$越小，由$A$或$b$的相对误差引起解的相对误差就越小，量

$\|A^{-1}\|\|A\|$越大，解的相对误差就越大。所以，量$\|A^{-1}\|\|A\|$实际上刻画了解对原始数据变化的灵敏程度，即刻画了方程组的病态程度。

**定义 3-8** 设矩阵 $A$ 非奇异，定义 $\mathrm{cond}(A)=\|A^{-1}\|\|A\|$为矩阵 $A$ 的条件数。

常用矩阵的条件数为

$$\mathrm{cond}_\infty(A)=\|A\|_\infty\|A^{-1}\|_\infty$$

$$\mathrm{cond}_2(A)=\|A\|_2\|A^{-1}\|_2=\sqrt{\frac{\lambda_{\max}(A^{\mathrm{T}}A)}{\lambda_{\min}(A^{\mathrm{T}}A)}}$$

$$\mathrm{cond}_1(A)=\|A\|_1\|A^{-1}\|_1$$

其中 $\lambda_{\max}(A^{\mathrm{T}}A)$和 $\lambda_{\min}(A^{\mathrm{T}}A)$分别是半正定矩阵 $A^{\mathrm{T}}A$ 的最大和最小特征值，当 $A$ 对称时，$\mathrm{cond}_2(A)=\dfrac{|\lambda_{\max}(A)|}{|\lambda_{\min}(A)|}$，当 $A$ 对称正定时，$\mathrm{cond}_2(A)=\dfrac{\lambda_{\max}(A)}{\lambda_{\min}(A)}$。

容易证明条件数有下列性质：

1) $\mathrm{cond}(A)\geqslant1$，$\mathrm{cond}(A)=\mathrm{cond}(A^{-1})$。

2) $\mathrm{cond}(\alpha A)=\mathrm{cond}(A)$，其中 $\alpha$ 为非零常数。

3) $\mathrm{cond}(AB)\leqslant\mathrm{cond}(A)\mathrm{cond}(B)$。

当方程组系数矩阵和右端同时有扰动时，综合上述两个定理，有如下定理。

**定理 3-19** 当方程组系数矩阵 $A$ 和常数项 $b$ 同时有扰动时，在 $\|A^{-1}\delta A\|\leqslant\|A^{-1}\|\|\delta A\|<1$ 的条件下，有

$$\frac{\|\delta x\|}{\|x\|}\leqslant\frac{\mathrm{cond}(A)}{1-\mathrm{cond}(A)\dfrac{\|\delta A\|}{\|A\|}}\left(\frac{\|\delta b\|}{\|b\|}+\frac{\|\delta A\|}{\|A\|}\right)\tag{3-66}$$

实际使用时，由于扰动$\|\delta A\|$和$\|\delta b\|$很小，并且一般是可以控制的，故定理中的条件

$$\|A^{-1}\|\|\delta A\|<1$$

是可以成立的。

由上述定理可以看出，当矩阵 $A$ 的条件数是个大数时，$b$ 和 $A$ 的微小变化 $\delta b$ 和 $\delta A$ 会引起方程组的解有很大的扰动$\|\delta x\|$，解对扰动非常敏感，也就是说当 $\mathrm{cond}(A)\geqslant1$ 时，$Ax=b$ 是病态方程组，$A$ 是病态的；当 $\mathrm{cond}(A)$相对较小时，$Ax=b$ 是良态方程组，$A$ 是良态的。至于条件数多大才算属于病态范围，一般来说没有具体的标准，只是相对而言。

**例 3-26** 希尔伯特(Hilibert)矩阵

$$H_n=\begin{pmatrix}1 & \frac{1}{2} & \frac{1}{3} & \cdots & \frac{1}{n}\\ \frac{1}{2} & \frac{1}{3} & \frac{1}{4} & \cdots & \frac{1}{n+1}\\ \vdots & \vdots & \vdots & & \vdots\\ \frac{1}{n} & \frac{1}{n+1} & \cdots & & \frac{1}{2n-1}\end{pmatrix}\tag{3-67}$$

是一个著名的病态矩阵。它是一个 $n\times n$ 的对称正定矩阵。它的元素

$$h_{ij}=\frac{1}{i+j-1}$$

其中 $i$，$j=1$，2，…，$n$。当 $n$ 分别取不同值时，条件数如下

| $n$ | 3 | 5 | 6 | 8 | 10 |
|---|---|---|---|---|---|
| $\mathrm{cond}_2(\boldsymbol{H}_n)$ | $5\times10^2$ | $5\times10^5$ | $1.5\times10^7$ | $1.5\times10^8$ | $1.6\times10^{12}$ |

可见 $\boldsymbol{H}_n$ 是严重病态的。

设 $\boldsymbol{H}_n^{-1}=[a_{ij}]$，则可用下述公式确定 $a_{ij}$

$$a_{ij}=\frac{(-1)^{i+j}(n+i-1)!(n+j-1)!}{(i+j-1)[(i-1)!(j-1)!]^2(n-i)!(n-j)!}\quad 1\leqslant i,j\leqslant n$$

由 $H_3=\begin{pmatrix}1&\frac{1}{2}&\frac{1}{3}\\\frac{1}{2}&\frac{1}{3}&\frac{1}{4}\\\frac{1}{3}&\frac{1}{4}&\frac{1}{5}\end{pmatrix}$按上式可求得 $H_3^{-1}=\begin{pmatrix}9&-36&30\\-36&192&-180\\30&-180&180\end{pmatrix}$

可以算出

$$\mathrm{cond}_\infty(\boldsymbol{H}_3)=748$$

随着 $n$ 的增加，条件数 $\mathrm{cond}(\boldsymbol{H}_n)$ 迅速增加，因此以 $\boldsymbol{H}_n$ 为系数矩阵的方程组

$$\boldsymbol{H}_n\boldsymbol{x}=\boldsymbol{b}$$

是严重病态的。

由于计算条件数涉及计算逆矩阵，因此很麻烦，实际计算中一般通过可能产生病态的现象来进行判断。

1）若在消元过程中出现小主元，则 $\boldsymbol{A}$ 可能是病态矩阵，但病态矩阵未必一定有这种小主元。

2）若解方程组时出现很大的解，$\boldsymbol{A}$ 有可能是病态矩阵，但病态矩阵也可能有一个小解。

3）从矩阵本身来看，若元素间数量级相差很大且无一定规律，或者矩阵的某些行或列近似相关，这样的矩阵则有可能是病态矩阵。

以本节所讲方程组为例，其系数矩阵

$$\boldsymbol{A}=\begin{pmatrix}2&6\\2&6+10^{-5}\end{pmatrix}\quad \boldsymbol{A}^{-1}=\begin{pmatrix}\frac{1}{2}+3\times10^5&-3\times10^5\\-10^5&10^5\end{pmatrix}$$

这时条件数

$$\mathrm{cond}_\infty(\boldsymbol{A})=\|\boldsymbol{A}\|_\infty\|\boldsymbol{A}^{-1}\|_\infty\approx4.8\times10^6$$

其值很大，因而它是病态的。

最后需要指出的是，不能用行列式值 $\det\boldsymbol{A}$ 是否很小来衡量方程组 $\boldsymbol{Ax}=\boldsymbol{b}$ 的病态程度。譬如，设 $\boldsymbol{A}$ 为主对角线元素全为 $\varepsilon$（$\varepsilon$ 很小）的 $n$ 阶对角阵，则当 $n$ 很大时 $\det(\boldsymbol{A})=\varepsilon^n$ 的值很小，但其条件数 $\mathrm{cond}(\boldsymbol{A})=1$。实际上，这时方程组 $\boldsymbol{Ax}=\boldsymbol{b}$ 的性态良好，易知其解 $\boldsymbol{x}=\varepsilon\boldsymbol{b}$。

### 3.5.2 误差分析

求得方程组 $\boldsymbol{Ax}=\boldsymbol{b}$ 的一个近似解 $\tilde{\boldsymbol{x}}$ 以后，自然希望判断其精度。检验精度的一个简单办法是将近似解 $\tilde{\boldsymbol{x}}$ 再回代到原方程组去求其余量 $\boldsymbol{r}$

$$\boldsymbol{r}=\boldsymbol{b}-\boldsymbol{A}\tilde{\boldsymbol{x}}$$

如果 $\boldsymbol{r}$ 很小，就认为解 $\tilde{\boldsymbol{x}}$ 是相当准确的。

**定理 3-20** 设 $\tilde{\boldsymbol{x}}$ 是方程组 $\boldsymbol{Ax}=\boldsymbol{b}$ 的一个近似解，其精确解记为 $\boldsymbol{x}^*$，$\boldsymbol{r}$ 为 $\tilde{\boldsymbol{x}}$ 的余量，则有

$$\frac{\|\boldsymbol{x}^*-\tilde{\boldsymbol{x}}\|}{\|\boldsymbol{x}^*\|}\leqslant \text{cond}(\boldsymbol{A})\frac{\|\boldsymbol{r}\|}{\|\boldsymbol{b}\|} \tag{3-68}$$

**证** 由于 $\boldsymbol{Ax}^*=\boldsymbol{b}$，$\boldsymbol{A}(\boldsymbol{x}^*-\tilde{\boldsymbol{x}})=\boldsymbol{r}$，故有

$$\|\boldsymbol{b}\|=\|\boldsymbol{Ax}^*\|\leqslant\|\boldsymbol{A}\|\|\boldsymbol{x}^*\|$$

$$\|\boldsymbol{x}^*-\tilde{\boldsymbol{x}}\|=\|\boldsymbol{A}^{-1}\boldsymbol{r}\|\leqslant\|\boldsymbol{A}^{-1}\|\|\boldsymbol{r}\|$$

$$\frac{\|\boldsymbol{x}^*-\tilde{\boldsymbol{x}}\|}{\|\boldsymbol{x}^*\|}\leqslant \text{cond}(\boldsymbol{A})\frac{\|\boldsymbol{r}\|}{\|\boldsymbol{b}\|}$$

这个定理给出了方程组近似解的相对误差界。

## 3.6 迭代法

迭代法是按照某种格式构造一个向量序列 $\{\boldsymbol{x}^{(k)}\}$，使其极限向量 $\boldsymbol{x}^*$ 是方程组 $\boldsymbol{Ax}=\boldsymbol{b}$ 的精确解。

### 3.6.1 迭代原理

已知线性方程组

$$\boldsymbol{Ax}=\boldsymbol{b}$$

其中 $\boldsymbol{A}\in\mathbf{R}^{n\times n}$，$\boldsymbol{b}\in\mathbf{R}^n$，$\boldsymbol{A}$ 非奇异。

设找到一个等价方程组

$$\boldsymbol{x}=\boldsymbol{Bx}+\boldsymbol{f}$$

从而建立迭代格式

$$\boldsymbol{x}^{(k+1)}=\boldsymbol{Bx}^{(k)}+\boldsymbol{f},k=0,1,\cdots \tag{3-69}$$

当给定初始向量 $\boldsymbol{x}^{(0)}$ 后，可按上式进行迭代，从而得到迭代向量序列 $\{\boldsymbol{x}^{(k)}\}$，当 $k\to+\infty$ 时，$\boldsymbol{x}^{(k)}\to\boldsymbol{x}^*$，即

$$\lim_{k\to+\infty}\boldsymbol{x}^{(k)}=\boldsymbol{x}^*$$

则 $\boldsymbol{x}^*$ 是线性方程组 $\boldsymbol{Ax}=\boldsymbol{b}$ 的解。

**定义 3-9** 对线性方程组 $\boldsymbol{Ax}=\boldsymbol{b}$ 用等价方程 $\boldsymbol{x}=\boldsymbol{Bx}+\boldsymbol{f}$ 建立迭代格式 $\boldsymbol{x}^{(k+1)}=\boldsymbol{Bx}^{(k)}+\boldsymbol{f}$，$k=0$，1，…逐步求解的方法叫迭代法。若 $\lim\limits_{k\to+\infty}\boldsymbol{x}^{(k)}=\boldsymbol{x}^*$，则称迭代法收敛，$\boldsymbol{x}^*$ 即方程组的解，否则称此迭代法发散。

对线性方程组 $\boldsymbol{Ax}=\boldsymbol{b}$ 用不同的途径得到各种不同的等价方程组 $\boldsymbol{x}=\boldsymbol{Bx}+\boldsymbol{f}$，从而得到不同的迭代法 $\boldsymbol{x}^{(k+1)}=\boldsymbol{Bx}^{(k)}+\boldsymbol{f}$。例如将矩阵 $\boldsymbol{A}$ 分裂成

$$\boldsymbol{A} = \boldsymbol{M} - \boldsymbol{N}$$

其中 $\boldsymbol{M}$ 非奇异，则有

$$\boldsymbol{x} = \boldsymbol{M}^{-1}\boldsymbol{N}\boldsymbol{x} + \boldsymbol{M}^{-1}\boldsymbol{b}$$

令 $\boldsymbol{B} = \boldsymbol{M}^{-1}\boldsymbol{N}, \boldsymbol{f} = \boldsymbol{M}^{-1}\boldsymbol{b}$，则有

$$\boldsymbol{x} = \boldsymbol{B}\boldsymbol{x} + \boldsymbol{f}$$

这里不同的 $\boldsymbol{B}$ 和 $\boldsymbol{f}$ 依赖不同的分裂方式，对应不同的分裂方式可建立不同的迭代公式。

下面讨论建立迭代格式、迭代格式的收敛性和迭代误差等问题。

## 3.6.2 雅可比迭代

雅可比迭代又称同时迭代，下面先举例说明这种迭代方法。

**例 3-27** 求解方程组

$$\begin{cases} 10x_1 - 2x_2 - x_3 = 3 \\ -2x_1 + 10x_2 - x_3 = 15 \\ -x_1 - 2x_2 + 5x_3 = 10 \end{cases}$$

分别从上式三个方程中分离出 $x_1$，$x_2$ 和 $x_3$

$$\begin{cases} x_1 = 0.2x_2 + 0.1x_3 + 0.3 \\ x_2 = 0.2x_1 + 0.1x_3 + 1.5 \\ x_3 = 0.2x_1 + 0.4x_2 + 2 \end{cases}$$

据此可建立迭代公式

$$\begin{cases} x_1^{(k+1)} = 0.2x_2^{(k)} + 0.1x_3^{(k)} + 0.3 \\ x_2^{(k+1)} = 0.2x_1^{(k)} + 0.1x_3^{(k)} + 1.5 \\ x_3^{(k+1)} = 0.2x_1^{(k)} + 0.4x_2^{(k)} + 2 \end{cases}$$

设取迭代初值 $x_1^{(0)} = x_2^{(0)} = x_3^{(0)} = 0$，表 3-1 记录了迭代结果，可以看到，当迭代次数 $k$ 增大时，迭代值 $x_1^{(k)}$，$x_2^{(k)}$，$x_3^{(k)}$ 会越来越逼近方程组的精确解 $x_1^* = 1$，$x_2^* = 2$，$x_3^* = 3$。

表 3-1

| $k$ | $x_1^{(k)}$ | $x_2^{(k)}$ | $x_3^{(k)}$ |
|---|---|---|---|
| 0 | 0.000 0 | 0.000 0 | 0.000 0 |
| 1 | 0.300 0 | 1.500 0 | 2.000 0 |
| 2 | 0.800 0 | 1.760 0 | 2.660 0 |
| 3 | 0.918 0 | 1.926 0 | 2.864 0 |
| 4 | 0.971 6 | 1.970 0 | 2.954 0 |
| 5 | 0.989 4 | 1.989 7 | 2.982 3 |
| 6 | 0.996 3 | 1.996 1 | 2.993 8 |
| 7 | 0.998 6 | 1.998 6 | 2.997 7 |
| 8 | 0.999 5 | 1.999 5 | 2.999 2 |
| 9 | 0.999 8 | 1.999 8 | 2.999 8 |

从这个简单的例子可以看出，解线性方程组迭代法的基本思想是将联立方程组的求解归结为重复计算一组彼此独立的线性表达式，这就使问题得到了简化。

考察一般形式的线性方程组

$$\sum_{j=1}^{n} a_{ij}x_j = b_i, i = 1,2,\cdots,n$$

设 $a_{ii} \neq 0$，从上式中分离出变量 $x_i$，而将它改写成

$$x_i = \frac{1}{a_{ii}}\left(b_i - \sum_{\substack{j=1 \\ j\neq i}}^{n} a_{ij}x_j\right), i = 1,2,\cdots,n$$

据此建立的迭代公式

$$x_i^{(k+1)} = \frac{1}{a_{ii}}\left(b_i - \sum_{\substack{j=1 \\ j\neq i}}^{n} a_{ij}x_j^{(k)}\right), i = 1,2,\cdots,n$$

$$x_i^{(k+1)} = \frac{1}{a_{ii}}\left(b_i - \sum_{j=1}^{i-1} a_{ij}x_j^{(k)} - \sum_{j=i+1}^{n} a_{ij}x_j^{(k)}\right), \quad i = 1,2,\cdots,n \tag{3-70}$$

式(3-70)称为解方程组的雅可比公式。

例 3-27 建立的迭代公式就是解方程组的雅可比公式。

图 3-3 描述了雅可比迭代的计算过程，其中 $x_i$为每一步迭代的初值(老值)，$y_i$ 存放迭代结果(新值)，用二者的偏差 $e = \max\limits_{1\leq i\leq n} |x_i - y_i|$刻画精度。为防止迭代过程不收敛(发散)，或者收敛速度过于缓慢，设置迭代次数 $N$ 以控制计算量，如果迭代 $N$ 次尚不能达到精确要求，则迭代失败。

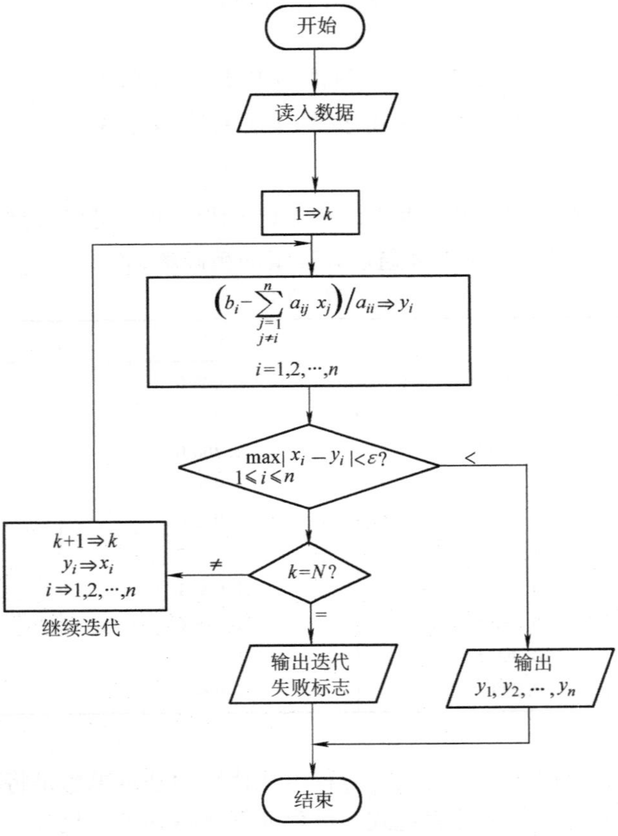


图 3-3　雅可比迭代法算法框图

### 3.6.3 高斯－赛德尔(Gauss－Seidel)迭代

在雅可比迭代时，每次迭代只用到前一次的迭代值，而在高斯－赛德尔迭代时，每次迭代充分利用当前最新的迭代值。在迭代收敛时，因新值 $x_i^{(k+1)}$ 比老值 $x_i^{(k)}$ 更准确些，求出新值 $x_i^{(k+1)}$ 后，用 $x_i^{(k+1)}$ 代替前一次的迭代值 $x_i^{(k)}$ 继续进行计算，这种充分利用新值建立起来的迭代公式

$$\begin{cases} x_1^{(k+1)} = 0.2x_2^{(k)} + 0.1x_3^{(k)} + 0.3 \\ x_2^{(k+1)} = 0.2x_1^{(k+1)} + 0.1x_3^{(k)} + 1.5 \\ x_3^{(k+1)} = 0.2x_1^{(k+1)} + 0.4x_2^{(k+1)} + 2 \end{cases}$$

称为解方程组的高斯－赛德尔公式。

仍取初值 $x_1^{(0)} = x_2^{(0)} = x_3^{(0)} = 0$，计算结果如表 3-2 所示。与表 3-1 的计算结果相比较可以明显地看出，高斯－赛德尔迭代比雅可比迭代好。

表 3-2

| $k$ | $x_1^{(k)}$ | $x_2^{(k)}$ | $x_3^{(k)}$ |
|---|---|---|---|
| 0 | 0.000 00 | 0.000 00 | 0.000 00 |
| 1 | 0.300 00 | 1.560 00 | 2.684 00 |
| 2 | 0.880 40 | 1.944 48 | 2.953 87 |
| 3 | 0.984 28 | 1.992 24 | 2.993 75 |
| 4 | 0.997 82 | 1.998 94 | 2.999 14 |
| 5 | 0.999 70 | 1.999 85 | 2.999 88 |
| 6 | 0.999 96 | 1.999 98 | 2.999 98 |

对于一般形式的方程组，设 $a_{ii} \neq 0$，高斯－赛德尔迭代公式为

$$x_i^{(k+1)} = \frac{1}{a_{ii}}\left(b_i - \sum_{j=1}^{i-1} a_{ij}x_j^{(k+1)} - \sum_{j=i+1}^{n} a_{ij}x_j^{(k)}\right), i = 1,2,\cdots,n \tag{3-71}$$

高斯－赛德尔公式的特点是一旦求出变元 $x_i$ 的某个新值 $x_i^{(k+1)}$后，将用新值 $x_i^{(k+1)}$替代老值 $x_i^{(k)}$ 进行这一步剩下的计算，在计算 $x_i^{(k+1)}$ 时，新值 $x_1^{(k+1)}$，…，$x_{i-1}^{(k+1)}$ 已经算出，因此可将新值 $x_i^{(k+1)}$ 存放在老值 $x_i^{(k)}$ 所占用的单元内。这时可将公式写成下列动态形式

$$\left(b_i - \sum_{\substack{j=1 \\ j\neq i}}^{n} a_{ij}x_j\right) \Big/ a_{ii} \rightarrow x_i, i = 1,2,\cdots,n$$

以上介绍的两种迭代法，一般来说，高斯－赛德尔迭代法比雅可比迭代法好。但情况并不总是这样，也有高斯－赛德尔迭代法比雅可比迭代法收敛得慢，甚至有雅可比迭代法收敛但高斯－赛德尔迭代法发散的例子。

### 3.6.4 松弛法

使用迭代法的困难在于难以估计其计算量。有时迭代过程虽然收敛，但由于收敛速度缓慢，使计算量变得很大而失去使用价值。因此，迭代过程的加速有着重要的意义。

松弛法是对高斯－赛德尔迭代的一种加速方法。将前一步的结果 $x_i^{(k)}$与高斯－赛德尔方

法的迭代值 $\tilde{x}_i^{(k+1)}$ 适当加权平均，期望获得更好的近似值 $x_i^{(k+1)}$。设高斯－赛德尔迭代

$$\tilde{x}_i^{(k+1)} = \frac{1}{a_{ii}}\left(b_i - \sum_{j=1}^{i-1} a_{ij}x_j^{(k+1)} - \sum_{j=i+1}^{n} a_{ij}x_j^{(k)}\right)$$

加速

$$x_i^{(k+1)} = \omega\tilde{x}_i^{(k+1)} + (1-\omega)x_i^{(k)}$$

上二式即松弛法，或合并表为

$$x_i^{(k+1)} = (1-\omega)x_i^{(k)} + \frac{\omega}{a_{ii}}\left(b_i - \sum_{j=1}^{i-1} a_{ij}x_j^{(k+1)} - \sum_{j=i+1}^{n} a_{ij}x_j^{(k)}\right) \tag{3-72}$$

式中系数 $\omega$ 称为松弛因子。高斯－赛德尔迭代法是取松弛因子 $\omega=1$的特殊情形。

可以证明，为了保证迭代过程收敛，必须要求 $0<\omega<2$。由于迭代值 $\tilde{x}_i^{(k+1)}$ 通常比 $x_i^{(k)}$ 精确，在加速公式中加大 $\tilde{x}_i^{(k+1)}$ 的比重，以尽可能扩大它的效果，为此取松弛因子 $1<\omega<2$，即采用所谓超松弛法。超松弛法简称 SOR(Successive Over-Relaxation)方法。

松弛因子 $\omega$ 的取值对迭代公式的收敛速度影响极大，实际计算时，可以根据方程组的系数矩阵的性质，或结合实践计算的经验来选取最佳的松弛因子。

**例 3-28** 用 SOR 法求解线性方程组

$$\begin{pmatrix} 4 & -2 & -4 \\ -2 & 17 & 10 \\ 4 & 10 & 9 \end{pmatrix}\begin{pmatrix} x_1 \\ x_2 \\ x_3 \end{pmatrix} = \begin{pmatrix} 10 \\ 3 \\ -7 \end{pmatrix}$$

**解** 该方程组的精确解 $x^* = [2,1,-1]^{\mathrm{T}}$，用 SOR 法求解，其迭代公式为

$$\begin{cases} x_1^{(k+1)} = (1-\omega)x_1^{(k)} + \dfrac{\omega}{4}(10 + 2x_2^{(k)} + 4x_3^{(k)}) \\ x_2^{(k+1)} = (1-\omega)x_2^{(k)} + \dfrac{\omega}{17}(3 + 2x_1^{(k+1)} - 10x_3^{(k)}) \\ x_3^{(k+1)} = (1-\omega)x_3^{(k)} + \dfrac{\omega}{9}(-7 - 4x_1^{(k+1)} - 10x_2^{(k+1)}) \end{cases} \qquad k = 0,1,2,\cdots$$

取 $\omega = 1.46$，$x^{(0)} = [0,0,0]^{\mathrm{T}}$，计算结果如表 3-3 所示。

**表 3-3**

| $k$ | $x_1^{(k)}$ | $x_2^{(k)}$ | $x_3^{(k)}$ |
|---|---|---|---|
| 0 | 0 | 0 | 0 |
| 1 | 3. 65 | 0. 884 588 3 | −0. 202 109 8 |
| 2 | 2. 321 669 | 0. 423 093 9 | −0. 222 432 1 |
| 3 | 2. 566 140 | 0. 694 826 0 | −0. 485 259 4 |
| ⋮ | ⋮ | ⋮ | ⋮ |
| 20 | 1. 999 998 | 1. 000 001 | −1. 000 003 |

如果取 $\omega=1$(即高斯－赛德尔迭代法)和同一初始向量 $x^{(0)} = [0,0,0]^{\mathrm{T}}$，要达到同样精确的近似解，需要迭代 110 次以上。

### 3.6.5 迭代公式的矩阵表示

线性方程组

$$Ax = b$$

式中

$$A = \begin{pmatrix} a_{11} & \cdots & a_{1n} \\ \vdots & & \vdots \\ a_{n1} & \cdots & a_{nn} \end{pmatrix}$$

而 $b=(b_1,b_2,\cdots,b_n)^{\mathrm{T}}$，$x=(x_1,x_2,\cdots,x_n)^{\mathrm{T}}$。

将系数矩阵 $A$ 分成

$$A = -L + D - U = \begin{pmatrix} 0 & & & & \\ a_{21} & 0 & & 0 & \\ a_{31} & a_{32} & 0 & & \\ \vdots & \vdots & & \ddots & \\ a_{n1} & a_{n2} & \cdots & a_{n\,n-1} & 0 \end{pmatrix} + \begin{pmatrix} a_{11} & & & \\ & a_{22} & & 0 \\ & & \ddots & \\ & 0 & & a_{nn} \end{pmatrix} + \begin{pmatrix} 0 & a_{12} & a_{13} & \cdots & a_{1n} \\ & & a_{23} & \cdots & a_{2n} \\ & & \ddots & & \vdots \\ & 0 & & & a_{(n-1)\,n} \\ & & & & 0 \end{pmatrix}$$

其中 $D$ 为对角阵，$L$ 和 $U$ 分别为严格下三角阵和严格上三角阵(它们主对角线元素全为0)。

设 $a_{ii}\neq 0$，$i=1$，2，…，$n$，雅可比迭代公式

$$x_i^{(k+1)} = \frac{1}{a_{ii}}\left(b_i - \sum_{j=1}^{i-1} a_{ij}x_j^{(k)} - \sum_{j=i+1}^{n} a_{ij}x_j^{(k)}\right)$$

采用上述记号可写成

$$\begin{aligned} x^{(k+1)} &= D^{-1}(b + Lx^{(k)} + Ux^{(k)}) \\ &= D^{-1}(L+U)x^{(k)} + D^{-1}b \end{aligned}$$

将 $L+U=D-A$ 代入

$$x^{(k+1)} = (I - D^{-1}A)x^{(k)} + D^{-1}b$$

写成

$$x^{(k+1)} = Bx^{(k)} + f$$

其中 $B=I-D^{-1}A$，$f=D^{-1}b$。将 $B=I-D^{-1}A=D^{-1}(L+U)$ 用符号 $J$ 表示，并称为雅可比迭代法的迭代矩阵，即

$$J = I - D^{-1}A \tag{3-73}$$

用线性方程组系数表示时，有

$$
\boldsymbol{J}=\boldsymbol{I}-\boldsymbol{D}^{-1}\boldsymbol{A}=\begin{pmatrix} 0 & -\frac{a_{12}}{a_{11}} & \cdots & -\frac{a_{1n}}{a_{11}} \\ -\frac{a_{21}}{a_{22}} & 0 & \cdots & -\frac{a_{2n}}{a_{22}} \\ \vdots & \vdots & & \vdots \\ -\frac{a_{n1}}{a_{nn}} & -\frac{a_{n2}}{a_{nn}} & \cdots & 0 \end{pmatrix} \tag{3-74}
$$

设 $a_{ii}\neq 0$，$i=1$，2，…，$n$，高斯-赛德尔公式

$$
x_i^{(k+1)}=\frac{1}{a_{ii}}\left(b_i-\sum_{j=1}^{i-1}a_{ij}x_j^{(k+1)}-\sum_{j=i+1}^{n}a_{ij}x_j^{(k)}\right)
$$

写成

$$
\boldsymbol{x}^{(k+1)}=\boldsymbol{D}^{-1}(\boldsymbol{b}+\boldsymbol{L}\boldsymbol{x}^{(k+1)}+\boldsymbol{U}\boldsymbol{x}^{(k)})
$$

或写成

$$
\boldsymbol{D}\boldsymbol{x}^{(k+1)}=\boldsymbol{b}+\boldsymbol{L}\boldsymbol{x}^{(k+1)}+\boldsymbol{U}\boldsymbol{x}^{(k)}
$$

$$
(\boldsymbol{D}-\boldsymbol{L})\boldsymbol{x}^{(k+1)}=\boldsymbol{U}\boldsymbol{x}^{(k)}+\boldsymbol{b}
$$

由 $\boldsymbol{D}-\boldsymbol{L}$ 非奇异，有

$$
\boldsymbol{x}^{(k+1)}=(\boldsymbol{D}-\boldsymbol{L})^{-1}\boldsymbol{U}\boldsymbol{x}^{(k)}+(\boldsymbol{D}-\boldsymbol{L})^{-1}\boldsymbol{b}
$$

写成

$$
\boldsymbol{x}^{(k+1)}=\boldsymbol{B}\boldsymbol{x}^{(k)}+\boldsymbol{f}
$$

其中 $\boldsymbol{B}=(\boldsymbol{D}-\boldsymbol{L})^{-1}\boldsymbol{U}$，$\boldsymbol{f}=(\boldsymbol{D}-\boldsymbol{L})^{-1}\boldsymbol{b}$。将 $\boldsymbol{B}=(\boldsymbol{D}-\boldsymbol{L})^{-1}\boldsymbol{U}$ 用符号 $\boldsymbol{G}$ 表示，并称为高斯-赛德尔迭代法的迭代矩阵，即

$$
\boldsymbol{G}=(\boldsymbol{D}-\boldsymbol{L})^{-1}\boldsymbol{U} \tag{3-75}
$$

这样，雅可比迭代和高斯-赛德尔迭代写成了和一般迭代法一致的迭代格式。这类迭代公式的收敛性与矩阵 $\boldsymbol{J}$ 和 $\boldsymbol{G}$ 的性态有关。

松弛法写成矩阵的形式时，由于

$$
x_i^{(k+1)}=(1-\omega)x_i^{(k)}+\frac{\omega}{a_{ii}}\left(b_i-\sum_{j=1}^{i-1}a_{ij}x_j^{(k+1)}-\sum_{j=i+1}^{n}a_{ij}x_j^{(k)}\right)
$$

$$
a_{ii}x_i^{(k+1)}=(1-\omega)a_{ii}x_i^{(k)}+\omega\left(b_i-\sum_{j=1}^{i-1}a_{ij}x_j^{(k+1)}-\sum_{j=i+1}^{n}a_{ij}x_j^{(k)}\right)
$$

考虑分解式 $\boldsymbol{A}=\boldsymbol{D}-\boldsymbol{L}-\boldsymbol{U}$，则有

$$
\boldsymbol{D}x_i^{(k+1)}=(1-\omega)\boldsymbol{D}x^{(k)}+\omega(\boldsymbol{b}+\boldsymbol{L}x^{(k+1)}+\boldsymbol{U}x^{(k)})
$$

$$
(\boldsymbol{D}-\omega\boldsymbol{L})x^{(k+1)}=[(1-\omega)\boldsymbol{D}+\omega\boldsymbol{U}]\boldsymbol{x}^{(k)}+\omega\boldsymbol{b}
$$

由于设 $a_{ii}\neq 0$，$i=1$，2，…，$n$ 显然对任一个 $\omega$ 值，$\boldsymbol{D}-\omega\boldsymbol{L}$ 非奇异，于是

$$
\boldsymbol{x}^{(k+1)}=(\boldsymbol{D}-\omega\boldsymbol{L})^{-1}[(1-\omega)\boldsymbol{D}+\omega\boldsymbol{U}]\ \boldsymbol{x}^{(k)}+\omega(\boldsymbol{D}-\omega\boldsymbol{L}]^{-1}\boldsymbol{b}
$$

写成

$$
\boldsymbol{x}^{(k+1)}=\boldsymbol{L}_\omega\boldsymbol{x}^{(k)}+\boldsymbol{f}
$$

其中迭代矩阵

$$
\boldsymbol{L}_\omega=(\boldsymbol{D}-\omega\boldsymbol{L})^{-1}[(1-\omega)\boldsymbol{D}+\omega\boldsymbol{U}]
$$

常向量

$$f=\omega(D-\omega L)^{-1}b$$

## 3.7 迭代的收敛性

实际使用的迭代法应该是收敛的，这里先给出用谱半径判断收敛性的充分必要条件。然后给出几个实用的判断收敛性的充分条件，包括用迭代公式的迭代矩阵和线性方程组系数矩阵等进行判断的方法。

### 3.7.1 收敛的基本定理

迭代收敛的充分必要条件需要用到矩阵谱半径的概念，所以先介绍关于谱半径的定义和特点。

**定义 3-10** 矩阵 $A \in \mathbf{R}^{n\times n}$ 的所有特征值 $\lambda_i(i=1,2,\cdots,n)$ 的模的最大值称为矩阵 $A$ 的谱半径 $\rho(A)$，即

$$\rho(A) = \max_{1\leqslant i\leqslant n} |\lambda_i| \tag{3-76}$$

**定理 3-21** 矩阵 $A$ 的谱半径不超过矩阵 $A$ 的任一种范数 $\|A\|$。

**证** 设 $\lambda$ 为 $A$ 的任一特征值，$x$ 为对应于 $\lambda$ 的 $A$ 的特征向量，即

$$Ax = \lambda x \quad (x \neq 0)$$

由范数的性质，有

$$|\lambda|\|x\| = \|\lambda x\| = \|Ax\| \leqslant \|A\|\|x\|$$

由于 $x$ 是非零向量，故有

$$|\lambda| \leqslant \|A\|$$

这表明 $A$ 的任一特征值的模不超过 $\|A\|$，于是

$$\rho(A) \leqslant \|A\|$$

由于矩阵 $A$ 有些范数（如 $\|A\|_\infty$ 和 $\|A\|_1$）远比特征值容易计算，故常用定理 3-21 来估计矩阵特征值的上界。

**定理 3-22** 迭代过程 $x^{(k+1)}=Bx^{(k)}+f$ 对任给初始向量 $x^{(0)}$ 收敛的充分必要条件是迭代矩阵的谱半径 $\rho(B)<1$，且当 $\rho(B)<1$ 时，迭代矩阵谱半径越小，收敛速度越快。

由于定理的证明用到了线性代数中若尔当标准型及向量和矩阵范数的知识，所以这里不再给出证明的过程。定理 3-22 是线性代数方程组迭代法收敛性分析的基本定理。

**例 3-29** 迭代过程 $x^{(k+1)}=x^{(k)}+\alpha(Ax^{(k)}-b)$ 求解方程组 $Ax=b$，问取什么实数 $\alpha$ 可使迭代收敛？证明 $\alpha=-0.4$ 收敛最快。其中

$$A=\begin{pmatrix}3 & 2\\ 1 & 2\end{pmatrix},\quad b=\begin{pmatrix}3\\ -1\end{pmatrix}$$

**解** 迭代矩阵

$$B=(I+\alpha A)=\begin{pmatrix}1+3\alpha & 2\alpha\\ \alpha & 1+2\alpha\end{pmatrix}$$

特征多项式

$$\det(\lambda I-B)=\begin{vmatrix}\lambda-(1+3\alpha) & -2\alpha\\ -\alpha & \lambda-(1+2\alpha)\end{vmatrix}$$

$$= [\lambda - (1+3\alpha)][\lambda - (1+2\alpha)] - 2\alpha^2$$
$$= [\lambda - (1+4\alpha)][\lambda - (1+\alpha)]$$

故 $\rho(\boldsymbol{B}) = \max\{|1+4\alpha|, |1+\alpha|\} < 1$，即 $|1+4\alpha| < 1$ 及 $|1+\alpha| < 1$，当 $-\frac{1}{2} < \alpha < 0$ 时，$\rho(\boldsymbol{B}) < 1$ 迭代法收敛；反之亦然。

当 $\alpha = -0.4$ 时，$\rho(\boldsymbol{B}) = 0.6 \leqslant \max\{|1+4\alpha|, |1+\alpha|\}$，因此时 $\rho(\boldsymbol{B})$ 最小，故收敛最快。

根据定理 3-22 可得出如下结论。

设线性方程组

$$\boldsymbol{Ax} = \boldsymbol{b}$$

其中 $\boldsymbol{A} = \boldsymbol{D} - \boldsymbol{L} - \boldsymbol{U}$ 为非奇异矩阵，且 $\boldsymbol{D}$ 非奇异，则有如下结论。

雅可比迭代收敛的充要条件是

$$\rho(\boldsymbol{J}) < 1 \tag{3-77}$$

其中 $\boldsymbol{J} = \boldsymbol{I} - \boldsymbol{D}^{-1}\boldsymbol{A}$。

高斯－赛德尔迭代收敛的充要条件是

$$\rho(\boldsymbol{G}) < 1 \tag{3-78}$$

其中 $\boldsymbol{G} = (\boldsymbol{D} - \boldsymbol{L})^{-1}\boldsymbol{U}$。

超松弛法收敛的充要条件是

$$\rho(\boldsymbol{L}_\omega) < 1 \tag{3-79}$$

其中 $\boldsymbol{L}\omega = (\boldsymbol{D} - \omega\boldsymbol{L})^{-1}[(1-\omega)\boldsymbol{D} + \omega\boldsymbol{U}]$。

**例 3-30** 考察用雅可比迭代法和高斯－赛德尔迭代法解方程组 $\boldsymbol{Ax} = \boldsymbol{b}$ 的收敛性，其中

$$\boldsymbol{A} = \begin{pmatrix} 1 & 2 & -2 \\ 1 & 1 & 1 \\ 2 & 2 & 1 \end{pmatrix} \quad \boldsymbol{b} = \begin{pmatrix} 1 \\ 1 \\ 1 \end{pmatrix}$$

**解** 雅可比迭代矩阵

$$\boldsymbol{J} = \boldsymbol{I} - \boldsymbol{D}^{-1}\boldsymbol{A} = \begin{pmatrix} 0 & -2 & 2 \\ -1 & 0 & -1 \\ -2 & -2 & 0 \end{pmatrix}$$

其中 $\boldsymbol{D} = \mathrm{diag}(1,1,1)$

$$\det(\lambda\boldsymbol{I} - \boldsymbol{J}) = \begin{vmatrix} \lambda & 2 & -2 \\ 1 & \lambda & 1 \\ 2 & 2 & \lambda \end{vmatrix} = \lambda^3 = 0$$

其特征值 $\lambda_1 = \lambda_2 = \lambda_3 = 0$，谱半径 $\rho(J) = 0 < 1$，故雅可比迭代收敛。

系数矩阵

$$\boldsymbol{A} = \begin{pmatrix} 1 & 2 & -2 \\ 1 & 1 & 1 \\ 2 & 2 & 1 \end{pmatrix} = \boldsymbol{D} - \boldsymbol{L} - \boldsymbol{U}$$

其中 $\boldsymbol{D} = \mathrm{diag}(1,1,1)$

$$-\boldsymbol{L} = \begin{pmatrix} 0 & 0 & 0 \\ 1 & 0 & 0 \\ 2 & 2 & 0 \end{pmatrix} \boldsymbol{U} = -\begin{pmatrix} 0 & 2 & -2 \\ 0 & 0 & 1 \\ 0 & 0 & 0 \end{pmatrix}$$

高斯－赛德尔迭代矩阵

$$\boldsymbol{G}=(\boldsymbol{D}-\boldsymbol{L})^{-1}\boldsymbol{U}=\left(\begin{pmatrix}1&&\\&1&\\&&1\end{pmatrix}+\begin{pmatrix}0&&\\1&0&\\2&2&0\end{pmatrix}\right)^{-1}\begin{pmatrix}0&-2&2\\&0&-1\\&&0\end{pmatrix}=\begin{pmatrix}0&-2&2\\0&2&-3\\0&0&2\end{pmatrix}$$

$$\det(\lambda\boldsymbol{I}-\boldsymbol{G})=\begin{vmatrix}\lambda&2&-2\\0&\lambda-2&-3\\0&0&\lambda-2\end{vmatrix}=\lambda(\lambda-2)^2=0$$

其特征值 $\lambda_1=0$，$\lambda_{2,3}=2$，谱半径 $\rho(G)=2>1$，所以高斯－赛德尔迭代发散。

**例 3-31**　设线性方程组

$$\begin{pmatrix}2&1&1\\1&2&1\\1&1&2\end{pmatrix}\begin{pmatrix}x_1\\x_2\\x_3\end{pmatrix}=\begin{pmatrix}4\\2\\0\end{pmatrix}$$

讨论用雅可比迭代法和高斯－赛德尔迭代法解此方程组的收敛性。

**解**　雅可比迭代矩阵

$$\boldsymbol{J}=\boldsymbol{I}-\boldsymbol{D}^{-1}\boldsymbol{A}=\begin{vmatrix}0&-\frac{1}{2}&-\frac{1}{2}\\-\frac{1}{2}&0&-\frac{1}{2}\\-\frac{1}{2}&-\frac{1}{2}&0\end{vmatrix}$$

因为 $|\lambda\boldsymbol{I}-\boldsymbol{J}|=(\lambda+1)\left(\lambda-\frac{1}{2}\right)^2=0$，有 $\lambda_1=-1$，$\lambda_{2,3}=\frac{1}{2}$，从而 $\rho(\boldsymbol{J})=1$，故雅可比迭代不收敛。

高斯－赛德尔迭代矩阵

$$\boldsymbol{G}=(\boldsymbol{D}-\boldsymbol{L})^{-1}\boldsymbol{U}=\begin{vmatrix}0&-\frac{1}{2}&-\frac{1}{2}\\0&\frac{1}{4}&-\frac{1}{4}\\0&\frac{1}{8}&\frac{3}{8}\end{vmatrix}$$

因为 $|\lambda\boldsymbol{I}-\boldsymbol{G}|=\lambda\left(\lambda^2-\frac{5}{8}\lambda+\frac{1}{8}\right)=0$，有 $\lambda_1=0$，$\lambda_{2,3}=\frac{5\pm\mathrm{i}\sqrt{7}}{16}$，从而 $\rho(\boldsymbol{G})=\sqrt{\left(\frac{5}{16}\right)^2+\left(\frac{\sqrt{7}}{16}\right)^2}=0.3536<1$，故高斯－赛德尔迭代收敛。

例 3-30 和例 3-31 说明，对某个线性方程组，可能用雅可比迭代收敛，而用高斯－赛德尔迭代却不收敛；也可能用高斯－赛德尔迭代收敛，而用雅可比迭代不收敛。当然，也会出现这两种迭代都收敛或都不收敛的情形。应该指出，在二者都收敛的情形下，有时，高斯－赛德尔迭代收敛得快，而有时却相反，这取决于谱半径的大小。

由于求迭代矩阵的谱半径时需要求特征值，当矩阵的阶数较大时，这是比较麻烦的。所以定理 3-22 的理论价值胜过实用价值，在实际判断收敛性时常用下面介绍的几个充分条件进行判断。

### 3.7.2 迭代矩阵法

首先介绍一个引理，然后证明判断收敛性的定理。

**引理 3-1** 若方阵 $\boldsymbol{B}$ 满足 $\|\boldsymbol{B}\|<1$，则 $\boldsymbol{I}-\boldsymbol{B}$ 为非奇异矩阵，且

$$\|(\boldsymbol{I}\pm\boldsymbol{B})^{-1}\|\leqslant\frac{1}{1-\|\boldsymbol{B}\|}$$

**证** 用反证法。若 $\boldsymbol{I}-\boldsymbol{B}$ 为奇异矩阵，则存在非零向量 $\boldsymbol{x}$，使

$$(\boldsymbol{I}-\boldsymbol{B})\boldsymbol{x}=\boldsymbol{0}$$

即有

$$\boldsymbol{x}=\boldsymbol{B}\boldsymbol{x}$$

由相容性条件得

$$\|\boldsymbol{x}\|=\|\boldsymbol{B}\boldsymbol{x}\|\leqslant\|\boldsymbol{B}\|\|\boldsymbol{x}\|$$

由于 $\boldsymbol{x}\neq\boldsymbol{0}$，两端消去 $\|\boldsymbol{x}\|$，有

$$\|\boldsymbol{B}\|\geqslant 1$$

和已知矛盾，假设不成立。命题得证。

又由于 $(\boldsymbol{I}-\boldsymbol{B})(\boldsymbol{I}-\boldsymbol{B})^{-1}=\boldsymbol{I}$，有

$$(\boldsymbol{I}-\boldsymbol{B})^{-1}-\boldsymbol{B}(\boldsymbol{I}-\boldsymbol{B})^{-1}=\boldsymbol{I}$$

$$(\boldsymbol{I}-\boldsymbol{B})^{-1}=\boldsymbol{I}+\boldsymbol{B}(\boldsymbol{I}-\boldsymbol{B})^{-1}$$

将式中 $\boldsymbol{B}$ 分别取成 $\boldsymbol{B}$ 和 $-\boldsymbol{B}$，再取范数

$$\|(\boldsymbol{I}\pm\boldsymbol{B})^{-1}\|\leqslant\|\boldsymbol{I}\|+\|\boldsymbol{B}\|\|(\boldsymbol{I}\pm\boldsymbol{B})^{-1}\|$$

又已知 $\|\boldsymbol{B}\|<1$，有

$$\|(\boldsymbol{I}\pm\boldsymbol{B})^{-1}\|\leqslant\frac{1}{1-\|\boldsymbol{B}\|}$$

下面给出用迭代法迭代矩阵判断收敛性的充分条件。

**定理 3-23** 若迭代矩阵 $\boldsymbol{B}$ 满足 $\|\boldsymbol{B}\|<1$，则迭代过程 $\boldsymbol{x}^{(k+1)}=\boldsymbol{B}\boldsymbol{x}^{(k)}+\boldsymbol{f}$ 对任意初值 $\boldsymbol{x}^{(0)}$ 均收敛于 $\boldsymbol{x}=\boldsymbol{B}\boldsymbol{x}+\boldsymbol{f}$ 的根 $\boldsymbol{x}^*$，且有

$$\|\boldsymbol{x}^*-\boldsymbol{x}^{(k)}\|\leqslant\frac{\|\boldsymbol{B}\|}{1-\|\boldsymbol{B}\|}\|\boldsymbol{x}^{(k)}-\boldsymbol{x}^{(k-1)}\| \tag{3-80}$$

$$\|x^*-x^{(k)}\|\leqslant\frac{\|\boldsymbol{B}\|^k}{1-\|\boldsymbol{B}\|}\|\boldsymbol{x}^{(1)}-\boldsymbol{x}^{(0)}\| \tag{3-81}$$

**证** 因为 $\|\boldsymbol{B}\|<1$，则 $\boldsymbol{I}-\boldsymbol{B}$ 为非奇异矩阵，故 $\boldsymbol{x}=\boldsymbol{B}\boldsymbol{x}+\boldsymbol{f}$ 有唯一解 $\boldsymbol{x}^*$，即

$$\boldsymbol{x}^*=\boldsymbol{B}\boldsymbol{x}^*+\boldsymbol{f}$$

和迭代过程 $\boldsymbol{x}^{(k)}=\boldsymbol{B}\boldsymbol{x}^{(k-1)}+\boldsymbol{f}$ 相比较，有

$$\boldsymbol{x}^*-\boldsymbol{x}^{(k)}=\boldsymbol{B}(\boldsymbol{x}^*-\boldsymbol{x}^{(k-1)})$$

取范数

$$\|\boldsymbol{x}^*-\boldsymbol{x}^{(k)}\|\leqslant\|\boldsymbol{B}\|\|\boldsymbol{x}^*-\boldsymbol{x}^{(k-1)}\|$$

反复递推

$$\|\boldsymbol{x}^*-\boldsymbol{x}^{(k)}\|\leqslant\|\boldsymbol{B}\|^k\|\boldsymbol{x}^*-\boldsymbol{x}^{(0)}\|$$

当 $k\to+\infty$，并注意 $\|\boldsymbol{B}\|<1$，有

$$\|\boldsymbol{x}^*-\boldsymbol{x}^{(k)}\|\to 0\ (k\to+\infty)$$

即

$$\lim_{k\to+\infty} \boldsymbol{x}^{(k)} = \boldsymbol{x}^*$$

有

$$\begin{aligned}\|\boldsymbol{x}^* - \boldsymbol{x}^{(k)}\| &= \|\boldsymbol{B}(\boldsymbol{x}^* - \boldsymbol{x}^{(k-1)})\| \\ &\leqslant \|\boldsymbol{B}\|\|\boldsymbol{x}^* - \boldsymbol{x}^{(k-1)}\| \\ &= \|\boldsymbol{B}\|\|\boldsymbol{x}^* - \boldsymbol{x}^{(k)} + \boldsymbol{x}^{(k)} - \boldsymbol{x}^{(k-1)}\| \\ &\leqslant \|\boldsymbol{B}\|\|\boldsymbol{x}^* - \boldsymbol{x}^{(k)}\| + \|\boldsymbol{B}\|\|\boldsymbol{x}^{(k)} - \boldsymbol{x}^{(k-1)}\|\end{aligned}$$

$$(1 - \|\boldsymbol{B}\|)\|\boldsymbol{x}^* - \boldsymbol{x}^{(k)}\| \leqslant \|\boldsymbol{B}\|\|\boldsymbol{x}^{(k)} - \boldsymbol{x}^{(k-1)}\|$$

$$\|\boldsymbol{x}^* - \boldsymbol{x}^{(k)}\| \leqslant \frac{\|\boldsymbol{B}\|}{1 - \|\boldsymbol{B}\|}\|\boldsymbol{x}^{(k)} - \boldsymbol{x}^{(k-1)}\|$$

同理，有

$$\begin{aligned}\boldsymbol{x}^{(k)} - \boldsymbol{x}^{(k-1)} &= \boldsymbol{B}(\boldsymbol{x}^{(k-1)} - \boldsymbol{x}^{(k-2)}) = \boldsymbol{B}^2(\boldsymbol{x}^{(k-2)} - \boldsymbol{x}^{(k-3)}) \\ &= \cdots = \boldsymbol{B}^{k-1}(\boldsymbol{x}^{(1)} - \boldsymbol{x}^{(0)})\end{aligned}$$

代入上式，得

$$\|\boldsymbol{x}^* - \boldsymbol{x}^{(k)}\| \leqslant \frac{\|\boldsymbol{B}\|^k}{1 - \|\boldsymbol{B}\|}\|\boldsymbol{x}^{(1)} - \boldsymbol{x}^{(0)}\|$$

由定理知，当$\|\boldsymbol{B}\| < 1$时，其值越小，迭代收敛越快。当$\boldsymbol{B}$的某一种范数满足$\|\boldsymbol{B}\| < 1$时，如果相邻两次迭代$\|\boldsymbol{x}^{(k)} - \boldsymbol{x}^{(k-1)}\| < \varepsilon$，$\varepsilon$为给定的精度要求，则$\|\boldsymbol{x}^* - \boldsymbol{x}^{(k)}\| < \frac{\|\boldsymbol{B}\|}{1 - \|\boldsymbol{B}\|}\varepsilon$，所以，在计算中通常用$\|\boldsymbol{x}^{(k)} - \boldsymbol{x}^{(k-1)}\| < \varepsilon$作为控制迭代结束的条件。

如果雅可比迭代和高斯－赛德尔迭代的迭代矩阵$\boldsymbol{J}$和$\boldsymbol{G}$的任一种范数小于1，那么这两种迭代法都收敛。

雅可比迭代

$$\boldsymbol{x}^{(k+1)} = \boldsymbol{J}\boldsymbol{x}^{(k)} + \boldsymbol{f} \tag{3-82}$$

高斯－赛德尔迭代

$$\boldsymbol{x}^{(k+1)} = \boldsymbol{G}\boldsymbol{x}^{(k)} + \boldsymbol{f} \tag{3-83}$$

当满足$\|\boldsymbol{J}\| < 1$和$\|\boldsymbol{G}\| < 1$时，相应的雅可比迭代和高斯－赛德尔迭代收敛。

**例 3-32** 已知线性方程组

$$\begin{cases}6x_1 + 2x_2 - 3x_3 = 3 \\ 5x_1 - 10x_2 - 2x_3 = 3 \\ 3x_1 - 4x_2 + 12x_3 = 15\end{cases}$$

考察用雅可比迭代法和用高斯－赛德尔迭代法求解时的收敛性。

**解** 用迭代矩阵判断，雅可比迭代矩阵由式(3-74)有

$$J = I - D^{-1}A = \begin{pmatrix} 0 & -\frac{1}{3} & \frac{1}{2} \\ \frac{1}{2} & 0 & -\frac{1}{5} \\ -\frac{1}{4} & \frac{1}{3} & 0 \end{pmatrix}$$

由于$\|J\| < 1$，故雅可比迭代收敛。

高斯－赛德尔迭代矩阵

$$G = (D - L)^{-1}U = \begin{pmatrix} 6 & & \\ 5 & -10 & \\ 3 & -4 & 12 \end{pmatrix}^{-1} \begin{pmatrix} 0 & 2 & 3 \\ & 0 & -2 \\ & & 0 \end{pmatrix}$$

$$= \begin{pmatrix} 0 & -\frac{1}{3} & \frac{1}{2} \\ 0 & -\frac{1}{6} & \frac{1}{20} \\ 0 & \frac{1}{36} & -\frac{13}{120} \end{pmatrix}$$

由此有$\|G\| < 1$，高斯－赛德尔迭代收敛。

为避免对矩阵求逆，在判断高斯－赛德尔迭代时也可用分量的形式。

对已知线性方程组写出高斯－赛德尔迭代的分量形式

$$\begin{cases} x_1^{(k+1)} = -\frac{1}{3}x_2^{(k)} + \frac{1}{2}x_3^{(k)} + \frac{1}{2} \\ x_2^{(k+1)} = \frac{1}{2}x_1^{(k+1)} - \frac{1}{5}x_3^{(k)} - \frac{3}{10} \\ x_3^{(k+1)} = -\frac{1}{4}x_1^{(k+1)} + \frac{1}{3}x_2^{(k+1)} + \frac{5}{4} \end{cases}$$

将方程组中第 1 个方程代入第 2 个方程，并化简作为第 2 个方程，再将这个方程和第 1 个方程一起带入第 3 个方程并化简，仍作为第 3 个方程，第 1 个方程不变，这时方程组成为

$$\begin{cases} x_1^{(k+1)} = -\frac{1}{3}x_2^{(k)} + \frac{1}{2}x_3^{(k)} + \frac{1}{2} \\ x_2^{(k+1)} = -\frac{1}{6}x_2^{(k)} + \frac{1}{20}x_3^{(k)} - \frac{1}{20} \\ x_3^{(k+1)} = \frac{1}{36}x_2^{(k)} - \frac{13}{120}x_3^{(k)} + \frac{133}{120} \end{cases}$$

同样可写出

$$G = \begin{pmatrix} 0 & -\frac{1}{3} & \frac{1}{2} \\ 0 & -\frac{1}{6} & \frac{1}{20} \\ 0 & \frac{1}{36} & -\frac{13}{120} \end{pmatrix}$$

由于$\|G\|<1$，故高斯－赛德尔迭代收敛。

用迭代矩阵$\|B\|<1$作为迭代收敛性的判断是容易的，但要注意这是收敛的充分条件。例如，已知线性方程组的迭代格式

$$x^{(k+1)}=Bx^{(k)}+f$$

其中 $B=\begin{pmatrix}0.9 & 0.0\\ 0.3 & 0.8\end{pmatrix}$，$f=\begin{pmatrix}1\\ 1\end{pmatrix}$，计算迭代矩阵$B$的范数，有

$$\|B\|_1=1.2,\|B\|_2=1.02,\|B\|_\infty=1.1$$

虽然$B$的这些范数都大于1，但$B$的特征值$\lambda_1=0.8$，$\lambda_2=0.9$，有$\rho(B)=0.9<1$，由收敛性分析的基本定理可知方程组的迭代格式是收敛的。

用迭代矩阵的范数判定迭代过程的收敛性虽然只是一个充分条件，但是用起来比较方便，通常是用矩阵的1－范数和∞－范数来判定，这是因为当知道矩阵以后这两种范数容易求取。对雅可比迭代来说，上述的判别方法基本上没有问题，这是由于方程组给定后，雅可比迭代的迭代矩阵比较容易求出。而对高斯－赛德尔迭代来说，仍有一些困难，这是因为由方程组的系数矩阵计算高斯－赛德尔迭代的迭代矩阵时需要计算$(D-L)^{-1}U$，由于这里有矩阵求逆运算，仍不太方便。为此给出如下定理。

**定理3-24** 若雅可比迭代矩阵$J$满足

$$\|J\|<1 \tag{3-84}$$

则对应的高斯－赛德尔迭代也收敛（证明见习题）。

**例3-33** 线性方程组

$$\begin{pmatrix}10 & -2 & -1\\ -2 & 10 & -1\\ -1 & -2 & 5\end{pmatrix}\begin{pmatrix}x_1\\ x_2\\ x_3\end{pmatrix}=\begin{pmatrix}3\\ 1.5\\ 10\end{pmatrix}$$

其雅可比迭代的迭代矩阵为

$$J=\begin{pmatrix}0 & 0.2 & 0.1\\ 0.2 & 0 & 0.1\\ 0.2 & 0.4 & 0\end{pmatrix}$$

因为$\|J\|<1$，所以雅可比迭代收敛，同时其相对应的高斯－赛德尔迭代也收敛。

定理3-24给出的是充分性条件，当不满足雅可比迭代收敛条件时，高斯－赛德尔迭代还需用其迭代矩阵进一步判断收敛性。

**例3-34** 判断下列方程组高斯－赛德尔迭代的收敛性。

$$\begin{cases}4x_1-2x_3=4\\ x_1+4x_2-2x_3=1\\ 3x_1-5x_2+x_3=2\end{cases}$$

**解** 方程组的雅可比迭代矩阵

$$J=\begin{pmatrix}0 & 0 & \frac{1}{2}\\ -\frac{1}{4} & 0 & \frac{1}{2}\\ -3 & 5 & 0\end{pmatrix}$$

由于 $\|J\|>1$，所以还需要用高斯－赛德尔迭代矩阵进行判断。

由 $A=D-L-U$，有

$$\begin{pmatrix}4 & 0 & -2\\ 1 & 4 & -2\\ 3 & -5 & 1\end{pmatrix}=\begin{pmatrix}4 & & \\ & 4 & \\ & & 1\end{pmatrix}+\begin{pmatrix}0 & & \\ 1 & 0 & \\ 3 & -5 & 0\end{pmatrix}+\begin{pmatrix}0 & 0 & -2\\ & 0 & -2\\ & & 0\end{pmatrix}$$

高斯－赛德尔迭代矩阵

$$G=(D-L)^{-1}U=\begin{pmatrix}0 & 0 & \frac{1}{2}\\ 0 & 0 & \frac{3}{8}\\ 0 & 0 & \frac{3}{8}\end{pmatrix}$$

由于 $\|G\|_\infty=\frac{1}{2}<1$，所以高斯－赛德尔迭代收敛。

### 3.7.3 系数矩阵法

对于方程组系数矩阵具有某种特征的情况，迭代法收敛性条件还有更便于使用的形式。

**引理 3-2** 严格对角占优阵非奇异。

**证** 严格对角占优阵其主对角线元素 $a_{ii}$ 全部不为 0，故对角阵 $D=\text{diag}(a_{ii})$ 为非奇异矩阵。构造矩阵

$$I-D^{-1}A=\begin{pmatrix}0 & -\frac{a_{12}}{a_{11}} & \cdots & -\frac{a_{1n}}{a_{11}}\\ -\frac{a_{21}}{a_{22}} & 0 & \cdots & -\frac{a_{2n}}{a_{22}}\\ \vdots & \vdots & & \vdots\\ -\frac{a_{n1}}{a_{nn}} & -\frac{a_{n2}}{a_{nn}} & \cdots & 0\end{pmatrix}$$

由严格对角占优条件知

$$\|I-D^{-1}A\|_\infty=\max_{1\leqslant i\leqslant n}\sum_{\substack{j=1\\ j\neq i}}\frac{|a_{ij}|}{|a_{ii}|}=\max_{1\leqslant i\leqslant n}\frac{\sum\limits_{\substack{j=1\\ j\neq i}}^{n}|a_{ij}|}{|a_{ii}|}<1$$

由引理 3-1 知 $D^{-1}A$ 非奇异，从而 $A$ 非奇异。

系数矩阵为严格对角占优阵的线性方程组称为严格对角占优方程组。

**定理 3-25** 严格对角占优方程组的雅可比迭代公式和高斯－赛德尔迭代公式均收敛。

**证** 雅可比公式的迭代矩阵为

$$J=I-D^{-1}A$$

这时由引理 3-2 有 $\|J\|_\infty<1$，从而知迭代收敛。

再考察高斯－赛德尔公式的迭代矩阵

$$G = (D - L)^{-1} U$$

令 $y = Gx$，则有

$$y = (D - L)^{-1} Ux$$

$$(D - L)y = Ux$$

$$Dy = Ly + Ux$$

$$y = D^{-1}Ly + D^{-1}Ux$$

写出分量形式有

$$y_i = -\sum_{j=1}^{i-1} \frac{a_{ij}}{a_{ii}} y_i - \sum_{j=i+1}^{n} \frac{a_{ij}}{a_{ii}} x_i \quad i = 1,2,\cdots,n$$

设 $\|x\|_\infty = \max\limits_{1 \leqslant i \leqslant n} |x_i| = 1$，而

$$\|y\|_\infty = \max_{1 \leqslant i \leqslant n} |y_i| = |y_k|, \quad 1 \leqslant k \leqslant n$$

则由分量形式有

$$\|y\|_\infty = |y_k| \leqslant \sum_{j=1}^{k-1} \frac{|a_{kj}|}{|a_{kk}|} \|y\|_\infty + \sum_{j=k+1}^{n} \frac{|a_{kj}|}{|a_{kk}|}$$

由此整理得

$$\|y\|_\infty \leqslant \frac{\sum\limits_{j=k+1}^{n} \frac{|a_{kj}|}{|a_{kk}|}}{1 - \sum\limits_{j=1}^{k-1} \frac{|a_{kj}|}{|a_{kk}|}}$$

由严格对角占优条件知上式右端小于 1，故有

$$\|G\|_\infty = \max_{\|x\|_\infty = 1} \|y\|_\infty < 1$$

因此，可以断定高斯－赛德尔迭代收敛。

**例 3-35** 设求解线性方程组的雅可比迭代

$$x^{(k+1)} = Jx^{(k)} + f, k = 0,1,\cdots$$

求证当 $\|J\| < 1$ 时，相应的高斯－赛德尔迭代收敛。

定理 3-24 给出了系数矩阵为严格对角占优阵时高斯－赛德尔迭代收敛。当雅可比迭代的迭代矩阵 $\|J\| < 1$，若能推出其系数矩阵为严格对角占优阵，则相应的高斯－赛德尔迭代也收敛。

**证** 这里以 $\|J\|_\infty$ 为例进行证明，$\|J\|_1$ 可类似地加以证明。

由于 $J$ 是雅可比迭代的迭代矩阵，故有

$$J = \begin{pmatrix} 0 & -\frac{a_{12}}{a_{11}} & \cdots & -\frac{a_{1n}}{a_{11}} \\ -\frac{a_{21}}{a_{22}} & 0 & \cdots & -\frac{a_{2n}}{a_{22}} \\ \vdots & \vdots & & \vdots \\ -\frac{a_{n1}}{a_{nn}} & -\frac{a_{n2}}{a_{nn}} & \cdots & 0 \end{pmatrix}$$

又$\|\boldsymbol{J}\|<1$，故有

$$\sum_{\substack{j=1\\j\neq i}}^{n}\left|-\frac{a_{ij}}{a_{ii}}\right|<1, i=1,2,\cdots,n$$

$$\sum_{\substack{j=1\\j\neq i}}^{n}|a_{ij}|<|a_{ii}|, i=1,2,\cdots,n$$

方程组 $\boldsymbol{Ax}=\boldsymbol{b}$ 的系数矩阵是按行严格对角占优的，所以高斯－赛德尔迭代收敛。

线性方程组 $\boldsymbol{Ax}=\boldsymbol{b}$ 经换行后系数矩阵 $\boldsymbol{A}$ 成为严格对角占优阵，满足雅可比迭代和高斯－赛德尔迭代收敛条件，此时应按换行后的方程组构造雅可比迭代和高斯－赛德尔迭代。例如方程组

$$\begin{cases}3x_1-10x_2=-7\\9x_1-4x_2=5\end{cases}$$

两方程换行

$$\begin{cases}9x_1-4x_2=5\\3x_1-10x_2=-7\end{cases}$$

系数矩阵由$\begin{pmatrix}3&-10\\9&-4\end{pmatrix}$变换成$\begin{pmatrix}9&-4\\3&-10\end{pmatrix}$，后者为严格对角占优阵，由它构造雅可比迭代和高斯－赛德尔迭代均收敛。

以上给出的用迭代矩阵和系数矩阵的两种判定方法（定理 3-23，定理 3-24，定理 3-25）都是迭代收敛的充分条件，如果不满足判定定理中的条件，就不能判定迭代过程是否收敛，如果要判定迭代过程不收敛，就必须用充分必要条件。

下面给出系数矩阵为对称正定矩阵时雅可比迭代和高斯－赛德尔迭代收敛的判定方法。

**定理 3-26** 若系数矩阵 $\boldsymbol{A}$ 对称正定，则解方程组 $\boldsymbol{Ax}=\boldsymbol{b}$ 的高斯－赛德尔迭代收敛。若 $2\boldsymbol{D}-\boldsymbol{A}$ 也对称正定，则雅可比迭代也收敛。

**例 3-36** 方程组 $\boldsymbol{Ax}=\boldsymbol{b}$ 的系数矩阵

$$\boldsymbol{A}=\begin{pmatrix}1&a&a\\a&1&a\\a&a&1\end{pmatrix}$$

证明当 $-\frac{1}{2}<a<1$ 时，高斯－赛德尔迭代收敛；当 $-\frac{1}{2}<a<\frac{1}{2}$时，雅可比迭代才收敛。

**证** 由矩阵 $\boldsymbol{A}$ 的顺序主子式

$$\Delta_1=1>0$$

$$\Delta_2=1-a^2>0,\text{得}|a|<1$$

$$\Delta_3=1+2a^3-3a^2=(1-a)^2(1+2a)>0,\text{得 }a>-\frac{1}{2}$$

于是有

$$-\frac{1}{2}<a<1$$

时，$\boldsymbol{A}$ 对称正定，高斯－赛德尔迭代收敛。

雅可比迭代矩阵

$$J=\begin{pmatrix}0 & -a & -a\\ -a & 0 & -a\\ -a & -a & 0\end{pmatrix}$$

$$\det(\lambda \boldsymbol{I}-\boldsymbol{J}) = \lambda^3-3\lambda a^2+2a^3 = (\lambda-a)^2(\lambda+2a) = 0$$

由$\rho(\boldsymbol{J}) = |2a|<1$，得$|a|<\frac{1}{2}$是雅可比迭代收敛的充要条件，所以当$-\frac{1}{2}<a<\frac{1}{2}$时，雅可比迭代才收敛。

当$a=0.8$时，高斯－赛德尔迭代收敛，$\rho(\boldsymbol{J})=1.6>1$，雅可比迭代不收敛，此时$2\boldsymbol{D}-\boldsymbol{A}$不是正定的。

**例 3-37** 设$\boldsymbol{A}$对称正定，$\boldsymbol{D}=\mathrm{diag}(a_{11},a_{22},\cdots,a_{nn})$，若$2\boldsymbol{D}-\boldsymbol{A}$对称正定，则雅可比迭代解方程$\boldsymbol{Ax}=\boldsymbol{b}$必收敛。

**证** 方程组$\boldsymbol{Ax}=\boldsymbol{b}$的雅可比迭代矩阵$\boldsymbol{J}=\boldsymbol{I}-\boldsymbol{D}^{-1}\boldsymbol{A}$，其特征值$\lambda$，相应特征向量$\boldsymbol{x}\neq 0$，且

$$(\boldsymbol{I}-\boldsymbol{D}^{-1}\boldsymbol{A})\boldsymbol{x} = \lambda \boldsymbol{x}$$

两边左乘$\boldsymbol{D}$，有

$$(\boldsymbol{D}-\boldsymbol{A})\boldsymbol{x} = \lambda \boldsymbol{Dx}$$

两边加$\boldsymbol{Dx}$，得

$$(2\boldsymbol{D}-\boldsymbol{A})\boldsymbol{x} = (\lambda+1)\boldsymbol{Dx}$$

于是

$$((2\boldsymbol{D}-\boldsymbol{A})\boldsymbol{x},\boldsymbol{x}) = (\lambda+1)(\boldsymbol{Dx},\boldsymbol{x})$$

因为$\boldsymbol{A}$正定，$\boldsymbol{D}$也正定，而$(2\boldsymbol{D}-\boldsymbol{A})$也正定，故

$$\lambda+1 = \frac{((2\boldsymbol{D}-\boldsymbol{A})\boldsymbol{x},\boldsymbol{x})}{(\boldsymbol{Dx},\boldsymbol{x})}>0$$

即

$$\lambda>-1$$

又有

$$\lambda+1 = \frac{2(\boldsymbol{Dx},\boldsymbol{x})}{(\boldsymbol{Dx},\boldsymbol{x})}-\frac{(\boldsymbol{Ax},\boldsymbol{x})}{(\boldsymbol{Dx},\boldsymbol{x})}<2$$

即

$$\lambda<1$$

于是有$|\lambda|<1$，故$\rho(\boldsymbol{J})<1$，雅可比迭代收敛。

### 3.7.4 松弛法的收敛性

根据迭代法收敛的基本定理，松弛法收敛的充要条件为$\rho(\boldsymbol{L}_w)<1$，收敛的充分条件为$\|\boldsymbol{L}_\omega\|<1$，但要计算$\boldsymbol{L}_\omega$比较复杂，通常都不用以上结论，而直接由松弛因子和方程组的系数矩阵判断松弛法的收敛性。

**定理 3-27** 解线性方程组$\boldsymbol{Ax}=\boldsymbol{b}$的松弛法收敛的必要条件是$0<\omega<2$。

**证** 当松弛法收敛则有$\rho(\boldsymbol{L}_\omega)<1$，设$\boldsymbol{L}_\omega$的特征值为$\lambda_1$，$\lambda_2$，…，$\lambda_n$，则

$$|\det(\boldsymbol{L}_\omega)| = |\lambda_1\lambda_2\cdots\lambda_n| \leqslant [\rho(\boldsymbol{L}_\omega)]^n$$

$$|\det(\boldsymbol{L}_\omega)|^{\frac{1}{n}} \leqslant \rho(\boldsymbol{L}_\omega)<1$$

另一方面

$$\det(\boldsymbol{L}_\omega) = \det[(\boldsymbol{D}-\omega\boldsymbol{L})^{-1}]\det[(1-\omega)\boldsymbol{D}+\omega\boldsymbol{U})] = (1-\omega)^n$$

$$|\det(\boldsymbol{L}_\omega)|^{\frac{1}{n}} = |1-\omega| < 1$$

$$0<\omega<2$$

定理 3-27 说明解 $\boldsymbol{Ax}=\boldsymbol{b}$ 的松弛法，只有在区间$(0,2)$内取松弛因子 $\omega$ 才可能收敛。当 $\boldsymbol{A}$ 对称正定时，可用如下定理判断收敛性。

**定理 3-28** 设 $\boldsymbol{A}$ 对称正定，且 $0<\omega<2$，则解方程 $\boldsymbol{Ax}=\boldsymbol{b}$ 的松弛法收敛。

## 3.8 习题

1. 用高斯消去法解下列方程组。

(1) $\begin{cases} 2x_1+x_2+x_3=4 \\ x_1+3x_2+2x_3=6 \\ x_1+2x_2+2x_3=5 \end{cases}$

(2) $\begin{pmatrix} 3 & 2 & -7 \\ 8 & 2 & -3 \\ 4 & 6 & -1 \end{pmatrix}\begin{pmatrix} x_1 \\ x_2 \\ x_3 \end{pmatrix}=\begin{pmatrix} -4 \\ -5 \\ 13 \end{pmatrix}$

2. 用列主元消元法解下列方程组并求系数行列式。

(1) $\begin{cases} 2x_1-x_2-x_3=4 \\ 3x_1+4x_2-3x_3=10 \\ 3x_1-2x_2+4x_3=11 \end{cases}$

(2) $\begin{pmatrix} 12 & -3 & 3 & 4 \\ -18 & 3 & -1 & -1 \\ 1 & 1 & 1 & 1 \\ 3 & 1 & -1 & 1 \end{pmatrix}\begin{pmatrix} x_1 \\ x_2 \\ x_3 \\ x_4 \end{pmatrix}=\begin{pmatrix} 5 \\ -15 \\ 6 \\ 2 \end{pmatrix}$

3. 给出高斯消去法和列选主元消去法计算机实现时的情况。

4. 分别用高斯消去法和列主元高斯消去法求解线性方程组，要求用 4 位有效数字。

$$\begin{cases} 0.002x_1+87.13x_2=87.15 \\ 4.453x_1-7.26x_2=37.27 \end{cases}$$

5. 分别用高斯消去法和列主元消去法求矩阵

$$\boldsymbol{A}=\begin{pmatrix} 10^{-8} & 2 & 3 \\ -1 & 3.712 & 4.623 \\ -2 & 1.072 & 5.643 \end{pmatrix}$$

的行列式 $\det \boldsymbol{A}$。

6. 用高斯－若尔当法求下列矩阵的逆矩阵

$$\begin{pmatrix} 1 & 1 & -1 \\ 2 & 1 & 0 \\ 1 & -1 & 0 \end{pmatrix}$$

7. 证明矩阵 $\boldsymbol{A}$ 各阶主子式不为零，则可唯一地分解成一个单位上三角阵 $\boldsymbol{L}$ 和一个非奇异的下三角阵 $\boldsymbol{U}$ 的乘积，并举例说明一个主子式不为零的矩阵不一定存在 LU 分解。

8. 用矩阵的直接三角分解法解下列方程组并计算系数行列式。

（1）$\begin{pmatrix} 2 & 1 & 2 \\ 4 & 3 & 1 \\ 6 & 1 & 5 \end{pmatrix}\begin{pmatrix} x_1 \\ x_2 \\ x_3 \end{pmatrix}=\begin{pmatrix} 6 \\ 11 \\ 13 \end{pmatrix}$

（2）$\begin{pmatrix} 2 & 2 & 3 \\ 4 & 7 & 7 \\ -2 & 4 & 5 \end{pmatrix}\begin{pmatrix} x_1 \\ x_2 \\ x_3 \end{pmatrix}=\begin{pmatrix} 3 \\ 1 \\ -7 \end{pmatrix}$

9. 用克洛特分解法求解线性方程组。

$$\begin{pmatrix} 6 & 2 & 1 & -1 \\ 2 & 4 & 1 & 0 \\ 1 & 1 & 4 & -1 \\ -1 & 0 & -1 & 3 \end{pmatrix}\begin{pmatrix} x_1 \\ x_2 \\ x_3 \\ x_4 \end{pmatrix}=\begin{pmatrix} 6 \\ -1 \\ 5 \\ -5 \end{pmatrix}$$

10. 分别用杜里特尔法和克洛特分解法求解线性方程组。

$$\begin{cases} 2x_1 + x_2 + x_3 = 3 \\ x_1 + 3x_2 + 2x_3 = 3 \\ x_1 + 2x_2 - 3x_3 = 11 \end{cases}$$

11. 用追赶法求解三角方程组。

$$\begin{pmatrix} 2 & 1 & & \\ 1 & 3 & 1 & \\ & 1 & 1 & 1 \\ & & 2 & 1 \end{pmatrix}\begin{pmatrix} x_1 \\ x_2 \\ x_3 \\ x_4 \end{pmatrix}=\begin{pmatrix} 1 \\ 2 \\ 2 \\ 0 \end{pmatrix}$$

12. 用改进平方根法求解下列正定方程组并计算系数行列式。

$$\begin{pmatrix} 16 & 4 & 8 \\ 4 & 5 & -4 \\ 8 & -4 & 22 \end{pmatrix}\begin{pmatrix} x_1 \\ x_2 \\ x_3 \end{pmatrix}=\begin{pmatrix} -9 \\ 3.25 \\ -3 \end{pmatrix}$$

13. 用平方根法和改进平方根法解下列方程组。

$$\begin{cases} 4x_1 - x_2 + x_3 = 6 \\ -x_1 + 4.25x_2 + 2.7x_3 = -0.5 \\ x_1 + 2.75x_2 + 3.5x_3 = 1.25 \end{cases}$$

14. 已知方程组 $\boldsymbol{Ax}=\boldsymbol{f}$，其中 $\boldsymbol{A}=\begin{pmatrix} 2 & -1 & b \\ -1 & 2 & a \\ b & -1 & 2 \end{pmatrix}$，$\boldsymbol{f}=\begin{pmatrix} 0 \\ 1 \\ 0 \end{pmatrix}$

（1）试问参数 $a$ 和 $b$ 满足什么条件时，可选用平方根法求解该方程组；

（2）取 $b=0$，$a=-1$，试用追赶法求解该方程组。

15. 已知向量 $\boldsymbol{x}=(2,-3,4)^{\mathrm{T}}$，矩阵 $\boldsymbol{A}=\begin{pmatrix}1 & 0 & 0\\ 0 & 2 & 4\\ 0 & -2 & 4\end{pmatrix}$，求向量 $\boldsymbol{x}$ 和矩阵 $\boldsymbol{A}$ 的三种范数。

16. 设向量 $\boldsymbol{x}=(x_1,x_2,x_3)^{\mathrm{T}}$，问 $|x_1|+|2x_2|+|x_3|$ 是不是一种向量范数？$|x_1+3x_2|+|x_3|$ 是不是一种向量范数？

17. 证明对任意非奇异矩阵 $\boldsymbol{A}$ 和 $\boldsymbol{B}$，有 $\|\boldsymbol{A}^{-1}-\boldsymbol{B}^{-1}\|\leqslant\|\boldsymbol{A}^{-1}\|\|\boldsymbol{B}^{-1}\|\|\boldsymbol{A}-\boldsymbol{B}\|$。

18. 对 $n$ 阶非奇异矩阵 $\boldsymbol{A}$ 和 $n$ 阶奇异矩阵 $\boldsymbol{B}$，证明

（1）$\|\boldsymbol{A}^{-1}\|\geqslant\dfrac{1}{\|\boldsymbol{A}-\boldsymbol{B}\|}$；

（2）$\dfrac{\|\boldsymbol{A}\|}{\|\boldsymbol{A}-\boldsymbol{B}\|}\leqslant\mathrm{cond}(\boldsymbol{A})$，其中 $\mathrm{cond}(\boldsymbol{A})$ 是 $\boldsymbol{A}$ 的条件数。

19. 求下列矩阵的条件数。

$$\boldsymbol{A}=\begin{pmatrix}1 & 0\\ 0 & 10^{-10}\end{pmatrix}$$

20. 已知方程组

$$\begin{pmatrix}1 & 0 & -1\\ 2 & 2 & 1\\ 0 & 2 & 2\end{pmatrix}\begin{pmatrix}x_1\\ x_2\\ x_3\end{pmatrix}=\begin{pmatrix}\dfrac{1}{2}\\ \dfrac{1}{3}\\ -\dfrac{2}{3}\end{pmatrix}$$

的解 $\boldsymbol{x}=\left(\dfrac{1}{2},\ -\dfrac{1}{3},\ 0\right)^{\mathrm{T}}$，如果右端有小扰动 $\|\delta\boldsymbol{b}\|_\infty=\dfrac{1}{2}\times10^{-6}$，估计由此引起的解的相对误差。

21. 方程组 $\boldsymbol{A}\boldsymbol{x}=\boldsymbol{b}$，其中 $\boldsymbol{A}$ 是 $m\times n$ 阶矩阵，对称且非奇异。设 $\boldsymbol{A}$ 有误差 $\delta\boldsymbol{A}$，则原方程组变化为 $(\boldsymbol{A}+\delta\boldsymbol{A})(\boldsymbol{x}+\delta\boldsymbol{x})=\boldsymbol{b}$，其中 $\delta\boldsymbol{x}$ 为解的误差向量。证明

$$\frac{\|\delta\boldsymbol{x}\|_2}{\|\boldsymbol{x}+\delta\boldsymbol{x}\|_2}\leqslant\left|\frac{\lambda_1}{\lambda_n}\right|\frac{\|\delta\boldsymbol{A}\|_2}{\|\boldsymbol{A}\|_2}$$

其中 $\boldsymbol{\lambda}_1$ 和 $\boldsymbol{\lambda}_n$ 分别为 $\boldsymbol{A}$ 的按模最大和最小的特征值。

22. 用雅可比迭代法，高斯－赛德尔迭代法解下列方程组。

（1）$\begin{cases}10x_1-2x_2-2x_3=1\\ -2x_1+10x_2-x_3=0.5\\ -1x_1-2x_2+3x_3=1\end{cases}$

（2）$\begin{pmatrix}10 & -1 & 2 & 0\\ -1 & 11 & -1 & 3\\ 2 & -1 & 10 & -1\\ 0 & 3 & -1 & 8\end{pmatrix}\begin{pmatrix}x_1\\ x_2\\ x_3\\ x_4\end{pmatrix}=\begin{pmatrix}6\\ 25\\ -11\\ 15\end{pmatrix}$

23. 取初始向量 $\boldsymbol{x}^{(0)}=(0,0,0)^{\mathrm{T}}$，用雅可比迭代法解下列方程组。

$$\begin{cases}x_1+2x_2-2x_3=1\\x_1+x_2+x_3=3\\2x_1+2x_2+x_3=5\end{cases}$$

24. 用雅可比迭代法、高斯－赛德尔迭代法和逐次超松弛方法（取 $\omega=1.8$ 和 $\omega=1.22$）解下列线性方程组。

$$\begin{pmatrix}4 & 3 & 0\\3 & 4 & -1\\0 & -1 & 4\end{pmatrix}\begin{pmatrix}x_1\\x_2\\x_3\end{pmatrix}=\begin{pmatrix}24\\30\\-24\end{pmatrix}$$

25. 用逐次超松弛方法取 $\omega=1.46$，$\boldsymbol{x}^{(0)}=(1,1,1,1)^{\mathrm{T}}$，解下列线性方程组。

$$\begin{pmatrix}2 & -1 & & \\-1 & 2 & -1 & \\ & -1 & 2 & -1\\ & & -1 & 2\end{pmatrix}\begin{pmatrix}x_1\\x_2\\x_3\\x_4\end{pmatrix}=\begin{pmatrix}1\\0\\1\\0\end{pmatrix}$$

26. 设 $\boldsymbol{x}=\boldsymbol{J}\boldsymbol{x}+\boldsymbol{f}$，其中

$$\boldsymbol{J}=\begin{pmatrix}0.9 & 0\\0.3 & 0.8\end{pmatrix},\ \boldsymbol{f}=\begin{pmatrix}1\\2\end{pmatrix}$$

证明虽然 $\|\boldsymbol{J}\|>1$，但迭代法 $\boldsymbol{x}^{(k+1)}=\boldsymbol{J}\boldsymbol{x}^{(k)}+\boldsymbol{f}$ 收敛。

27. 证明给定线性方程组雅可比迭代发散，而高斯－赛德尔迭代收敛。

$$\begin{pmatrix}1 & \frac{1}{2} & \frac{1}{2}\\\frac{1}{2} & 1 & \frac{1}{2}\\\frac{1}{2} & \frac{1}{2} & 1\end{pmatrix}\begin{pmatrix}x_1\\x_2\\x_3\end{pmatrix}=\begin{pmatrix}1\\2\\3\end{pmatrix}$$

28. 证明给定线性方程组雅可比迭代收敛，而高斯－赛德尔迭代发散。

$$\begin{pmatrix}1 & 0 & 1\\-1 & 1 & 0\\1 & 2 & -3\end{pmatrix}\begin{pmatrix}x_1\\x_2\\x_3\end{pmatrix}=\begin{pmatrix}b_1\\b_2\\b_3\end{pmatrix}$$

29. 讨论下列线性方程组用雅可比迭代和高斯－赛德尔迭代的收敛性。如果都收敛，比较哪种方法收敛得快。

$$\begin{pmatrix}3 & 0 & -2\\0 & 2 & 1\\-2 & 1 & 2\end{pmatrix}\begin{pmatrix}x_1\\x_2\\x_3\end{pmatrix}=\begin{pmatrix}b_1\\b_2\\b_3\end{pmatrix}$$

30. 已知线性方程组 $\boldsymbol{A}\boldsymbol{x}=\boldsymbol{b}$，其中 $\boldsymbol{A}=\begin{pmatrix}12 & \\0.3 & 1\end{pmatrix}$，$\boldsymbol{b}=\begin{pmatrix}1\\2\end{pmatrix}$

(1) 讨论用雅可比迭代和高斯－赛德尔迭代求解时的收敛性；

(2) 若有迭代公式 $\boldsymbol{x}^{(k+1)}=\boldsymbol{x}^{(k)}+\alpha(\boldsymbol{A}\boldsymbol{x}^{(k)}+\boldsymbol{b})$，试确定一个 $\alpha$ 的取值范围，在此范围内任取一个 $\alpha$ 的值均能使该迭代公式收敛。

31. 已知线性方程组 $\boldsymbol{A}\boldsymbol{x}=\boldsymbol{b}$，其中 $\boldsymbol{A}=\begin{pmatrix}2 & -1\\ 1 & 1.5\end{pmatrix}$，写出其雅可比迭代矩阵、高斯－赛德尔迭代矩阵。

32. 对下列线性方程组

$$\begin{cases}11x_1-3x_2-2x_3=3 & (1)\\ -23x_1+11x_2+x_3=1 & (2)\\ x_1-2x_2+2x_3=-1 & (3)\end{cases}$$

建立收敛的迭代格式。

33. 证明定理：设 $\boldsymbol{J}$ 是雅可比迭代的迭代矩阵。若

$$\|\boldsymbol{J}\|<1$$

则对应的高斯－赛德尔迭代收敛，且若记

$$\mu=\max_i\frac{\sum\limits_{j=i+1}^{n}\left|\dfrac{a_{ij}}{a_{ii}}\right|}{1-\sum\limits_{j=1}^{i-1}\left|\dfrac{a_{ij}}{a_{ii}}\right|}$$

则

$$\mu\leqslant\|\boldsymbol{J}\|_\infty<1$$

$$\|\boldsymbol{x}-\boldsymbol{x}^*\|_\infty\leqslant\frac{\mu^k}{1-\mu}\|\boldsymbol{x}_1-\boldsymbol{x}_0\|_\infty$$

34. 对下列线性方程组进行调整，使之对高斯－赛德尔迭代收敛，并取初始向量 $\boldsymbol{x}^{(0)}=(0,0,0)^{\mathrm{T}}$ 进行迭代。

$$\begin{cases}-x_1+8x_2=7\\ -x_1+9x_3=8\\ 9x_1-x_2-x_3=7\end{cases}$$

35. 已知线性方程组

$$\begin{cases}11x_1-5x_2-33x_3=1\\ -22x_1+11x_2+x_3=0\\ x_1-4x_2+2x_3=1\end{cases}$$

用两种不同的方法判别其迭代的收敛性。

36. 设有线性方程组

$$\begin{cases}5x_1+2x_2+x_3=-12\\ -x_1+4x_2+2x_3=20\\ 2x_1-3x_2+10x_3=3\end{cases}$$

（1）证明用雅可比迭代法和高斯－赛德尔迭代法解此方程组均收敛；

（2）取初始向量 $\boldsymbol{x}^{(0)}=(-3,1,1)^{\mathrm{T}}$，分别用雅可比迭代法和高斯－赛德尔迭代法求解，要求满足 $\max\limits_i|x_i^{(k+1)}-x_i^{(k)}|\leqslant 10^{-3}$ 时迭代终止。

37. 线性方程组 $\boldsymbol{Ax}=\boldsymbol{b}$，其中 $\boldsymbol{A}=\begin{pmatrix}1 & -\frac{1}{3} & 0\\ -\frac{1}{3} & 1 & -\frac{1}{3}\\ 0 & -\frac{1}{3} & 1\end{pmatrix}$，$\boldsymbol{x}$，$\boldsymbol{b}\in\mathbf{R}$

(1)分别求出雅可比迭代法和高斯－赛德尔迭代法的计算公式(分量形式)；

(2)分别求出雅可比迭代法的迭代矩阵和高斯－赛德尔迭代法的迭代矩阵的谱半径，并用它们判别这两种迭代法的收敛性。

38. 设 $n$ 阶矩阵 $\boldsymbol{A}$ 对称正定，有迭代格式

$$\boldsymbol{x}^{(k+1)}=\boldsymbol{x}^{(k)}-\tau(\boldsymbol{Ax}^{(k)}+\boldsymbol{b}),\ k=0,\ 1,\ 2,\ \cdots$$

为使收敛到方程组 $\boldsymbol{Ax}=\boldsymbol{b}$ 的解 $\boldsymbol{x}^*$，讨论参数 $\tau$ 的取值范围。

39. 已知下列矩阵 $\boldsymbol{A}$，判断线性方程组 $\boldsymbol{Ax}=\boldsymbol{b}$ 的高斯－赛德尔迭代、超松弛迭代和雅可比迭代的收敛性。

（1）$\boldsymbol{A}=\begin{pmatrix}1 & 0.5 & 0.5\\ 0.5 & 1 & 0.5\\ 0.5 & 0.5 & 0.5\end{pmatrix}$

（2）$\boldsymbol{A}=\begin{pmatrix}4 & 0 & 1\\ 0 & 7 & 3\\ 1 & 3 & 2\end{pmatrix}$

# 第4章 插 值 法

在很多实际问题中，常常有函数不便于处理或计算的情形。有时函数关系没有明显的解析表达式，需要根据实验观测或其他方法来确定与自变量的某些值相对应的函数值；有时函数虽有解析表达式，但是使用很不方便。因此，希望对这些问题中的函数建立一个简单的便于计算和处理的近似表达式，即用一个简单的函数来近似代替这些不便处理的函数。与用近似数代替准确数一样，这也是数值计算方法中最基本的概念和方法之一。这就是本章要讨论的插值法。

## 4.1 代数插值

构造某个简单函数作为不便于处理或计算函数的近似，然后通过处理简单函数获得不便处理或计算函数的近似结果，当要求近似函数取给定的离散数据时，这种处理方法称为插值法。或者说函数插值是对函数的离散数据建立简单的数学模型。

设函数 $y=f(x)$ 在区间 $[a,b]$ 上给出一系列的函数值

$$y_i=f(x_i),\ i=0,\ 1,\ \cdots,\ n$$

或者给出一张函数表

| $x$ | $x_0$ | $x_1$ | $\cdots$ | $x_n$ |
|---|---|---|---|---|
| $y$ | $y_0$ | $y_1$ | $\cdots$ | $y_n$ |

这里

$$a\leqslant x_0<x_1<\cdots<x_n\leqslant b$$

选择一个函数 $\varphi(x)$，满足

$$\varphi(x_i)=y_i,\ i=0,\ 1,\ \cdots,\ n \tag{4-1}$$

作为函数 $y=f(x)$ 的近似表达式，称这样的问题为插值问题，满足关系式的 $\varphi(x)$ 称为 $f(x)$ 的插值函数，$f(x)$ 称为被插值函数，点 $x_0$，$x_1$，$\cdots$，$x_n$ 称为插值节点。区间 $[a,b]$ 称为插值区间。这样在给定点 $x$ 计算插值函数 $\varphi(x)$ 的值作为被插值函数 $f(x)$ 的近似值，这一过程称为插值，点 $x$ 称为插值点。所以说所谓插值就是根据已知点的函数值求其余点的函数值，也就是依据被插值函数给出的函数表“插出”所要点的函数值。

由于插值函数 $\varphi(x)$ 的选择不同，就产生不同类型的插值。若 $\varphi(x)$ 为代数多项式 $P(x)$，就是代数多项式插值，简称代数插值；若 $\varphi(x)$ 为三角多项式就称为三角多项式插值；若 $\varphi(x)$ 为有理函数就称为有理函数插值，等等。选用不同的插值函数，近似的效率也不同。由于代数多项式结构简单，数值计算和理论分析都很方便。下面主要介绍代数多项式插值。

设函数 $y=f(x)$ 在区间 $[a,b]$ 上的节点 $x_0$，$x_1$，$\cdots x_n$ 上的函数值为 $y_0$，$y_1$，$\cdots$，$y_n$，构造一个次数不超过 $n$ 次的代数多项式

$$P(x)=a_nx^n+a_{n-1}x^{n-1}+\cdots+a_1x+a_0$$

使

$$P(x_i)=y_i,\ i=0,\ 1,\ \cdots,\ n \tag{4-2}$$

即 $n$ 次代数插值满足在 $n+1$ 个节点上插值多项式 $P(x)$ 和被插值函数 $y=f(x)$ 相等，而且插值多项式 $P(x)$ 的次数不超过 $n$ 次。

代数插值的几何意义就是通过已知的 $n+1$ 个相异节点 $(x_i,y_i)$，$i=0,\ 1,\ \cdots,\ n$，构造出一条代数多项式曲线 $y=P(x)$，使其近似于被插值函数曲线 $y=f(x)$。

由插值问题定义可知，在区间 $[a,b]$ 上用代数多项式 $P(x)$ 近似被插值函数 $y=f(x)$ 时，在节点上有

$$P(x_i)=y_i,\ i=0,\ 1,\ \cdots,\ n \tag{4-3}$$

而在其余点 $x$ 处，一般说来就会有误差，这个误差称为插值多项式的插值余项或截断误差，即有插值余项或截断误差

$$R(x)=f(x)-P(x) \tag{4-4}$$

可见插值余项或截断误差的绝对值 $|R(x)|$ 越小，插值多项式近似被插值函数的程度越高。

**定理 4-1** $n+1$ 个不同节点，满足插值条件 $P(x)=y_i(i=0,1,\cdots,n)$ 的 $n$ 次插值多项式 $P(x)=a_nx^n+a_{n-1}x^{n-1}+\cdots+a_1x+a_0$ 是唯一的。

**证** 由 $n+1$ 个条件，写出 $n+1$ 个方程

$$\begin{cases} a_nx_0^n+a_{n-1}x_0^{n-1}+\cdots+a_1x_0+a_0=y_0 \\ a_nx_1^n+a_{n-1}x_1^{n-1}+\cdots+a_1x_1+a_0=y_1 \\ \qquad\vdots \\ a_nx_n^n+a_{n-1}x_n^{n-1}+\cdots+a_1x_n+a_0=y_n \end{cases}$$

未知数 $a_i(i=0,1,\cdots,n)$ 的系数行列式是范德蒙行列式

$$\begin{vmatrix} x_0^n & x_0^{n-1} & \cdots & x_0 & 1 \\ x_1^n & x_1^{n-1} & \cdots & x_1 & 1 \\ \vdots & \vdots & & \vdots & \vdots \\ x_n^n & x_n^{n-1} & \cdots & x_n & 1 \end{vmatrix} = \prod_{i=1}^{n}\prod_{j=0}^{i-1}(x_i-x_j)\neq 0$$

所以方程组有唯一解。

设有两个插值多项式 $P(x)$ 和 $Q(x)$，且 $P(x)\neq Q(x)$，但都满足

$$P(x_i)=Q(x_i)=y_i,\ i=0,\ 1,\ \cdots,\ n$$

差 $S(x)=P(x)-Q(x)$ 是小于或等于关于 $x$ 的 $n$ 次多项式。

$$S(x_i)=P(x_i)-Q(x_i)=0,\ i=0,\ 1,\ \cdots,\ n$$

即 $S(x)$ 有 $n+1$ 个不同零点，只有 $S(x)\equiv 0$，所以 $P(x)=Q(x)$，与假设矛盾，所以唯一性得证。

唯一性说明不论用哪种方法构造的插值多项式，只要满足同样的插值条件，其结果都是恒等的。由此有如下推论。

**推论 4-1** 对于次数不大于 $n$ 的多项式 $f(x)$，其 $n$ 次插值多项式就是其本身。

例如，直线是次数 $n=1$ 的多项式，当从直线上取两个点构造插值多项式时，显然就是这条直线，同样从直线上取三个点构造插值多项式时，仍是代表这条直线的线性函数。对于

抛物线及 $n$ 次多项式，都有相同的结论。

## 4.2 拉格朗日插值

拉格朗日插值是用插值基函数构造的，下面讨论其构造方法、插值余项或截断误差和误差估计。

### 4.2.1 线性插值和抛物线插值

已知函数 $y=f(x)$ 在节点 $x_0$ 和 $x_1$ 有函数值 $y_0=f(x_0)$，$y_1=f(x_1)$，求构造一次多项式 $L(x)=a_0+a_1x$，使它满足条件 $L(x_0)=y_0$，$L(x_1)=y_1$，如图 4-1 所示。这种插值称为线性插值，显然在节点上插值的误差为 0。

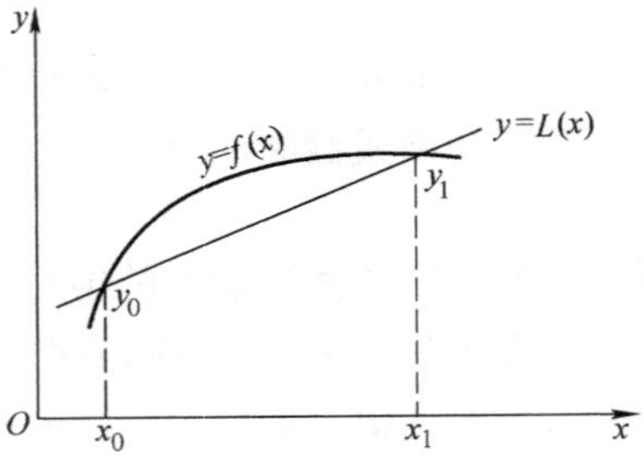

图 4-1 线性插值

容易验证，所求一次插值多项式，即过 $(x_0,y_0)$，$(x_1,y_1)$ 的直线为

$$L(x)=\frac{x-x_1}{x_0-x_1}y_0+\frac{x-x_0}{x_1-x_0}y_1$$

为了便于推广，记
$$l_0(x)=\frac{x-x_1}{x_0-x_1},\quad l_1(x)=\frac{x-x_0}{x_1-x_0} \tag{4-5}$$

这是 $x$ 的一次函数，且有性质

$$l_0(x_0)=1,\quad l_0(x_1)=0$$
$$l_1(x_0)=0,\quad l_1(x_1)=1$$

$l_0(x)$ 与 $l_1(x)$ 称为线性插值基函数。于是线性插值函数可以表示为函数值 $y_0$，$y_1$ 与基函数的线性组合

$$L(x)=l_0(x)y_0+l_1(x)y_1$$

**例 4-1** 已知 $y=f(x)$ 的函数表

| $x$ | 1 | 3 |
|---|---|---|
| $y$ | 1 | 2 |

求线性插值多项式，并计算 $x=1.5$ 时函数的近似值。

**解** 已知两点的线性插值多项式

$$L(x)=\frac{x-3}{1-3}\times 1+\frac{x-1}{3-1}\times 2=\frac{1}{2}(x+1)$$
$$f(1.5)\approx L(1.5)=1.25$$

常用线性插值构造数学用表。

**例 4-2** 已知 $\sqrt{100}=10$，$\sqrt{121}=11$，求 $\sqrt{115}$。

**解** 利用线性插值

$$L(x)=\frac{x-121}{100-121}\times 10+\frac{x-100}{121-100}\times 11$$

$$\sqrt{115} \approx L(115) = 10.714$$

线性插值只用两个点，计算方便，应用广泛，但插值区间$[x_0, x_1]$要小，且$f(x)$变化要比较平稳，否则误差大。下面介绍用三个点的抛物线插值。

抛物线插值是已知 $y = f(x)$ 在节点 $x_0$，$x_1$，$x_2$ 上的函数值 $y_0$，$y_1$，$y_2$，求二次多项式 $L(x) = a_0 + a_1 x + a_2 x^2$，使之满足

$$L(x_i) = y_i,\ i = 0,\ 1,\ 2$$

根据要满足的三个条件，确定三个未知数 $a_0$、$a_1$ 和 $a_2$，当然可采用解线性方程组的待定系数法确定，但是由于解方程组的计算量比较大，尤其是未知数比较多的时候，拉格朗日插值不采用解方程组的方法，而是用基函数的方法构造插值多项式，下面仿照线性插值，用基函数构造抛物线插值多项式，然后可方便地推广到一般情况。

设方程组满足 $L(x_i) = y_i$，$i = 0$，1，2 条件的方程为

$$L(x) = l_0(x) y_0 + l_1(x) y_1 + l_2(x) y_2$$

其中基函数应满足表4-1。

**表 4-1**

| $x$ | $x_0$ | $x_1$ | $x_2$ |
|---|---|---|---|
| $l_0(x)$ | 1 | 0 | 0 |
| $l_1(x)$ | 0 | 1 | 0 |
| $l_2(x)$ | 0 | 0 | 1 |

以 $l_0(x)$为例说明基函数的求取方法，当$x$取$x_1$，$x_2$时，$l_0(x)$为0；当$x$取$x_0$时，$l_0(x_0) = 1$。因此

$$l_0(x) = A(x - x_1)(x - x_2)$$

其中 $A$ 是用 $l_0(x_0) = 1$ 求出的，$A = \dfrac{1}{(x_0 - x_1)(x_0 - x_2)}$，因此，有

$$l_0(x) = \frac{(x - x_1)(x - x_2)}{(x_0 - x_1)(x_0 - x_2)}$$

同理

$$l_1(x) = \frac{(x - x_0)(x - x_2)}{(x_1 - x_0)(x_1 - x_2)}$$

$$l_2(x) = \frac{(x - x_0)(x - x_1)}{(x_2 - x_0)(x_2 - x_1)}$$

因此

$$L(x) = \frac{(x - x_1)(x - x_2)}{(x_0 - x_1)(x_0 - x_2)} y_0 + \frac{(x - x_0)(x - x_2)}{(x_1 - x_0)(x_1 - x_2)} y_1 + \frac{(x - x_0)(x - x_1)}{(x_2 - x_0)(x_2 - x_1)} y_2$$

抛物线插值是三个二次式的线性组合，是 $x$ 的(不高于)二次式，在节点上插值多项式的值和已知函数值相等。

**例 4-3** 已知$f(x)$的函数表

| $x$ | 1 | 3 | 2 |
|---|---|---|---|
| $f(x)$ | 1 | 2 | -1 |

求抛物线插值多项式，并计算$f(1.5)$的近似值。

**解** 代入抛物线插值公式

$$L(x)=\frac{(x-3)(x-2)}{(1-3)(1-2)}1+\frac{(x-1)(x-2)}{(3-1)(3-2)}2+\frac{(x-1)(x-3)}{(2-1)(2-3)}(-1)$$
$$=2.5x^2-9.5x+8$$
$$f(1.5)\approx L(1.5)=-0.625$$

**例 4-4** 利用 100，121 和 144 的开方值求 $\sqrt{115}$。

**解** 由已知

| $x$ | 100 | 121 | 144 |
|---|---|---|---|
| $y$ | 10 | 11 | 12 |

$$L(x)=\frac{(x-121)(x-144)}{(100-121)(100-144)}\times 10+\frac{(x-100)(x-144)}{(121-100)(121-144)}\times 11+$$
$$\frac{(x-100)(x-121)}{(144-100)(144-121)}\times 12$$

$f(115)\approx L(115)=10.7228$，该近似值有四位有效数字。这是构造数学用表的一种方法。

### 4.2.2 拉格朗日插值多项式

下面进一步研究 $n$ 次插值的情形。

已知函数 $y=f(x)$ 在 $n+1$ 个节点

$$x_0<x_1<\cdots<x_n$$

处的函数值 $y_i=f(x_i)(i=0,1,\cdots,n)$，求构造一个 $n$ 次插值多项式 $L(x)$ 使之满足条件

$$L(x_i)=y_i,\quad i=0,\ 1,\ \cdots,\ n$$

当用插值基函数 $L_k(x)$ 表示 $n$ 次插值多项式 $L(x)$ 时，这一过程称为 $n$ 次拉格朗日插值。

下面先给出拉格朗日插值基函数 $L_k(x)$ 的表达式，然后给出 $n$ 次拉格朗日插值多项式。

**定理 4-2** 若 $l_k(x)=\prod\limits_{\substack{i=0\\i\neq k}}^{n}\dfrac{x-x_i}{x_k-x_i}$，则

$$l_k(x_i)=\begin{cases}0 & i\neq k\\1 & i=k\end{cases}\tag{4-6}$$

**证** 将 $l_k(x)$ 展开

$$l_k(x)=\frac{(x-x_0)(x-x_1)\cdots(x-x_{k-1})(x-x_{k+1})\cdots(x-x_n)}{(x_k-x_0)(x_k-x_1)\cdots(x_k-x_{k-1})(x_k-x_{k+1})\cdots(x_k-x_n)}$$

可见

$$x=\begin{cases}x_i(i\neq k),\ l_k(x_i)=0\\x_i(i=k),\ l_k(x_i)=1\end{cases}$$

$l_k(x)$ 称为拉格朗日插值基函数，只有在节点 $x_i$ 取 $i=k$ 时为 1，在 $i\neq k$ 时为 0。

$l_k(x)$ 的取值可形象地用表 4-2 表示。

表 4-2

| $x$ | $x_0$ | $x_1$ | $x_2$ | … | $x_n$ |
|---|---|---|---|---|---|
| $l_0(x)$ | 1 | 0 | 0 | … | 0 |
| $l_1(x)$ | 0 | 1 | 0 | … | 0 |
| ⋮ | ⋮ | ⋮ | ⋮ |  | ⋮ |
| $l_n(x)$ | 0 | 0 | 0 | … | 1 |

这样可归纳出基函数的性质：

① $n+1$ 个节点的基函数是 $n$ 次代数多项式。

② 基函数在节点取值为 0 或 1，即第 $i$ 个节点 $x_i$ 基函数 $l_i(x_i)$ 为 1，其余节点 $l_i(x)$ 均为零。

③ 基函数和每一个节点都有关，基函数和被插值函数无关。

对于给定 $n+1$ 个节点，拉格朗日插值由以下定理给出。

**定理 4-3** $n$ 次插值多项式

$$L(x) = \sum_{k=0}^{n} l_k(x) y_k \tag{4-7}$$

其中

$$l_k(x) = \prod_{\substack{i=0 \\ i \neq k}}^{n} \frac{x - x_i}{x_k - x_i}$$

**证** 由于 $l_k(x)$ 是一个关于 $x$ 的 $n$ 次多项式，所以

$$L(x) = \sum_{k=0}^{n} l_k(x) y_k$$

为关于 $x$ 的不高于 $n$ 次的代数多项式。

当 $x = x_i$ 时，$L(x_i) = \sum_{k=0}^{n} l_k(x_i) y_k = y_i$，满足插值条件，所以 $L(x)$ 是满足 $n$ 次代数插值的拉格朗日插值多项式。

$L(x)$ 的表达式(4-7)称为拉格朗日插值公式，这个公式的形式对称，结构紧凑。图 4-2 是其算法框图，图中内循环($j$ 循环)累乘得基函数 $l_k(x)$，然后通过外循环($k$ 循环)累加得出插值结果。输入的 $x$ 是要求函数值的点，输出的 $y$ 是 $x$ 点近似的函数值。

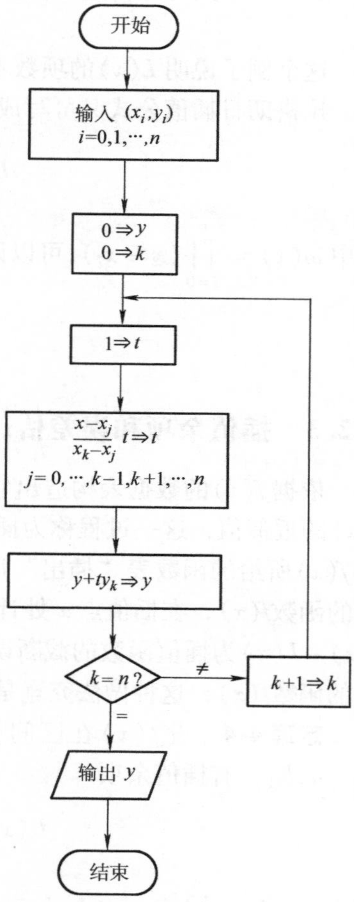


图 4-2 拉格朗日插值法算法框图

拉格朗日插值公式中，当 $n=1$ 时

$$L(x) = \frac{x - x_0}{x_1 - x_0} y_1 + \frac{x - x_1}{x_0 - x_1} y_0$$

即是线性插值公式。当 $n=2$ 时，$L(x)$ 即是抛物线插值公式。

**例 4-5** 求过三个点(0,1)、(1,2)、(2,3)的插值多项式。

**解** $L(x)=\dfrac{(x-1)(x-2)}{(0-1)(0-2)}\times 1+\dfrac{(x-0)(x-2)}{(1-0)(1-2)}\times 2+\dfrac{(x-0)(x-1)}{(2-0)(2-1)}\times 3=x+1$

这个例子说明插值函数是不高于 $n$ 次的多项式，当过三个节点的二次式的首项系数为0时变成了一次式。事实上，本题是给定的三个点在一条直线上的特例。

**例4-6** 已知$f(x)$的观测数据

| $x$ | 1 | 2 | 3 | 4 |
|---|---|---|---|---|
| $f(x)$ | 0 | -5 | -6 | 3 |

构造插值多项式。

**解** 四个点可以构造三次插值多项式，将数据代入插值公式(4-7)，有

$$L(x)=x^3-4x^2+3$$

这个例子说明 $L(x)$的项数不超过 $n+1$ 项，但可以有缺项。

拉格朗日插值公式又可写成

$$L(x)=\sum_{k=0}^{n}\frac{\omega(x)}{(x-x_k)\omega'(x_k)}y_k \tag{4-8}$$

其中 $\omega(x)=\prod\limits_{i=0}^{n}(x-x_i)$,可以证明(见本章习题5)

$$\omega'(x_k)=\prod_{\substack{i=0\\ i\neq k}}^{n}(x_k-x_i) \tag{4-9}$$

### 4.2.3 插值余项和误差估计

依据$f(x)$的数据表构造出它的插值函数 $L(x)$，然后，在给定点 $x$ 计算 $L(x)$的值作为$f(x)$的近似值，这一过程称为插值，点 $x$ 则称为插值点。所谓“插值”，通俗地说，就是依据$f(x)$所给的函数表“插出”所要的函数值。由于插值函数 $L(x)$通常只是近似地刻画了原来的函数$f(x)$，在插值点 $x$ 处计算 $L(x)$作为$f(x)$的函数值，一般地说总有误差，称 $R(x)=f(x)-L(x)$为插值函数的截断误差，或称插值余项。用简单的插值函数 $L(x)$替代原来很复杂的函数$f(x)$，这种做法究竟是否有效，要看截断误差是否满足所要求的精度。

**定理4-4** 设$f(x)$在区间$[a,b]$上有 $n+1$ 阶导数，则 $n$ 次插值多项式 $L(x)$对任意$x\in[a,b]$，有插值余项

$$R(x)=f(x)-L(x)=\frac{f^{(n+1)}(\xi)}{(n+1)!}\omega(x) \tag{4-10}$$

其中 $\omega(x)=\prod\limits_{i=0}^{n}(x-x_i)$, $a<\xi<b$ 且依赖于 $x$。

**证** 令 $x$ 是区间$[a,b]$中任一固定点，则有节点和非节点两种情况。

当 $x$ 是节点 $x_i(i=0,1,\cdots,n)$时，$R(x_i)=f(x_i)-L(x_i)=0$，$\dfrac{f^{(n+1)}(\xi)}{(n+1)!}\omega(x_i)=0$。

当 $x$ 不是节点时，构造辅助函数

$$\varphi(t)=f(t)-L(t)-\frac{\omega(t)}{\omega(x)}[f(x)-L(x)]$$

当 $t=x$，$x_0$，$x_1\cdots$，$x_n$ 时，$\varphi(t)=0$，所以 $\varphi(t)$在区间$[a,b]$有 $n+2$ 个互异零点，根据罗尔

(Rolle)定理，$\varphi'(t)$在连续函数$\varphi(t)$每两个零点之间至少有一个零点。所以，$\varphi'(t)$在区间$[a,b]$至少有$n+1$个零点。对$\varphi'(t)$应用罗尔定理，$\varphi''(t)$在区间$[a,b]$至少有$n$个零点。依此类推，$\varphi^{(n+1)}(t)$在区间$[a,b]$至少有一个零点，记为$\xi$，即$\varphi^{(n+1)}(\xi)=0$。

又$L(t)$是不高于$n$次的多项式，故$L^{(n+1)}(t)=0$，$\omega^{(n+1)}(t)=(n+1)!$。

将辅助函数$\varphi(t)$对$t$求$n+1$阶导数，并用$\xi$代入

$$\varphi^{(n+1)}(\xi)=0=f^{(n+1)}(\xi)-\frac{(n+1)!}{\omega(x)}[f(x)-L(x)]$$

整理后得

$$R(x)=\frac{f^{(n+1)}(\xi)}{(n+1)!}\omega(x)$$

拉格朗日余项定理在理论上有重要价值，它刻画了拉格朗日插值的某些基本特征。

由于余项中含有因式$\omega(x)=(x-x_0)(x-x_1)\cdots(x-x_n)$，如果插值点$x$偏离插值节点$x_i$比较远，插值效果可能不理想。通常称插值节点所界定的范围$[\min\limits_{0\leqslant i\leqslant n}x_i,\max\limits_{0\leqslant i\leqslant n}x_i]$为插值区间。如果插值点$x$位于插值区间内，这种插值过程称内插，否则称外推。余项定理表明，外推是不可靠的。

另外，注意到余项公式中还含有高阶导数$f^{(n+1)}(\xi)$，这就要求$f(x)$是足够光滑的。如果所逼近的函数$f(x)$光滑性差，则代数插值不一定有效。因为代数多项式是任意光滑的，因此原则上只适用于逼近光滑性好的函数。

将

$$f(x)=L(x)+\frac{f^{(n+1)}(\xi)}{(n+1)!}\omega(x)$$

称为带余项的拉格朗日插值公式。

**例 4-7** 设$f(x)=x^4$，用余项定理写出节点$-1$，0，1，2的三次插值多项式。

**解** 根据余项定理(4-10)，有

$$f(x)-L(x)=\frac{f^{(4)}(\xi)}{4!}(x-x_0)(x-x_1)(x-x_2)(x-x_3)$$

$$x^4-L(x)=x(x+1)(x-1)(x-2)$$

$$L(x)=2x^3+x^2-2x$$

下面用余项定理求线性插值余项及其估计式。

**推论 4-2** 设函数$f(x)$在区间$[x_0,x_1]$上二阶导数连续，并记$M_2=\max\limits_{x_0\leqslant x\leqslant x_1}|f''(x)|$，则$f(x)$过点$(x_0,f(x_0))$，$(x_1,f(x_1))$线性插值余项$R(x)$有上界估计式

$$|R(x)|\leqslant\frac{M_2}{8}(x_1-x_0)^2,\ x\in[x_0,x_1] \tag{4-11}$$

**证** 线性插值$n=1$，余项$R(x)=\dfrac{f^{(2)}(\xi)}{2}\omega(x)$，其中$\omega(x)=(x-x_0)(x-x_1)$。

对$\omega(x)$求极值：$\omega'(x)=(x-x_0)+(x-x_1)=0$，得$x=\dfrac{x_0+x_1}{2}$，$\omega''(x)=2>0$得极小值，即

$$(x-x_0)(x-x_1)\geqslant-\frac{1}{4}(x_1-x_0)^2$$

取 $x\in[x_0,x_1]$，则$(x-x_0)(x-x_1)\leqslant 0$，取绝对值

$$|x-x_0||x-x_1|\leqslant\frac{1}{4}(x_1-x_0)^2$$

$$|R(x)|\leqslant\frac{|f''(\xi)|}{2}|x-x_0||x-x_1|$$

所以

$$|R(x)|\leqslant\frac{M_2}{8}(x_1-x_0)^2$$

其中 $M_2=\max\limits_{x_0\leqslant x\leqslant x_1}|f''(x)|$。

**例 4-8** 取 $x_0=0$，$x_1=1$，求 $y=\mathrm{e}^{-x}$的一次插值多项式并估计其误差。

**解** 据已知有

| $x$ | 0 | 1 |
|---|---|---|
| $y=\mathrm{e}^{-x}$ | 1 | $\frac{1}{\mathrm{e}}$ |

$$\mathrm{e}^x\approx L(x)=\frac{x-1}{0-1}+\frac{x-0}{1-0}\frac{1}{\mathrm{e}}=1-0.632\ 120\ 6x$$

$$R(x)=\mathrm{e}^{-x}-L(x)=\frac{\mathrm{e}^{-\xi}}{2}x(x-1),\quad 0<\xi<1$$

误差上界$|\mathrm{e}^{-x}-P(x)|\leqslant\frac{\mathrm{e}^{-\xi}}{2}\max\limits_{0\leqslant x\leqslant 1}|x(x-1)|\leqslant\frac{1}{2}\max\limits_{0\leqslant x\leqslant 1}|x(x-1)|=0.125$。

**例 4-9** 根据拉普拉斯积分函数

$$f(x)=\frac{2}{\sqrt{\pi}}\int_0^x\mathrm{e}^{-t^2}\mathrm{d}t$$

的函数值已经构造成函数表。问当在 $x_0=4$，$x_1=5$ 之间用线性插值计算$f(x)$的近似值时，有多大误差。

**解** 根据误差估计式

$$|f(x)-L(x)|\leqslant\frac{(5-4)^2}{8}|f''(\xi)|=\frac{1}{8}|f''(\xi)|$$

由于

$$f'(x)=\frac{2}{\sqrt{\pi}}\mathrm{e}^{-x^2}$$

$$f''(x)=-\frac{4x}{\sqrt{\pi}}\mathrm{e}^{-x^2}$$

$$f'''(x)=\frac{4}{\sqrt{\pi}}(2x^2-1)\mathrm{e}^{-x^2}>0,\ x\in[4,5]$$

因此

$$\max_{x\in[4,5]}|f''(x)|=\max(|f''(4)|,\ |f''(5)|)=|f''(4)|<1.015\ 86\times 10^{-6}$$

故有

$$|f(x)-L(x)|\leqslant\frac{1}{8}\max_{x\in[4,5]}|f''(x)|<0.127\times 10^{-6}$$

**例 4-10** 已知 $\sin 0.32=0.314\,567$，$\sin 0.34=0.333\,487$，$\sin 0.36=0.352\,274$，用线性插值及抛物线插值求 $\sin 0.336\,7$ 的值及估计误差。

**解** 线性插值，取靠近插值点 0.336 7 的前两组数据进行计算，有

$$\begin{aligned}\sin 0.336\,7 &\approx L(0.336\,7)\\ &=\frac{0.336\,7-0.32}{0.34-0.32}\times 0.333\,487+\frac{0.336\,7-0.34}{0.32-0.34}\times 0.314\,567=0.330\,365\end{aligned}$$

余项 $|R(x)|\leqslant\frac{M_2}{8}(x_1-x_0)^2$，其中 $M_2=\max\limits_{x_0\leqslant x\leqslant x_1}|\sin x|=\sin 0.34=0.333\,487$

所以 $$|R(x)|\leqslant\frac{1}{8}\times 0.333\,487\times 0.02^2=1.667\,4\times 10^{-5}$$

这里估计误差是利用推论

$$|R(x)|\leqslant\frac{M_2}{8}(x_1-x_0)^2$$

计算的。推论给出的是余项 $R(x)$ 的上界估计式，因此是偏大的，本题可进一步精确估计，由

$$|R(x)|\leqslant\frac{M_2}{2}|(x-x_0)(x-x_1)|$$

$$|R(0.3367)|\leqslant\frac{0.333\,487}{2}|(0.336\,7-0.32)||(0.336\,7-0.34)|=0.92\times 10^{-5}$$

抛物线插值

$$\begin{aligned}\sin 0.336\,7 &\approx L(0.336\,7)\\ &=\frac{(0.336\,7-0.34)(0.336\,7-0.36)}{(0.32-0.34)(0.32-0.36)}\times 0.314\,567+\\ &\quad\frac{(0.336\,7-0.32)(0.336\,7-0.36)}{(0.34-0.32)(0.34-0.36)}\times 0.333\,487+\\ &\quad\frac{(0.336\,7-0.32)(0.336\,7-0.34)}{(0.36-0.32)(0.36-0.34)}\times 0.352\,274=0.330\,374\end{aligned}$$

这个结果与 6 位有效数字的正弦函数表完全一致，这说明查表时用二次插值精度已经相当高了。其余项

$$|R(0.336\,7)|\leqslant\frac{1}{3!}|f^{(3)}(\xi)|\,|(0.336\,7-0.32)(0.336\,7-0.34)(0.336\,7-0.36)|$$

其中 $|f^{(3)}(\xi)|\leqslant\max\limits_{x_0\leqslant x\leqslant x_1}|f^{(3)}(x)|=\max\limits_{x_0\leqslant x\leqslant x_1}|-\cos x|=\cos 0.32=0.949\,235$。

$$|R(0.336\,7)|\leqslant\frac{1}{6}\times 0.949\,235\times 0.016\,7\times 0.003\,3\times 0.023\,3=0.2\times 10^{-6}$$

这也说明抛物线插值的结果有 6 位有效数字。

拉格朗日插值小结：

① 插值多项式 $L(x)$ 只与数据 $x_i$，$f(x_i)$ 有关，与节点排列顺序无关，与 $f(x)$ 无关，但余项 $R(x)$ 与 $f(x)$ 有关。

② $f(x)$ 是次数不超过 $n$ 次的多项式，取 $n+1$ 个节点插值时，插值多项式就是其自身。

③ 基函数之和为 1，$l_0(x)+l_1(x)+\cdots+l_n(x)=1$，下面进行证明。

**证** $f(x)\approx L(x)=\sum_{k=0}^{n}l_k(x)f(x_k)$。

当$f(x)$的次数≤$n$时，取$n+1$个节点进行插值时，有$f(x)=L(x)=\sum_{k=0}^{n}l_k(x)f(x_k)$，取$f(x)=1$，则有$1=\sum_{k=0}^{n}l_k(x)\times 1$，即

$$\sum_{k=0}^{n}l_k(x)=1$$

可用上式检验求出基函数的正确性。

④ $n+1$个节点的插值多项式不超过$n$次，不超过$n+1$项，可求插值区间$[a,b]$上任一点函数的近似值。

⑤ 内插比外推精度高。当给定$m$个点，取$n+1$个节点($n+1\leq m$)构造插值多项式，求$x$点的函数值时，$n+1$个节点取尽可能靠近$x$时，余项小，近似程度高。

⑥ 当节点数变化时，需重新计算全部基函数，因为基函数和每一个节点都有关。

⑦ $n=1$时是线性插值，$n=2$时是抛物线插值。

## 4.3 逐次线性插值

用拉格朗日插值多项式计算函数值，精度不够增加节点时，因基函数和每一个节点有关，原来的计算数据都不能利用，要重新计算，为使计算有“承袭性”，可用逐次线性插值(或称迭代插值)的办法解决。逐次线性插值是重复地进行线性插值产生从低次到高次的拉格朗日插值多项式序列，直到获得合适的计算结果，避免增加节点从头开始计算，本节介绍常用的埃特金(Aitken)插值和内维尔(Neville)插值。

### 4.3.1 三个节点时的情形

已知被插值函数$f(x)$的三个节点及其函数值（$x_0$，$f(x_0)$）、（$x_1$，$f(x_1)$）和（$x_2$，$f(x_2)$）。先过两个点（$x_0$，$f(x_0)$）和（$x_1$，$f(x_1)$）构造直线(一次插值)

$$P_{01}=\frac{x-x_1}{x_0-x_1}f(x_0)+\frac{x-x_0}{x_1-x_0}f(x_1) \tag{4-12}$$

再过两个点（$x_0$，$f(x_0)$）和（$x_2$，$f(x_2)$）构造直线(一次插值)

$$P_{02}=\frac{x-x_2}{x_0-x_2}f(x_0)+\frac{x-x_0}{x_2-x_0}f(x_2) \tag{4-13}$$

当插值点$x$给定，$P_{01}$，$P_{02}$都是函数值，因此在这个意义上将$(x_1,P_{01})$和$(x_2,P_{02})$也看成是两个点，对这两个点再进行线性插值，有

$$P_{012}=\frac{x-x_2}{x_1-x_2}P_{01}+\frac{x-x_1}{x_2-x_1}P_{02} \tag{4-14}$$

将式(4-12)和式(4-13)代入式(4-14)，并化简可得

$$P_{012}=\frac{(x-x_1)(x-x_2)}{(x_0-x_1)(x_0-x_2)}f(x_0)+\frac{(x-x_0)(x-x_2)}{(x_1-x_0)(x_1-x_2)}f(x_1)+\frac{(x-x_0)(x-x_1)}{(x_2-x_0)(x_2-x_1)}f(x_2)$$

即是抛物线插值。

由此可知，两个线性插值的结果，再进行线性插值，得到抛物线插值。

### 4.3.2 埃特金插值

两个线性插值的结果，再进行线性插值可得抛物线插值，这个过程可以继续进行下去，一般地，利用两个 $k-1$ 次插值 $P_{0,1,\cdots,k-1}$ 和 $P_{0,1,\cdots,k-2,i}$ 进行线性插值，可得 $k$ 次插值 $P_{0,1,\cdots,k-2,k-1,i}$，用基函数的形式表示

$$P_{0,1,\cdots,k-1,i}=\frac{x-x_i}{x_{k-1}-x_i}P_{0,1,\cdots,k-1}+\frac{x-x_{k-1}}{x_i-x_{k-1}}P_{0,1,\cdots,k-2,i}\quad k=1,\ 2\cdots,\ i=k,\ k+1,\ \cdots$$

当 $k=1$，$i=1$ 时，得到 $P_{01}$；当 $k=1$，$i=2$ 时，得到 $P_{02}$；当 $k=2$，$i=2$ 时，得到 $P_{012}$。反复执行这一算式，可以逐步构造出如下的插值顺序，按这个顺序可求出插值点的值。

埃特金插值的计算顺序

| | | | | | |
|---|---|---|---|---|---|
| $x_0$ | $f(x_0)$ | | | | |
| $x_1$ | $f(x_1)$ | $P_{01}$ | | | |
| $x_2$ | $f(x_2)$ | $P_{02}$ | $P_{012}$ | | |
| $x_3$ | $f(x_3)$ | $P_{03}$ | $P_{013}$ | $P_{0123}$ | |
| $x_4$ | $f(x_4)$ | $P_{04}$ | $P_{014}$ | $P_{0124}$ | $P_{01234}$ |
| ⋮ | ⋮ | ⋮ | ⋮ | ⋮ | ⋮ |

这种将一个高次插值过程归结为线性插值的多次重复，逐步提高次数的插值方法称为埃特金逐次插值法，埃特金插值的每个数据均为插值结果，从这些数据的一致程度即可判断插值结果的精度。这样可以逐行生成插值结果，每做一步检查一下计算结果的精度，如不满足要求，则增加一个节点再算，直到满足要求为止。在节点较多时，用这种方法可降低插值次数。图 4-3 给出了这种方法的框图。

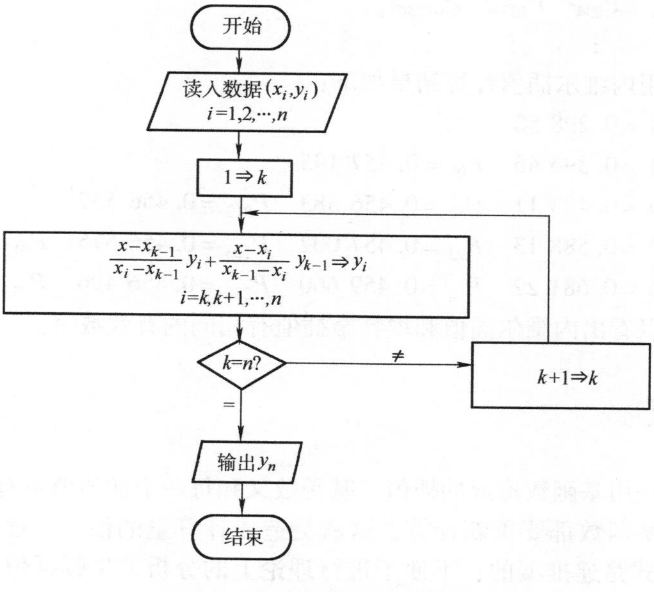


图 4-3 埃特金方法框图

**例 4-11** 利用埃特金插值对下表第 2 和第 3 列所给数据求正弦积分

$$f(x) = -\int_{x}^{+\infty} \frac{\sin t}{t}\mathrm{d}t$$

在 $x=0.462$ 的值。并和已知的 $f(0.462)=0.456\ 566\cdots$ 相比较。

| $i$ | $x_i$ | $f(x_i)$ | $P_{0i}$ | $P_{01i}$ | $P_{012i}$ |
|---|---|---|---|---|---|
| 0 | 0.3 | 0.298 50 | | | |
| 1 | 0.4 | 0.396 46 | 0.457 195 | | |
| 2 | 0.5 | 0.493 11 | 0.456 134 | 0.456 537 | |
| 3 | 0.6 | 0.588 13 | 0.454 900 | 0.456 484 | 0.456 557 |
| 4 | 0.7 | 0.681 22 | 0.453 502 | 0.456 432 | 0.456 557 |

上表第 4、5 和 6 列记录了埃特金插值的计算结果，表中第 4、5 和 6 列对角线上的插值 $P_{01}$、$P_{012}$、$P_{0123}$ 和已知的 $f(0.462)=0.456\ 556\ 6\cdots$ 相比较已分别有 3、4、5 位有效数字，它们分别用到了 2、3、4 个节点。三次插值的两个结果已重合在一起，因而不需要再进行进一步的插值，这个计算结果经四舍五入后得到的 0.456 56 每一位都是有效数字。

### 4.3.3 内维尔插值

当改变每次插值所用的节点时，可以构造出如下的另一种插值法，这种方法称为内维尔插值，内维尔插值的计算顺序是

$$\begin{array}{llllll}
x_0 & f(x_0) & & & & \\
x_1 & f(x_1) & P_{01} & & & \\
x_2 & f(x_2) & P_{12} & P_{012} & & \\
x_3 & f(x_3) & P_{23} & P_{123} & P_{0123} & \\
x_4 & f(x_4) & P_{34} & P_{234} & P_{1234} & P_{01234} \\
\vdots & \vdots & \vdots & \vdots & \vdots & \vdots
\end{array}$$

对上例的数据用内维尔插值计算结果如下：

$$\begin{array}{lllll}
x_0=0.3 & f(x_0)=0.298\ 50 & & & \\
x_1=0.4 & f(x_1)=0.396\ 46 & P_{01}=0.457\ 195 & & \\
x_2=0.5 & f(x_2)=0.493\ 11 & P_{12}=0.456\ 383 & P_{012}=0.456\ 537 & \\
x_3=0.6 & f(x_3)=0.588\ 13 & P_{23}=0.457\ 002 & P_{123}=0.456\ 575 & P_{0123}=0.456\ 557 \\
x_4=0.7 & f(x_4)=0.681\ 22 & P_{34}=0.459\ 660 & P_{234}=0.456\ 496 & P_{1234}=0.456\ 557
\end{array}$$

从这个结果可以看出内维尔插值和埃特金插值有相同的有效数字。

## 4.4 牛顿插值

拉格朗日插值是用基函数构成的插值，基函数又和每一个插值节点有关，因此要增加一个节点时，所有的基函数都要重新计算，这就会造成计算量的浪费。逐次线性插值虽然有“承袭性”，但其算式是递推型的，不便于进行理论上的分析，牛顿插值是一种具有“承袭性”的插值，而且表达形式也很简明，便于进行理论分析。

### 4.4.1 差商及其性质

差商也称均差，和基函数是构造拉格朗日插值的基础一样，差商是构造牛顿插值的基础。

**定义 4-1** 函数 $y=f(x)$ 在区间 $[x_i,x_{i+1}]$ 上的平均变化率

$$\frac{f(x_{i+1})-f(x_i)}{x_{i+1}-x_i} \tag{4-15}$$

称为函数 $f(x)$ 关于点 $x_i$ 和 $x_{i+1}$ 的一阶差商，并记为 $f[x_i,x_{i+1}]$。

相仿地，一阶差商的平均变化率

$$\frac{f[x_{i+1},x_{i+2}]-f[x_i,x_{i+1}]}{x_{i+2}-x_i} \tag{4-16}$$

称为函数 $f(x)$ 的二阶差商，并记为 $f[x_i,x_{i+1},x_{i+2}]$。

一般地，在定义了 $f(x)$ 的 $m-1$ 阶差商后，则有 $f(x)$ 的 $m$ 阶差商

$$f[x_0,x_1,\cdots,x_m]=\frac{f[x_1,x_2,\cdots,x_m]-f[x_0,x_1,\cdots,x_{m-1}]}{x_m-x_0} \tag{4-17}$$

这就是说，高阶差商由比它低一阶的两个差商组合而成。

例如，一阶差商

$$f[x_0,x_1]=\frac{f[x_1]-f[x_0]}{x_1-x_0},\ f[x_1,x_2]=\frac{f[x_2]-f[x_1]}{x_2-x_1},\ \cdots$$

二阶差商

$$f[x_0,x_1,x_2]=\frac{f[x_1,x_2]-f[x_0,x_1]}{x_2-x_0},$$

$$f[x_1,x_2,x_3]=\frac{f[x_2,x_3]-f[x_1,x_2]}{x_3-x_1},$$

$$\vdots$$

补充定义一个节点时的函数值 $f(x_0)$，$f(x_1)$，…为零阶差商 $f[x_0]$，$f[x_1]$，…。这样可以构造出如表 4-3 所示的差商表。

表 4-3

| $x_k$ | 0 阶 | 1 阶 | 2 阶 | 3 阶 | … | 因　子 |
|---|---|---|---|---|---|---|
| $x_0$ | $f(x_0)$ | | | | … | 1 |
| $x_1$ | $f(x_1)$ | $f[x_0,x_1]$ | | | … | $x-x_0$ |
| $x_2$ | $f(x_2)$ | $f[x_1,x_2]$ | $f[x_0,x_1,x_2]$ | | … | $(x-x_0)(x-x_1)$ |
| $x_3$ | $f(x_3)$ | $f[x_2,x_3]$ | $f[x_1,x_2,x_3]$ | $f[x_0,x_1,x_2,x_3]$ | … | $(x-x_0)(x-x_1)(x-x_2)$ |
| ⋮ | ⋮ | ⋮ | ⋮ | ⋮ | ⋮ | ⋮ |

从差商的定义可以看出差商表的计算方法是：任一个 $i$ 阶差商的值是一个分式，其分子为所求差商左侧的差商值减去左上侧的差商值，分母为所求差商同行最左侧的节点减去由它往上数第 $i$ 个节点值。如表 4-3 中

$$f[x_1,x_2,x_3]=\frac{f[x_2,x_3]-f[x_1,x_2]}{x_3-x_1}$$

表4－3中最右边一列的因子是这样构成的，节点 $x_0$ 对应的因子是1，节点 $x_1$ 对应的因子是 $x-x_0$，节点 $x_2$ 对应的因子是 $(x-x_0)(x-x_1)$，其余各行的因子依此类推。因子是构成牛顿插值多项式各项的系数，将在后面讨论。

差商具有如下性质：

① $n$ 阶差商 $f[x_0,x_1,\cdots,x_n]$ 是函数值(零阶差商) $f(x_0)$，$f(x_1)$，…，$f(x_n)$ 的线性组合，即

$$f[x_0,x_1,\cdots,x_n]=\sum_{k=0}^{n}\frac{f(x_k)}{\omega'(x_k)} \tag{4-18}$$

其中 $\omega'(x_k)=\prod_{\substack{i=0\\i\neq k}}^{n}(x_k-x_i)$。

**证** 用数学归纳法。

当 $n=1$ 时，有 $f[x_0,x_1]=\dfrac{f(x_1)-f(x_0)}{x_1-x_0}=\dfrac{f(x_1)}{x_1-x_0}+\dfrac{f(x_0)}{x_0-x_1}=\sum\limits_{k=1}^{1}\dfrac{f(x_k)}{\omega'(x_k)}$

设 $n=m-1$ 的结论成立，即有 $m-1$ 阶的两个差商

$$f[x_1,x_2,\cdots,x_m]=\sum_{k=1}^{m}\frac{f(x_k)}{(x_k-x_1)(x_k-x_2)\cdots(x_k-x_{k-1})(x_k-x_{k+1})\cdots(x_k-x_m)}$$

$$f[x_0,x_1,\cdots,x_{m-1}]=\sum_{k=0}^{m-1}\frac{f(x_k)}{(x_k-x_0)(x_k-x_1)\cdots(x_k-x_{k-1})(x_k-x_{k+1})\cdots(x_k-x_{m-1})}$$

由差商定义，$n=m$ 时有 $m$ 阶差商

$$f[x_0,x_1,\cdots,x_m]=\frac{f[x_1,x_2,\cdots,x_m]-f[x_0,x_1,\cdots,x_{m-1}]}{x_m-x_0}$$

将 $m-1$ 阶的两个差商代入，有

$$\begin{aligned}f[x_0,x_1,\cdots,x_m]=&\frac{1}{x_m-x_0}\Big[\frac{f(x_m)}{(x_m-x_1)\cdots(x_m-x_{m-1})}+\\&\sum_{k=1}^{m-1}\frac{f(x_k)}{(x_k-x_1)\cdots(x_k-x_{k-1})(x_k-x_{k+1})\cdots(x_k-x_m)}-\\&\sum_{k=1}^{m-1}\frac{f(x_k)}{(x_k-x_0)\cdots(x_k-x_{k-1})(x_k-x_{k+1})\cdots(x_k-x_{m-1})}-\\&\frac{f(x_0)}{(x_0-x_1)(x_0-x_2)\cdots(x_0-x_{m-1})}\Big]\\=&\frac{f(x_m)}{(x_m-x_1)(x_m-x_2)\cdots(x_m-x_{m-1})(x_m-x_0)}+\frac{1}{x_m-x_0}\times\\&\sum_{k=1}^{m-1}\frac{f(x_k)}{(x_k-x_1)(x_k-x_2)\cdots(x_k-x_{k-1})(x_k-x_{k+1})\cdots(x_k-x_{m-1})}\times\\&\left(\frac{1}{x_k-x_m}-\frac{1}{x_k-x_0}\right)-\frac{f(x_0)}{(x_0-x_1)(x_0-x_2)\cdots(x_0-x_{m-1})(x_m-x_0)}\\=&\sum_{k=0}^{m}\frac{f(x_k)}{(x_k-x_0)\cdots(x_k-x_1)\cdots(x_k-x_{k-1})(x_k-x_{k+1})\cdots(x_k-x_m)}\end{aligned}$$

$$= \sum_{k=0}^{m} \frac{f(x_k)}{\omega'(x_k)}$$

其中 $\omega'(x_k) = \prod_{\substack{i=0 \\ i\neq k}}^{m} (x_k - x_i)$。

② 对称性。由上一个性质可以看出，插值节点的顺序可任意改变，即

$$f[x_0,x_1] = f[x_1,x_0]$$

$$f[x_0,x_1,x_2] = f[x_1,x_2,x_0] = f[x_0,x_2,x_1] = \cdots$$

③ 若$f(x,x_0,\cdots,x_k)$是 $x$ 的 $m$ 次多项式，则$f[x,x_0,\cdots,x_k,x_{k+1}]$是 $x$ 的$m-1$次多项式。

**证** 由差商定义

$$f[x,x_0,\cdots,x_k,x_{k+1}] = \frac{f[x_0,x_1,\cdots,x_{k+1}] - f[x,x_0,\cdots,x_k]}{x_{k+1} - x}$$

右端分子为 $m$ 次多项式，且当 $x = x_{k+1}$时，分子为0，故分子含有因子 $x - x_{k+1}$，与分母相消后，右端为 $m-1$ 次多项式。

④ 若$f(x)$是 $n$ 次多项式，则$f[x,x_0,x_1,\cdots,x_n]$恒为0。

**证** $f(x)$是 $n$ 次多项式，则$f[x,x_0]$是 $n-1$ 次多项式，$f[x,x_0,x_1]$是 $n-2$ 次多项式，依此递推，$f[x,x_0,\cdots,x_{n-1}]$是零次多项式，即是常数，所以

$$f[x,x_0,\cdots x_{n-1},x_n] \equiv 0$$

## 4.4.2 牛顿插值公式

牛顿插值公式是用差商构成的插值公式。

按差商定义

$$f(x) = f(x_0) + f[x_0,x](x - x_0)$$

$$f[x_0,x] = f[x_0,x_1] + f[x_0,x_1,x](x - x_1)$$

$$f[x_0,x_1,x] = f[x_0,x_1,x_2] + f[x_0,x_1,x_2,x](x - x_2)$$

$$\vdots$$

$$f[x_0,x_1,\cdots,x_{n-1},x] = f[x_0,x_1,\cdots,x_n] + f[x_0,x_1,\cdots,x_n,x](x - x_n)$$

反复用后一个式子代入前面的式子，易得

$$\begin{aligned} f(x) = {} & f(x_0) + f[x_0,\ x_1]\ (x - x_0) + f[x_0,x_1,x_2](x - x_0)(x - x_1) + \cdots + \\ & f[x_0,x_1,\cdots,x_n](x - x_0)(x - x_1)\cdots(x - x_{n-1}) + \\ & f[x_0,x_1,\cdots,x_n,x](x - x_0)(x - x_1)\cdots(x - x_n) \end{aligned}$$

上式称为带余项的牛顿插值公式。

令

$$\begin{aligned} N(x) = {} & f(x_0) + f[x_0,x_1](x - x_0) + f[x_0,x_1,x_2](x - x_0)(x - x_1) + \cdots + \\ & f[x_0,x_1,\cdots,x_n](x - x_0)(x - x_1)\cdots(x - x_{n-1}) \end{aligned} \tag{4-19}$$

$$R(x) = f[x_0,x_1,\cdots,x_n,x](x - x_0)(x - x_1)\cdots(x - x_n) \tag{4-20}$$

则有

$$f(x) = N(x) + R(x)$$

其中 $N(x)$是$f(x)$的前 $n+1$ 项，是 $x$ 的 $n$ 次多项式，称为牛顿插值多项式或牛顿插值公式。

可以看出，牛顿插值多项式是表 4-3 中对角线上的元素与右端同行因子的乘积之和。$R(x)$ 是 $f(x)$ 的最后一项，称之为牛顿插值余项。

牛顿插值公式具有如下特点：

① 牛顿插值多项式 $N(x)$ 的次数不超过 $n$ 次，项数不超过 $n+1$ 项，各项系数是各阶差商。

② 在节点上牛顿插值多项式 $N(x)$ 等于被插值函数 $f(x)$，即 $N(x_i)=f(x_i)$，$i=0$，1，2，…，$n$，此时余项 $R(x_i)=0$。

③ 增加一个节点时，只需 $N(x)$ 再增加一项，$N(x)$ 原有各项均不变。

当 $n=1$ 时，取 $x_0$，$x_1$ 进行插值，有

$$N(x)=f(x_0)+f[x_0,x_1](x-x_0)$$

当 $n=2$ 时，取 $x_0$，$x_1$，$x_2$ 进行插值，有

$$N(x)=f(x_0)+f[x_0,x_1](x-x_0)+f[x_0,x_1,x_2](x-x_0)(x-x_1)$$

可见，增加一个节点 $x_2$ 时，只是增加了 $f[x_0,x_1,x_2](x-x_0)(x-x_1)$ 这一项。

更一般地，设 $N_n(x)$ 是节点 $x_0$，$x_1$，…，$x_n$ 上的牛顿插值多项式，那么节点 $x_0$，$x_1$，…，$x_n$，$x_{n+1}$ 上的牛顿插值多项式 $N_{n+1}(x)$ 为

$$N_{n+1}(x)=N_n(x)+f[x_0,x_1,\cdots,x_n,x_{n+1}](x-x_0)(x-x_1)\cdots(x-x_n)$$

上式为 $N_{n+1}(x)$ 与 $N_n(x)$ 的递推关系，即增加一个节点时，只要增加一项即可，而原来的计算结果仍然有用。

④ 用差商表示的余项式(4-20)比用导数表示的余项式(4-10)适用范围更广，并且在 $f(x)$ 的导数不存在，甚至 $f(x)$ 不连续时仍有意义。

**例 4-12** 已知函数表

| $x$ | 1 | 3 | 2 |
|---|---|---|---|
| $f(x)$ | 1 | 2 | −1 |

求牛顿插值多项式，并计算 $x=1.5$ 时的函数近似值。

**解** 列出差商表 4-4。

**表 4-4**

| $x_i$ | 0 阶 | 1 阶 | 2 阶 | 因 子 |
|---|---|---|---|---|
| 1 | 1 | | | 1 |
| 3 | 2 | 0.5 | | $x-1$ |
| 2 | −1 | 3 | 2.5 | $(x-1)(x-3)$ |

$$\begin{aligned}N(x)&=f(x_0)+f[x_0,x_1](x-x_0)+f[x_0,x_1,x_2](x-x_0)(x-x_1)\\&=1+0.5(x-1)+2.5(x-1)(x-3)=2.5x^2-9.5x+8\end{aligned}$$

$$f(1.5)\approx N(1.5)=-0.625$$

当任意交换节点的位置时，不影响牛顿插值多项式和计算结果，这也说明了差商的对称性。

**例 4-13** 已知函数 $f(x)$ 在节点 $x=0$，1，2，4 处的函数值 $f(x)$ 分别是 3，6，11，51，求二次和三次牛顿插值多项式并计算 $f(0.5)$ 的近似值。

**解** 根据给定的函数值构造差商表

| $x_i$ | $f(x_i)$ | 1 阶 | 2 阶 | 3 阶 | 因子 |
|---|---|---|---|---|---|
| 0 | 3 | | | | 1 |
| 1 | 6 | 3 | | | $x$ |
| 2 | 11 | 5 | 1 | | $x(x-1)$ |
| 4 | 51 | 20 | 5 | 1 | $x(x-1)(x-2)$ |

二次牛顿插值多项式选最接近 0.5 的三个节点 0，1，2 组成，即

$$N_2(x) = 3 + 3x + x(x-1) = x^2 + 2x + 3$$

由此，有

$$f(0.5) \approx N_2(0.5) = 4.25$$

三次牛顿插值多项式

$$N_3(x) = N_2(x) + x(x-1)(x-2) = x^3 - 2x^2 + 4x + 3$$

$$f(0.5) \approx N_3(0.5) = 4.625$$

**例 4-14** 给出 $f(x)$ 的函数表

| $x_i$ | 0.40 | 0.55 | 0.65 | 0.80 | 0.90 | 1.05 |
|---|---|---|---|---|---|---|
| $f(x_i)$ | 0.410 75 | 0.578 15 | 0.696 75 | 0.888 11 | 1.026 52 | 1.253 82 |

求四次牛顿插值多项式，由此求 $f(0.596)$ 并估计误差。

**解** 表中给出 6 个节点数据，故可构造五次牛顿插值多项式，但题中只要求构造四次插值多项式，并求 $f(0.596)$ 的近似值，故可选最接近 0.596 的前 5 个节点，首先构造差商表

| $x_i$ | $f(x_i)$ | 一阶差商 | 二阶差商 | 三阶差商 | 四阶差商 | 五阶差商 |
|---|---|---|---|---|---|---|
| 0.40 | 0.410 75 | | | | | |
| 0.55 | 0.578 15 | 1.116 00 | | | | |
| 0.65 | 0.696 75 | 1.186 00 | 0.280 00 | | | |
| 0.80 | 0.888 11 | 1.275 73 | 0.358 93 | 0.197 33 | | |
| 0.90 | 1.026 52 | 1.384 10 | 0.433 48 | 0.213 00 | 0.031 34 | |
| 1.05 | 1.253 82 | 1.515 33 | 0.324 93 | 0.228 63 | 0.031 26 | −0.000 12 |

四次牛顿插值多项式

$$\begin{aligned} N_4(x) = {} & 0.410\,75 + 1.116\,00(x-0.4) + 0.280\,00(x-0.4)(x-0.55) + \\ & 0.197\,33(x-0.4)(x-0.55)(x-0.65) + 0.031\,34(x-0.4) \cdot \\ & (x-0.55)(x-0.65)(x-0.80) \end{aligned}$$

$$f(0.596) \approx N_4(0.596) = 0.631\,92$$

当函数 $f(x)$ 的表达式未给出或函数 $f(x)$ 的高阶导数比较复杂时，常用牛顿插值余项

$$R(x) = f[x_0, x_1, \cdots, x_n, x](x - x_0)(x - x_1)\cdots(x - x_n)$$

来估计截断误差，但由于余项中的 $n+1$ 阶差商 $f[x_0, x_1, \cdots, x_n, x]$ 的值与 $f(x)$ 的值有关，故不可能准确地计算 $f[x_0, x_1, \cdots, x_n, x]$，只能对其进行一种估计。例如，当 $n+1$ 阶差商变化不剧烈时，可用 $f[x_0, x_1, \cdots, x_n, x_{n+1}]$ 近似代替 $f[x_0, x_1, \cdots, x_n, x]$，即取

$$R(x) \approx f[x_0, x_1, \cdots, x_n, x_{n+1}](x - x_0)(x - x_1)\cdots(x - x_n)$$

采用此法计算 $N_4(0.596)$ 的误差，则有

$$|R_4(0.596)| = |f[0.40, 0.55, 0.65, 0.80, 0.90, 1.05](x - 0.40) \cdot (x - 0.55)(x - 0.65)(x - 0.80)(x - 0.90)|_{x=0.596} = 3.623 \times 10^{-9}$$

这说明截断误差很小，可忽略不计。

### 4.4.3 差商和导数

取 $n+1$ 个节点进行 $n$ 次插值时，插值多项式是唯一的，即此时拉格朗日插值多项式和牛顿插值多项式是相等的，因此其余项也相等。

$$f[x_0, x_1, \cdots, x_n, x](x - x_0)\cdots(x - x_n) = \frac{f^{(n+1)}(\xi)}{(n+1)!}\omega(x)$$

其中 $\omega(x) = (x - x_0)(x - x_1)\cdots(x - x_n)$，$\xi \in [x_0, x_1, \cdots, x_n, x]$。

同理，取 $n$ 个节点进行 $n-1$ 次插值时，有

$$f[x_0, x_1, \cdots, x_{n-1}, x] = \frac{f^{(n)}(\xi)}{n!}$$

其中 $x$ 是求积区间中的一个点，可以表示成 $x_n$，这样可写成以下简洁的形式

$$f[x_0, x_1, \cdots, x_n] = \frac{f^{(n)}(\xi)}{n!} \tag{4-21}$$

其中 $\xi \in [x_0, x_1, \cdots, x_n]$ 或 $\xi \in [\min\limits_{0 \leqslant i \leqslant n} x_i, \max\limits_{0 \leqslant i \leqslant n} x_i]$，这就建立起了差商和导数的关系，用导数代替牛顿插值多项式中的差商，有

$$P(x) = f(x_0) + f'(\xi_1)(x - x_0) + \frac{f''(\xi_2)}{2!}(x - x_0)(x - x_1) + \cdots + \frac{f^{(n)}(\xi_n)}{n!}(x - x_0)(x - x_1)\cdots(x - x_{n-1})$$

当 $x_1$，$x_2$，$\cdots$，$x_n$ 都趋于 $x_0$ 时，可以看出上式即是常用的泰勒公式。

差商和导数的关系式也可用罗尔定理证出。

余项 $R(x) = f(x) - N(x)$，所以有

$$R(x_i) = f(x_i) - N(x_i) = 0,\ i = 0, 1, \cdots, n$$

即 $R(x)$ 在区间 $[x_0, x_n]$ 上有 $n+1$ 个零点。根据罗尔定理，$R^{(n)}(x)$ 在区间 $[x_0, x_n]$ 上有 1 个零点，设为 $\xi$，即有

$$R^{(n)}(\xi) = 0$$

又

$$R^{(n)}(x) = f^{(n)}(x) - N^{(n)}(x)$$

对

$$N(x) = f(x_0) + f[x_0, x_1](x - x_0) + f[x_0, x_1, x_2](x - x_0)(x - x_1) + \cdots + f[x_0, x_1, \cdots, x_n](x - x_0)(x - x_1)\cdots(x - x_{n-1})$$

$$N^{(n)}(x) = n!f[x_0,\cdots,x_n]$$

$$R^{(n)}(\xi) = 0 = f^{(n)}(\xi) - n!f[x_0,\cdots,x_n]$$

$$f[x_0,x_1,\cdots,x_n] = \frac{f^{(n)}(\xi)}{n!}$$

**例 4-15** 求 $n$ 次多项式的 $n$ 阶差商。

**解** 设 $n$ 次多项式

$$f(x) = a_n x^n + a_{n-1}x^{n-1} + \cdots + a_1 x + a_0$$

$$f^{(n)}(\xi) = a_n n!,\quad \xi \in [x_0,x_1,\cdots,x_n]$$

$$f[x_0,x_1,\cdots,x_n] = \frac{f^{(n)}(\xi)}{n!} = a_n$$

可见 $n$ 次多项式的 $n$ 阶差商为其最高次项的系数。

下面给出重节点时差商和函数导数的关系，该关系解决了含有给定函数值和导数值组合的差商的计算。

设$f(x)$可导，定义

$$f[x,x] = \lim_{\Delta x\to 0} f[x+\Delta x,x] = \lim_{\Delta x\to 0}\frac{f(x+\Delta x)-f(x)}{\Delta x} = f'(x)$$

$$f[x,x] = f'(x) \tag{4-22}$$

其中 $x$ 是相重合的两个节点，如 $x=x_1$ 时，则有

$$f[x_1,x_1] = f'(x_1) \tag{4-23}$$

一般有

$$\frac{\mathrm{d}}{\mathrm{d}x}f[x,x_0,x_1,\cdots,x_n] = f[x,x,x_0,x_1,\cdots,x_n] \tag{4-24}$$

这也可以由下式证明。

$$\begin{aligned}\frac{\mathrm{d}}{\mathrm{d}x}f[x,x_0,x_1,\cdots,x_n] &= \lim_{\Delta x\to 0}\frac{f[x+\Delta x,x_0,x_1,\cdots,x_n]-f[x,x_0,x_1,\cdots,x_n]}{\Delta x}\\ &= \lim_{\Delta x\to 0}\frac{f[x_0,x_1,\cdots,x_n,x+\Delta x]-f[x,x_0,x_1,\cdots,x_n]}{x+\Delta x-x}\\ &= \lim_{\Delta x\to 0}f[x,x_0,x_1,\cdots,x_n+\Delta x] = f[x,x,x_0,x_1,\cdots,x_n]\end{aligned}$$

利用式(4-21)和式(4-22)可以写出重节点时的差商

$$f[\underbrace{x,x,\cdots,x}_{n+1个}] = \frac{f^{(n)}(x)}{n!} \tag{4-25}$$

这样可以构造出有重节点时的差商表，设已知数据表

| $x$ | 0 | 1 |
|---|---|---|
| $f(x)$ | 3 | 5 |
| $f'(x)$ | 4 | 6 |
| $f''(x)$ |  | 7 |

其中 0 是二重节点，1 是三重节点，建立差商表

| $x$ | $f(x)$ | 一阶差商 | 二阶差商 | 三阶差商 | 四阶差商 |
|---|---|---|---|---|---|
| 0 | 3 | | | | |
| 0 | 3 | $f(0,0)=f'(0)=4$ | | | |
| 1 | 5 | $f(0,1)=\dfrac{5-3}{1-0}=2$ | $f(0,0,1)=\dfrac{2-4}{1-0}=-2$ | | |
| 1 | 5 | $f(1,1)=f'(1)=6$ | $f(0,1,1)=\dfrac{6-2}{1-0}=4$ | 6 | |
| 1 | 5 | $f(1,1)=f'(1)=6$ | $f(1,1,1)=\dfrac{1}{2}f''(1)=\dfrac{7}{2}$ | $-\dfrac{1}{2}$ | $-\dfrac{13}{2}$ |

### 4.4.4 差分

当插值节点等距分布时，被插值函数的平均变化率与自变量的区间无关，差商就可用差分来表示，这时牛顿插值公式的形式更简单，计算量也更小。

设相邻两节点的距离 $h$ 是常数，并称之为步长，则有 $x_k=x_0+kh$，$k=0$，1，…，$n$，被插值函数 $y=f(x)$ 在插值节点上的值 $f(x_k)=y_k$，$k=0$，1，…，$n$，将函数 $y=f(x)$ 在区间 $[x_k,x_{k+1}]$ 上的增量 $y_{k+1}-y_k$ 叫作函数在节点 $x_k$ 的一阶差分，记作 $\Delta y_k=y_{k+1}-y_k$，这样 $f(x)$ 在各节点的一阶差分

$$\Delta y_0=y_1-y_0,\Delta y_1=y_2-y_1,\cdots,\Delta y_{n-1}=y_n-y_{n-1} \tag{4-26}$$

一阶差分的差分叫作函数的二阶差分

$$\Delta^2 y_0=\Delta y_1-\Delta y_0=y_2-2y_1+y_0$$
$$\Delta^2 y_1=\Delta y_2-\Delta y_1=y_3-2y_2+y_1$$
$$\vdots$$
$$\Delta^2 y_{n-2}=\Delta y_{n-1}-\Delta y_{n-2}=y_n-2y_{n-1}+y_{n-2}$$

写成一般形式

$$\Delta^2 y_k=\Delta y_{k+1}-\Delta y_k=y_{k+2}-2y_{k+1}+y_k,\ k=0,1,\cdots \tag{4-27}$$

一般地，$n$ 阶差分定义为

$$\Delta^n y_k=\Delta^{n-1}y_{k+1}-\Delta^{n-1}y_k \tag{4-28}$$

可以推出，$n$ 阶差分有如下计算公式

$$\Delta^n y_k=\sum_{i=0}^{n}(-1)^i C_n^i y_{k+n-i} \tag{4-29}$$

展开式

$$\Delta^n y_k=y_{n+k}-C_n^1 y_{n+k-1}+C_n^2 y_{n+k-2}+\cdots+(-1)^i C_n^i y_{n+k-i}+\cdots+(-1)^n y_k$$

其中 $C_n^i=\dfrac{n!}{i!(n-i)!}=\dfrac{n(n-1)\cdots(n-i+1)}{i!}$ 为二项式的展开系数。

下面用数学归纳法证明 $n$ 阶差分计算公式。

当 $n=1$ 时，有 $\Delta y_k=y_{k+1}-y_k$，公式成立。

设当 $n=r$ 时公式成立，即

$$\Delta^r y_k = \sum_{i=0}^{r}(-1)^i C_r^i y_{k+r-i} = \sum_{i=0}^{r-1}(-1)^i C_r^i y_{k+r-i} + (-1)^r y_k$$

$$\Delta^r y_{k+1} = \sum_{i=0}^{r}(-1)^i C_r^i y_{k+1+r-i} = y_{k+1+r} - C_r^1 y_{k+r} + \cdots + (-1)^r y_{k+1}$$

$$= y_{k+1+r} + \sum_{i=0}^{r-1}(-1)^{i+1} C_r^{i+1} y_{k+r-i}$$

将上二式代入 $\Delta^{r+1} y_k = \Delta^r y_{k+1} - \Delta^r y_k$ 表达式，并整理，有

$$\Delta^{r+1} y_k = y_{k+r+1} + \sum_{i=0}^{r-1}(-1)^{i+1}(C_r^{i+1} + C_r^i) y_{k+r-i} - (-1)^r y_k$$

由于 $C_r^{i+1} + C_r^i = C_{r+1}^{i+1}$，所以

$$\Delta^{r+1} y_k = y_{k+r+1} + \sum_{i=0}^{r-1}(-1)^{i+1} C_{r+1}^{i+1} y_{k+r-i} + (-1)^{r+1} y_k$$

$$= \sum_{i=0}^{r+1}(-1)^i C_{r+1}^i y_{k+r+1-i}$$

当 $n = r+1$ 时，公式也成立，得证。

可以写成差分表4-5的形式，用以方便地计算各阶差分。

表 4-5

| $x_k$ | $y_k$ | $\Delta y_k$ | $\Delta^2 y_k$ | $\Delta^3 y_k$ | $\Delta^4 y_k$ | … |
|---|---|---|---|---|---|---|
| $x_0$ | $y_0$ | | | | | |
| $x_1$ | $y_1$ | $\Delta y_0$ | | | | |
| $x_2$ | $y_2$ | $\Delta y_1$ | $\Delta^2 y_0$ | | | |
| $x_3$ | $y_3$ | $\Delta y_2$ | $\Delta^2 y_1$ | $\Delta^3 y_0$ | | |
| $x_4$ | $y_4$ | $\Delta y_3$ | $\Delta^2 y_2$ | $\Delta^3 y_1$ | $\Delta^4 y_0$ | |
| ⋮ | ⋮ | ⋮ | ⋮ | ⋮ | ⋮ | |

若已知 sin $x$ 的函数表，可列出当 $x_0 = 0$，$h = 0.1$ 时的差分表4-6。

表 4-6

| $x_k$ | $y_k$ | $\Delta y_k$ | $\Delta^2 y_k$ | $\Delta^3 y_k$ | $\Delta^4 y_k$ |
|---|---|---|---|---|---|
| 0 | 0 | | | | |
| 0.1 | 0.098 83 | 0.099 83 | | | |
| 0.2 | 0.198 67 | 0.099 84 | -0.000 99 | | |
| 0.3 | 0.295 52 | 0.096 85 | -0.001 99 | -0.001 00 | |
| 0.4 | 0.389 42 | 0.093 90 | -0.002 95 | -0.000 96 | 0.000 04 |

差分与差商的关系

$$f[x_0, x_1] = \frac{y_1 - y_0}{x_1 - x_0} = \frac{\Delta y_0}{h}$$

$$f[x_0, x_1, x_2] = \frac{f[x_1, x_2] - f[x_0, x_1]}{x_2 - x_0} = \frac{1}{2h}\left(\frac{\Delta y_1}{h} - \frac{\Delta y_0}{h}\right) = \frac{1}{2h^2}\Delta^2 y_0$$

⋮

$$f[x_0, x_1, \cdots, x_n] = \frac{1}{n!h^n}\Delta^n y_0$$

或写成

$$\Delta^n y_0 = n!h^n f[x_0, x_1, \cdots, x_n] \tag{4-30}$$

利用差商和导数的关系，可推出差分和导数的关系

$$\frac{\Delta^n y_0}{n!h^n} = \frac{f^{(n)}(\xi)}{n!}$$

$$\Delta^n y_0 = h^n f^{(n)}(\xi), \xi \in [x_0, x_n] \tag{4-31}$$

上面介绍的差分是常用的一种，称为向前差分，此外还有向后差分和中心差分。

函数 $y=f(x)$，记 $y_{-1}=f(x_0-h)$，$y_{-2}=f(x_0-2h)$，…，则各阶向后差分

一阶 $\nabla y_0 = y_0 - y_{-1}$，$\nabla y_1 = y_1 - y_0$，$\nabla y_2 = y_2 - y_1$，…

二阶 $\nabla^2 y_0 = \nabla y_0 - \nabla y_{-1}$

⋮

$k$ 阶 $\nabla^k y_0 = \nabla^{k-1} y_0 - \nabla^{k-1} y_{-1}$

还可以看出

$$\nabla y_{-1} = y_{-1} - y_{-2}，\nabla y_{-2} = y_{-2} - y_{-3}，\nabla^2 y_{-1} = \nabla y_{-1} - \nabla y_{-2}$$

列出向后差分表 4-7。

**表 4-7**

| $x_k$ | $y_k$ | $\nabla y_k$ | $\nabla^2 y_k$ | $\nabla^3 y_k$ | $\nabla^4 y_k$ | $\nabla^5 y_k$ | $\nabla^6 y_k$ | … |
|---|---|---|---|---|---|---|---|---|
| $x_{-3}$ | $y_{-3}$ | | | | | | | |
| $x_{-2}$ | $y_{-2}$ | $\nabla y_{-2}$ | | | | | | |
| $x_{-1}$ | $y_{-1}$ | $\nabla y_{-1}$ | $\nabla^2_{y-1}$ | | | | | |
| $x_0$ | $y_0$ | $\nabla y_0$ | $\nabla^2 y_0$ | $\nabla^3 y_0$ | | | | |
| $x_1$ | $y_1$ | $\nabla y_1$ | $\nabla^2 y_1$ | $\nabla^3 y_1$ | $\nabla^4 y_1$ | | | |
| $x_2$ | $y_2$ | $\nabla y_2$ | $\nabla^2 y_2$ | $\nabla^3 y_2$ | $\nabla^4 y_2$ | $\nabla^5 y_2$ | | |
| $x_3$ | $y_3$ | $\nabla y_3$ | $\nabla^2 y_3$ | $\nabla^3 y_3$ | $\nabla^4 y_3$ | $\nabla^5 y_3$ | $\nabla^6 y_3$ | … |
| ⋮ | ⋮ | ⋮ | ⋮ | ⋮ | ⋮ | ⋮ | ⋮ | |

记 $y_{\frac{1}{2}} = f\left(x_0 + \frac{1}{2}h\right), y_{\frac{3}{2}} = f\left(x_0 + \frac{3}{2}h\right), y_{-\frac{1}{2}} = f\left(x_0 - \frac{1}{2}h\right)$，…，则各阶中心差分分别为

一阶 $\delta y_0 = y_{\frac{1}{2}} - y_{-\frac{1}{2}}$，$\delta y_1 = y_{\frac{3}{2}} - y_{\frac{1}{2}}$，…

$\delta y_{\frac{1}{2}} = y_1 - y_0$，$\delta y_{\frac{3}{2}} = y_2 - y_1$，$\delta y_{-\frac{1}{2}} = y_0 - y_{-1}$，…

二阶 $\delta^2 y_0 = \delta y_{\frac{1}{2}} - \delta y_{-\frac{1}{2}}$，$\delta^2 y_1 = \delta y_{\frac{3}{2}} - \delta y_{\frac{1}{2}}$，…

向后差分和中心差分的一般定义

$$\nabla^k y_i = \nabla^{k-1} y_i - \nabla^{k-1} y_{i-1}$$

$$\delta^k y_i = \delta^{k-1} y_{i+\frac{1}{2}} - \delta^{k-1} y_{i-\frac{1}{2}}$$

向后差分和中心差分都可以转化为向前差分

$$\nabla^n y_k = \Delta^n y_{k-n}$$

$$\delta^n y_k = \nabla^n y_{k-\frac{n}{2}}$$

例如，$\nabla^3 y_3 = \nabla^2 y_3 - \nabla^2 y_2 = y_3 - 2y_2 + y_1 = \nabla^2 y_1 = \nabla^2 y_{3-2}$

### 4.4.5 等距节点牛顿插值公式

带余项的牛顿插值公式

$$f(x) = f(x_0) + f(x_0,x_1)(x - x_0) + \cdots + f(x_0,x_1,\cdots,x_n)(x - x_0)\cdot(x - x_1)\cdots(x - x_{n-1}) + f(x_0,x_1,\cdots,x_n,x)(x - x_0)\cdots(x - x_n)$$

当插值节点等距分布时，将向前差分代替上式中的差商

$$f(x) = y_0 + \frac{x - x_0}{h}\Delta y_0 + \frac{(x - x_0)(x - x_1)}{2!h^2}\Delta^2 y_0 + \cdots + \frac{(x - x_0)(x - x_1)\cdots(x - x_{n-1})}{n!h^n}\Delta^n y_0 + \frac{(x - x_0)(x - x_1)\cdots(x - x_n)}{(n+1)!}f^{(n+1)}(\xi)$$

令 $x - x_0 = th$，将 $x = x_0 + th$ 和 $x_k = x_0 + kh$ 代入

$$f(x_0 + th) = y_0 + \frac{t}{1!}\Delta y_0 + \frac{t(t-1)}{2!}\Delta^2 y_0 + \cdots + \frac{t(t-1)\cdots[t-(n-1)]}{n!}\Delta^n y_0 + R(x)$$

其中 $R(x) = \dfrac{t(t-1)\cdots(t-n)}{(n+1)!}h^{n+1}f^{(n+1)}(\xi), \xi \in [x_0, x + nh]$。

取 $N(x_0 + th) = y_0 + \dfrac{t}{1!}\Delta y_0 + \dfrac{t(t-1)}{2!}\Delta^2 y_0 + \cdots + \dfrac{t(t-1)\cdots[t-(n-1)]}{n!}\Delta^n y_0$

$$= \sum_{i=0}^{n} C_t^i \Delta^i y_0 \tag{4-32}$$

称为牛顿向前插值多项式或牛顿前插值公式。余项

$$R(x) = C_t^{n+1} h^{n+1} f^{(n+1)}(\xi) = \frac{t(t-1)\cdots(t-n)}{(n+1)!}h^{n+1}f^{(n+1)}(\xi) \tag{4-33}$$

将插值节点顺序从大到小排列，即

$$x_0, x_{-1} = x_0 - h, \cdots, x_{-k} = x_0 - kh, \cdots, x_{-n} = x_0 - nh$$

令 $x = x_0 + th$，则带余项的牛顿向后插值公式

$$f(x) = f(x_0 + th) = y_0 + \frac{t}{1!}\nabla y_0 + \frac{t(t+1)}{2!}\nabla^2 y_0 + \cdots + \frac{t(t+1)\cdots(t+n-1)}{n!}\nabla^n y_0 + \frac{t(t+1)\cdots(t+n)}{(n+1)!}h^{n+1}f^{(n+1)}(\xi)$$

其中 $\xi$ 在 $x_0 - nh$ 和 $x_0$ 之间，$-n \leqslant t \leqslant 0$。取前 $n$ 项

$$N(x) = N(x_0 + th)$$

$$= y_0 + \frac{t}{1!}\nabla y_0 + \frac{t(t+1)}{2!}\nabla^2 y_0 + \cdots + \frac{t(t+1)\cdots(t+n-1)}{n!}\nabla^n y_0 \tag{4-34}$$

称之为牛顿向后插值多项式，或牛顿向后插值公式，其余项

$$R(x) = \frac{t(t+1)\cdots(t+n)}{(n+1)!}h^{n+1}f^{(n+1)}(\xi) \tag{4-35}$$

根据插值公式的唯一性，可知当插值点固定时，前插公式和后插公式表示相同的多项式，后插公式相当于倒过来的前插公式。因此根据前插公式计算终点附近的函数值变为后插公式计算初值附近的函数值。

**例 4-16** 已知$f(x)=\sin x$数值如下，分别用向前和向后牛顿插值公式计算 sin 0.578 91 的近似值。

| $x$ | 0.4 | 0.5 | 0.6 | 0.7 |
|---|---|---|---|---|
| $\sin x$ | 0.389 42 | 0.479 43 | 0.564 64 | 0.644 22 |

**解** 构造差分表，如表 4-8 所示。

**表 4-8**

| $x$ | $\sin x$ | $\Delta$ | $\Delta^2$ | $\Delta^3$ |
|---|---|---|---|---|
| 0.4 | 0.389 42 | | | |
| 0.5 | 0.479 43 | 0.090 01 | | |
| 0.6 | 0.564 64 | 0.085 21 | 0.004 80 | |
| 0.7 | 0.644 22 | 0.079 58 | −0.005 63 | −0.000 83 |

使用向前插值公式，取$x_0=0.5$，$x_1=0.6$，$x_2=0.7$，$x=x_0+th$，$h=0.1$，$t=\dfrac{x-x_0}{h}=0.789\,1$，于是

$$\begin{aligned}N(0.578\,91) &= y_0+t\Delta y_0+t(t-1)\frac{\Delta^2 y_0}{2}\\ &= 0.479\,43+0.789\,1\times0.085\,21+0.789\,1\times(0.789\,1-1)\times\frac{(-0.005\,63)}{2}\\ &= 0.547\,14\end{aligned}$$

误差$R(0.578\,91)=\dfrac{0.1^3}{3!}(-0.210\,9)(-0.210\,9+1)(-0.210\,9+2)(-\cos\xi)$，其中$0.4<\xi<0.6$，故$|R(0.578\,91)|\leqslant 4.57\times10^{-5}$。

## 4.5 反插值

一般情况下，已知$x_i$，$f(x_i)$，$i=0，1，\cdots，n$，求某一$x$处$f(x)$的近似值是插值问题。设求出$f(x)$的插值多项式$P(x)$，当要求出$P(x)$等于某一数值$x$时，需要对方程$P(x)=x$求解，同时对求出的解根据要求的范围进行取舍。

若将$x$作为函数值，$f(x)=y$作为自变量，求出插值多项式$Q(y)$，再根据给定的$y$值求出$Q(y)$的函数值，求函数值比解方程容易得多，这类问题称为反插值。用反插值时，要求函数$y=f(x)$的反函数存在，即要求$y=f(x)$单调或节点$x_i$的函数值$f(x_i)$严格单调排列。当取$y=0$，求$Q(y)$的值$Q(0)$时，即是下面讨论的求$f(x)$零点的问题。

**例 4-17** 已知连续函数$y=f(x)$在$x=-3，-2，0，4$时的值分别是$-1，0，2，3$，用

牛顿三次插值确定$f(x)=1$时，$x$的近似值。

**解** 函数$f(x)$连续，且所给数据严格单调，因此反函数$f^{-1}(y)$存在，由已知有

| $f(x)$ | $-1$ | $0$ | $2$ | $3$ | $1$ |
|---|---|---|---|---|---|
| $x=f^{-1}(y)$ | $-3$ | $-2$ | $0$ | $4$ | ? |

构造差商表

| $f(x)$ | $x$ | 一阶 | 二阶 | 三阶 | 因子 |
|---|---|---|---|---|---|
| $-1$ | $-3$ | | | | $1$ |
| $0$ | $-2$ | $1$ | | | $(y+1)$ |
| $2$ | $0$ | $1$ | $0$ | | $(y+1)y$ |
| $3$ | $4$ | $4$ | $1$ | $0.25$ | $(y+1)y(y-2)$ |

牛顿三次插值多项式

$$N(y)=-3+1\times(y+1)+0\times(y+1)y+0.25(y+1)y(y-2)$$

将$y=1$代入

$$N(1)=-3+(1+1)+0.25(1+1)\times1\times(1-2)=-1.5$$

$$x\approx N(1)=-1.5$$

**例 4-18** 已知函数表

| $x$ | $0$ | $1$ | $2$ |
|---|---|---|---|
| $y$ | $8$ | $-7.5$ | $-18$ |

求$y=f(x)$在区间$[0,2]$上的零点的近似值。

**解** 由于$y_i$是严格单调下降的，可用反插值求其零点，为此，先将函数表转换成反函数表

| $y$ | $8$ | $-7.5$ | $-18$ |
|---|---|---|---|
| $x$ | $0$ | $1$ | $2$ |

按上表求出插值多项式$L(y)$，并令$y=0$，有

$$L(0)=\frac{(0+7.5)(0+18)}{(8+7.5)(8+18)}\times0+\frac{(0-8)(0+18)}{(-7.5-8)(-7.5+18)}\times1+$$

$$\frac{(0-8)(0+7.5)}{(-18-8)(-18+7.5)}\times2=0.445$$

$$x^*\approx L(0)=0.445$$

实际上$f(x)=\left(x-\frac{1}{2}\right)(x+4)(x-4)=x^3-\frac{1}{2}x^2-16x+8$，$f(x)$在区间$[0,2]$上有根$x^*=0.5$。

## 4.6 埃尔米特插值

许多实际问题中，为使插值函数能更好地和原来的函数重合，不仅要求二者在节点上函数值相同，而且还要求“相切”，即在节点上还要有相同的导数值甚至高阶导数值，这类插

值称为切触插值，或称埃尔米特(Hermite)插值。

设在节点 $x_i(i=0,1,\cdots,n)$上除给定函数值外还给出一些导数值或高阶导数值，如一共给出 $m+1$ 个条件，则可确定唯一的 $m$ 次多项式，这个多项式称为埃尔米特插值多项式。下面只讨论最简单也是最常用的情形。

### 4.6.1 拉格朗日型埃尔米特插值多项式

已知$f(x)$在 $x_i$ 上的函数值$f(x_i)$及导数值$f'(x_i)$，$i=0$，1，…，$n$，此时可构造次数不超过 $2n+1$ 的埃尔米特插值多项式 $H_{2n+1}(x)$，使之满足

$$\begin{cases}H_{2n+1}(x_i) = f(x_i) \\ H'_{2n+1}(x_i) = f'(x_i),\ i = 0,1,\cdots,n\end{cases} \tag{4-36}$$

仍借用拉格朗日插值多项式的基函数，先求出埃尔米特插值基函数 $\alpha_j(x)$和 $\beta_j(x)$。设 $\alpha_j(x)$和$\beta_j(x)$ $(j=0,1,\cdots,n)$为次数不超过 $2n+1$ 的多项式，且满足

$$\begin{cases}\alpha_j(x_i) = \delta_{ij},\ \alpha'_j(x_i) = 0 \\ \beta_j(x_i) = 0,\ \beta'_j(x_i) = \delta_{ij}\end{cases} \quad i,\ j=0,\ 1,\ \cdots,\ n \tag{4-37}$$

其中

$$\delta_{ij} = \begin{cases}1 & i = j \\ 0 & i \neq j\end{cases}$$

埃尔米特插值多项式可写成埃尔米特插值基函数 $\alpha_j(x)$和 $\beta_j(x)$表示的形式

$$H_{2n+1}(x) = \sum_{j=0}^{n}[\alpha_j(x)f(x_i) + \beta_j(x)f'(x_i)] \tag{4-38}$$

这种用基函数形式表示的式子称为拉格朗日型埃尔米特插值多项式。由基函数表达式，显然有

$$\begin{cases}H_{2n+1}(x_i) = f(x_i) \\ H'_{2n+1}(x_i) = f'(x_i)\end{cases}$$

仿照拉格朗日插值多项式构造基函数的方法确定埃尔米特插值多项式的基函数 $\alpha_j(x)$和$\beta_j(x)$。

由 $\alpha_j(x_i)=0$，$\alpha'_j(x_i)=0$，$i\neq j$，令

$$\alpha_j(x) = (a_jx + b_j)[l_j(x)]^2$$

式中 $a_j$ 和 $b_j$ 为待定常数，在 $x=x_j$ 处，对 $\alpha_j(x)$及 $\alpha'_j(x)$有

$$\begin{cases}a_jx_j + b_j = 1 \\ a_j + 2(a_jx_j + b_j)l'_j(x_j) = 0\end{cases}$$

解之

$$\begin{cases}a_j = -2l'_j(x_j) = -2\sum\limits_{\substack{k=0\\k\neq j}}^{n}\dfrac{1}{x_j - x_k} \\ b_j = 1 + 2x_jl'_j(x_j) = 1 + 2x_j\sum\limits_{\substack{k=0\\k\neq j}}^{n}\dfrac{1}{x_j - x_k}\end{cases}$$

于是

$$\alpha_j(x) = \left[1 - 2(x - x_j)\sum_{\substack{k=0\\k\neq j}}^{n}\frac{1}{x_j - x_k}\right]l_j^2(x) \tag{4-39}$$

类似地，由 $\beta_j(x_i)=0$，$\beta'_j(x_i)=0$，$i\neq j$，令

$$\beta_j(x) = (c_j x + d_j)[l_j(x)]^2$$

其中 $c_j$ 和 $d_j$ 为待定常数，在 $x=x_j$ 处有

$$\begin{cases} c_j x_j + d_j = 0 \\ c_j + 2(c_j x_j + d_j) l'_j(x_j) = 1 \end{cases}$$

解之

$$c_j = 1, \quad d_j = -x_j$$

于是

$$\beta_j(x) = (x - x_j) l_j^2(x) \tag{4-40}$$

将式(4-39)和式(4-40)代入式(4-38)，有埃尔米特插值多项式

$$H_{2n+1}(x) = \sum_{j=0}^{n}\left[1 - 2(x - x_j)\sum_{\substack{k=0 \\ k\neq j}}^{n}\frac{1}{x_j - x_k}\right] l_j^2(x) f(x_j) + \sum_{j=0}^{n}(x - x_j) l_j^2(x) f'(x_j) \tag{4-41}$$

下面讨论埃尔米特插值的唯一性及其余项。

设另有一次数不高于 $2n+1$ 的多项式 $P_{2n+1}(x)$ 满足插值条件，则

$$\varphi(x) = H_{2n+1}(x) - P_{2n+1}(x)$$

是次数不高于 $2n+1$ 的多项式，且以节点 $x_i(i=0,1,\cdots,n)$ 为二重零点，即 $\varphi(x)$ 有 $2n+2$ 个零点，从而必有 $\varphi(x)\equiv 0$，即 $H_{2n+1}(x)=P_{2n+1}(x)$。满足插值条件(4-36)的埃尔米特插值多项式是唯一的。

仿照拉格朗日余项定理可得埃尔米特插值多项式的插值余项。

**定理 4-5** 若 $f(x)$ 在区间 $[a,b]$ 上存在 $2n+2$ 阶导数，则其插值余项

$$R_{2n+1}(x) = f(x) - H_{2n+1}(x) = \frac{f^{(2n+2)}(\xi)}{(2n+2)!}\omega^2(x) \tag{4-42}$$

式中 $\xi\in(a,b)$，且与 $x$ 有关，$\omega(x)=(x-x_0)(x-x_1)\cdots(x-x_n)$。

埃尔米特插值的几何意义是曲线 $y=H_{2n+1}(x)$ 与曲线 $y=f(x)$ 在插值节点处有公切线。

当 $n=1$ 时，三次埃尔米特插值多项式在应用中很重要，下面列出详细的计算公式，取插节点为 $x_0$ 和 $x_1$，这时次数不高于 3 的埃尔米特插值多项式 $H_3(x)$ 满足条件

$$H_3(x_0) = f(x_0), H'_3(x_0) = f'(x_0)$$
$$H_3(x_1) = f(x_1), H'_3(x_1) = f'(x_1)$$

由式(4-39)和式(4-40)知插值基函数

$$\begin{cases} \alpha_0(x) = \left(1 - 2\dfrac{x - x_0}{x_0 - x_1}\right)\left(\dfrac{x - x_1}{x_0 - x_1}\right)^2 \\ \alpha_1(x) = \left(1 - 2\dfrac{x - x_1}{x_1 - x_0}\right)\left(\dfrac{x - x_0}{x_1 - x_0}\right)^2 \end{cases} \tag{4-43}$$

$$\begin{cases} \beta_0(x) = (x - x_0)\left(\dfrac{x - x_1}{x_0 - x_1}\right)^2 \\ \beta_1(x) = (x - x_1)\left(\dfrac{x - x_0}{x_1 - x_0}\right)^2 \end{cases} \tag{4-44}$$

于是式(4-38)的埃尔米特插值多项式成为

$$H_3(x)=x_0(x)f(x_0)+x_1(x)f(x_1)+\beta_0(x)f'(x_0)+\beta_1(x)f'(x_1) \tag{4-45}$$

将式(4-43)和式(4-44)代入，则有和式(4-41)对应的埃尔米特插值多项式

$$\begin{aligned}H_3(x)=&f(x_0)\left(1-2\frac{x-x_0}{x_0-x_1}\right)\left(\frac{x-x_1}{x_0-x_1}\right)^2+f(x_1)\left(1-2\frac{x-x_1}{x_1-x_0}\right)\left(\frac{x-x_0}{x_1-x_0}\right)^2+\\&f'(x_0)(x-x_0)\left(\frac{x-x_1}{x_0-x_1}\right)^2+f'(x_1)(x-x_1)\left(\frac{x-x_0}{x_1-x_0}\right)^2\end{aligned} \tag{4-46}$$

由式(4-42)有余项

$$R_3(x)=\frac{f^{(4)}(\xi)}{4!}(x-x_0)^2(x-x_1)^2,\ \xi\in(x_0,x_1) \tag{4-47}$$

**例 4-19** 对函数 $f(x)=\ln x$ 给定

$$f(1)=0,\quad f(2)=0.693\ 147,\quad f'(1)=1,\quad f'(2)=0.5$$

用埃尔米特插值计算 $f(1.5)$ 的近似值并估计误差。

**解** 取 $x_0=1$，$x_1=2$。由于 $f(1)=0$，故用式(4-43)时不需计算 $x_0$，只要计算 $x_1$，即有

$$x_1=\left(1-2\frac{x-2}{2-1}\right)\left(\frac{x-1}{2-1}\right)^2=(5-2x)(x-1)^2$$

由式(4-44)有

$$\beta_0=(x-1)(2-x)^2$$
$$\beta_1=(x-2)(x-1)^2$$

此时式(4-45)成为

$$\begin{aligned}H_3(x)=&0.693\ 147(5-2x)(x-1)^2+(x-1)(2-x)^2+\\&0.5(x-2)(x-1)^2\end{aligned}$$

$$f(1.5)\approx H_3(1.5)=0.409\ 047$$

由式(4-47)有估计误差

$$|R_3(1.5)|\leqslant\frac{1}{4!}\max_{1\leqslant x\leqslant 2}|f^{(4)}(x)|(1.5-1)^2(1.5-2)^2=0.156\ 25$$

## 4.6.2 牛顿型埃尔米特插值多项式

采用基函数 $\alpha_j$ 和 $\beta_j$，$j=0$，1，…，$n$，可以完全确定埃尔米特插值多项式，但是在构造 $\alpha_j$ 和 $\beta_j$ 时，计算拉格朗日插值基函数及其导数比较麻烦。下面采用重节点差商可以得到牛顿型埃尔米特插值多项式，这种方法在计算时比较简单。

在求牛顿型埃尔米特插值多项式时，首先建立包含有重节点的差商表，对重节点利用式(4-22)

$$f[x,x]=f'(x)$$

和式(4-25)

$$f[\underbrace{x,x,\cdots,x}_{n+1\text{个}}]=\frac{f^{(n)}(x)}{n!}$$

求出差商值，然后按构造牛顿插值多项式的方法求出埃尔米特插值多项式。下面用例子给出计算方法。

**例 4-20**　求满足条件

| $x$ | 1 | 2 |
|---|---|---|
| $f(x)$ | 2 | 3 |
| $f'(x)$ | 1 | $-1$ |

的埃尔米特插值多项式。

**解**　建立差商表，其中节点 1 和 2 是二重点。

| $x$ | $f(x)$ | 一阶 | 二阶 | 三阶 | 因子 |
|---|---|---|---|---|---|
| 1 | 2 | | | | 1 |
| 1 | 2 | $f[1,1]=f'(1)=1$ | | | $x-1$ |
| 2 | 3 | $f[2,1]=\dfrac{3-2}{2-1}=1$ | 0 | | $(x-1)^2$ |
| 2 | 3 | $f[2,2]=f'(2)=-1$ | $-2$ | $-2$ | $(x-1)^2(x-2)$ |

三次埃尔米特插值多项式

$$\begin{aligned}H_3(x)&=2+(x-1)+(-2)(x-1)^2(x-2)\\&=-2x^3+8x^2-9x+5\end{aligned}$$

拉格朗日型和牛顿型埃尔米特插值多项式只是表达形式不同，其代表的多项式是完全相同的。

### 4.6.3　带不完全导数的埃尔米特插值多项式

上面讨论的都是属于给出的函数值的个数和导数值的个数相等的情形，当导数值的个数小于函数值的个数时称为带不完全导数的埃尔米特插值，此时仍然可以用带重节点的牛顿插值构造埃尔米特插值多项式，还可以用拉格朗日插值或牛顿插值为基础，再用待定系数法确定满足插值条件的多项式，下面通过实例说明确定的方法。

**例 4-21**　构造带重节点的牛顿型埃尔米特插值多项式。

（1）已知数据

| $x$ | 0 | 1 | 2 |
|---|---|---|---|
| $f(x)$ | 3 | 5 | 6 |
| $f'(x)$ | 4 | | 7 |

求四次埃尔米特插值多项式 $H_4(x)$。

**解**　建立差商表，其中 0 和 2 是重节点。

| $x$ | $f(x)$ | 一阶 | 二阶 | 三阶 | 四阶 | 因子 |
|---|---|---|---|---|---|---|
| 0 | 3 | | | | | 1 |
| 0 | 3 | $f[0,0]=f'(0)=4$ | | | | $x$ |
| 1 | 5 | $f[0,1]=\dfrac{5-3}{1-0}=2$ | 2 | | | $x^2$ |
| 2 | 6 | $f[1,2]=\dfrac{6-5}{2-1}=1$ | $-\dfrac{1}{2}$ | $\dfrac{3}{4}$ | | $x^2(x-1)$ |
| 2 | 6 | $f[2,2]=f'(2)=7$ | 6 | $\dfrac{13}{4}$ | $\dfrac{5}{4}$ | $x^2(x-1)(x-2)$ |

四次埃尔米特插值多项式

$$H_4(x) = 3 + 4x + 2x^2 + \frac{3}{4}x^2(x-1) + \frac{5}{4}x^2(x-1)(x-2)$$

（2）已知数据

| $x$ | 0 | 1 |
|---|---|---|
| $f(x)$ | 3 | 5 |
| $f'(x)$ | 4 | 6 |
| $f''(x)$ | | 7 |

求四次埃尔米特插值多项式 $H_4(x)$。

**解** 建立差商表，其中 0 是二重节点，1 是三重节点。

| $x$ | $f(x)$ | 一阶差商 | 二阶差商 | 三阶差商 | 四阶差商 | 因子 |
|---|---|---|---|---|---|---|
| 0 | 3 | | | | | 1 |
| 0 | 3 | $f[0,0]=f'(0)=4$ | | | | $x$ |
| 1 | 5 | $f[0,1]=\frac{5-3}{1-0}=2$ | $f[0,0,1]=\frac{2-4}{1-0}=-2$ | | | $x^2$ |
| 1 | 5 | $f[1,1]=f'(1)=6$ | $f[0,1,1]=\frac{6-2}{1-0}=4$ | 6 | | $x^2(x-1)$ |
| 1 | 5 | $f[1,1]=f'(1)=6$ | $f[1,1,1]=\frac{1}{2}f''(1)=\frac{7}{2}$ | $-\frac{1}{2}$ | $-\frac{13}{2}$ | $x^2(x-1)^2$ |

四次埃尔米特插值多项式

$$H_4(x) = 3 + 4x - 2x^2 + 6x^2(x-1) - \frac{13}{2}x^2(x-1)^2$$

上面两个例子是包含节点一阶导数和二阶导数时的情况，更高阶导数时的情况可依此类推。

**例 4-22** 建立埃尔米特插值多项式 $H_3(x)$，使之满足如下插值条件

$$\begin{cases} H_3(x_i) = f(x_i), \quad i = 0,1,2 \\ H_3'(x_1) = f(x_1) \end{cases}$$

并给出余项表达式。

**解** 下面用拉格朗日型插值、牛顿型插值和带重节点的牛顿型插值三种方法求解。

（1）构造拉格朗日型埃尔米特插值多项式

将埃尔米特插值多项式 $H_3(x)$ 写成

$$H_3(x) = l_0(x)f(x_0) + l_1(x)f(x_1) + l_2(x)f(x_2) + \bar{l}_1(x)f'(x_1)$$

式中基函数 $l_0(x)$，$l_1(x)$，$l_2(x)$，$\bar{l}_1(x)$ 都是三次多项式，且满足条件

$$\begin{cases} l_0(x_0) = 1, l_0(x_1) = 0, l_0(x_2) = 0, l_0'(x_1) = 0 \\ l_1(x_0) = 0, l_1(x_1) = 1, l_1(x_2) = 0, l_1'(x_1) = 0 \\ l_2(x_0) = 0, l_2(x_1) = 0, l_2(x_2) = 1, l_2'(x_1) = 0 \\ \bar{l}_1(x_0) = 0, \bar{l}_1(x_1) = 0, \bar{l}_1(x_2) = 0, \bar{l}_1'(x_1) = 1 \end{cases}$$

因为 $x_1$ 是 $l_0(x)$ 的二重零点，即 $l_0(x_1)$ 和 $l_0'(x_1)$ 都是零，$x_2$ 是 $l_0(x)$ 的单重零点，所以有

$$l_0(x) = A(x-x_1)^2(x-x_2)$$

其中 $A$ 为待定常数，由 $l_0(x_0)=1$，有 $A=\dfrac{1}{(x_0-x_1)^2(x_0-x_2)}$，

因此
$$l_0(x) = \frac{(x-x_1)^2(x-x_2)}{(x_0-x_1)^2(x_0-x_2)}$$

同理

$$l_2(x) = \frac{(x-x_0)(x-x_1)^2}{(x_2-x_0)(x_2-x_1)^2}$$

对于 $l_1(x)$，因 $x_0$ 和 $x_2$ 分别是其单重零点，所以

$$l_1(x)=(Cx+B)(x-x_0)(x-x_2)$$

其中 $B$ 和 $C$ 为待定常数，由 $l_1(x_1)=1$，$l_1'(x_1)=0$ 有

$$\begin{cases}(Cx_1+B)(x_1-x_0)(x_1-x_2) = 1\\ C(x_1-x_0)(x_1-x_2)+(Cx_1+B)(2x_1-x_0-x_2) = 0\end{cases}$$

解得

$$\begin{cases}C = \dfrac{(x_0+x_2)-2x_1}{(x_1-x_0)^2(x_1-x_2)^2}\\ B = \dfrac{1}{(x_1-x_0)(x_1-x_2)} - \dfrac{[(x_0+x_2)-2x_1]x_1}{(x_1-x_0)^2(x_1-x_2)^2}\end{cases}$$

所以

$$l_1(x) = \{[(x_0+x_2)-2x_1]x+3x_1^2-2x_0x_1-2x_1x_2+2x_0x_2\}\frac{(x-x_0)(x-x_2)}{(x_1-x_0)^2(x_1-x_2)^2}$$

对于 $\bar{l}_1(x)$，因 $x_0$，$x_1$，$x_2$ 是其单重零点，有

$$\bar{l}_1(x)=D(x-x_0)(x-x_1)(x-x_2)$$

由 $\bar{l}_1'(x_1)=1$，有 $D=\dfrac{1}{(x_1-x_0)(x_1-x_2)}$，因此

$$\bar{l}_1(x) = \frac{(x-x_0)(x-x_1)(x-x_2)}{(x_1-x_0)(x_1-x_2)}$$

这样可写出所求的埃尔米特插值多项式

$$H_3(x) = \frac{(x-x_1)^2(x-x_2)}{(x_0-x_1)^2(x_0-x_2)}f(x_0)+\{[(x_0+x_2)-2x_1]x+3x_1^2-2x_0x_1-2x_1x_2+2x_0x_2\}\frac{(x-x_0)(x-x_2)}{(x_1-x_0)^2(x_1-x_2)^2}f(x_1)+\frac{(x-x_0)(x-x_1)^2}{(x_2-x_0)(x_2-x_1)^2}f(x_2)+\frac{(x-x_0)(x-x_1)(x-x_2)}{(x_1-x_0)(x_1-x_2)}f'(x_1) \tag{4-48}$$

（2）构造牛顿型埃尔米特插值多项式

满足插值条件 $H_3(x_i)=f(x_i)(i=0,1,2)$ 的牛顿二次插值多项式

$$N(x)=f(x_0)+f[x_0,x_1](x-x_0)+f[x_0,x_1,x_2](x-x_0)(x-x_1)$$

利用待定系数法，设满足插值条件的三次埃尔米特多项式

$$H_3(x)=N(x)+k(x-x_0)(x-x_1)(x-x_2)$$

显然有 $H_3(x_i)=f(x_i)$，$i=0$，1，2，现确定 $k$ 使之满足插值条件 $H_3'(x_1)=f'(x_1)$，即

$$N'(x_1)+k(x_1-x_0)(x_1-x_2)=f'(x_1)$$

解之有

$$k=\frac{f'(x_1)-N'(x_1)}{(x_1-x_0)(x_1-x_2)}=\frac{f'(x_1)-f[x_0,x_1]-f[x_0,x_1,x_2](x_1-x_0)}{(x_1-x_0)(x_1-x_2)}$$

将 $k$ 代入 $H_3(x)$，即得所求埃尔米特插值多项式

$$H_3(x)=f(x_0)+f[x_0,x_1](x-x_0)+f[x_0,x_1,x_2](x-x_0)(x-x_1)+\frac{f'(x_1)-f[x_0,x_1]-f[x_0,x_1,x_2](x_1-x_0)}{(x_1-x_0)(x_1-x_2)}(x-x_0)(x-x_1)(x-x_2) \quad (4\text{-}49)$$

（3）构造带重节点的牛顿型埃尔米特插值多项式

依据重节点时差商的定义式(4-23)有

$$f[x_1,x_1]=f'(x_1)$$

这样可建立差商表，其中 $x_1$ 是重节点。

| $x_i$ | $f(x_i)$ | 一阶 | 二阶 | 三阶 | 因子 |
|---|---|---|---|---|---|
| $x_0$ | $f(x_0)$ | | | | 1 |
| $x_1$ | $f(x_1)$ | $f[x_0,x_1]$ | | | $(x-x_0)$ |
| $x_1$ | $f(x_1)$ | $f[x_1,x_1]$ | $f[x_0,x_1,x_2]$ | | $(x-x_0)(x-x_1)$ |
| $x_2$ | $f(x_2)$ | $f[x_1,x_2]$ | $f[x_1,x_1,x_2]$ | $f[x_0,x_1,x_1,x_2]$ | $(x-x_0)(x-x_1)^2$ |

写出埃尔米特插值多项式

$$H_3(x)=f(x_0)+f[x_0,x_1](x-x_0)+f[x_0,x_1,x_2](x-x_0)(x-x_1)+f[x_0,x_1,x_1,x_2](x-x_0)(x-x_1)^2 \quad (4\text{-}50)$$

为求出余项 $R(x)=f(x)-H_3(x)$，根据 $R(x_i)=0$ 和 $R'(x_i)=0(i=0,1,2)$，设

$$R(x)=c(x)(x-x_0)(x-x_1)^2(x-x_2)$$

为确定 $c(x)$，构造

$$\varphi(t)=f(t)-H_3(t)-c(x)(t-x_0)(t-x_1)^2(t-x_2)$$

显然 $\varphi(x_i)=0$，$i=0$，1，2，且 $\varphi'(x_1)=0$，$\varphi(x)=0$，故 $\varphi(t)$ 在区间 $[a,b]$ 上有 5 个零点（$x_1$ 为重根，算 2 个），反复应用罗尔定理得 $\varphi^{(4)}(t)$ 在区间 $[a,b]$ 上至少有一个零点 $\xi$，故有

$$\varphi^{(4)}(\xi)=f^{(4)}(\xi)-4!\ c(x)=0$$

于是

$$c(x)=\frac{1}{4!}f^{(4)}(\xi)$$

故余项表达式

$$R(x)=\frac{1}{4!}f^{(4)}(\xi)(x-x_0)(x-x_1)^2(x-x_2) \quad (4\text{-}51)$$

其中 $\xi$ 在包含 $x_0$，$x_1$，$x_2$ 及 $x$ 的区间$[a,b]$上。

## 4.7 分段插值法

增加插值节点数可以提高插值多项式的次数，但是次数过高的插值多项式逼近函数的效果往往不够理想。为了提高精度常常采用分段插值的方法。

### 4.7.1 高次插值的龙格现象

为了使插值多项式更好地逼近被插值函数 $f(x)$，往往要增加插值节点，提高插值多项式的次数。但在实际应用中，过分地提高插值多项式的次数会带来一些新的问题。考察函数

$$f(x)=\frac{1}{1+x^2},\quad -5\leqslant x\leqslant 5$$

设将区间$[-5,5]$分成 $n$ 等份，以 $P_n(x)$表示取 $n+1$ 个等分点作为节点的插值多项式。图 4-4 给出了 $P_5(x)$和 $P_{10}(x)$的图像。可以看出，随着节点的加密采用高次插值，虽然插值函数会在更多的点上与所逼近的函数取相同的值，但从整体上看，这样做不一定能改善逼近效果。事实上，当 $n$ 增大时，插值函数 $P_n(x)$在两端会发生激烈的振荡，这就是所谓的龙格现象。该现象表明，在大范围内使用高次插值，逼近的效果往往是不理想的。

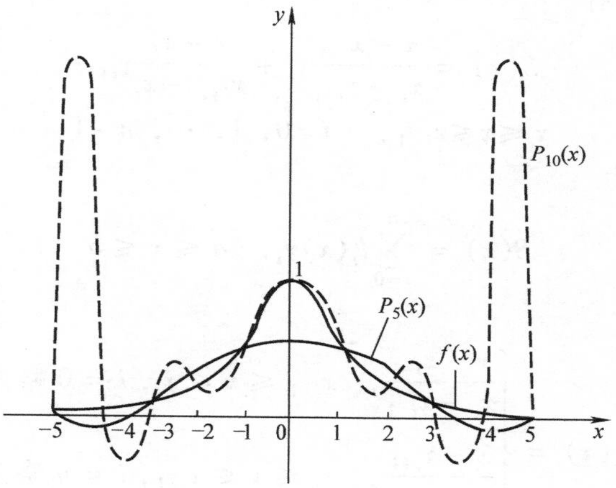


图 4-4　龙格现象

### 4.7.2 分段插值和分段线性插值

为克服在区间上进行高次插值所带来的问题，将插值区间分成若干个小的子段，在每个小子段进行低次插值，然后相互连接，用连接相邻节点的折线逼近被插值函数，这时就可获得一定的逼近效果。这种把插值区间分段的方法就是分段插值法。所谓分段插值法就是将被插值函数逐段多项式化，每个子段的分法与子段上插值多项式的次数及插值节点的位置有关。分段插值法一般分成两步，先将插值区间$[a,b]$分段

$$a=x_0<x_1<\cdots<x_n=b$$

再在每个子段$[x_i,x_{i+1}]$上构造插值多项式，然后将每个子段上的多项式连接，作为区间$[a,b]$上的插值函数，这样构造出的插值函数是分段多项式。所以说，分段插值就是选取分段多项式作为插值函数。

分段插值法是一种显式算法，其算法简单，而且收敛性能得到保证。只要节点间距充分小，分段插值法总能获得所要求的精度，而不会像高次插值那样发生龙格现象。分段插值法的另一个重要特点是它的局部性质，如果修改某个数据，那么插值曲线仅仅在某个局部范围内受到影响，而代数插值却会影响到整个插值区间。

设函数$y=f(x)$在区间$[a,b]$上取节点

$$a=x_0<x_1<\cdots<x_{n-1}<x_n=b$$

及其函数值

$$y_i=f(x_i),\quad i=0,1,\cdots,n$$

即已给出了数据点

$$(x_i,y_i),\quad i=0,1,\cdots,n$$

连接相邻两点$(x_i,y_i)$和$(x_{i+1},y_{i+1})$构造一折线函数$S(x)$，则$S(x)$满足

① $S(x)$在区间$[a,b]$上连续。

② $S(x_i)=y_i$，$i=0,1,\cdots,n$。

③ $S(x)$在每个子段$[x_i,x_{i+1}]$是线性函数，称折线函数$S(x)$为分段线性插值函数。

$S(x)$在子段$[x_i,x_{i+1}]$上有

$$S(x)=\frac{x-x_{i+1}}{x_i-x_{i+1}}y_i+\frac{x-x_i}{x_{i+1}-x_i}y_{i+1} \tag{4-52}$$

$$x_i\leqslant x\leqslant x_{i+1},\quad i=0,1,\cdots,n-1$$

在区间$[a,b]$上可表示为

$$S(x)=\sum_{i=0}^{n}l_i(x)y_i,\quad a\leqslant x\leqslant b \tag{4-53}$$

其中

$$l_i(x)=\begin{cases}\dfrac{x-x_{i-1}}{x_i-x_{i-1}}, & x_{i-1}\leqslant x\leqslant x_i,\ i=0\ \text{略去}\\ \dfrac{x-x_{i+1}}{x_i-x_{i+1}}, & x_i\leqslant x\leqslant x_{i+1},\ i=n\ \text{略去}\\ 0,\text{其他}\end{cases}$$

显然，$l_i(x)$是分段线性连续函数，且

$$l_i(x_k)=\begin{cases}1, & i=k\\ 0, & i\neq k\end{cases}$$

对于取值$f(x_i)=y_i(i=0,1,\cdots,n)$的被插值函数$f(x)$，在子段$[x_i,x_{i+1}]$上有误差估计式

$$|f(x)-S(x)|\leqslant\frac{h_i^2}{8}\max_{x_i\leqslant x\leqslant x_{i+1}}|f''(x)| \tag{4-54}$$

其中$h_i=x_{i+1}-x_i$。

**例 4-23** 求$f(x)=x^2$在区间$[a,b]$上的分段连续线性插值函数$S(x)$，并估计误差。

**解** 取 $h=\dfrac{b-a}{n}$，分点 $x_i=a+ih$，$i=0,1,\cdots,n$，在每个子段 $[x_i,x_{i+1}]$ 上构造插值基函数

$$l_i(x)=\begin{cases}\dfrac{x-x_{i-1}}{x_i-x_{i-1}}, & x_{i-1}<x<x_i,\quad i=0\text{ 除外}\\ \dfrac{x-x_{i+1}}{x_i-x_{i+1}}, & x_i<x<x_{i+1},\quad i=n\text{ 除外}\\ 0\text{，其他}\end{cases}$$

则分段连续线性插值函数

$$S(x)=\sum_{i=0}^{n}x_i^2 l_i(x)$$

余项

$$|R(x)|\leqslant\left|\frac{f''(\xi)}{2!}(x-x_i)(x-x_{i+1})\right|\leqslant\frac{2}{2}\cdot\frac{h^2}{4}=\frac{h^2}{4}$$

### 4.7.3 分段三次埃尔米特插值

分段线性插值函数在节点处导数不存在，当需要插值函数在节点处也可导，并提供了节点处的函数值和导数值，则可进行分段埃尔米特插值。

**定义 4-2** 设函数 $f(x)$ 在区间 $[a,b]$ 上有节点 $a=x_0<x_1<\cdots<x_n=b$ 和相应的函数值 $y_i$ $(i=0,1,\cdots,n)$ 以及导数值 $y_i'(i=0,1,\cdots,n)$，当分段三次函数 $H(x)$ 满足：

① $H(x)\in C^1[a,b]$。

② $H(x_i)=y_i$，$H'(x_i)=y_i'$，$i=0,1,\cdots,n$。

③ $H(x)$ 在每个子区间 $[x_i,x_{i+1}]$ 上是次数不超过 3 的多项式，则称 $H(x)$ 为 $f(x)$ 在区间 $[a,b]$ 上的分段三次埃尔米特插值多项式。

$H(x)$ 在子区间 $[x_i,x_{i+1}]$ 上就是两点三次埃尔米特插值多项式，由式(4-45)有

$$H(x)=\left(1+2\frac{x-x_i}{x_{i+1}-x_i}\right)\left(\frac{x-x_{i+1}}{x_i-x_{i+1}}\right)^2 y_i+\left(1+2\frac{x-x_{i+1}}{x_i-x_{i+1}}\right)\left(\frac{x-x_i}{x_{i+1}-x_i}\right)^2 y_{i+1}+$$
$$(x-x_i)\left(\frac{x-x_{i+1}}{x_i-x_{i+1}}\right)^2 y_i'+(x-x_{i+1})\left(\frac{x-x_i}{x_{i+1}-x_i}\right)^2 y'_{i+1}\tag{4-55}$$

$H(x)$ 在区间 $[a,b]$ 上用插值基函数表示为

$$H(x)=\sum_{i=0}^{n}[\alpha_i(x)y_i+\beta_i(x)y_i']$$

其中 $\alpha_i$ 和 $\beta_i$ 是分段三次埃尔米特插值基函数，有

$$\alpha_i(x)=\begin{cases}\left(1+2\dfrac{x-x_i}{x_{i-1}-x_i}\right)\left(\dfrac{x-x_{i-1}}{x_i-x_{i-1}}\right)^2 & x\in[x_{i-1},x_i],i=0\text{ 略去}\\ \left(1+2\dfrac{x-x_i}{x_{i+1}-x_i}\right)\left(\dfrac{x-x_{i+1}}{x_i-x_{i+1}}\right)^2 & x\in[x_i,x_{i+1}],i=n\text{ 略去}\\ 0 & x\notin\{x_{i-1},x_{i+1}\}\end{cases}$$

$$\beta_i(x) = \begin{cases} (x - x_i)\left(\dfrac{x - x_{i-1}}{x_i - x_{i-1}}\right)^2 & x \in [x_{i-1}, x_i], i = 0 \text{ 略去} \\ (x - x_i)\left(\dfrac{x - x_{i+1}}{x_i - x_{i+1}}\right)^2 & x \in [x_i, x_{i+1}], i = n \text{ 略去} \\ 0 & x \notin \{x_{i-1}, x_{i+1}\} \end{cases}$$

## 4.8 三次样条插值

样条插值也是用分段低次多项式去逼近函数。在分段低次插值中，分段线性插值函数在节点处不可导，分段三次埃尔米特插值函数有连续一阶导数，但光滑性较差，而且需要提供各个节点处的导数值。样条插值能较好地适应对光滑性的不同需要，并且只需要对插值区间端点提供某些导数信息。这是因为样条插值是用样条函数去逼近函数。

**定义 4-3** 若函数 $S(x) \in C^{m-1}[a,b]$，在子区间 $[x_i, x_{i+1}]$ $(i=0,1,\cdots,n-1)$ 是 $m$ 次多项式，给定 $a=x_0<x_1<\cdots<x_n=b$，则称 $S(x)$ 是以 $x_0$，$x_1$，…，$x_n$ 为节点的 $m$ 次样条函数。且若对于节点 $x_i$ 已给定函数值 $f(x_i)=y_i$，$i=0$，1，…，$n$，有

$$S(x_i) = y_i,\ i = 0,1,\cdots,n \tag{4-56}$$

则称 $S(x)$ 为 $m$ 次样条插值函数。

$m=1$ 时的样条插值函数就是分段线性插值，$m=3$ 时是使用较多的三次样条插值函数。三次样条插值函数是通过全部节点且一阶和二阶导数连续的分段三次多项式函数。

**例 4-24** 已知函数

$$S(x) = \begin{cases} x^3 + x^2, & 0 \leqslant x \leqslant 1 \\ 2x^3 + bx^2 + cx - 1, & 1 \leqslant x \leqslant 2 \end{cases}$$

是以 0、1、2 为节点的三次样条函数，求系数 $b$ 和 $c$ 的值。

**解** 取 $x_0=0$，$x_1=1$，$x_2=2$，根据三次样条函数的定义，有 $S(x) \in C^2[0,2]$，即有 $S(x_1-0)=S(x_1+0)$，$S'(x_1-0)=S'(x_1+0)$，$S''(x_1-0)=S''(x_1+0)$，由此可得

$$\begin{cases} 2 + b + c - 1 = 2 \\ 6x^2 + 2b + c = 3x^2 + 2x \\ 6 + 2b + c = 5 \end{cases}$$

解之

$$b = -2,\ c = 3$$

三次样条函数 $S(x)$ 在每个子区间 $[x_i, x_{i+1}]$ 上可用三次多项式的 4 个系数唯一确定，因此 $S(x)$ 在区间 $[a,b]$ 上有 $4n$ 个待定参数，由于 $S(x) \in C^2[a,b]$，故有

$$\begin{cases} S(x_i - 0) = S(x_i + 0) \\ S'(x_i - 0) = S'(x_i + 0) \\ S''(x_i - 0) = S''(x_i + 0) \end{cases}$$
$$i = 1,2,\cdots,n-1$$

为了确定 $S(x)$，还需补充两个条件，通常就在区间 $[a,b]$ 的端点 $a=x_0$，$b=x_n$ 上提供两个条件，并称之为边界条件。边界条件可以有不同的提法，常用的有如下三种。

边界条件Ⅰ：给定两端的一阶导数值，故也称固支边界条件，即

$$S'(x_0)=f'(x_0)=y_0',\ S'(x_n)=f'(x_n)=y_n'$$

边界条件Ⅱ：给定两端的二阶导数值，即

$$S''(x_0)=f''(x_0)=y_0'',\ S''(x_n)=f''(x_n)=y_n''$$

特别地，对

$$S''(x_0)=S''(x_n)=0$$

的边界条件称为自然边界条件。

边界条件Ⅲ：也称周期边界条件

$$S(x_0)=S(x_n),\ S'(x_0)=S'(x_n),\ S''(x_0)=S''(x_n)$$

将三次样条函数 $S(x)$ 的 $4n$ 个待定系数作为未知量，根据给定的 $4n-2$ 个条件加上 2 个边界条件，便可建立一个 $4n$ 阶线性方程组，求出待定系数。当 $n$ 较大时，计算量较大，工程上常用的有多种减小计算量的方法。下面只介绍常用的三弯矩法，这种方法只需要解一个不超过 $n+1$ 阶的线性方程组。

三次样条插值函数 $S(x)$ 在每一个子区间 $[x_i,x_{i+1}]$ 是一个不超过三次的多项式，故 $S''(x)$ 在区间 $[x_i,x_{i+1}]$ 上是线性函数。令 $S(x)$ 的二阶导数值

$$S''(x_i)=M_i,\quad i=0,\ 1,\ \cdots,\ n$$

设 $x\in[x_i,x_{i+1}]$，则有过两点 $(x_i,M_i)$ 和 $(x_{i+1},M_{i+1})$ 的直线

$$S''(x)=\frac{x_{i+1}-x}{h_i}M_i+\frac{x-x_i}{h_i}M_{i+1}$$

其中 $h_i=x_{i+1}-x_i$。对上式两端连续两次积分

$$S'(x)=-\frac{(x_{i+1}-x)^2}{2h_i}M_i+\frac{(x-x_i)^2}{2h_i}M_{i+1}+\alpha_i \tag{4-57}$$

$$S(x)=\frac{(x_{i+1}-x)^3}{6h_i}M_i+\frac{(x-x_i)^3}{6h_i}M_{i+1}+\alpha_i(x-x_i)+\beta_i \tag{4-58}$$

其中 $\alpha_i$ 和 $\beta_i$ 为积分常数。根据插值要求式(4-56)，有

$$S(x_i)=y_i$$
$$S(x_{i+1})=y_{i+1}$$

由式(4-58)，有

$$\begin{cases}M_i\dfrac{h_i^2}{6}+\beta_i=y_i\\ M_{i+1}\dfrac{h_i^2}{6}+\alpha_ih_i+\beta_i=y_{i+1}\end{cases}$$

从而解出

$$\begin{cases}\alpha_i=\dfrac{y_{i+1}-y_i}{h_i}-\dfrac{h_i}{6}(M_{i+1}-M_i)\\ \beta_i=y_i-M_i\dfrac{h_i^2}{6}\end{cases} \tag{4-59}$$

将式(4－59)代入到式(4－58)，因此有，

$$S(x) = \frac{(x_{i+1}-x)^3}{6h_i}M_i + \frac{(x-x_i)^3}{6h_i}M_{i+1} + \frac{x_{i+1}-x}{h_i}\left(y_i - \frac{h_i^2}{6}M_i\right) + \frac{x-x_i}{h_i}\left(y_{i+1} - \frac{h_i^2}{6}M_{i+1}\right) \tag{4-60}$$

由此可以看出，三次样条插值函数 $S(x)$ 仅与 $M_i$ 和 $M_{i+1}$ 有关，因此只要求得各个 $M_i$，则各子区间 $[x_i, x_{i+1}]$ 上的三次样条函数也就确定了。

将式(4-59)代入式(4-57)，可得

$$S'(x) = -\frac{(x_{i+1}-x)^2}{2h_i}M_i + \frac{(x-x_i)^2}{2h_i}M_{i+1} + \frac{y_{i+1}-y_i}{h_i} - \frac{h_i}{6}(M_{i+1}-M_i)$$

当 $x \in [x_{i-1}, x_i]$ 时，上式表示成

$$S'(x) = -\frac{(x_i-x)^2}{2h_{i-1}}M_{i-1} + \frac{(x-x_{i-1})^2}{2h_{i-1}}M_i + \frac{y_i-y_{i-1}}{h_{i-1}} - \frac{h_{i-1}}{6}(M_i-M_{i-1})$$

用 $S'(x_i-0)$ 表示 $S(x)$ 在区间 $[x_{i-1}, x_i]$ 右端点 $x_i$ 的一阶导数，有

$$\begin{aligned} S'(x_i-0) &= \frac{h_{i-1}}{2}M_i + \frac{y_i-y_{i-1}}{h_{i-1}} - \frac{h_{i-1}}{6}(M_i-M_{i-1}) \\ &= \frac{y_i-y_{i-1}}{h_{i-1}} + \frac{h_{i-1}}{3}M_i + \frac{h_{i-1}}{6}M_{i-1} \end{aligned}$$

当 $x \in [x_i, x_{i+1}]$ 时，用 $S'(x_i+0)$ 表示 $S(x)$ 在区间 $[x_i, x_{i+1}]$ 左端点 $x_i$ 的一阶导数，则有

$$S'(x_i+0) = \frac{y_{i+1}-y_i}{h_i} - \frac{h_i}{3}M_i - \frac{h_i}{6}M_{i+1}$$

按三次样条插值函数定义，有

$$S'(x_i-0) = S'(x_i+0)$$

整理后可得

$$\frac{h_{i-1}}{h_{i-1}+h_i}M_{i-1} + 2M_i + \frac{h_i}{h_{i-1}+h_i}M_{i+1} = \frac{6}{h_{i-1}+h_i}\left(\frac{y_{i+1}-y_i}{h_i} - \frac{y_i-y_{i-1}}{h_{i-1}}\right) \tag{4-61}$$

令

$$\mu_i = \frac{h_{i-1}}{h_{i-1}+h_i}, \lambda_i = 1-\mu_i = \frac{h_i}{h_{i-1}+h_i}$$

$$\begin{aligned} d_i &= \frac{6}{h_{i-1}+h_i}\left(\frac{y_{i+1}-y_i}{h_i} - \frac{y_i-y_{i-1}}{h_{i-1}}\right) \\ &= 6f[x_{i-1}, x_i, x_{i+1}] \end{aligned}$$

于是式(4-61)表示成

$$\mu_i M_{i-1} + 2M_i + \lambda_i M_{i+1} = d_i, i = 1,2,\cdots,n-1 \tag{4-62}$$

这是含有 $n+1$ 个未知量 $M_0$，$M_1$，…，$M_n$ 的 $n-1$ 个方程的方程组。根据边界条件再补充两个附加条件。

对于边界条件Ⅰ，可导出

$$\begin{cases}\frac{h_0}{3}M_0+\frac{h_0}{6}M_1=\frac{y_1-y_0}{h_0}-y_0' \\ \frac{h_{n-1}}{6}M_{n-1}+\frac{h_{n-1}}{3}M_n=-\frac{y_n-y_{n-1}}{h_{n-1}}+y_n'\end{cases}$$

改写成

$$\begin{cases}2M_0+M_1=d_0 \\ M_{n-1}+2M_n=d_n\end{cases} \tag{4-63}$$

其中

$$d_0=\frac{6}{h_0}\left(\frac{y_1-y_0}{h_0}-y_0'\right)$$

$$d_n=\frac{6}{h_{n-1}}\left(y_n'-\frac{y_n-y_{n-1}}{h_{n-1}}\right)$$

由式(4-62)和式(4-63)，有

$$\begin{pmatrix}2 & 1 & & & \\ \mu_1 & 2 & \lambda_1 & & \\ & \ddots & \ddots & \ddots & \\ & & \mu_{n-1} & 2 & \lambda_{n-1} \\ & & & 1 & 2\end{pmatrix}\begin{pmatrix}M_0 \\ M_1 \\ \vdots \\ M_{n-1} \\ M_n\end{pmatrix}=\begin{pmatrix}d_0 \\ d_1 \\ \vdots \\ d_{n-1} \\ d_n\end{pmatrix} \tag{4-64}$$

对于边界条件Ⅱ，可直接得到

$$M_0=y_0'',M_n=y_n'' \tag{4-65}$$

由式(4-62)和式(4-65)，有

$$\begin{pmatrix}2 & \lambda_1 & & & \\ \mu_2 & 2 & \lambda_2 & & \\ & \ddots & \ddots & \ddots & \\ & & \mu_{n-2} & 2 & \lambda_{n-2} \\ & & & \mu_{n-1} & 2\end{pmatrix}\begin{pmatrix}M_1 \\ M_2 \\ \vdots \\ M_{n-2} \\ M_{n-1}\end{pmatrix}=\begin{pmatrix}d_1-M_1M_0 \\ d_2 \\ \vdots \\ d_{n-2} \\ d_{n-1}-\lambda_{n-1}M_n\end{pmatrix} \tag{4- 66}$$

对于边界条件Ⅲ，可导出

$$M_0=M_n,\lambda_nM_1+\mu M_{n-1}+2M_n=d_n \tag{4-67}$$

其中

$$\lambda_0=h_0\frac{1}{h_{n-1}+h_0},\mu_n=1-\lambda_n$$

$$d_n=\frac{6}{h_0+h_{n-1}}(f(x_0,x_1)-f(x_{n-1},x_n))$$

由式(4-62)和式(4-67)，有

$$
\begin{pmatrix}
2 & \lambda_1 & & \mu_1 \\
\mu_2 & 2 & \lambda_2 & \\
\ddots & \ddots & \ddots & \\
& \mu_{n-1} & 2 & \lambda_{n-1} \\
\lambda_n & & \mu_n & 2
\end{pmatrix}
\begin{pmatrix} M_1 \\ M_2 \\ \vdots \\ M_{n-1} \\ M_n \end{pmatrix}
=
\begin{pmatrix} d_1 \\ d_2 \\ \vdots \\ d_{n-1} \\ d_n \end{pmatrix}
\tag{4-68}
$$

方程组(4-64)、方程组(4-66)、方程组(4-68)称为三弯矩方程组，$M_i(i=0,1,\cdots,n)$称为$S(x)$的矩，这种三对角方程组的系数矩阵元素 $\lambda_i+\mu_i=1$，且 $\lambda_i\geqslant 0$，$\mu_i\geqslant 0$，故它是按行严格对角占优的，利用追赶法可求出 $M_i$，$i=0$，1，…，$n$，再由式(4-58)解出 $S(x)$。由以上讨论可以看出，$S(x)$的解是存在且唯一的。

对于三次样条插值函数，当节点逐渐加密时，不但样条插值函数收敛于函数本身，而且其导数也收敛于函数的导数，这种性质比多项式插值优越得多。

求三次样条插值函数 $S(x)$的计算步骤比较简单，即先由方程组(4-62)加上三个边界条件之一求出 $M_i$，然后根据式(4-60)就可求得各子区间$[x_i,x_{i+1}]$上的 $S(x)$。

**例 4-25** 已知数据表

| $x$ | $-1$ | 0 | 1 | 2 |
|---|---|---|---|---|
| $y=f(x)$ | 0 | 0.5 | 2 | 1.5 |

及边界条件$f'(-1)=0.5$，$f'(2)=-0.5$。确定满足上述条件的三次样条插值函数，并计算$f(0.5)$和$f(1.5)$的近似值。

**解** 由 $x_0=-1$，$x_1=0$，$x_2=1$，$x_3=2$ 有

$$h_0=x_1-x_0=1,\quad h_1=x_2-x_1=1,\quad h_2=x_3-x_2=1$$

$$\mu_1=\frac{h_0}{h_0+h_1}=0.5,\quad \mu_2=\frac{h_1}{h_1+h_2}=0.5,\quad \lambda_1=1-\mu_1=0.5,\quad \lambda_2=1-\mu_2=0.5$$

又由 $y_0=0$，$y_1=0.5$，$y_2=2$，$y_3=1.5$ 有

$$d_1=\frac{6}{h_0+h_1}\left(\frac{y_2-y_1}{h_1}-\frac{y_1-y_0}{h_0}\right)=\frac{6}{2}\left(\frac{1.5}{1}-\frac{0.5}{1}\right)=3$$

$$d_2=\frac{6}{h_1+h_2}\left(\frac{y_3-y_2}{h_2}-\frac{y_2-y_1}{h_1}\right)=-6$$

又由 $y_0'=f'(-1)=0.5$，$y_3'=f'(2)=-0.5$ 有

$$d_0=\frac{6}{h_0}\left(\frac{y_1-y_0}{h_0}-y_0'\right)=0$$

$$d_3=\frac{6}{h_2}\left(y_3'-\frac{y_3-y_2}{h_2}\right)=0$$

因此有

$$
\begin{pmatrix} 2 & 0.5 & & \\ 0.5 & 2 & 0.5 & \\ & 0.5 & 2 & 0.5 \\ & & 0.5 & 2 \end{pmatrix}\begin{pmatrix} M_0 \\ M_1 \\ M_2 \\ M_3 \end{pmatrix} = \begin{pmatrix} 0 \\ 3 \\ -6 \\ 0 \end{pmatrix}
$$

用追赶法解得

$$
M_0 = 0.4,\ M_1 = -0.8,\ M_2 = -3.2,\ M_3 = 1.6
$$

代入式

$$
\begin{aligned}
S(x) &= \frac{(x_{i+1} - x_i)^3}{6h_i}M_i + \frac{(x - x_i)^3}{6h_i}M_{i+1} + \frac{x_{i+1} - x}{h_i}\left(y_i - \frac{h_i^2}{6}M_i\right) + \frac{x - x_i}{h_i}\left(y_{i+1} - \frac{h_i^2}{6}M_{i+1}\right) \\
&= \frac{1}{6h_i}(M_{i+1} - M_i)x^3 + \frac{1}{2h_i}(M_i x_{i+1} - M_{i+1}x_i)x^2 + \Big[\frac{1}{2h_i}(M_{i+1}x_i^2 - M_i x_{i+1}^2) + \\
&\quad \frac{1}{h_i}(y_{i+1} - y_i) + \frac{h_i}{6}(M_i - M_{i+1})\Big]x + \frac{1}{6h_i}(M_i x_{i+1}^3 - M_{i+1}x_i^3) + \\
&\quad \frac{1}{h_i}(y_i x_{i+1} - y_{i+1}x_i) + \frac{h_i}{6}(x_i M_{i+1} - x_{i+1}M_i)
\end{aligned}
$$

可得

$$
S(x) = \begin{cases} -0.2x^3 - 0.4x^2 + 0.3x + 0.5 & x \in [-1,0] \\ -0.4x^3 - 0.4x^2 + 2.3x + 0.5 & x \in [0,1] \\ 0.8x^3 - 4x^2 + 5.9x - 0.7 & x \in [1,2] \end{cases}
$$

又有

$$
f(0.5) \approx S(0.5) = 1.5,\ f(1.5) \approx S(1.5) = 1.85
$$

## 4.9 习题

1. 已知函数 $f(x) = 56x^3 + 24x^2 + 5$ 在点 $2^0$，$2^1$，$2^5$，$2^7$ 的函数值，求其三次插值多项式。

2. 已知数据表

| $x$ | 1.127 5 | 1.1503 | 1.1735 | 1.1972 |
|---|---|---|---|---|
| $f(x)$ | 0.119 1 | 0.139 54 | 0.159 32 | 0.179 03 |

用拉格朗日插值公式计算 $f(1.130\,0)$ 的近似值。

3. 证明：

(1) $\sum_{k=0}^{n} x_k^j l_k(x) = x^j, j = 1,2,\cdots,n$。

(2) $\sum_{k=0}^{n} (x_k - x)^j l_k(x) = 0, j = 1,2,\cdots,n$。

4. 设$x_i(i=0,1,\cdots,5)$为互异节点，$l_i(x)(i=0,1,\cdots,5)$为对应的5次插值多项式，计算$\sum_{i=0}^{5}x_i^5 l_i(0)$，$\sum_{i=0}^{5}(x_i-x)^2 l_i(x)$和$\sum_{i=0}^{5}(x_i^5+2x_i^4+x_i^3+1)l_i(x)$。

5. 已知$\omega(x)=\prod_{i=0}^{n}(x-x_i)$，求证$\omega'(x_k)=\prod_{\substack{i=0\\i\neq k}}^{n}(x_k-x_i)$。

6. 设$f(x)$在区间$[a,b]$有连续的二阶导数，且$f(a)=f(b)=0$，求证

$$\max_{a\leqslant x\leqslant b}|f(x)|\leqslant\frac{1}{8}(b-a)^2\max_{a\leqslant x\leqslant b}|f''(x)|$$

7. 设$f(x)=x^4$，用拉格朗日余项定理写出以$-1$，0，1，3为节点的三次插值多项式。

8. 利用余项定理证明次数小于或等于$n$的多项式，其$n$次拉格朗日插值多项式就是它自身。

9. 已知$\sin x$在30°，45°，60°的值分别为$\frac{1}{2}$，$\frac{\sqrt{2}}{2}$，$\frac{\sqrt{3}}{2}$，分别用一次插值和二次插值求$\sin 50°$的近似值并估计其截断误差。

10. 已知函数$f(x)=3^x$在点$x=0$，1，$-1$，2，$-2$处的值，用埃特金算法求$\sqrt{3}$的近似值。

11. 给出概率积分$f(x)=\frac{2}{\sqrt{\pi}}\int_0^x e^{-t^2}dt$的数据表

| $x$ | 0.46 | 0.47 | 0.48 | 0.49 |
|---|---|---|---|---|
| $f(x)$ | 0.484 655 5 | 0.493 745 2 | 0.502 749 8 | 0.511 668 3 |

用二次插值计算：

（1）当$x=0.472$时，积分值等于多少？

（2）当$x$为何值时积分值为0.5？

12. 设$f(x)\in C^1[a,b]$，$x_0\in(a,b)$，定义$f[x_0,x_0]=\lim\limits_{x\to x_0}f[x,x_0]$，证明$f[x_0,x_0]=f'(x_0)$。

13. 证明$n$阶差商有如下性质：

（1）若$F(x)=cf(x)$，则$F[x_0,x_1,\cdots,x_n]=cf[x_0,x_1,\cdots,x_n]$；

（2）若$F(x)=f(x)+g(x)$，则$F[x_0,x_1,\cdots,x_n]=f[x_0,x_1,\cdots,x_n]+g[x_0,x_1,\cdots,x_n]$。

14. 设$f(x)$为$n$次多项式，证明当$k\leqslant n$时差商$f[x,x_1,x_2,\cdots,x_k]$为$n-k$次多项式，而当$k>n$时其值恒为0。

15. 设$f(x)=\frac{1}{a-x}$，且$a$，$x_0$，$x_1$，$\cdots$，$x_n$互不相同，证明

$$f[x_0,x_1,\cdots,x_k]=\frac{1}{(a-x_0)(a-x_1)\cdots(a-x_k)},\ k=1,2,\cdots,n。$$

16. 若$f(x)=x^5-3x^3+x-1$，求差商$f[3^0,3^1]$，$f[3^0,3^1,\cdots,3^5]$和$f[3^0,3^1,\cdots,3^6]$。

17. 证明差商的莱布尼兹公式：若$p(x)=f(x)g(x)$，则

$$p[x_0,x_1,\cdots,x_n]=\sum_{k=0}^{n}f[x_0,x_1,\cdots,x_k]g[x_k,x_{k+1},\cdots,x_n]$$

18. 若$f(x)=\omega_{n+1}(x)=(x-x_0)(x-x_1)\cdots(x-x_n)$，其中$x_i(i=0,1,\cdots,n)$互异，求$f[x_0,x_1,\cdots,x_p]$的值，这里$p\leqslant n+1$。

19. 已知$f(x)=\mathrm{sh}x$的函数表

| $x_i$ | 0 | 0.20 | 0.30 | 0.50 |
|---|---|---|---|---|
| $\mathrm{sh}x_i$ | 0 | 0.201 34 | 0.304 52 | 0.521 10 |

求二次和三次牛顿插值多项式，计算$f(0.23)$的近似值并用牛顿插值余项估计误差。

20. 已知连续函数$f(x)$在$x=-1$，0，2，3 处的值分别是$-4$，$-1$，0，3，用牛顿插值求

(1) $f(1.5)$的近似值；

(2) $f(x)=0.5$时$x$的近似值。

21. 设$l_0(x)$是以$x_0$，$x_1$，…，$x_n$为插值节点的插值基础数

$$l_0(x)=\frac{(x-x_1)(x-x_2)\cdots(x-x_n)}{(x_0-x_1)(x_0-x_2)\cdots(x_0-x_n)}$$

则有

$$l_0(x)=1+\frac{x-x_0}{x_0-x_1}+\frac{(x-x_0)(x-x_1)}{(x_0-x_1)(x_0-x_2)}+\cdots+\frac{(x-x_0)(x-x_1)\cdots(x-x_{n-1})}{(x_0-x_1)(x_0-x_2)\cdots(x_0-x_n)}$$

22. 已知$y=f(x)$的函数表

| $x$ | 0 | 0.1 | 0.2 | 0.3 | 0.4 | 0.5 |
|---|---|---|---|---|---|---|
| $f(x)$ | 1 | 1.32 | 1.68 | 2.08 | 2.52 | 3 |

列出向前差分表，并写出牛顿向前插值公式。

23. 利用差分性质求$1\times2+2\times3+\cdots+n(n+1)$。

24. 给定数据

| $x$ | 1 | 2 |
|---|---|---|
| $f(x)$ | 2 | 3 |
| $f'(x)$ | 0 | $-1$ |

构造埃尔米特插值多项式$H_3(x)$并计算$f(1.5)$。

25. 已知函数$f(x)$的数据

| $x_i$ | $\frac{1}{4}$ | 1 | $\frac{9}{4}$ |
|---|---|---|---|
| $f_i$ | $\frac{1}{8}$ | 1 | $\frac{27}{8}$ |
| $f_i'$ | | $\frac{3}{2}$ | |

构造一个不超过三次的插值多项式 $H_3(x)$，使之满足 $H_3(x_i)=f_i$，$i=0,1,2$，$H_3'(x_1)=f_1'$，并写出余项 $R(x)=f(x)-H_3(x)$ 的表达式。

26. 设 $f(x)=\dfrac{1}{1+x^2}$，将区间 $[-5,5]$ 分成 10 等份，用分段线性插值方法求各段中点的值，并估计误差。

27. 将区间 $[a,b]$ 分成 $n$ 等份，求 $f(x)=x^2$ 在区间 $[a,b]$ 上的分段线性插值函数，并估计插值余项。

28. 设要构造对数表 $\log x$，$1\leqslant x\leqslant 10$，应如何选取步长，才能使分段线性插值具有 6 位有效数字。

29. 用分段二次插值公式计算区间 $[a,b]$ 上非节点处的函数值 $e^x$ 的近似值，使误差不超过 $10^{-6}$，要使用多少个等分节点处的函数值？

30. 求 $f(x)=x^4$ 在区间 $[a,b]$ 上的分段埃尔米特插值，并估计误差。

31. 对如下函数表建立三次样条插值函数。

| $x$ | 1 | 2 | 3 |
|---|---|---|---|
| $f(x)$ | 2 | 4 | 2 |
| $f'(x)$ | 1 | | −1 |

32. 已知 $y=f(x)$ 的数据表

| $x$ | 0 | 1 | 3 | 4 |
|---|---|---|---|---|
| $f(x)$ | −2 | 0 | 4 | 5 |

求满足自然边界条件 $s''(0)=s''(6)=0$ 的三次样条插值函数 $s(x)$，并计算 $f(2)$ 和 $f(3.5)$ 的近似值。

# 第 5 章　曲线拟合的最小二乘法

在生产过程、科学实验和统计分析中，往往需要通过得到的一组实验数据或观测数据找出变化规律，确定函数的近似表达式，从图形上看，就是通过给定的一组数据点，求取一条近似曲线，这就是曲线拟合。在曲线拟合时，给出的观测数据本身不一定完全可靠，个别数据的误差甚至可能很大，但给出的数据很多，曲线拟合是从给出的一大堆数据中找出规律，即设法构造一条曲线(拟合曲线)反映数据点总的趋势，以消除其局部波动。

曲线拟合和插值法的区别在于实验数据带有测试误差，曲线通过每一个点将保留测试误差。同时数据多，通过每一个点插值多项式次数将很高，而失去实用性。曲线拟合不是严格地通过每个数据点，而是反映这些数据点的总的趋势，这样就避免了大量数据插值时需要高次多项式，同时又去掉了数据所含的测量误差。

## 5.1　最小二乘法

最小二乘法是解决曲线拟合的一种有效的、应用广泛的方法，下面介绍最小二乘原理及其应用的实例。

### 5.1.1　最小二乘原理

设已知某物理过程 $y=f(x)$ 的一组观测数据

$$(x_i,f(x_i)),i=1,2,\cdots,m \tag{5-1}$$

要求在某特定函数类 $\Phi(x)$ 中寻找一个函数 $\varphi(x)$ 作为 $y=f(x)$ 的近似函数，使得二者在点 $x_i$ 上的误差或称残差

$$\delta_i=\varphi(x_i)-f(x_i),i=1,2,\cdots,m \tag{5-2}$$

按某种度量标准为最小，这就是拟合问题。

要求残差 $\delta_i$ 按某种度量标准为最小，即要求由残差 $\delta_i$ 构成的残差向量 $\boldsymbol{\delta}=[\delta_0,\delta_1,\cdots,\delta_m]^{\mathrm{T}}$ 的某种范数 $\|\boldsymbol{\delta}\|$ 为最小。例如，要求 $\|\boldsymbol{\delta}\|_1$ 或 $\|\boldsymbol{\delta}\|_\infty$，即

$$\|\boldsymbol{\delta}\|_1=\sum_{i=1}^{m}|\delta_i|=\sum_{i=1}^{m}|\varphi(x_i)-f(x_i)|$$

$$\|\boldsymbol{\delta}\|_\infty=\max_i|\delta_i|=\max_i|\varphi(x_i)-f(x_i)|$$

为最小，这本来都是很自然的，可是计算不太方便。所以通常要求：

$$\|\boldsymbol{\delta}\|_2=\left(\sum_{i=1}^{m}\delta_i^2\right)^{\frac{1}{2}}=\left\{\sum_{i=1}^{m}[\varphi(x_i)-f(x_i)]^2\right\}^{\frac{1}{2}}$$

或者

$$\|\boldsymbol{\delta}\|_2^2=\sum_{i=1}^{m}\delta_i^2=\sum_{i=1}^{m}[\varphi(x_i)-f(x_i)]^2 \tag{5-3}$$

为最小。这种要求误差平方和最小的拟合称为曲线拟合的最小二乘法。这就是说，最小二乘法

提供了一种数学方法，利用这种方法可以对实验数据实现在最小平方误差意义下的最好拟合。

用最小二乘法求拟合曲线时，必须选择函数类，确定拟合函数 $\varphi(x)$ 的形式，这与所讨论问题的专业知识和经验有关。通常 $\varphi(x)\in\Phi=\mathrm{Span}\{\varphi_0,\varphi_1,\cdots,\varphi_n\}$，其中 $\varphi_i(x)$，$i=0$，1，…，$n$ 是一组线性无关且已给定的函数，$\Phi$ 表示 $\varphi_0$，$\varphi_1$，…，$\varphi_n$ 组成的函数空间，$\varphi(x)\in\Phi$ 表示为

$$\varphi(x)=a_0\varphi_0(x)+a_1\varphi_1(x)+\cdots+a_n\varphi_n(x) \tag{5-4}$$

此时 $\varphi(x)$ 为线性拟合模型，否则当 $\varphi(x)$ 关于某个或某些参数非线性时，称之为非线性模型。

下面给出式(5-4)求解方法。当确定出拟合参数 $a_0$，$a_1$，…，$a_n$，就可得到拟合函数 $\varphi(x)$。

对于给定的数据 $(x_i,f(x_i))$，$i=1,2,\cdots,m$，要在给定的函数空间 $\Phi=\mathrm{Span}\{\varphi_0,\varphi_1,\cdots,\varphi_n\}$ 中找一个函数

$$\varphi^*(x)=a_0^*\varphi_0(x)+a_1^*\varphi_1(x)+\cdots+a_n^*\varphi_n(x)=\sum_{i=0}^{n}a_i^*\varphi_i(x) \tag{5-5}$$

使 $\varphi^*(x)$ 满足

$$\|\boldsymbol{\delta}\|_2^2=\sum_{i=1}^{m}[\varphi^*(x_i)-f(x_i)]^2=\min_{\varphi(x)\in\Phi}\sum_{i=1}^{m}[\varphi(x_i)-f(x_i)]^2 \tag{5-6}$$

这种求拟合函数 $\varphi^*(x)$ 的方法就是曲线拟合的最小二乘法，$\varphi^*(x)$ 是最小二乘问题的最小二乘解。

令性能指标函数

$$J=\|\delta\|\sum_{i=1}^{m}[\varphi_k(x_i)-f(x_i)]$$

性能指标是拟合参数 $a_0$，$a_1$，…，$a_n$ 的函数，即

$$J(a_0,a_1,\cdots,a_n)=\sum_{i=1}^{m}[a_0\varphi_0(x_i)+a_1\varphi_1(x_i)+\cdots+a_n\varphi_n(x_i)-f(x_i)]^2 \tag{5-7}$$

要使性能指标函数 $J$ 达到极小，由多元函数 $J(a_0,a_1,\cdots,a_n)$ 取极值的必要条件

$$\frac{\partial J}{\partial a_k}=0\quad k=0,1,\cdots,n \tag{5-8}$$

可得方程组

$$\frac{\partial J}{\partial a_k}=2\sum_{i=1}^{m}\varphi_k(x_i)[a_0\varphi_0(x_i)+a_1\varphi_1(x_i)+\cdots+a_n\varphi_n(x_i)-f(x_i)]=0$$

$$\sum_{i=1}^{m}\varphi_k(x_i)[a_0\varphi_0(x_i)+a_1\varphi_1(x_i)+\cdots+a_n\varphi_n(x_i)-f(x_i)]=0,k=0,1,\cdots,n$$

引入记号

$$\begin{cases}(\varphi_k,\varphi_j)=\sum_{i=1}^{m}\varphi_k(x_i)\varphi_j(x_i)\\(\varphi_k,f)=\sum_{i=1}^{m}\varphi_k(x_i)f(x_i)\end{cases} \tag{5-9}$$

则所得方程组表示成

$$a_0(\varphi_k,\varphi_0)+a_1(\varphi_k,\varphi_1)+\cdots+a_n(\varphi_k,\varphi_n)=(\varphi_k,f)\quad k=0,1,\cdots,n \tag{5-10}$$

这个方程组称为正则(或正规)方程组或法方程组，写成矩阵形式为

$$\begin{pmatrix}(\varphi_0,\varphi_0) & (\varphi_0,\varphi_1) & \cdots & (\varphi_0,\varphi_n)\\(\varphi_1,\varphi_0) & (\varphi_1,\varphi_1) & \cdots & (\varphi_1,\varphi_n)\\\vdots & \vdots & & \vdots\\(\varphi_n,\varphi_0) & (\varphi_n,\varphi_1) & \cdots & (\varphi_n,\varphi_n)\end{pmatrix}\begin{pmatrix}a_0\\a_1\\\vdots\\a_n\end{pmatrix}=\begin{pmatrix}(\varphi_0,f)\\(\varphi_1,f)\\\vdots\\(\varphi_n,f)\end{pmatrix} \tag{5-11}$$

这是一个系数矩阵为对称矩阵的线性方程组。当 $\varphi_0(x)$，$\varphi_1(x)$，…，$\varphi_n(x)$ 线性无关时，有唯一解

$$a_i=a_i^*,i=0,1,\cdots,n$$

并且相应的拟合函数

$$\varphi^*(x)=a_0^*\varphi_0(x)+a_1^*\varphi_1(x)+\cdots+a_n^*\varphi_n(x) \tag{5-12}$$

就是满足残差平方和为最小的最小二乘解。

在实际问题中得到的观测数据并非是等精度及等重要性的。为了衡量数据的精度和重要性，常常对数据进行加“权”处理，对精度好及重要的数据给予较大的权，否则给予较小的权，这就是加权最小二乘法。

用加权最小二乘法进行拟合是对于观测数据 $(x_i,f(x_i))$，$i=1$，2，…，$m$ 要求在某函数类 $\boldsymbol{\Phi}(x)$ 中寻求一个函数 $\varphi(x)$，使

$$\sum_{i=1}^{m}\omega_i\varepsilon_i^2=\sum_{i=1}^{m}\omega_i[\varphi(x_i)-f(x_i)]^2$$

为最小。式中 $\omega_i$ 为一组正数，反映数据 $(x_i,f(x_i))$ 特性的权，此时正则方程组仍如式(5-10)，即

$$a_0(\varphi_k,\varphi_0)+a_1(\varphi_k,\varphi_1)+\cdots+a_n(\varphi_k,\varphi_n)=(\varphi_k,f),k=0,1,\cdots,n$$

只是其中

$$\begin{cases}(\varphi_k,\varphi_j)=\sum_{i=1}^{m}\omega_i\varphi_k(x_i)\varphi_j(x_i)\\(\varphi_k,f)=\sum_{i=1}^{m}\omega_i\varphi_k(x_i)f(x_i)\end{cases} \tag{5-13}$$

由以上讨论可知:

① 对于给定数据 $(x_i,y_i)$，$i=1$，2，…，$m$，在函数空间 $\boldsymbol{\Phi}(x)$ 中存在唯一函数

$$\varphi^*(x)=a_0^*\varphi_0(x)+a_1^*\varphi_1(x)+\cdots+a_n^*\varphi_n(x)$$

使残差平方和为最小。

② 最小二乘解的系数 $a_0^*$，$a_1^*$，…，$a_n^*$ 可通过解正则方程组(5-10)求得。

③ 用最小二乘解 $\varphi^*(x)$ 来拟合数据 $(x_i,y_i)$，$i=1$，2，…，$m$ 的平方误差为

$$\begin{aligned}\|\boldsymbol{\delta}\|_2^2&=(\varphi^*-y,\varphi^*-y)\\&=(\varphi^*,\varphi^*)-2(\varphi^*,y)+(y,y)\\&=(y,y)-(\varphi^*,\varphi^*)\end{aligned}$$

### 5.1.2 直线拟合

设已知数据点$(x_i,y_i)$，$i=1,2,\cdots,m$ 分布大致为一条直线，利用最小二乘原理，构造拟合直线 $y=a+bx$，该直线不是通过所有数据点$(x_i,y_i)$，而是使残差平方和

$$\sum_{i=1}^{m}[y_i-(a+bx_i)]^2$$

为最小。

确定直线参数 $a$ 和 $b$ 是取式(5-4)中

$$\varphi_0=1,\ \varphi_1=x$$

此时正则方程组(5-11)成为

$$\begin{pmatrix}\sum_{i=1}^{m}1 & \sum_{i=1}^{m}x_i\\ \sum_{i=1}^{m}x_i & \sum_{i=1}^{m}x_i^2\end{pmatrix}\begin{pmatrix}a\\ b\end{pmatrix}=\begin{pmatrix}\sum_{i=1}^{m}y_i\\ \sum_{i=1}^{m}x_iy_i\end{pmatrix} \tag{5-14}$$

**例 5-1** 已知实验数据

| $x_i$ | 0.0 | 0.2 | 0.4 | 0.6 | 0.8 |
|---|---|---|---|---|---|
| $y_i$ | 0.9 | 1.9 | 2.8 | 3.3 | 4.2 |

用最小二乘法求拟合直线 $y=a+bx$。

**解** 把表中所给数据画在坐标纸上，可以看出，数据点的分布可以用一条直线来近似地描述，设所求的拟合直线为 $y=a+bx$，由式(5-11)，有正则方程组

$$\begin{pmatrix}5 & 2\\ 2 & 1.2\end{pmatrix}\begin{pmatrix}a\\ b\end{pmatrix}=\begin{pmatrix}13.1\\ 6.84\end{pmatrix}$$

解之 $a=1.02$，$b=4$，于是有拟合直线

$$y=1.02+4x$$

**例 5-2** 已知观测数据$(x_i,y_i)$及相应的权 $\omega_i$

| $i$ | 1 | 2 | 3 | 4 |
|---|---|---|---|---|
| $\omega_i$ | 14 | 27 | 12 | 1 |
| $x_i$ | 2 | 4 | 6 | 8 |
| $y_i$ | 2 | 11 | 28 | 40 |

若 $x$ 和 $y$ 之间有线性关系 $y=a+bx$，用最小二乘法确定 $a$ 和 $b$。

**解** 直线拟合方程 $y=a+bx$，正则方程组为

$$\begin{pmatrix}\sum\omega_i & \sum\omega_ix_i\\ \sum\omega_ix_i & \sum\omega_ix_i^2\end{pmatrix}\begin{pmatrix}a\\ b\end{pmatrix}=\begin{pmatrix}\sum\omega_iy_i\\ \sum\omega_ix_iy_i\end{pmatrix}$$

代入已知数据，有

$$\begin{pmatrix}54 & 216\\ 216 & 984\end{pmatrix}\begin{pmatrix}a\\ b\end{pmatrix}=\begin{pmatrix}701\\ 3580\end{pmatrix}$$

解之

$$a = -12.885, b = 6.467$$

### 5.1.3 超定方程组的最小二乘解

当线性方程组方程的个数多于未知数的个数时，方程组没有通常意义下的解，这类方程组称为超定方程组或矛盾方程组，这时可求其最小二乘意义下的解。

设线性方程组

$$\begin{cases} a_{11}x_1 + a_{12}x_2 + \cdots + a_{1n}x_n = b_1 \\ a_{21}x_1 + a_{22}x_2 + \cdots + a_{2n}x_n = b_2 \\ \qquad\vdots \\ a_{m1}x_1 + a_{m2}x_2 + \cdots + a_{mn}x_n = b_m \end{cases} \tag{5-15}$$

其中 $m > n$。式(5-15)可写成

$$\sum_{j=1}^{n} a_{ij}x_j = b_i, i = 1,2,\cdots,m$$

用最小二乘法求解时，定义残差

$$\delta_i = \sum_{j=1}^{n} a_{ij}x_j - b_i, i = 1,2,\cdots,m \tag{5-16}$$

按最小二乘原理，采用使

$$J = \sum_{i=1}^{m} \delta_i^2 = \sum_{i=1}^{m}\left[\sum_{j=1}^{n} a_{ij}x_j - b_i\right]^2 \tag{5-17}$$

为最小的 $x_j$，$j=1, 2, \cdots, n$，并称之为最小二乘解。

由二次函数 $J$ 取极值的必要条件

$$\frac{\partial J}{\partial x_k} = 0, k = 1,2,\cdots,n$$

可得正则方程组

$$\sum_{j=1}^{n}\left(\sum_{i=1}^{m} a_{ij}\, a_{ik}\right)x_j = \sum_{i=1}^{n} a_{ik}b \tag{5-18}$$

正则方程组的解 $x_j$，$j=1, 2, \cdots, n$ 就是超定方程组的最小二乘解。

当用矩阵形式表示时，线性方程组(5-15)写成

$$\boldsymbol{Ax} = \boldsymbol{b}$$

其中

$$\boldsymbol{A} = \begin{pmatrix} a_{11} & a_{12} & \cdots & a_{1n} \\ a_{21} & a_{22} & \cdots & a_{2n} \\ \vdots & \vdots & & \vdots \\ a_{m1} & a_{m2} & \cdots & a_{mn} \end{pmatrix},\ \boldsymbol{x} = \begin{pmatrix} x_1 \\ x_2 \\ \vdots \\ x_n \end{pmatrix},\ \boldsymbol{b} = \begin{pmatrix} b_1 \\ b_2 \\ \vdots \\ b_m \end{pmatrix}$$

残差向量

$$\boldsymbol{\delta} = \boldsymbol{b} - \boldsymbol{Ax}$$

取

$$\begin{aligned} J &= \boldsymbol{\delta}^{\mathrm{T}}\boldsymbol{\delta} = (\boldsymbol{b}-\boldsymbol{A}\boldsymbol{x})^{\mathrm{T}}(\boldsymbol{b}-\boldsymbol{A}\boldsymbol{x}) \\ &= \boldsymbol{b}^{\mathrm{T}}\boldsymbol{b} - \boldsymbol{x}^{\mathrm{T}}\boldsymbol{A}^{\mathrm{T}}\boldsymbol{b} - \boldsymbol{b}^{\mathrm{T}}\boldsymbol{A}\boldsymbol{x} + \boldsymbol{x}^{\mathrm{T}}\boldsymbol{A}^{\mathrm{T}}\boldsymbol{A}\boldsymbol{x} \end{aligned}$$

利用矩阵运算可得

$$\frac{\partial J}{\partial \boldsymbol{x}} = -2\boldsymbol{A}^{\mathrm{T}}\boldsymbol{b} + 2\boldsymbol{A}^{\mathrm{T}}\boldsymbol{A}\boldsymbol{x} = \boldsymbol{0}$$

从而有正则方程组

$$\boldsymbol{A}^{\mathrm{T}}\boldsymbol{A}\boldsymbol{x} = \boldsymbol{A}^{\mathrm{T}}\boldsymbol{b} \tag{5-19}$$

显然 $\boldsymbol{A}^{\mathrm{T}}\boldsymbol{A}$ 为对称矩阵。注意这里正则方程组(5-19)和分量形式描述的正则方程组(5-18)是完全一致的。

由此得出用最小二乘法解超定方程组的步骤：

1）计算 $\boldsymbol{A}^{\mathrm{T}}\boldsymbol{A}$ 和 $\boldsymbol{A}^{\mathrm{T}}\boldsymbol{b}$，得正则方程组 $\boldsymbol{A}^{\mathrm{T}}\boldsymbol{A}\boldsymbol{x} = \boldsymbol{A}^{\mathrm{T}}\boldsymbol{b}$。

2）求解正则方程组得到超定方程组的最小二乘解。

**例 5-3** 求下列超定方程组的最小二乘解。

$$\begin{cases} x_1 - x_2 = 0 \\ x_1 + x_2 = 1 \\ x_1 + x_2 = 0 \end{cases}$$

**解** 原方程组写成

$$\begin{pmatrix} 1 & -1 \\ 1 & 1 \\ 1 & 1 \end{pmatrix}\begin{pmatrix} x_1 \\ x_2 \end{pmatrix} = \begin{pmatrix} 0 \\ 1 \\ 0 \end{pmatrix}$$

于是有

$$\boldsymbol{A} = \begin{pmatrix} 1 & -1 \\ 1 & 1 \\ 1 & 1 \end{pmatrix}, \quad \boldsymbol{A}^{\mathrm{T}} = \begin{pmatrix} 1 & 1 & 1 \\ -1 & 1 & 1 \end{pmatrix}, \quad \boldsymbol{b} = \begin{pmatrix} 0 \\ 1 \\ 0 \end{pmatrix}$$

因此

$$\boldsymbol{A}^{\mathrm{T}}\boldsymbol{A} = \begin{pmatrix} 3 & 1 \\ 1 & 3 \end{pmatrix}, \quad (\boldsymbol{A}^{\mathrm{T}}\boldsymbol{A})^{-1} = \frac{1}{8}\begin{pmatrix} 3 & -1 \\ -1 & 3 \end{pmatrix}$$

$$(\boldsymbol{A}^{\mathrm{T}}\boldsymbol{A})^{-1}\boldsymbol{A}^{\mathrm{T}} = \frac{1}{8}\begin{pmatrix} 4 & 2 & 2 \\ -4 & 2 & 2 \end{pmatrix}, \quad \begin{pmatrix} x_1 \\ x_2 \end{pmatrix} = (\boldsymbol{A}^{\mathrm{T}}\boldsymbol{A})^{-1}\boldsymbol{A}^{\mathrm{T}}\boldsymbol{b} = \begin{pmatrix} \frac{1}{4} \\ \frac{1}{4} \end{pmatrix}$$

### 5.1.4 可线性化模型的最小二乘拟合

在许多实际问题中，变量之间的内在关系不一定是线性关系，但可以把拟合曲线

$$y = a + bx$$

中的 $x$ 和 $y$ 看成是其他变量的函数。例如，对

$$f(y) = a + bg(x) \tag{5-20}$$

令 $\hat{x} = g(x)$，$\hat{y} = f(y)$，则有

$$\hat{y} = a + b\hat{x} \tag{5-21}$$

这样可把许多原来的非线性问题转化为线性问题，如双曲线

$$\frac{1}{y} = a + b\frac{1}{x} \tag{5-22}$$

令 $\hat{y} = \frac{1}{y}$，$\hat{x} = \frac{1}{x}$可化成

$$\hat{y} = a + b\hat{x} \tag{5-23}$$

又如指数函数

$$y = ae^{bx} \tag{5-24}$$

关于参数 $a$ 和 $b$ 不是线性函数，但对上式两端取对数，有

$$\ln y = \ln a + bx \tag{5-25}$$

令 $\hat{y} = \ln y$，$\hat{a} = \ln a$，则上式转化为线性模型

$$\hat{y} = \hat{a} + bx \tag{5-26}$$

求出 $\hat{a}$ 和 $\hat{b}$，再返回到 $a$，$b$，则可得到拟合函数 $y = ae^{bx}$。

表 5-1 给出了一些常用的可变为线性模型的最小二乘拟合。

**表 5-1**

| 可线性化函数 | 转换关系 | 线性化拟合函数 |
|---|---|---|
| $\frac{1}{y} = a + \frac{b}{x}$ | $\hat{y} = \frac{1}{y}$　$\hat{x} = \frac{1}{x}$ | $\hat{y} = a + b\hat{x}$ |
| $y = a + \frac{b}{x}$ | $\hat{x} = \frac{1}{x}$ | $y = a + b\hat{x}$ |
| $y = ax^b$ | $\hat{y} = \ln y$　$\hat{x} = \ln x$ | $\hat{y} = \ln a + b\hat{x}$ |
| $y = ae^{bx}$ | $\hat{y} = \ln y$ | $\hat{y} = \ln a + bx$ |
| $y = ae^{\frac{b}{x}}$ | $\hat{y} = \ln y$　$\hat{x} = \frac{1}{x}$ | $\hat{y} = \ln a + b\hat{x}$ |
| $y = e^{a+bx}$ | $\hat{y} = \ln y$ | $\hat{y} = a + bx$ |
| $y = a + b\ln x$ | $\hat{x} = \ln x$ | $y = a + b\hat{x}$ |
| $y = \frac{1}{ax+b}$ | $\hat{y} = \frac{1}{y}$ | $\hat{y} = ax + b$ |
| $y = \frac{x}{ax+b}$ | $\hat{y} = \frac{1}{y}$　$\hat{x} = \frac{1}{x}$ | $\hat{y} = a + b\hat{x}$ |
| $y = \frac{1}{a+be^x}$ | $\hat{y} = \frac{1}{y}$　$\hat{x} = e^x$ | $\hat{y} = a + b\hat{x}$ |

当然，如何找到更符合实际情况的数据拟合，一方面可以根据专门知识和经验来确定经验曲线的近似公式，另一方面也可以根据数据点画图来分析其形状和特点，选择合适的曲线进行拟合。

**例 5-4**　已知钢包容积 $y$ 和使用次数 $x$ 有如下数据：使用次数 $x = 2, 3, 4, 5, 7, 8,$

10，11，14，15，16，18，19 时分别对应钢包容积 $y=106.42$，108.20，109.58，109.50，110.00，109.93，110.49，110.59，110.60，110.90，110.76，111.00，111.20。试用双曲线

$$\frac{1}{y}=a+b\frac{1}{x}$$

进行最小二乘拟合。

**解** 对双曲线

$$\frac{1}{y}=a+b\frac{1}{x}$$

令 $\hat{y}=\frac{1}{y}$，$\hat{x}=\frac{1}{x}$，则上式成为

$$\hat{y}=a+b\hat{x}$$

对于 $\hat{y}$ 和 $\hat{x}$ 来说，可用最小二乘原理求出 $a$ 和 $b$，计算 $\sum 1=13$，$\sum \hat{x}_i=2.050\ 883$，$\sum \hat{x}_i^2=0.537\ 218\ 0$，$\sum \hat{y}_i=0.118\ 266\ 72$，$\sum \hat{x}_i\hat{y}_i=0.018\ 835\ 17$，代入正则方程组(5-14)，有

$$\begin{pmatrix}13 & 2.050\ 883\\ 2.050\ 883 & 0.537\ 218\ 0\end{pmatrix}\begin{pmatrix}a\\ b\end{pmatrix}=\begin{pmatrix}0.118\ 266\ 72\\ 0.018\ 835\ 17\end{pmatrix}$$

解之，可得

$$a=0.008\ 966,b=0.000\ 830\ 2$$

于是

$$\hat{y}=0.008\ 966+0.000\ 830\ 2\hat{x}$$

即

$$y^*=\frac{x}{0.008\ 966x+0.000\ 830\ 2}$$

**例 5-5** 给定观测数据

| $x_i$ | 1.00 | 1.25 | 1.50 | 1.75 | 2.00 |
|---|---|---|---|---|---|
| $y_i$ | 5.10 | 5.79 | 6.53 | 7.45 | 8.46 |

试用指数曲线 $y=ae^{bx}$进行拟合。

**解** 对 $y=ae^{bx}$两端取对数得 $\ln y=\ln a+bx$，并令 $\hat{y}=\ln y$，$\hat{a}=\ln a$，则有 $\hat{y}=\hat{a}+bx$，先将数据$(x_i,y_i)$转化为$(x_i,\hat{y}_i)$，即

| $x_i$ | 1.00 | 1.25 | 1.50 | 1.75 | 2.00 |
|---|---|---|---|---|---|
| $\hat{y}_i$ | 1.629 | 1.756 | 1.876 | 2.008 | 2.135 |

根据最小二乘原理，有

$$\sum 1=5,\quad \sum x_i=7.5,\quad \sum x_i^2=11.875,\quad \sum \hat{y}_i=9.404,\quad \sum x_i\hat{y}_i=14.422$$

其中 $\sum$ 为 $\sum\limits_{i=1}^{5}$，由正则方程组(5-14)，有

$$\begin{cases}5\hat{a}+7.5b=9.404\\ 7.5\hat{a}+11.875b=14.422\end{cases}$$

解得

$$\hat{a} = 1.122, b = 0.505, a = e^{\hat{a}} = 3.071$$

于是最小二乘拟合曲线

$$y = 3.071e^{0.505x}$$

### 5.1.5 多变量的数据拟合

若影响变量 $y$ 的因素不只是一个，而是多个，譬如有 $n$ 个因素 $x_1$，$x_2$，…，$x_n$，当进行了$m$次$(m>n)$实验得到数据

| 观测次数 | $x_1$ | $x_2$ | … | $x_n$ | $y$ |
|---|---|---|---|---|---|
| 1 | $x_{11}$ | $x_{21}$ | … | $x_{n1}$ | $y_1$ |
| 2 | $x_{12}$ | $x_{22}$ | … | $x_{n2}$ | $y_2$ |
| ⋮ | ⋮ | ⋮ |  | ⋮ | ⋮ |
| $m$ | $x_{1m}$ | $x_{2m}$ | … | $x_{nm}$ | $y_m$ |

假定变量 $y$ 与 $n$ 个变量 $x_1$，$x_2$，…，$x_n$ 成线性关系，选择拟合方程

$$\varphi(x) = a_0 + a_1x_1 + a_2x_2 + \cdots + a_nx_n \tag{5-27}$$

可用最小二乘原理确定拟合方程的全部系数 $a_0$，$a_1$，…，$a_n$。为此，令性能指标

$$\begin{aligned} J(a_0, a_1, \cdots, a_n) &= \sum_{i=1}^{m} [\varphi(x_i) - y_i]^2 \\ &= \sum_{i=1}^{m} (a_0 + a_1x_{1i} + a_2x_{2i} + \cdots + a_nx_{ni} - y_i)^2 \end{aligned} \tag{5-28}$$

要使 $J$ 达到极小，即

$$\frac{\partial J}{\partial a_k} = 0, \ k = 0, 1, \cdots, n$$

因此有

$$\begin{cases} \dfrac{\partial J}{\partial a_0} = 2\sum\limits_{i=1}^{m} (a_0 + a_1x_{1i} + \cdots + a_nx_{ni} - y_i) = 0 \\ \dfrac{\partial J}{\partial a_1} = 2\sum\limits_{i=1}^{m} (a_0 + a_1x_{1i} + \cdots + a_nx_{ni} - y_i)x_{1i} = 0 \\ \qquad \vdots \\ \dfrac{\partial J}{\partial a_n} = 2\sum\limits_{i=1}^{m} (a_0 + a_1x_{1i} + \cdots + a_nx_{ni} - y_i)x_{ni} = 0 \end{cases}$$

化简整理得确定拟合参数 $a_0$，$a_1$，…，$a_n$ 的正则方程组

$$\begin{pmatrix} m & \sum x_{1i} & \sum x_{2i} & \cdots & \sum x_{ni} \\ \sum x_{1i} & \sum x_{1i}^2 & \sum x_{1i}x_{2i} & \cdots & \sum x_{1i}x_{ni} \\ \vdots & \vdots & \vdots & & \vdots \\ \sum x_{ni} & \sum x_{ni}x_{1i} & \sum x_{ni}x_{2i} & \cdots & \sum x_{ni}^2 \end{pmatrix} \begin{pmatrix} a_0 \\ a_1 \\ \vdots \\ a_n \end{pmatrix} = \begin{pmatrix} \sum y_i \\ \sum x_{1i}y_i \\ \vdots \\ \sum x_{ni}y_i \end{pmatrix} \tag{5-29}$$

其中$\sum$代表$\sum\limits_{i=1}^{m}$，这个方程组实际上就是正则方程组(5-11)的一种具体应用，只是将其中的

$\varphi_i$ 用 $x_i$ 代替，且 $\varphi_0=1$。解方程组(5-29)即可求得 $a_i$，$i=0, 1, \cdots, n$，将其代入式(5-27)就得到最小二乘解 $\varphi^*(x)$。因为通常满足观测数据的数组大于自变量的个数($m>n$)，并假定任一自变量不能用其他自变量线性表出，所以正则方程组存在唯一解。

**例 5-6** 某化学反应放出的热量 $y$ 和所用原料 $x_1$ 与 $x_2$ 之间有如下数据，用最小二乘法建立近似模型。

| $i$ | 1 | 2 | 3 | 4 | 5 |
|---|---|---|---|---|---|
| $x_{1i}$ | 2 | 4 | 5 | 8 | 9 |
| $x_{2i}$ | 3 | 5 | 7 | 9 | 12 |
| $y_i$ | 48 | 50 | 51 | 55 | 56 |

**解** 选择近似模型

$$y^* = a_0 + a_1x_1 + a_2x_2$$

计算 $m=5$，$\sum x_{1i}=28$，$\sum x_{2i}=36$，$\sum y_i=260$，$\sum x_{1i}^2=190$，$\sum x_{1i}x_{2i}=241$，$\sum x_{1i}y_i=1\ 495$，$\sum x_{2i}^2=308$，$\sum x_{2i}y_i=1\ 918$，上述计算中 $\sum$ 为 $\sum\limits_{i=1}^{5}$。

代入正则方程组(5-29)，有

$$\begin{pmatrix} \sum 1 & \sum x_{1i} & \sum x_{2i} \\ \sum x_{1i} & \sum x_{1i}^2 & \sum x_{1i}x_{2i} \\ \sum x_{2i} & \sum x_{1i}x_{2i} & \sum x_{2i}^2 \end{pmatrix}\begin{pmatrix} a_0 \\ a_1 \\ a_2 \end{pmatrix}=\begin{pmatrix} \sum y_i \\ \sum x_{1i}y_i \\ \sum x_{2i}y_i \end{pmatrix}$$

因此有

$$\begin{cases} 5a_0 + 28a_1 + 36a_2 = 260 \\ 28a_0 + 190a_1 + 241a_2 = 1\ 495 \\ 36a_0 + 241a_1 + 308a_2 = 1\ 918 \end{cases}$$

解之，得

$$a_0 = 45.498\ 4, a_1 = 1.339\ 2, a_2 = -0.138\ 6$$

故所求近似模型

$$y^* = 45.498\ 4 + 1.339\ 2x_1 - 0.138\ 6x_2$$

下面给出矩阵形式描述的多变量的数据拟合。

对多变量(或称多元)线性模型

$$y^* = a_0 + a_1x_1 + a_2x_2 + \cdots + a_nx_n \tag{5-30}$$

进行了 $m$ 次观测，有

$$\begin{cases} y_1^* = a_0 + a_1x_{11} + a_2x_{21} + \cdots + a_nx_{n1} \\ y_2^* = a_0 + a_1x_{12} + a_2x_{22} + \cdots + a_nx_{n2} \\ \qquad \vdots \\ y_m^* = a_0 + a_1x_{1m} + a_2x_{2m} + \cdots + a_nx_{nm} \end{cases} \tag{5-31}$$

这个方程组称为回归方程组，写成向量-矩阵形式

$$\boldsymbol{y} = \boldsymbol{A\alpha} \tag{5-32}$$

其中 $y^* = \begin{pmatrix} y_1^* \\ y_2^* \\ \vdots \\ y_m^* \end{pmatrix}$，$\boldsymbol{A} = \begin{pmatrix} 1 & x_{11} & x_{21} & \cdots & x_{n1} \\ 1 & x_{12} & x_{22} & \cdots & x_{n2} \\ \vdots & \vdots & \vdots & \vdots & \vdots \\ 1 & x_{1m} & x_{2m} & \cdots & x_{nm} \end{pmatrix}$，$\boldsymbol{\alpha} = \begin{pmatrix} a_0 \\ a_1 \\ \vdots \\ a_n \end{pmatrix}$。

当 $m>n$ 时，要确定一组 $a_i$，$i=0, 1, \cdots, n$，使之满足 $m$ 个方程，这是超定方程组的问题，只能在最小平方误差的基础上确定$\alpha_i$。

定义残差向量 $\boldsymbol{\delta}=(\delta_1,\delta_2,\cdots,\delta_m)^{\mathrm{T}}$，则

$$\boldsymbol{\delta}=\boldsymbol{y}-\boldsymbol{A\alpha} \tag{5-33}$$

其中 $\boldsymbol{y}=(y_1,y_2,\cdots,y_m)^{\mathrm{T}}$ 代表输出向量。取性能指标

$$J=\boldsymbol{\delta}^{\mathrm{T}}\boldsymbol{\delta} \tag{5-34}$$

使之最小，以此确定出 $\boldsymbol{\alpha}$。由

$$\begin{aligned} J=\boldsymbol{\delta}^{\mathrm{T}}\boldsymbol{\delta} &= (\boldsymbol{y}-\boldsymbol{A\alpha})^{\mathrm{T}}(\boldsymbol{y}-\boldsymbol{A\alpha}) \\ &= \boldsymbol{y}^{\mathrm{T}}\boldsymbol{y}-\boldsymbol{\alpha}^{\mathrm{T}}\boldsymbol{A}^{\mathrm{T}}\boldsymbol{y}-\boldsymbol{y}^{\mathrm{T}}\boldsymbol{A\alpha}+\boldsymbol{\alpha}^{\mathrm{T}}\boldsymbol{A}^{\mathrm{T}}\boldsymbol{A\alpha} \end{aligned}$$

利用向量和矩阵的运算公式，有

$$\boldsymbol{A}^{\mathrm{T}}\boldsymbol{A\alpha}=\boldsymbol{A}^{\mathrm{T}}\boldsymbol{y} \tag{5-35}$$

此即为正则方程组，当 $\boldsymbol{A}^{\mathrm{T}}\boldsymbol{A}$ 非奇异时，可求得

$$\boldsymbol{\alpha}=(\boldsymbol{A}^{\mathrm{T}}\boldsymbol{A})^{-1}\boldsymbol{A}^{\mathrm{T}}\boldsymbol{y} \tag{5-36}$$

这里正则方程组(5-35)和方程组(5-29)在本质上是完全一致的，只是表述形式不同。

**例 5-7** 对上题的例子，用矩阵形式描述时，有

$$\boldsymbol{y} = \begin{pmatrix} 48 \\ 50 \\ 51 \\ 55 \\ 56 \end{pmatrix}, \boldsymbol{A} = \begin{pmatrix} 1 & 2 & 3 \\ 1 & 4 & 5 \\ 1 & 5 & 7 \\ 1 & 8 & 9 \\ 1 & 9 & 12 \end{pmatrix}, \boldsymbol{\alpha} = \begin{pmatrix} a_0 \\ a_1 \\ a_2 \end{pmatrix},$$

$$\boldsymbol{A}^{\mathrm{T}} = \begin{pmatrix} 1 & 1 & 1 & 1 & 1 \\ 2 & 4 & 5 & 8 & 9 \\ 3 & 5 & 7 & 9 & 12 \end{pmatrix}, \boldsymbol{A}^{\mathrm{T}}\boldsymbol{A} = \begin{pmatrix} 5 & 28 & 36 \\ 28 & 190 & 241 \\ 36 & 241 & 308 \end{pmatrix}, \boldsymbol{A}^{\mathrm{T}}\boldsymbol{y} = \begin{pmatrix} 260 \\ 1\,495 \\ 1\,918 \end{pmatrix}$$

从而由正则方程组(5-35)，有

$$\begin{pmatrix} 5 & 28 & 36 \\ 28 & 190 & 241 \\ 36 & 241 & 308 \end{pmatrix}\begin{pmatrix} a_0 \\ a_1 \\ a_2 \end{pmatrix} = \begin{pmatrix} 260 \\ 1\,495 \\ 1\,918 \end{pmatrix}$$

解之

$$a_0 = 45.498\,4, a_1 = 1.339\,2, a_2 = -0.138\,6$$

### 5.1.6 多项式拟合

给出的变量不是线性关系时，通过变量替换有时可以化成线性关系进行计算，但并非所有曲线均能做到这点，如抛物线就不能通过变量替换化为直线，这时需用多项式拟合。多项式拟合有着特殊的重要性，任何连续函数，至少在一个比较小的邻域内可以用多项式任意

逼近。因此，在许多实际问题中，可以不管输入和输出诸因素的确切关系，而用多项式进行拟合。

对多项式拟合时，可利用最小二乘原理，对式(5-4)直接取

$$\{\varphi_0(x),\varphi_1(x),\cdots,\varphi_n(x)\} = \{1,x,x^2,\cdots,x^n\} \tag{5-37}$$

进行拟合。

对于给定的一组数据$(x_i,y_i)$，$i=1$，$2\cdots$，$m$，寻求$n$次多项式

$$y = \sum_{k=0}^{n} a_k x^k \tag{5-38}$$

使性能指标

$$J(a_0,a_1,\cdots,a_n) = \sum_{i=1}^{m}\left(y_i - \sum_{k=0}^{n} a_k x_i^k\right)^2 \tag{5-39}$$

为最小。

由于性能指标$J$可以看作是关于$a_k(k=0,1,\cdots,n)$的多元函数，故上述拟合多项式的构造问题可转化为多元函数的极值问题。令

$$\frac{\partial J}{\partial a_k}=0$$

从而有正则方程组

$$\begin{pmatrix} m & \sum x_i & \sum x_i^2 & \cdots & \sum x_i^n \\ \sum x_i & \sum x_i^2 & \sum x_i^3 & \cdots & \sum x_i^{n+1} \\ \vdots & \vdots & \vdots & \vdots & \vdots \\ \sum x_i^n & \sum x_i^{n+1} & \sum x_i^{n+2} & \cdots & \sum x_i^{2n} \end{pmatrix}\begin{pmatrix} a_0 \\ a_1 \\ \vdots \\ a_n \end{pmatrix} = \begin{pmatrix} \sum y_i \\ \sum x_i y_i \\ \vdots \\ \sum x_i^n y_i \end{pmatrix} \tag{5-40}$$

其中$\sum$是$\sum\limits_{i=1}^{m}$的简写。

下面给出利用多项式进行最小二乘数据拟合的具体步骤:

1）计算正则方程组的系数和常数项

$$\sum x_i,\ \sum x_i^2,\ \cdots,\ \sum x_i^{2n}$$

$$\sum y_i,\ \sum x_i y_i,\ \sum x_i^2 y_i,\ \cdots,\ \sum x_i^n y_i$$

2）通过正则方程组解出$a_0^*$，$a_1^*$，$\cdots$，$a_n^*$，则最小二乘拟合多项式

$$a_0^* + a_1^* x + \cdots + a_n^* x^n$$

当数据较多时解正则方程组常用改进平方根法或迭代法。

**例 5-8** 给定函数$y=f(x)$的实例数据表

| $x_i$ | 1 | 2 | 3 | 4 | 6 | 7 | 8 |
|---|---|---|---|---|---|---|---|
| $y_i$ | 2 | 3 | 6 | 7 | 5 | 3 | 2 |

试用最小二乘法求二次拟合多项式。

**解** 设二次拟合多项式

$$y = a_0 + a_1 x + a_2 x^2$$

由式(5-40)写出正则方程组

$$
\begin{pmatrix} 7 & \sum x_i & \sum x_i^2 \\ \sum x_i & \sum x_i^2 & \sum x_i^3 \\ \sum x_i^2 & \sum x_i^3 & \sum x_i^4 \end{pmatrix} \begin{pmatrix} a_0 \\ a_1 \\ a_2 \end{pmatrix} = \begin{pmatrix} \sum y_i \\ \sum x_i y_i \\ \sum x_i^2 y_i \end{pmatrix}
$$

其中$\sum$是$\sum\limits_{i=1}^{7}$的简写，由已知数据计算如下。

| $i$ | 1 | 2 | 3 | 4 | 5 | 6 | 7 | $\sum$ |
|---|---|---|---|---|---|---|---|---|
| $x_i$ | 1 | 2 | 3 | 4 | 6 | 7 | 8 | 31 |
| $y_i$ | 2 | 3 | 6 | 7 | 5 | 3 | 2 | 28 |
| $x_i^2$ | 1 | 4 | 9 | 16 | 36 | 49 | 64 | 179 |
| $x_i^3$ | 1 | 8 | 27 | 64 | 216 | 343 | 512 | 1 171 |
| $x_i^4$ | 1 | 16 | 81 | 256 | 1 296 | 2 401 | 4 096 | 8 147 |
| $x_i y_i$ | 2 | 6 | 18 | 28 | 30 | 21 | 16 | 121 |
| $x_i^2 y_i$ | 2 | 12 | 54 | 112 | 180 | 147 | 128 | 635 |

将计算结果代入正则方程组

$$
\begin{cases} 7a_0 + 31a_1 + 179a_2 = 28 \\ 31a_0 + 179a_1 + 1\ 171a_2 = 121 \\ 179a_0 + 1\ 171a_1 + 8\ 147a_2 = 635 \end{cases} \tag{5-41}
$$

解之，得

$$
a_0 = -1.318\ 5,\ a_1 = 3.432\ 1,\ a_2 = -0.386\ 4
$$

二次拟合曲线

$$
y = -1.318\ 5 + 3.432\ 1x - 0.386\ 4x^2
$$

下面用矩阵形式描述上述过程。

将给定的数据$(x_i, y_i)$，$i=1, 2, \cdots, m$代入$n$次多项式

$$
y = a_0 + a_1 x + \cdots + a_n x^n
$$

得到矛盾方程组

$$
\begin{cases} a_0 + a_1 x_1 + a_2 x_1^2 + \cdots + a_n x_1^n = y_1 \\ a_0 + a_1 x_2 + a_2 x_2^2 + \cdots + a_n x_2^n = y_2 \\ \qquad \vdots \\ a_0 + a_1 x_m + a_2 x_m^2 + \cdots + a_n x_m^n = y_m \end{cases}
$$

写成矩阵形式

$$
\boldsymbol{A\alpha} = \boldsymbol{y}
$$

其中

$$
\boldsymbol{A} = \begin{pmatrix} 1 & x_1 & x_1^2 \cdots & x_1^n \\ 1 & x_2 & x_2^2 \cdots & x_2^n \\ \vdots & \vdots & \vdots & \vdots \\ 1 & x_m & x_m^2 \cdots & x_m^n \end{pmatrix},\ \boldsymbol{\alpha} = \begin{pmatrix} a_0 \\ a_1 \\ \vdots \\ a_n \end{pmatrix},\ \boldsymbol{y} = \begin{pmatrix} y_1 \\ y_2 \\ \vdots \\ y_m \end{pmatrix}
$$

其对应的正则方程组

$$\boldsymbol{A}^{\mathrm{T}}\boldsymbol{A}\boldsymbol{\alpha}=\boldsymbol{A}^{\mathrm{T}}\boldsymbol{y} \tag{5-42}$$

其中 $\boldsymbol{A}^{\mathrm{T}}\boldsymbol{A}=\begin{pmatrix} m & \sum x_i & \sum x_i^2 & \cdots & \sum x_i^n \\ \sum x_i & \sum x_i^2 & \sum x_i^3 & \cdots & \sum x_i^{n+1} \\ \vdots & \vdots & \vdots & & \vdots \\ \sum x_i^n & \sum x_i^{n+1} & \sum x_i^{n+2} & \cdots & \sum x_i^{2n} \end{pmatrix}$，$\boldsymbol{A}^{\mathrm{T}}\boldsymbol{y}=\begin{pmatrix} \sum y_i \\ \sum x_i y_i \\ \vdots \\ \sum x_i^n y_i \end{pmatrix}$

正则方程组(5-42)是关于多项式系数 $a_i(i=0,1,\cdots,n)$ 的线性方程组，只要其系数行列式不等于0，则可得唯一解，使性能指标

$$J=\sum_{i=1}^{m}\left(y_i-\sum_{j=0}^{n}a_j x_i^j\right)^2 \tag{5-43}$$

为最小，从而求得所给数据的最小二乘拟合多项式。

当对多项式

$$y=a_0+a_1x+a_2x^2+\cdots+a_nx^n \tag{5-44}$$

进行变换

$$\begin{cases} z_1=x \\ z_2=x^2 \\ \quad\vdots \\ z_n=x^n \end{cases} \tag{5-45}$$

则多项式可写成

$$y=a_0+a_1z_1+a_2z_2+\cdots+a_nz_n \tag{5-46}$$

这时就可用上节讨论的多变量数据拟合问题进行处理。

**例 5-9** 对例 5-8 给出的数据

| $x_i$ | 1 | 2 | 3 | 4 | 6 | 7 | 8 |
|---|---|---|---|---|---|---|---|
| $y_i$ | 2 | 3 | 6 | 7 | 5 | 3 | 2 |

确定用多变量拟合 $y=a_0+a_1z_1+a_2z_2$ 时的系数 $a_0$，$a_1$，$a_2$。

**解** 进行变换 $z_1=x$，$z_2=x^2$，此时数据表成为

| | | | | | | | |
|---|---|---|---|---|---|---|---|
| $z_{1i}$ | 1 | 2 | 3 | 4 | 6 | 7 | 8 |
| $z_{2i}$ | 1 | 4 | 9 | 16 | 36 | 49 | 64 |
| $y_i$ | 2 | 3 | 6 | 7 | 5 | 3 | 2 |

计算 $m=7$，$\sum z_{1i}=31$，$\sum z_{2i}=179$，$\sum y_i=28$，$\sum z_{1i}^2=179$，$\sum z_{1i}z_{2i}=1\ 171$，$\sum z_{2i}^2=8\ 147$，$\sum z_{2i}y_i=635$

将上述计算数据代入正则方程组(5-42)得到与式(5-41)完全相同的方程组和相同的结果。由此可以看到多变量拟合与多项式拟合是可以互相转化的，只需取 $x_i=x^i$，$i=1$，2，$\cdots$，$n$ 就可以了。

## 5.2 正交多项式及其最小二乘拟合

正交多项式可用于最小二乘曲线拟合的计算，在数值积分中也有重要的作用。

### 5.2.1 正交多项式

下面先介绍预备知识：权函数和内积，然后介绍正交多项式的定义和性质及常用的正交多项式。

**1. 权函数和内积**

**定义 5-1** 设在有限或无限区间$[a,b]$上的非负函数$\rho(x)$满足

① $\int_a^b x^k\rho(x)\mathrm{d}x$ 存在且为有限值，$k=0$，1，…。

② 对区间$[a,b]$上的非负连续函数$g(x)$，若

$$\int_a^b g(x)\rho(x)\mathrm{d}x=0 \tag{5-47}$$

有$g(x)\equiv 0$，则称$\rho(x)$为区间$[a,b]$上的权函数。

常用的权函数有

$$\rho(x)=1 \quad -1\leqslant x\leqslant 1$$

$$\rho(x)=\frac{1}{\sqrt{1-x^2}} \quad -1\leqslant x\leqslant 1$$

$$\rho(x)=\mathrm{e}^{-x} \quad 0<x<+\infty$$

$$\rho(x)=\mathrm{e}^{-x^2} \quad -\infty<x<+\infty$$

**定义 5-2** 设$f(x)g(x)$是区间$[a,b]$上的连续函数，$\rho(x)$是区间$[a,b]$上的权函数，则

$$(f,g)=\int_b^a \rho(x)f(x)g(x)\mathrm{d}x$$

为函数$f(x)$与$g(x)$在区间$[a,b]$上的带权内积。

内积有如下性质：

① $(f,f)\geqslant 0$，当且仅当$f\equiv 0$时，$(f,f)=0$。

② $(f,g)=(g,f)$。

③ $(\alpha f,g)=\alpha(f,g)$，$\alpha\in\mathbf{R}$。

④ $(f_1+f_2,g)=(f_1,g)+(f_2,g)$。

**2. 正交多项式**

**定义 5-3** 若$f(x)$，$g(x)\in C[a,b]$，$\rho(x)$为区间$[a,b]$上的权函数，且

$$(f,g)=\int_a^b \rho(x)f(x)g(x)\mathrm{d}x=0 \tag{5-48}$$

则称$f(x)$与$g(x)$在区间$[a,b]$上带权正交。若函数序列$\{\varphi_i(x)\}$，$i=0$，1，…满足

$$(\varphi_i,\varphi_j)=\int_a^b \rho(x)\varphi_i(x)\varphi_j(x)\mathrm{d}x=\begin{cases}0 & i\neq j\\ A_j\neq 0 & i=j\end{cases} \tag{5-49}$$

则称$\{\varphi_i(x)\}$是区间$[a,b]$上带权$\rho(x)$的正交函数族，当$A_j=1$时，则称之为标准正交函数族。

例如，三角函数族

$$1,\ \sin x,\ \cos x,\ \sin 2x,\ \cos 2x,\ \cdots$$

是在区间$[-\pi,\pi]$上的正交函数族。因为对$k=1$，2，…有

$$(1,1)=\int_{-\pi}^{\pi}\mathrm{d}x=2\pi$$

$$(\sin nx,\sin mx)=\int_{-\pi}^{\pi}\sin nx\sin mx\mathrm{d}x=\begin{cases}\pi & m=n\\0 & m\neq n\end{cases}\quad m,\ n=1,\ 2,\ \cdots$$

$$(\cos nx,\cos mx)=\int_{-\pi}^{\pi}\cos nx\cos mx\mathrm{d}x=\begin{cases}\pi & m=n\\0 & m\neq 0\end{cases}\quad m,n=1,2,\cdots$$

$$(\cos nx,\sin mx)=\int_{-\pi}^{\pi}\cos nx\sin mx\mathrm{d}x=n\quad m,n=0,1,\cdots$$

**定义 5-4** 设 $\varphi_n(x)$是首项系数 $a_n\neq0$ 的 $n$ 次多项式，如果多项式序列$\{\varphi_n(x)\}$满足

$$(\varphi_i,\varphi_j)=\int_a^b\rho(x)\varphi_i(x)\varphi_j(x)\mathrm{d}x=\begin{cases}0 & i\neq j\\A_j\neq0 & i=j\end{cases}\tag{5-50}$$

则称多项式序列$\{\varphi_n(x)\}$为在区间$[a,b]$上带权$\rho(x)$的正交多项式族，$\varphi_n(x)$称为区间$[a,b]$上带权$\rho(x)$的 $n$ 次正交多项式。

利用格拉姆－施密特(Gram-Schmidt)方法可以构造出区间$[a,b]$上带权$\rho(x)$的多项式序列$\{\varphi_n(x)\}$，$n\geqslant0$。设$\psi_j(x)=x^j$，$j=0,\ 1,\ \cdots,\ n$，有

$$\begin{cases}\varphi_0(x)=1\\\varphi_n(x)=\psi_n(x)-\displaystyle\sum_{k=0}^{n-1}\frac{(\psi_n,\varphi_k)}{(\varphi_k,\varphi_k)}\varphi_k(x),n=1,2,\cdots\end{cases}\tag{5-51}$$

这样构造的正交多项式有如下基本性质：

① $\varphi_n(x)$是最高次项系数为 1 的 $n$ 次多项式。

② 任何 $n$ 次多项式均可表示为前 $n+1$ 个 $\varphi_0$，$\varphi_1$，$\cdots$，$\varphi_n$ 的线性组合。

③ 对于 $n\neq m$ 时，$(\varphi_n,\varphi_m)=0$，且 $\varphi_n(x)$与任一次数小于 $n$ 的多项式正交。

④ 递推关系

$$\varphi_{n+1}(x)=(x-\alpha_n)\varphi_n(x)-\beta_n\varphi_{n-1}(x),\ n=0,\ 1,\ \cdots\tag{5-52}$$

其中 $\varphi_0(x)=1$，$\varphi_{n-1}(x)=0$，$\alpha_n=\dfrac{(x\varphi_n,\varphi_n)}{(\varphi_n,\varphi_n)}$，$\beta_n=\dfrac{(\varphi_n,\varphi_n)}{(\varphi_{n-1},\varphi_{n-1})}$，$n=1,2,\cdots$

这里$(x\varphi_n,\varphi_n)=\int_a^b x\varphi_n^2(x)\rho(x)\mathrm{d}x$ 。

最高次项系数为 1 的正交多项式可以直接根据正交多项式的定义构造，或用格拉姆－施密特正交化方法构造，也可用递推关系进行构造。

**3. 勒让德多项式**

勒让德多项式的表达式称为罗德利克公式

$$\begin{cases}L_0(x)=1\\L_n(x)=\dfrac{1}{2^n n!}\dfrac{\mathrm{d}^n}{\mathrm{d}x^n}[(x^2-1)^n],\ n=1,\ 2,\ \cdots\end{cases}\tag{5-53}$$

由于$(x^2-1)^n$是 $2n$ 次多项式，$L_n(x)$求 $n$ 阶导数后，有

$$L_n(x)=a_nx^n+a_{n-1}x^{n-1}+\cdots+a_1x+a_0$$

是 $n$ 次多项式，其最高次幂的系数

$$a_n=\frac{1}{2^n n!}2n(2n-1)(2n-2)\cdots(n+1)=\frac{(2n)!}{2^n(n!)^2}$$

因此，首项系数为 1 的勒让德多项式

$$\tilde{L}_n(x)=\frac{1}{a_n}L_n(x)=\frac{2^n(n!)^2}{(2n)!}L_n(x)$$

$$\tilde{L}_n(x)=\frac{n!}{(2n)!}\frac{\mathrm{d}^n}{\mathrm{d}x^n}[(x^2-1)^n]$$

从定义式可列出勒让德多项式的前几个表达式

$$L_0(x)=1 \qquad \tilde{L}_0(x)=1$$

$$L_1(x)=1 \qquad \tilde{L}_1(x)=x$$

$$L_2(x)=\frac{1}{2}(3x^2-1) \qquad \tilde{L}_2(x)=\frac{1}{3}(3x^2-1)$$

$$L_3(x)=\frac{1}{2}(5x^3-3x) \qquad \tilde{L}_3(x)=\frac{1}{5}(5x^2-3x)$$

$$L_4(x)=\frac{1}{8}(35x^4-30x^2+3) \qquad \tilde{L}_4(x)=\frac{1}{35}(35x^4-30x^2+3)$$

$$L_5(x)=\frac{1}{8}(63x^5-70x^3+15x) \qquad \tilde{L}_5(x)=\frac{1}{63}(63x^5-70x^3+15x)$$

下面讨论勒让德多项式的一些重要性质。

**性质1** 勒让德多项式的正交性：在区间$[-1,1]$上，$n$ 次勒让德多项式 $L_n(x)$ 必与任意低于 $n$ 次的多项式 $P(x)$ 正交，即

$$\int_{-1}^{1}L_n(x)P(x)\,\mathrm{d}x=0 \tag{5-54}$$

**证** 令 $\psi(x)=(x^2-1)^n$，则

$$\psi^{(k)}(\pm1)=0,\ k=0,\ 1,\ \cdots,\ n-1$$

$$\int_{-1}^{1}L_n(x)P(x)\,\mathrm{d}x=\int_{-1}^{1}\frac{1}{2^n n!}\frac{\mathrm{d}^n}{\mathrm{d}x^n}[(x^2-1)^n]P(x)\,\mathrm{d}x$$

$$=\frac{1}{2^n n!}\int_{-1}^{1}\psi^{(n)}(x)P(x)\,\mathrm{d}x$$

对 $\int_{-1}^{1}\psi^{(n)}(x)P(x)\,\mathrm{d}x$ 运用分部积分法，并设 $P(x)$ 在区间$[-1,1]$上有 $n$ 阶连续导数

$$\int_{-1}^{1}\psi^{(n)}(x)P(x)\,\mathrm{d}x=\psi^{(n-1)}(x)P(x)\Big|_{-1}^{1}-\int_{-1}^{1}\psi^{(n-1)}(x)P'(x)\,\mathrm{d}x$$

因为 $\psi^{(n-1)}(\pm1)=0$，上式右端第一项为0，故有递推式

$$\int_{-1}^{1}L_n(x)P(x)\,\mathrm{d}x=\frac{1}{2^n n!}\int_{-1}^{1}\psi^{(n)}(x)P(x)\,\mathrm{d}x=-\frac{1}{2^n n!}\int_{-1}^{1}\psi^{(n-1)}(x)P'(x)\,\mathrm{d}x$$

$$=\cdots=\frac{(-1)^n}{2^n n!}\int_{-1}^{1}\psi(x)P^{(n)}(x)\,\mathrm{d}x$$

由于 $P(x)$ 次数低于 $n$ 次，$P^{(n)}(x)=0$，所以

$$\int_{-1}^{1}L_n(x)P(x)\,\mathrm{d}x=0$$

推广之，在区间$[-1,1]$上，$n+1$次勒让德多项式$L_{n+1}(x)$必与任意次数不超过$n$次的多项式$P(x)$正交。

**性质2** 勒让德多项式的奇偶性：$n$次勒让德多项式和$n$同奇偶，即

$$L_n(-x)=(-1)^n L_n(x) \tag{5-55}$$

由于$\psi(x)=(x^2-1)^n$是偶次多项式，经过偶次求导仍为偶次多项式，经过奇次求导则为奇次多项式，故$n$为偶数时，$L_n(x)$为偶函数，$n$为奇数时，$L_n(x)$为奇函数，即

$$L_n(-x)=(-1)^n L_n(x)$$

又证，由罗德利克公式$L_n(x)=\dfrac{1}{2^n n!}\dfrac{\mathrm{d}^n}{\mathrm{d}x^n}(x^2-1)^n$，令$-u=x$，则$L_n(-u)=\dfrac{1}{2^n n!}\dfrac{\mathrm{d}^n}{\mathrm{d}(-u)^n}[(-u)^2-1]^n=(-1)^n\dfrac{1}{2^n n!}\dfrac{\mathrm{d}^n}{\mathrm{d}u^n}(u^2-1)^n=(-1)^n L_n(u)$。

**性质3** $L_n(1)=1$和$L_n(-1)=(-1)^n$ (5-56)

将罗德利克公式改写为

$$L_n(x)=\frac{1}{2^n n!}\frac{\mathrm{d}^n}{\mathrm{d}x^n}[(x+1)^n(x-1)^n]$$

利用莱布尼茨公式

$$(uv)^n=\sum_{m=0}^{n}\mathrm{C}_n^m u^m v^{(n-m)}$$

其中

$$\mathrm{C}_n^m=\frac{n!}{m!(n-m)!}$$

得到

$$L_n(x)=\frac{1}{2^n n!}\left[(x+1)^n\frac{\mathrm{d}^n(x-1)^n}{\mathrm{d}x^n}+n\frac{\mathrm{d}(x+1)^n}{\mathrm{d}x}\frac{\mathrm{d}^{n-1}(x-1)^n}{\mathrm{d}x^{n-1}}+\cdots+\frac{\mathrm{d}^n(x+1)^n}{\mathrm{d}x^n}(x-1)^n\right]$$

因为有

$$\frac{\mathrm{d}^n(x-1)^n}{\mathrm{d}x^n}=n!$$

$$\left.\frac{\mathrm{d}^{n-k}(x-1)^n}{\mathrm{d}x^{n-k}}\right|_{x=1}=0,\ k=1,\ 2,\ \cdots,\ n$$

由此得$L_n(1)=1$。

再利用奇偶性可得$L_n(-1)=(-1)^n L_n(1)=(-1)^n$。

**性质4** 勒让德多项式所有的根都在区间$(-1,1)$中，并且是不相同的实根。

从罗德利克公式和罗尔定理不难证明这一点，事实上，$2n-1$次多项式$\dfrac{\mathrm{d}(x^2-1)^n}{\mathrm{d}x}$有$n-1$重根$x=\pm1$，根据罗尔定理，还有一个根$\xi_1$在区间$(-1,1)$内，它的一切根都限于此。$2n-2$次多项式$\dfrac{\mathrm{d}^2(x^2-1)^n}{\mathrm{d}x^2}$有$n-2$重根$x=\pm1$。此外，据罗尔定理有两个实根，一个在区间$[-1,\xi_1]$内，另一个在区间$[\xi_1,1]$内，继续进行下去便可看出，在区间$[-1,1]$内$L_n(x)$有$n$个不同的根。

**性质5** 递推关系

$$(n+1)L_{n+1}(x)=(2n+1)xL_n(x)-nL_{n-1}(x),\ n\geqslant 1 \tag{5-57}$$

由 $L_0(x)=1$，$L_1(x)=x$ 递推可得

$$L_2(x)=\frac{1}{2}(3x^2-1)$$

$$L_3(x)=\frac{1}{2}(5x^3-3x)$$

$$L_4(x)=\frac{1}{8}(35x^4-30x^2+3)$$

$$\vdots$$

**4. 切比雪夫多项式**

在区间$[-1,1]$上权函数$\rho(x)=\dfrac{1}{\sqrt{1-x^2}}$的正交多项式称为切比雪夫多项式。切比雪夫多项式的表达式为

$$T_n(x)=\cos(n\arccos x),\quad |x|\leqslant 1, n=0,1,\cdots \tag{5-58}$$

若令 $x=\cos\theta$，则 $T_n(x)=\cos n\theta$，$0\leqslant\theta\leqslant\pi$，这就是 $T_n(x)$的参数表示。

下面介绍切比雪夫多项式的一些重要性质。

**性质 1** 正交性。

$$(T_n,T_m)=\int_{-1}^{1}\frac{T_n(x)T_m(x)}{\sqrt{1-x^2}}\mathrm{d}x=\begin{cases}0 & m\neq n\\ \dfrac{\pi}{2} & m=n\neq 0\\ \pi & m=n=0\end{cases} \tag{5-59}$$

令 $x=\cos\theta$，则 $\mathrm{d}x=-\sin\theta\,\mathrm{d}\theta$，于是有

$$\int_{-1}^{1}\frac{T_n(x)T_m(x)}{\sqrt{1-x^2}}\mathrm{d}x=\int_0^{\pi}\cos n\theta\cos m\theta\mathrm{d}\theta=\begin{cases}0 & m\neq n\\ \dfrac{\pi}{2} & m=n\neq 0\\ \pi & m=n=0\end{cases}$$

**性质 2** 递推关系。

$$T_{n+1}(x)=2xT_n(x)-T_{n-1}(x),\ n=1,\ 2,\ \cdots \tag{5-60}$$

其中 $T_0(x)=1$，$T_1(x)=x$。

令 $x=\cos\theta$，$T_{n+1}(x)=\cos(n+1)\theta$，利用三角公式

$$\cos(n+1)\theta=2\cos\theta\cos n\theta-\cos(n-1)\theta$$

则由递推关系推出

$$T_2(x)=2x^2-1$$

$$T_3(x)=4x^3-3x$$

$$T_4(x)=8x^4-8x^2+1$$

$$T_5(x)=16x^5-20x^3+5x$$

$$T_6(x)=32x^6-48x^4+18x^2-1$$

$$T_7(x)=64x^7-112x^5+56x^3-7x$$

$$T_8(x)=128x^8-256x^6+160x^4-32x^2+1$$

$$\vdots$$

由递推关系式还可得到 $T_n(x)$ 最高次项系数为 $2^{n-1}$，其中 $n\geqslant1$。

**性质 3**　奇偶性。

$n$ 为奇数时，$T_n$ 为奇函数；$n$ 为偶数时，$T_n$ 为偶函数，即

$$T_n(-x)=(-1)^n T_n(x) \tag{5-61}$$

**性质 4**　$T_n(x)$ 在区间 $[-1,1]$ 上的 $n$ 个零点为

$$x_k=\cos\left(\frac{2k-1}{2n}\pi\right),\ k=1,\ 2,\ \cdots,\ n \tag{5-62}$$

在区间 $[-1,1]$ 上有 $n+1$ 个极点

$$y_k=\cos\left(\frac{k}{n}\pi\right),\ k=0,1,\cdots,n$$

### 5.2.2　用正交多项式进行最小二乘拟合

用多项式进行最小二乘拟合时，其正则方程组的系数矩阵往往是病态的，在求解时系数矩阵或右端常数项的微小扰动可导致解有很大的误差，为避免求解病态的正则方程组，引进正交多项式使正则方程组的系数矩阵是对角阵。

对于给定节点 $x_i$ 和权函数 $\omega_i$，$i=1,\ 2,\cdots,m$，有

$$(\varphi_j,\varphi_k)=\sum_{i=1}^{m}\omega_i\varphi_j(x_i)\varphi_k(x_i)=\begin{cases}0 & j\neq k\\ A_k>0 & j=k\end{cases} \tag{5-63}$$

则称 $\{\varphi_j\}$，$j=0,\ 1,\ \cdots,\ n$ 是关于点列 $\{x_i\}$，$i=1,\ 2,\ \cdots,\ m$，带权 $\omega_i(i=1,2,\cdots,m)$ 的正交函数族。此时正则方程组(5-10)的系数矩阵退化为对角矩阵，解则为

$$a_k^*=\frac{(f,\varphi_k)}{(\varphi_k,\varphi_k)}=\frac{\sum\limits_{i=1}^{m}\omega_i f(x_i)\varphi_k(x_i)}{\sum\limits_{i=1}^{m}\omega_i\varphi_k^2(x_i)}\quad k=0,\ 1,\ \cdots,\ n \tag{5-64}$$

且平方误差

$$\|\boldsymbol{\delta}\|_2^2=\|f\|_2^2-\sum_{k=0}^{n}\boldsymbol{A}_k(\boldsymbol{a}_k^*)^2 \tag{5-65}$$

根据已知节点 $x_1,\ x_2,\ \cdots,\ x_m$ 及权函数 $\omega_i$，$i=1,\ 2,\ \cdots,\ m$，可以构造出带权 $\omega_i$ 正交的多项式族 $\{p_k(x)\}$，用递推公式表示

$$\begin{cases}p_0(x)=1\\ p_1(x)=(x-\alpha_1)p_0(x)\\ p_{k+1}(x)=(x-\alpha_{k+1})p_k(x)-\beta_k p_{k-1}(x)\end{cases} \tag{5-66}$$

$$k=1,\ 2,\cdots,n-1$$

这里 $p_k$ 是首项系数为 1 的 $k$ 次多项式，用正交多项式 $\{p_k(x)\}$ 的线性组合进行最小二乘曲线拟合，可根据 $\{p_k(x)\}$ 的正交性

$$(p_k,p_j)=\sum_{i=1}^{m}\omega_i p_k(x_i)p_j(x_i)=\begin{cases}0 & j\neq k\\ A_k>0 & j=k\end{cases} \tag{5-67}$$

求得

$$\begin{cases} \alpha_{k+1} = \dfrac{\sum\limits_{i=1}^{m} \omega_i x_i p_k^2(x_i)}{\sum\limits_{i=1}^{m} \omega_i p_k^2(x_i)} = \dfrac{(x_i p_k, p_k)}{(p_k, p_k)} \\ \beta_k = \dfrac{\sum\limits_{i=1}^{m} \omega_i p_k^2(x_i)}{\sum\limits_{i=1}^{m} \omega_i p_{k-1}^2(x_i)} = \dfrac{(p_k, p_k)}{(p_{k-1}, p_{k-1})} \end{cases} \tag{5-68}$$

$$k = 0, 1, \cdots, n-1$$

用正交多项式$\{p_k(x)\}$的线性组合进行最小二乘拟合，在求得$p_k(x)$的同时，相应算出系数

$$a_k^* = \frac{(f, p_k)}{(p_k, p_k)} = \frac{\sum\limits_{i=1}^{m} \omega_i f(x_i) p_k(x_i)}{\sum\limits_{i=1}^{m} \omega_i p_k^2(x_i)} \tag{5-69}$$

于是有最小二乘拟合曲线

$$y = a_0^* p_0(x) + a_1^* p_1(x) + \cdots + a_n^* p_n(x) \tag{5-70}$$

## 5.3 习题

1. 对长度有测量值$x_1$，$x_2$，…，$x_n$，则取平均值

$$\bar{x} = \frac{1}{n}(x_1 + x_2 + \cdots + x_n)$$

作为长度值，用最小二乘原理说明其理由。

2. 已知一组实验数据

| $x_i$ | 1 | 2 | 3 | 4 | 5 |
|---|---|---|---|---|---|
| $y_i$ | 4 | 4.5 | 6 | 8 | 8.5 |
| $\omega_i$ | 2 | 1 | 3 | 1 | 1 |

试求最小二乘拟合多项式。

3. 给出平面函数$z(x,y) = ax + by + c$的数据

| $x_i$ | 0.1 | 0.2 | 0.4 | 0.6 | 0.9 |
|---|---|---|---|---|---|
| $y_i$ | 0.2 | 0.3 | 0.5 | 0.7 | 0.8 |
| $z_i$ | 0.58 | 0.63 | 0.73 | 0.83 | 0.92 |

按最小二乘原理确定$a$，$b$，$c$。

4. 用二次多项式拟合以下数据

| $x_i$ | 0 | 1 | 2 | 3 | 4 | 5 | 6 |
|---|---|---|---|---|---|---|---|
| $y_i$ | 15 | 14 | 14 | 14 | 14 | 15 | 16 |

5. 用最小二乘法求形如 $y=a+bx^2$ 的多项式，使之与下列数据拟合。

| $x_i$ | 19 | 25 | 31 | 38 | 44 |
|---|---|---|---|---|---|
| $y_i$ | 19.0 | 32.3 | 49.0 | 73.3 | 97.8 |

6. 已知数据

| $i$ | 1 | 2 | 3 | 4 | 5 |
|---|---|---|---|---|---|
| $x_i$ | -2 | -1 | 0 | 1 | 2 |
| $y_i$ | -0.1 | 0.1 | 0.4 | 0.9 | 1.6 |

试分别用二次和三次多项式以最小二乘法拟合，并比较优劣。

7. 确定经验曲线 $y=ae^{bx}$ 中的参数 $a$ 和 $b$，使该曲线与下列数据拟合。

| $x_i$ | 1 | 2 | 3 | 4 |
|---|---|---|---|---|
| $y_i$ | 60 | 30 | 20 | 15 |

8. 给定数据

| $x_i$ | 1.0 | 1.4 | 1.8 | 2.2 | 2.6 |
|---|---|---|---|---|---|
| $y_i$ | 0.931 | 0.473 | 0.297 | 0.224 | 0.168 |

求形如 $y=\dfrac{1}{a+bx}$ 的拟合曲线。

9. 求超定方程组

$$\begin{cases}2x_1+4x_2=11\\3x_1-5x_2=3\\x_1+2x_2=6\\2x_1+x_2=7\end{cases}$$

的最小二乘解，并求误差平方和。

# 第 6 章　数值积分和数值微分

函数$f(x)$在区间$[a,b]$上连续且其原函数为$F(x)$，则可用牛顿－莱布尼兹公式

$$\int_a^b f(x)\,dx = F(b) - F(a)$$

求定积分的值。这种方法虽然在理论上或者解决实际问题中都起了很大作用，但它并不能完全解决定积分的计算问题，因为，实际问题要复杂得多。

从理论上说，任何可积函数$f(x)$都有原函数，但是，有些即使形式上十分简单的函数，如 $\sin x^2$，$\frac{1}{\ln x}$，$\frac{\sin x}{x}$，$e^{x^2}$等，它们的原函数都不能用初等函数表示成有限的形式，对这类函数就不能使用牛顿－莱布尼兹公式。

有些被积函数，其原函数虽然可以用初等函数表示成有限的形式，但是表达式可能相当复杂。例如，函数$\frac{1}{1+x^4}$并不复杂，但是其原函数

$$\frac{1}{4\sqrt{2}}\ln\frac{x^2+\sqrt{2}x+1}{x^2-\sqrt{2}x+1}+\frac{1}{2\sqrt{2}}[\arctan(\sqrt{2}x+1)+\arctan(\sqrt{2}x-1)]$$

却相当复杂。对于这样的情况，使用牛顿－莱布尼兹公式计算定积分的值也不方便。

除一些特殊的无穷积分外，通常很难求出无穷积分的值。

有不少情况，被积函数$f(x)$没有具体的解析表达式，仅仅用表格或图形给出实验观测的一些点上的函数值。对于这种情况，牛顿－莱布尼兹公式也无法应用。

对于上述所举的积分值不能用牛顿－莱布尼兹公式求出的情形，就可用数值积分法，即用数值的方法求出积分的近似值。

本章的另一个内容是数值微分。在微分学中，函数$f(x)$的导数是通过极限定义的。若函数以表格形式给出，或函数的表达式过于复杂时，就要用数值方法求函数的导数或微分。

## 6.1　数值积分概述

当找到一个足够精度的简单函数$p(x)$代替原来函数$f(x)$就有

$$\int_a^b f(x)\,dx \approx \int_a^b p(x)\,dx$$

这就是数值积分的基本思想，当简单函数$p(x)$是插值多项式时，这时的求积公式就是插值求积公式，用代数精度来衡量数值积分的近似程度。

### 6.1.1　数值积分的基本思想

积分值$I(f) = \int_a^b f(x)\,dx$在几何意义上可解释为由$x=a$，$x=b$，$y=0$，$y=f(x)$所围成的曲边梯形的面积，如图 6-1 所示。计算曲边梯形面积之所以有困难，就在于这个曲边梯形有

一条边 $y=f(x)$ 是曲边。

当用直线或抛物线等代替曲边时，梯形面积容易计算，用容易计算面积的图形代替曲边梯形时，就可求出曲边梯形面积的近似值，从而得到积分的近似值。

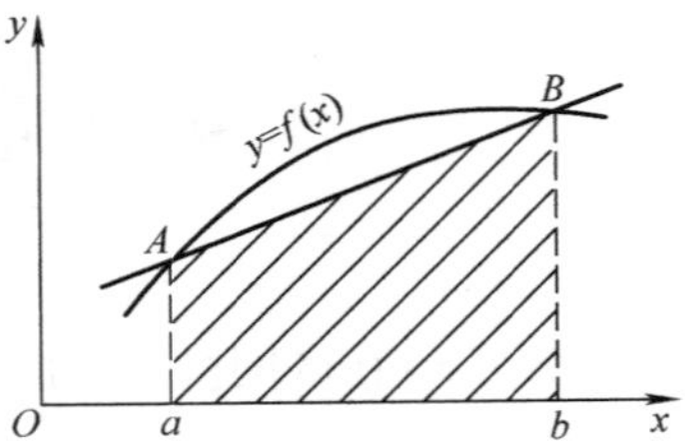

图 6-1　数值积分的几何意义

按照这种思想，构造出了一些求积分值的近似公式，如梯形公式(图 6-1 中用直线 $AB$ 代替曲边)

$$\int_a^b f(x)\,\mathrm{d}x \approx \frac{b-a}{2}[f(a)+f(b)] \tag{6-1}$$

左矩形公式

$$\int_a^b f(x)\,\mathrm{d}x \approx f(a)(b-a)$$

中矩形公式

$$\int_a^b f(x)\,\mathrm{d}x \approx (b-a)f\left(\frac{a+b}{2}\right)$$

和抛物线公式，又称辛普森(Simpson)公式

$$\int_a^b f(x)\,\mathrm{d}x \approx \frac{b-a}{6}\left[f(a)+4f\left(\frac{a+b}{2}\right)+f(b)\right] \tag{6-2}$$

上述的近似求积公式称为数值求积公式，或称机械求积公式。

数值求积公式是取积分区间 $[a,b]$ 上若干个点 $x_k$ 处的高度 $f(x_k)$，通过加权 $A_k$ 后，再求和

$$\sum_{k=0}^{n} A_k f(x_k)$$

从而得到积分的近似值。数值求积公式写成一般形式

$$\int_a^b f(x)\,\mathrm{d}x \approx \sum_{k=0}^{n} A_k f(x_k) \tag{6-3}$$

式中 $x_k$ 称求积节点，$A_k$ 称求积系数，也称伴随节点 $x_k$ 的权。当积分区间 $[a,b]$ 确定后，求积系数 $A_k$ 仅仅与节点 $x_k$ 的选取有关，而不依赖被积函数 $f(x)$ 的具体形式。

记

$$R[f] = \int_a^b f(x)\,\mathrm{d}x - \sum_{k=0}^{n} A_k f(x_k) \tag{6-4}$$

把 $R[f]$ 称为求积公式的截断误差或余项。

数值求积方法的特点是直接利用积分区间 $[a,b]$ 上一些离散节点的函数值进行线性组合来近似计算定积分的值，从而将定积分的计算归结为函数值的计算，这就避开了牛顿－莱布尼兹公式需要寻求原函数的困难，并为计算机求积分提供了可行性。

数值求积公式的节点可以包含积分区间的端点，也可以不包含积分区间的端点。求积节点包含积分区间端点时称为闭型求积公式，如梯形公式和辛普森公式。求积节点不包括积分区间的端点时，称为开型求积公式，如中矩形公式。若只含有一个端点时，称为半开半闭型求积公式，如左矩形公式。

### 6.1.2　代数精度

数值求积法是近似方法。为了保证精度，自然希望求积公式对“尽可能多”的函数是准

确的。

**例 6-1** 设积分区间$[a,b]$为区间$[0,2]$，则有梯形公式

$$\int_0^2 f(x)\,\mathrm{d}x \approx f(0)+f(2)$$

辛普森公式

$$\int_0^2 f(x)\,\mathrm{d}x \approx \frac{1}{3}[f(0)+4f(1)+f(2)]$$

取$f(x)=1$，$x$，$x^2$，$x^3$，$x^4$ 时，梯形公式和辛普森公式的计算结果与准确值比较如表 6-1 所示。

**表 6-1**

| $f(x)$ | 1 | $x$ | $x^2$ | $x^3$ | $x^4$ |
|---|---|---|---|---|---|
| 准确值 | 2 | 2 | 2.67 | 4 | 6.40 |
| 梯形公式计算值 | 2 | 2 | 4 | 8 | 16 |
| 辛普森公式计算值 | 2 | 2 | 2.67 | 4 | 6.67 |

从表中可以看出，当$f(x)$是$x^2$，$x^3$，$x^4$ 时，辛普森公式比梯形公式更精确。

**定义 6-1** 求积公式 $\int_a^b f(x)\,\mathrm{d}x \approx \sum_{k=0}^{n} f(x_k)A_k$ 具有 $m$ 次代数精度使该公式对于

$$f(x)=1,x,x^2,\cdots,x^m$$

或

$$f(x)=a_0+a_1x+a_2x^2+\cdots+a_mx^m$$

均准确成立，而对于$f(x)=x^{m+1}$不能准确成立。

一般说来，代数精度越高，求积公式越精确。梯形公式和中矩形公式具有 1 次代数精度，辛普森公式有 3 次代数精度。下面以梯形公式为例进行验证。梯形公式

$$\int_a^b f(x)\,\mathrm{d}x \approx \frac{b-a}{2}[f(a)+f(b)]$$

取$f(x)=1$ 时，$\int_a^b \mathrm{d}x = b-a, \frac{b-a}{2}(1+1)=b-a$，两端相等；

取$f(x)=x$ 时，$\int_a^b x\mathrm{d}x = \frac{1}{2}(b^2-a^2), \frac{b-a}{2}(a+b)=\frac{1}{2}(b^2-a^2)$，两端相等；

取$f(x)=x^2$ 时，$\int_a^b x^2\mathrm{d}x = \frac{1}{3}(b^3-a^3), \frac{b-a}{2}(a^2+b^2)=\frac{1}{2}(a^2+b^2)(b-a)$，两端不相等，所以梯形公式只有 1 次代数精度。

代数精度只是定性地描述了数值求积公式的精确程度，并不能定量地表示数值求积公式误差的大小，当然代数精度越高越精确。

凡至少具有零次代数精度的求积公式一定满足$f(x)=1$ 时，等式两端相等，即

$$\int_a^b 1\,\mathrm{d}x = \sum_{k=0}^{n} A_k 1$$

从而

$$\sum_{k=0}^{n} A_k = b-a \tag{6-5}$$

即求积系数之和等于积分区间长度，这是求积系数的基本特性。

下面讨论代数精度和节点数的关系。

**定理 6-1** 对于给定的 $n+1$ 个(相异)节点 $x_k$，$k=0, 1,\cdots,n$，总存在求积系数 $A_k$，使求积公式

$$\int_a^b f(x)\,dx \approx \sum_{k=0}^{n} A_k f(x_k)$$

至少有 $n$ 次代数精度。

**证** 令求积公式

$$\int_a^b f(x)\,dx \approx \sum_{k=0}^{n} A_k f(x_k)$$

对于 $f(x)=1$，$x$，$x^2,\cdots,x^n$ 均准确成立，可得

$$\begin{cases} A_0 + A_1 + \cdots + A_n = b - a \\ A_0x_0 + A_1x_1 + \cdots + A_nx_n = \dfrac{b^2 - a^2}{2} \\ \qquad\vdots \\ A_0x_0^n + A_1x_1^n + \cdots + A_nx_n^n = \dfrac{b^{n+1} - a^{n+1}}{n+1} \end{cases}$$

只要证对 $A_k$ 有唯一解即可。事实上，上式是关于 $A_k$ 的线性方程组，其系数矩阵

$$\begin{pmatrix} 1 & 1 & \cdots & 1 \\ x_0 & x_1 & \cdots & x_n \\ x_0^2 & x_1^2 & \cdots & x_n^2 \\ \vdots & \vdots & & \vdots \\ x_0^n & x_1^n & \cdots & x_n^n \end{pmatrix}$$

是范德蒙矩阵，当 $x_k(k=0,1,\cdots,n)$ 互异时非奇异，故 $A_k$ 有唯一解。因此，对 $f(x)=1$，$x$，$\cdots$，$x^n$，求积公式 $\int_a^b f(x)dx \approx \sum_{k=0}^{n} A_k f(x_k)$ 准确成立，故至少有 $n$ 次代数精度。

可以用代数精度为标准构造求积公式，即由节点数写出求积公式。举例说明，当给定两个节点 $a$ 和 $b$，其对应函数值 $f(a)$ 和 $f(b)$，求积公式

$$\int_a^b f(x)\,dx \approx A_0 f(a) + A_1 f(b)$$

两个节点至少有 1 次代数精度，以此确定求积系数 $A_0$ 和 $A_1$，即当 $f(x)=1$，$x$ 时，求积公式准确成立，即有

$$\begin{cases} A_0 + A_1 = b - a \\ A_0a + A_1b = \dfrac{1}{2}(b^2 - a^2) \end{cases}$$

通过上面两个方程，解出 $A_0=A_1=\dfrac{b-a}{2}$，所以构造出求积公式

$$\int_a^b f(x)\,dx \approx \frac{b-a}{2}[f(a)+f(b)]$$

此即是梯形公式。

### 6.1.3 插值求积公式

构造插值求积公式的方法是用插值多项式替代被积函数，用插值多项式的积分近似被积函数的积分。

设已知$f(x)$在节点$x_k(k=0,1,\cdots,n)$有函数值$f(x_k)$，构造$n$次拉格朗日插值多项式

$$L(x)=\sum_{k=0}^{n}f(x_k)l_k(x)$$

式中

$$l_k(x)=\prod_{\substack{j=0\\j\neq k}}^{n}\frac{x-x_j}{x_k-x_j}=\frac{\omega(x)}{(x-x_k)\omega'(x_k)}$$

其中$\omega(x)=(x-x_0)(x-x_1)\cdots(x-x_n)$。

多项式$L(x)$易于求积，所以可取$\int_a^b L(x)\mathrm{d}x$作为$\int_a^b f(x)\mathrm{d}x$的近似值，即

$$\begin{aligned}\int_a^b f(x)\mathrm{d}x&\approx\int_a^b L(x)\mathrm{d}x=\int_a^b\sum_{k=0}^{n}f(x_k)l_k(x)\mathrm{d}x\\&=\sum_{k=0}^{n}f(x_k)\int_a^b l_k(x)\mathrm{d}x=\sum_{k=0}^{n}f(x_k)A_k\end{aligned}$$

其中$A_k=\int_a^b l_k(x)\mathrm{d}x=\int_a^b\frac{\omega(x)}{(x-x_k)\omega'(x_k)}\mathrm{d}x$称为求积系数。由此给出如下定义。

**定义 6-2** 求积公式

$$\int_a^b f(x)\mathrm{d}x\approx\sum_{k=0}^{n}A_kf(x_k)$$

的系数

$$A_k=\int_a^b l_k(x)\mathrm{d}x \tag{6-6}$$

则称求积公式为插值求积公式。

设插值求积公式的余项为$R[f]$，由插值余项定理得

$$R[f]=\int_a^b[f(x)-L(x)]\mathrm{d}x=\int_a^b\frac{f^{(n+1)}(\xi)}{(n+1)!}\omega(x)\mathrm{d}x \tag{6-7}$$

式中$\xi\in[a,b]$是变量$x$的某个函数。由此可知，如果函数$f(x)$为次数小于或等于$n$的多项式，则$R[f]=0$，且$\int_a^b f(x)\mathrm{d}x=\sum_{k=0}^{n}A_kf(x_k)$。

**定理 6-2** $n+1$个节点的求积公式$\int_a^b f(x)\mathrm{d}x\approx\sum_{k=0}^{n}A_kf(x_k)$至少具有$n$次代数精度的充要条件为该公式是插值型的。

**证** 充分性，插值型求积公式至少有$n$次代数精度。

插值求积公式的余项如式(6-7)，为

$$R[f]=\int_a^b\frac{f^{(n+1)}(\xi)}{(n+1)!}\omega(x)\mathrm{d}x$$

对于次数小于或等于$n$次的多项式，有

$$R[f]=0$$

插值型求积公式对于次数小于或等于 $n$ 的多项式准确成立，即插值求积公式至少有 $n$ 次代数精度。

再证必要性，至少有 $n$ 次代数精度的数值求积公式是插值型的。

因为插值基函数 $l_k(x)$ 当 $k=0$，1，…，$n$ 时是 $x$ 的 $n$ 次多项式，且

$$l_k(x_i)=\begin{cases}0 & i\neq k\\ 1 & i=k\end{cases}$$

当取 $f(x)=l_k(x)$ 时，有

$$\int_a^b f(x)\,\mathrm{d}x=\int_a^b l_k(x)\,\mathrm{d}x=\sum_{i=0}^{n}A_i l_k(x_i)$$

所以有 $\int_a^b l_k(x)\,\mathrm{d}x=A_k$，即有 $n$ 次代数精度的求积公式为插值求积公式。

$n+1$ 个节点的插值求积公式至少有 $n$ 次代数精度，所以构造求积公式后应该验算所构造求积公式的代数精度。

例如插值求积公式 $\int_a^b f(x)\,\mathrm{d}x\approx\frac{b-a}{6}\left[f(a)+4f\left(\frac{a+b}{2}\right)+f(b)\right]$ 的三个节点至少有 2 次代数精度，是否有 3 次代数精度呢？将 $f(x)=x^3$ 代入公式两端，左端和右端都等于 $\frac{1}{4}(b^4-a^4)$，公式两端严格相等，再将 $f(x)=x^4$ 代入两端，两端不相等，所以该求积公式具有 3 次代数精度。

**例 6-2** 考察求积公式

$$\int_{-1}^{1}f(x)\,\mathrm{d}x\approx\frac{1}{2}[f(-1)+2f(0)+f(1)]$$

的代数精度。

**解** 设 $f(x)=1$，公式左边 $\int_{-1}^{1}1\,\mathrm{d}x=2$

公式右边 $\frac{1}{2}(1+2+1)=2$

设 $f(x)=x$，公式左边 $\int_{-1}^{1}x\,\mathrm{d}x=0$

公式右边 $\frac{1}{2}(-1+2\times0+1)=0$

设 $f(x)=x^2$，公式左边 $\int_{-1}^{1}x^2\,\mathrm{d}x=\frac{2}{3}$

公式右边 $\frac{1}{2}(1+2\times0+1)=1$

所以此求积公式只有 1 次代数精度。

三个节点的求积公式不具有 2 次代数精度，其原因是该求积公式不是插值型的。

**例 6-3** 若求积公式

$$\int_a^b f(x)\,\mathrm{d}x\approx\sum_{k=0}^{n}A_k f(x_k)$$

的求积系数 $A_k(k=0,1,\cdots,n)$ 由下列方程组确定

$$\begin{cases} A_0 + A_1 + \cdots + A_n = b - a \\ A_0x_0 + A_1x_1 + \cdots + A_nx_n = \dfrac{b^2 - a^2}{2} \\ \qquad\vdots \\ A_0x_0^n + A_1x_1^n + \cdots + A_nx_n^n = \dfrac{b^{n+1} - a^{n+1}}{n+1} \end{cases}$$

证明该方程组的解 $A_k$ 与插值型求积公式的系数

$$A_k = \int_a^b l_k(x)\,\mathrm{d}x \quad (l_k(x)\text{为拉格朗日插值基函数})$$

完全一致。

**证** 方程组中的 $n+1$ 个等式表明求积公式对 $f(x)=1,\ x,\cdots,x^n$ 精确成立，故求积公式至少有 $n$ 次代数精度。根据定理可知该求积公式是插值型的，所以求积系数 $A_k$ 由

$$A_k = \int_a^b l_k(x)\,\mathrm{d}x$$

表示。

反之，若 $A_k = \int_a^b l_k(x)\mathrm{d}x, k=0,1,\cdots,n$，则求积公式是插值型的，由定理知它至少有 $n$ 次代数精度，从而求积公式对 $f(x)=1,\ x,\ \cdots,\ x^n$ 精确成立，即系数 $A_k$ 满足题中的线性方程组。

插值求积公式有如下特点：

① 复杂函数 $f(x)$ 的积分转化为计算多项式的积分。

② 求积系数 $A_k$ 只与积分区间及节点 $x_k$ 有关，而与被积函数 $f(x)$ 无关，可以不管 $f(x)$ 如何，预先算出 $A_k$ 的值。

③ $n+1$ 个节点的插值求积公式至少具有 $n$ 次代数精度。因为当 $f(x)$ 的次数 $\leqslant n$ 时，根据插值多项式 $L(x)$ 的唯一性，有 $f(x)=L(x)$，代入插值求积公式两端相等，但用 $f(x)=x^{n+1}$ 代入时，两端不一定相等，所以至少有 $n$ 次代数精度。

④ 求积系数之和 $\sum\limits_{k=0}^{n} A_k$ 等于 $b-a$，可用此验算求积系数的正确性。

**证** $\int_a^b f(x)\mathrm{d}x \approx \int_a^b L(x)\mathrm{d}x = \sum\limits_{k=0}^{n} A_k f(x_k)$，当节点为 $n+1$ 个时，插值求积公式有 $n$ 次代数精度，对于 $f(x)=x^n$，上式严格相等，所以取 $f(x)=1$ 时，上式也严格相等，因此有

$$\int_a^b 1\,\mathrm{d}x = \sum_{k=0}^{n} A_k$$

即

$$A_0 + A_1 + \cdots + A_n = b - a \tag{6-8}$$

### 6.1.4 构造插值求积公式的步骤

1）在积分区间 $[a,b]$ 上选取节点 $x_k$。

2）求出 $f(x_k)$ 及利用 $A_k = \int_a^b l_k(x)\mathrm{d}x$ 或解关于 $A_k$ 的线性方程组求出 $A_k$，这样就得到了

$$\int_a^b f(x)\,dx \approx \sum_{k=0}^{n} A_k f(x_k)$$

3）用$f(x)=x^{n+1}$，…，验算代数精度，一直到 $x$ 的最高次数。

**例 6-4** 对$\int_0^3 f(x)\,dx$ 构造一个至少有 3 次代数精度的求积公式。

**解** 有 4 个节点的插值求积公式至少有 3 次代数精度，为方便，在区间[0,3]上取 0，1，2，3 四个节点构造求积公式

$$\int_0^3 f(x)\,dx \approx A_0f(0)+A_1f(1)+A_2f(2)+A_3f(3)$$

确定求积系数 $A_k(k=0,1,2,3)$，利用求积系数公式

$$A_0=\int_0^3 \frac{(x-1)(x-2)(x-3)}{(0-1)(0-2)(0-3)}dx=-\frac{1}{6}\int_0^3 (x^3-6x^2+11x-6)\,dx=\frac{3}{8}$$

同理可确定 $A_1=\frac{9}{8}$，$A_2=\frac{9}{8}$，$A_3=\frac{3}{8}$，所以有

$$\int_0^3 f(x)\,dx \approx \frac{3}{8}[f(0)+3f(1)+3f(2)+f(3)]$$

因为求积公式有 4 个节点，所以至少有 3 次代数精度，只需将$f(x)=x^4$ 代入来验证其代数精度。将$f(x)=x^4$ 代入左端得 48.6，右端得 48.75，两端不相等，所以只有 3 次代数精度。

利用待定系数法，可以得出各种求积公式，而且有尽可能高的代数精度。未知量方程的个数不少于未知量的个数，要等于未知量的个数，这样就能使求积公式达到尽可能高的代数精度。

**例 6-5** 给定求积公式

$$\int_{-2h}^{2h} f(x)\,dx \approx A_{-1}f(-h)+A_0f(0)+A_1f(h)$$

试确定求积系数 $A_{-1}$，$A_0$，$A_1$，使求积公式的代数精度尽可能高，并指出其代数精度。

**解** 令求积公式对$f(x)=1$，$x$，$x^2$ 准确成立，则有

$$\begin{cases} A_{-1}+A_0+A_1=4h \\ -hA_{-1}+hA_1=0 \\ h^2A_{-1}+h^2A_1=\frac{16}{3}h^3 \end{cases}$$

解出

$$A_0=-\frac{4}{3}h, A_1=A_{-1}=\frac{8}{3}h$$

有求积公式

$$\int_{-2h}^{2h} f(x)\,dx \approx \frac{4}{3}h[2f(-h)-f(0)+2f(h)]$$

其代数精度至少为 2。

将$f(x)=x^3$ 代入求积公式，左边 = 右边 =0，所以公式准确成立。

将$f(x)=x^4$ 代入求积公式，左边 $=\frac{64}{5}h^5$，右边 $=\frac{16}{3}h^5$，所以公式不准确成立，因此求积公式的代数精度为 3 次。

**例 6-6** 确定下列求积公式中的待定参数，使其代数精度尽量高，并确定余项中的常数 $k$ 和所确定求积公式的代数精度

$$\int_0^1 f(x)\,\mathrm{d}x = A_0 f(0) + A_1 f(h) + A_2 f'(1) + kf^{(3)}(\xi),\xi \in (0,1)$$

**解** 求积公式 $\int_0^1 f(x)\,\mathrm{d}x = A_0 f(0) + A_1 f(h) + A_2 f'(1) + kf^{(3)}(\xi),\xi \in (0,1)$，有 $A_0, A_1, A_2$ 三个未知数，令求积公式对 $f(x) = 1, x, x^2$ 均准确成立，即余项 $kf^{(3)}(\xi) = 0$，有

$$\begin{cases} A_0 + A_1 = 1 \\ A_1 + A_2 = \dfrac{1}{2} \\ A_1 + 2A_2 = \dfrac{1}{3} \end{cases}$$

第 3 式减第 2 式，得

$$A_2 = -\frac{1}{6}$$

由第 3 式，得

$$A_1 = \frac{2}{3}$$

由第 1 式，得

$$A_0 = \frac{1}{3}$$

所以求积公式为

$$\int_0^1 f(x)\,\mathrm{d}x = \frac{1}{3}f(0) + \frac{2}{3}f(h) - \frac{1}{6}f'(1) + kf^{(3)}(\xi),\xi \in (0,1)$$

其代数精度至少为 2 次。

当 $f(x) = x^3$ 时，代入求积公式得

$$\frac{1}{4} = \frac{1}{6} + 6k$$

故有

$$k = \frac{1}{72}$$

求积公式只有 2 次代数精度。

**例 6-7** 确定常数 $A$、$B$、$C$ 和 $\alpha$，使求积公式 $\int_{-2}^2 f(x)\,\mathrm{d}x \approx Af(-\alpha) + Bf(0) + Cf(\alpha)$ 有尽可能高的代数精度，并确定其代数精度。

**解** 求积公式 $\int_{-2}^2 f(x)\,\mathrm{d}x \approx Af(-\alpha) + Bf(0) + Cf(\alpha)$，有 $A$、$B$、$C$ 和 $\alpha$ 四个未知数，设求积公式对于 $f(x) = 1$，$x$，$x^2$，$x^3$ 均准确成立，因此有

$$\begin{cases} A + B + C = 4 & ① \\ -\alpha A + \alpha C = 0 & ② \\ \alpha^2 A + \alpha^2 C = \dfrac{16}{3} & ③ \\ -\alpha^3 A + \alpha^3 C = 0 & ④ \end{cases}$$

因式②和④不独立，故取$f(x)=x^4$时

$$\alpha^4 A+\alpha^4 C=\frac{64}{5} \qquad ⑤$$

由式②，$\alpha\neq 0$，有$A=C$

式⑤除以式③得

$$\frac{2\alpha^4 A}{2\alpha^2 A}=\frac{\frac{64}{5}}{\frac{16}{3}},\quad \alpha=\pm\sqrt{\frac{12}{5}}$$

由式⑤得

$$A=C=\frac{10}{9}$$

由式①得

$$B=\frac{16}{9}$$

所以，求积公式

$$\int_{-2}^{2} f(x)\,\mathrm{d}x\approx\frac{10}{9}f\left(-\sqrt{\frac{12}{5}}\right)+\frac{16}{9}f(0)+\frac{10}{9}f\left(\sqrt{\frac{12}{5}}\right)$$

验算求积公式的代数精度，将$f(x)=x^5$代入求积公式，左边=右边。再将$f(x)=x^6$代入求积公式，左边=36.571 4，右边=36.6980，左边≠右边。所以，求积公式代数精度为5次。

## 6.2 牛顿–柯特斯公式

常用的梯形公式和辛普森公式是低阶的牛顿-柯特斯公式，牛顿-柯特斯公式是积分区间上等距节点的插值求积公式。

### 6.2.1 公式的导出

插值求积公式在积分区间上，所取节点等距时称为牛顿-柯特斯公式，下面推导这个公式。

插值求积公式

$$\int_a^b f(x)\,\mathrm{d}x\approx\sum_{k=0}^{n}A_k f(x_k)$$

其中求积系数$A_k=\int_a^b l_k(x)\,\mathrm{d}x$，这里$l_k(x)$是插值基函数，即有

$$A_k=\int_a^b l_k(x)\,\mathrm{d}x=\int_a^b\frac{\omega(x)}{(x-x_k)\omega'(x_k)}\mathrm{d}x=\int_a^b\prod_{\substack{i=0\\i\neq k}}^{n}\frac{x-x_i}{x_k-x_i}\mathrm{d}x$$

将积分区间$[a,b]$分成$n$等份，每一份的长度$h=\dfrac{b-a}{n}$，等分点$x_k=a+kh(k=0,1,\cdots,n)$是等距的插值节点。取系数$C_k=\dfrac{1}{b-a}A_k$并称之为柯特斯系数。这时将求积公式

$$\int_a^b f(x)\mathrm{d}x \approx (b-a)\sum_{k=0}^{n} C_k f(a+kh) \tag{6-9}$$

称为牛顿－柯特斯公式。

设变换 $x=a+th$，取 $x_i=a+ih$，则

$$C_k = \frac{1}{b-a}\int_a^b \prod_{\substack{i=0\\i\neq k}}^{n} \frac{x-x_i}{x_k-x_i}\mathrm{d}x = \frac{1}{nh}\int_0^n \prod_{\substack{i=0\\i\neq k}}^{n} \frac{a+th-a-ih}{a+kh-a-ih}h\mathrm{d}t$$

$$C_k = \frac{1}{n}\int_0^n \prod_{\substack{i=0\\i\neq k}}^{n} \frac{t-i}{k-i}\mathrm{d}t, k=0,1,\cdots,n \tag{6-10}$$

其中 $t$ 是积分变量。

从式(6-10)可看出，柯特斯系数 $C_k$ 与积分区间$[a,b]$的端点 $a$ 和 $b$ 无关,与被积函数 $f(x)$无关，$C_k$ 只与积分区间$[a,b]$等分数 $n$ 有关,只要 $n$ 确定了,$C_k$ 就可以计算出来。

柯特斯系数 $C_k$ 还可按如下方法求取,由

$$\omega(x)=(x-x_0)(x-x_1)\cdots(x-x_n)$$

$$\begin{aligned}\omega(a+th)&=(a+th-a)(a+th-a-h)\cdots(a+th-a-nh)\\&=h^{n+1}t(t-1)\cdots(t-n)\end{aligned}$$

$$\omega'(x_k)=(x_k-x_0)\cdots(x_k-x_{k-1})(x_k-x_{k+1})\cdots(x_k-x_n)$$

$$\begin{aligned}\omega'(a+kh)&=(a+kh-a)\cdots[a+kh-a-(k-1)h]\,[a+kh-a-(k+1)h]\\&\quad\cdots(a+kh-a-nh)\\&=h^n k(k-1)\cdots1(-1)\cdots(k-n)\\&=h^n k!\,(-1)^{n-k}(n-k)!\end{aligned}$$

可得

$$\begin{aligned}C_k&=\frac{1}{b-a}\int_a^b \frac{\omega(x)}{(x-x_k)\omega'(x_k)}\mathrm{d}x\\&=\frac{1}{b-a}\int_0^n \frac{h^{n+1}t(t-1)\cdots(t-n)}{h(t-k)(-1)^{n-k}h^n k!(n-k)!}h\mathrm{d}t\\&=\frac{1}{n}\frac{(-1)^{n-k}}{k!(n-k)!}\int_0^n \frac{t(t-1)\cdots(t-n)}{t-k}\mathrm{d}t\end{aligned}$$

$$C_k=\frac{(-1)^{n-k}}{nk!(n-k)!}\int_0^n \prod_{i=0}^{n}\frac{t-i}{t-k}\mathrm{d}t, k=0,1,\cdots,n \tag{6-11}$$

可以看出，用两种求取方法得到 $C_k$ 的结果是一致的。

当 $n=1$ 时

$$C_0=\frac{-1}{1\cdot 0!\cdot 1!}\int_0^1 (t-1)\mathrm{d}t=\frac{1}{2}$$

$$C_1=\int_0^1 t\mathrm{d}t=\frac{1}{2}$$

当 $n=2$ 时

$$C_0=\frac{(-1)^2}{2\cdot 0!\cdot 2!}\int_0^2 (t-1)(t-2)\mathrm{d}t=\frac{1}{6}$$

$$C_1=\frac{(-1)^1}{2\cdot 1!\cdot 1!}\int_0^2 t(t-2)\mathrm{d}t=\frac{2}{3}$$

$$C_2 = \frac{(-1)^0}{2 \cdot 2! \cdot 0!}\int_0^2 t(t-1)\mathrm{d}t = \frac{1}{6}$$

还可以证明(见本章习题5)，柯特斯系数 $C_k$ 可以不通过积分方式求出，而由下列方程组求得

$$\sum_{k=0}^{n} C_k x_k^i = \frac{1}{i+1}, i = 0,1,\cdots,n$$

$$x_k = \frac{k}{n}, k = 0,1,\cdots,n$$

其结果和前面的结果完全一致。

表6-2 称为柯特斯系数表，表中给出了柯特斯系数开头的一部分。

表 6-2

| $n$ | $C_k$ | | | | | | | | |
|---|---|---|---|---|---|---|---|---|---|
| 1 | $\frac{1}{2}$ | $\frac{1}{2}$ | | | | | | | |
| 2 | $\frac{1}{6}$ | $\frac{2}{3}$ | $\frac{1}{6}$ | | | | | | |
| 3 | $\frac{1}{8}$ | $\frac{3}{8}$ | $\frac{3}{8}$ | $\frac{1}{8}$ | | | | | |
| 4 | $\frac{7}{90}$ | $\frac{16}{45}$ | $\frac{2}{15}$ | $\frac{16}{45}$ | $\frac{7}{90}$ | | | | |
| 5 | $\frac{19}{288}$ | $\frac{25}{96}$ | $\frac{25}{144}$ | $\frac{25}{144}$ | $\frac{25}{96}$ | $\frac{19}{288}$ | | | |
| 6 | $\frac{41}{840}$ | $\frac{9}{35}$ | $\frac{9}{280}$ | $\frac{34}{105}$ | $\frac{9}{280}$ | $\frac{9}{35}$ | $\frac{41}{840}$ | | |
| 7 | $\frac{751}{17\ 280}$ | $\frac{3\ 577}{17\ 280}$ | $\frac{1\ 323}{17\ 280}$ | $\frac{2\ 989}{17\ 280}$ | $\frac{2\ 989}{17\ 280}$ | $\frac{1\ 323}{17\ 280}$ | $\frac{3\ 577}{17\ 280}$ | $\frac{751}{17\ 280}$ | |
| 8 | $\frac{989}{28\ 350}$ | $\frac{5\ 888}{28\ 350}$ | $-\frac{928}{28\ 350}$ | $\frac{10\ 496}{28\ 350}$ | $-\frac{4\ 540}{28\ 350}$ | $\frac{10\ 496}{28\ 350}$ | $-\frac{928}{28\ 350}$ | $\frac{5\ 888}{28\ 350}$ | $\frac{989}{28\ 350}$ |

柯特斯系数 $C_k$ 与积分区间$[a,b]$及被积函数$f(x)$无关，仅与积分区间$[a,b]$的等分数 $n$ 有关。此外,从柯特斯系数表还可以看出:

1）柯特斯系数 $C_k$ 之和为1，即

$$\sum_{k=0}^{n} C_k = 1$$

因为

$$\sum_{k=0}^{n} C_k = \sum_{k=0}^{n} \frac{1}{b-a}\int_a^b l_k(x)\mathrm{d}x$$
$$= \frac{1}{b-a}\int_a^b \sum_{k=0}^{n} l_k(x)\mathrm{d}x = \frac{1}{b-a}\int_a^b 1\mathrm{d}x = 1$$

2）柯特斯系数 $C_k$ 具有对称性，即

$$C_k = C_{n-k}$$

由系数表可以看出 $n=1$，2，…，8 时柯特斯系数均有对称性，现就一般情况进行证明。对

$$C_k = \frac{(-1)^{n-k}}{n \cdot k!(n-k)!}\int_0^n t(t-1)\cdots(t-k+1)(t-k-1)\cdots(t-n)\mathrm{d}t$$

进行变换

$$u = n - t$$

有

$$C_{n-k} = \frac{(-1)^{n-(n-k)}}{n \cdot (n-k)![n-(n-k)]!}\int_n^0 (n-u)(n-u-1)\cdots$$
$$[n-u-(n-k)-1][n-u-(n-k)-2]\cdots$$
$$(-u+1)(n-u-n)\mathrm{d}(-u)$$
$$= \frac{(-1)^k}{n \cdot (n-k)!k!}\int_0^n (-1)^n(u-n)\cdots(u-k+1)(u-k-1)\cdots(u-1)u\mathrm{d}u$$
$$= \frac{(-1)^{n-k}(-1)^{2k}}{n \cdot k!(n-k)!}\int_0^n u(u-1)\cdots(u-k-1)(u-k+1)\cdots(u-n)\mathrm{d}u$$
$$= C_k$$

3）柯特斯系数有时为负。

当 $n=8$ 时，从表中可以看出出现了负系数，从而影响稳定性和收敛性，因此实用的只是低阶公式。

一阶（$n=1$）牛顿-柯特斯公式就是梯形公式

$$T = \frac{b-a}{2}[f(a)+f(b)] \tag{6-12}$$

二阶（$n=2$）牛顿-柯特斯公式就是辛普森公式

$$S = \frac{b-a}{6}[f(a)+4f(c)+f(b)], c = \frac{a+b}{2} \tag{6-13}$$

四阶（$n=4$）牛顿-柯特斯公式

$$C = \frac{b-a}{90}[7f(x_0)+32f(x_1)+12f(x_2)+32f(x_3)+7f(x_4)] \tag{6-14}$$

式中 $x_k = a+kh$，$k=0$，1，2，3，4，$h=\frac{b-a}{4}$，特别称为柯特斯公式，或布尔公式。

在一系列牛顿-柯特斯公式中，高阶公式由于稳定性差而不宜采用，有实用价值的仅仅是以上三种低阶的求积公式。

**例 6-8** 用梯形公式、辛普森公式和柯特斯公式计算定积分 $\int_{0.5}^1 \sqrt{x}\mathrm{d}x$，并与精确值比较。

**解** 梯形公式

$$\int_{0.5}^1 \sqrt{x}\mathrm{d}x \approx \frac{1-0.5}{2}(\sqrt{0.5}+1) = 0.426\,776\,7$$

辛普森公式

$$\int_{0.5}^1 \sqrt{x}\mathrm{d}x \approx \frac{0.5}{6}(\sqrt{0.5}+4\sqrt{0.75}+1) = 0.430\,934\,03$$

柯特斯公式

$$\int_{0.5}^1 \sqrt{x}\mathrm{d}x \approx \frac{0.5}{90}(7\sqrt{0.5}+32\sqrt{0.625}+12\sqrt{0.75}+32\sqrt{0.875}+7) = 0.430\,964\,07$$

和精确值

$$\int_{0.5}^{1}\sqrt{x}\,dx = \frac{2}{3}x^{\frac{3}{2}}\Big|_{0.5}^{1} = 0.430\ 964\ 41$$

相比较，梯形公式有 2 位有效数字，辛普森公式有 4 位有效数字，柯特斯公式有 6 位有效数字。

### 6.2.2 牛顿－柯特斯公式的代数精度

牛顿－柯特斯公式是插值求积公式，因此 $n$ 阶牛顿－柯特斯公式至少具有 $n$ 次代数精度，又因其节点是等距的，故有如下定理。

**定理 6-3** 当 $n$ 为偶数时，牛顿－柯特斯公式有 $n+1$ 次代数精度。

**证** 设 $f(x)$ 为 $n+1$ 次多项式，记为

$$f(x) = \sum_{i=0}^{n+1}\alpha_i x^i$$

则其 $n+1$ 阶导数

$$f^{(n+1)}(x) = (n+1)!\alpha_{n+1}$$

又

$$f(x) = L(x) + \frac{f^{(n+1)}(\xi)}{(n+1)!}\omega(x),\ a \leqslant \xi \leqslant b$$

对上式两边积分

$$\int_a^b f(x)\,dx - \int_a^b L(x)\,dx = \int_a^b \frac{f^{(n+1)}(\xi)}{(n+1)!}\omega(x)\,dx = \alpha_{n+1}\int_a^b \omega(x)\,dx$$

将 $x = a + th$，$x_k = a + kh(k = 0,1,\cdots,n)$ 代入

$$\int_a^b f(x)\,dx - \int_a^b L(x)\,dx = \alpha_{n+1}h^{n+2}\int_0^n t(t-1)\cdots(t-n)\,dt$$

当 $n$ 为偶数时，令 $n = 2m$，$m$ 为正整数：

$$\int_0^n t(t-1)\cdots(t-n)\,dt = \int_0^{2m} t(t-1)\cdots(t-m)(t-m-1)\cdots(t-2m-1)(t-2m)\,dt$$

引入 $u = t - m$，将 $t$ 换成 $u$：

$$\int_0^n t(t-1)\cdots(t-n)\,dt = \int_{-m}^{m}(u+m)(u+m+1)\cdots u(u-1)\cdots(u-m+1)(u-m)\,du$$

令$H(u) = (u+m)(u+m-1)\cdots(u+1)u(u-1)\cdots(u-m-1)(u-m)$，则

$$\begin{aligned}H(-u) &= (-u+m)(-u+m-1)\cdots(-u+1)(-u)(-u-1)\cdots(-u-m-1)(-u-m)\\ &= (-1)^{2m+1}H(u) = -H(u)\end{aligned}$$

这就是说，$H(u)$是一个奇函数，所以

$$\int_0^n t(t-1)\cdots(t-n)\,dt = 0$$

即当 $n$ 为偶数时，牛顿－柯特斯公式对 $n+1$ 次多项式精确成立，因此代数精度为 $n+1$ 次。

辛普森公式是 $n=2$ 时的牛顿－柯特斯公式，至少有 3 次代数精度。容易证明，辛普森公式对四次多项式不能精确成立。取 $f(x) = x^4$，因为

$$\int_a^b x^4\,dx = \frac{1}{5}(b^5 - a^5) \neq \frac{b-a}{6}\left[b^4 + 4\left(\frac{a+b}{2}\right)^4 + a^4\right]$$

所以辛普森公式只有 3 次代数精度。

在几种低阶牛顿－柯特斯公式中，由于梯形公式最简单，辛普森公式和柯特斯公式代数

精度高，所以它们是最常使用的。

**例 6-9** 用牛顿－柯特斯公式计算定积分

$$I=\int_0^1 \frac{\sin x}{x}\mathrm{d}x$$

**解** 取 $f(x)=\frac{\sin x}{x}$，建立数据表

| $x$ | $f(x)$ |
|---|---|
| 0 | 1.000 000 0 |
| $\frac{1}{3}$ | 0.981 584 1 |
| $\frac{1}{2}$ | 0.958 851 0 |
| $\frac{2}{3}$ | 0.927 554 7 |
| 1 | 0.841 470 9 |

$n=1$ 时

$$I=\int_0^1 \frac{\sin x}{x}\mathrm{d}x \approx \frac{1}{2}[f(0)+f(1)]=\frac{1}{2}(1+0.841\,470\,9)=0.920\,735\,4$$

$n=2$ 时

$$I=\int_0^1 \frac{\sin x}{x}\mathrm{d}x \approx \frac{1}{6}\left[f(0)+4f\left(\frac{1}{2}\right)+f(1)\right]=0.946\,145\,9$$

$n=3$ 时

$$I=\int_0^1 \frac{\sin x}{x}\mathrm{d}x \approx \frac{1}{8}\left[f(0)+3f\left(\frac{1}{3}\right)+3f\left(\frac{2}{3}\right)+f(1)\right]=0.946\,110\,9$$

$n=4$ 时，可得 0.946 083 0；

$n=5$ 时，可得 0.946 083 0。

$I$ 的准确值为 0.946 083 1，由此可知 $n=1$ 时，有 1 位有效数字；$n=2$，3 时都有 3 位有效数字；$n=4$，5 时都有 6 位有效数字。所以，除梯形公式因简单而常被采用外，还常用 $n$ 为偶数时精度高的辛普森公式和柯特斯公式。

### 6.2.3 梯形公式和辛普森公式的余项

求积公式的余项又称求积公式的截断误差，用余项定量地表示求积公式的精度。

牛顿-柯特斯求积公式的余项

$$R_n=\frac{1}{(n+1)!}\int_a^b f^{(n+1)}(\xi)\omega(x)\mathrm{d}x$$

其中 $\xi$ 是依赖于 $x$ 的函数。

下面讨论低阶求积公式的余项。

**定理 6-4** 若 $f(x)$ 在区间 $[a,b]$ 上有连续的二阶导数，则梯形公式的余项

$$R_T=-\frac{(b-a)^3}{12}f''(\eta),a\leqslant\eta\leqslant b \tag{6-15}$$

**证** 梯形公式的余项

$$R_T = \int_a^b \frac{f''(\xi)}{2}(x-a)(x-b)\,\mathrm{d}x$$

因$f''(\xi)$在区间$[a,b]$上连续，而$(x-a)(x-b)$在区间$[a,b]$上不变号，即$(x-a)(x-b) \leqslant 0$，利用广义积分中值定理，在区间$[a,b]$上存在一点$\eta$，使

$$\int_a^b f''(\xi)(x-a)(x-b)\,\mathrm{d}x = f''(\eta)\int_a^b (x-a)(x-b)\,\mathrm{d}x = -\frac{(b-a)^3}{6}f''(\eta)$$

因此

$$R_T = -\frac{(b-a)^3}{12}f''(\eta), a \leqslant \eta \leqslant b$$

由此可以看出，梯形公式具有1次代数精度。梯形公式的余项和积分区间有关，当积分区间$[a,b]$较大时，余项也大。当$f''(x)>0$时，用梯形公式计算积分所得结果比积分准确值大，梯形面积大于积分的曲边梯形面积。

**定理 6-5** 设$f(x)$在区间$[a,b]$上有连续的四阶导数，则辛普森公式的余项

$$R_S = -\frac{(b-a)^5}{2\,880}f^{(4)}(\eta), a \leqslant \eta \leqslant b \tag{6-16}$$

**证** 辛普森公式的余项

$$R_S = \frac{1}{3!}\int_a^b f^{(3)}(\xi)(x-a)\left(x-\frac{a+b}{2}\right)(x-b)\,\mathrm{d}x$$

根据差商与导数的关系

$$f[x,x_0,x_1,x_2] = \frac{f^{(3)}(\xi)}{3!}$$

$$\frac{\mathrm{d}}{\mathrm{d}x}f[x,x_0,x_1,x_2] = f[x,x,x_0,x_1,x_2]$$

这里

$$x_0 = a, x_1 = \frac{a+b}{2}, x_2 = b$$

取

$$q(x) = \frac{1}{4}(x-a)^2(x-b)^2$$

则

$$q'(x) = (x-a)\left(x-\frac{a+b}{2}\right)(x-b)$$

于是

$$\begin{aligned}
R_S &= \int_a^b f[x,x_0,x_1,x_2]q'(x)\,\mathrm{d}x \\
&= f[x,x_0,x_1,x_2]q(x)\Big|_a^b - \int_a^b q(x)\frac{\mathrm{d}}{\mathrm{d}x}f[x,x_0,x_1,x_2]\,\mathrm{d}x \\
&= -\frac{1}{4}\int_a^b f[x,x,x_0,x_1,x_2](x-a)^2(x-b)^2\,\mathrm{d}x \\
&= -\frac{1}{4}f[\xi,\xi,x_0,x_1,x_2]\int_a^b (x-a)^2(x-b)^2\,\mathrm{d}x \\
&= -\frac{1}{2\,880}(b-a)^5 f^{(4)}(\eta)
\end{aligned}$$

其中$\xi$, $\eta\in[a,b]$。

又证　辛普森公式具有3次代数精度，对被积函数$f(x)$构造一个三次插值多项式$H_3(x)$，使满足

$$H_3(a)=f(a),H_3(b)=f(b)$$

$$H_3\left(\frac{a+b}{2}\right)=f\left(\frac{a+b}{2}\right),H_3'\left(\frac{a+b}{2}\right)=f'\left(\frac{a+b}{2}\right)$$

由埃尔米特插值余项表达式(4-51)可得

$$f(x)-H_3(x)=\frac{f^{(4)}(\xi)}{4!}(x-a)\left(x-\frac{a+b}{2}\right)^2(x-b),a\leqslant\xi\leqslant b$$

从$a$到$b$积分，有

$$\int_a^b f(x)\mathrm{d}x-\int_a^b H_3(x)\mathrm{d}x=\frac{1}{4!}\int_a^b f^{(4)}(\xi)(x-a)\left(x-\frac{a+b}{2}\right)^2(x-b)\mathrm{d}x$$

辛普森公式具有3次代数精度，对$H_3(x)$准确成立，有

$$\int_a^b H_3(x)\mathrm{d}x=\frac{b-a}{6}\left[H_3(a)+4H_3\left(\frac{a+b}{2}\right)+H_3(b)\right]$$

$$=\frac{b-a}{6}\left[f(a)+4f\left(\frac{a+b}{2}\right)+f(b)\right]$$

所以

$$R_S=\int_a^b f(x)\mathrm{d}x-\frac{b-a}{6}\left[f(a)+4f\left(\frac{a+b}{2}\right)+f(b)\right]$$

$$=\frac{1}{4!}\int_a^b f^{(4)}(\xi)(x-a)\left(x-\frac{a+b}{2}\right)^2(x-b)\mathrm{d}x$$

由于在区间$[a,b]$上，有

$$(x-a)\left(x-\frac{a+b}{2}\right)^2(x-b)\leqslant 0$$

在区间$[a,b]$上总存在一点$\eta$，使

$$\int_a^b f^{(4)}(\xi)(x-a)\left(x-\frac{a+b}{2}\right)^2(x-b)\mathrm{d}x=f^{(4)}(\eta)\int_a^b(x-a)\left(x-\frac{a+b}{2}\right)^2(x-b)\mathrm{d}x$$

$$=-\frac{(b-a)^5}{120}f^{(4)}(\eta),a\leqslant\eta\leqslant b$$

因此辛普森公式的余项

$$R_S=-\frac{(b-a)^5}{2\,880}f^{(4)}(\eta),a\leqslant\eta\leqslant b$$

还可求出柯特斯公式的余项

$$R_C=-\frac{8}{945}\left(\frac{b-a}{4}\right)^7 f^{(6)}(\eta),a\leqslant\eta\leqslant b \tag{6-17}$$

**例 6-10**　导出左矩形求积公式的余项

$$R_L=\frac{f'(\eta)}{2}(b-a)^2,\eta\in[a,b]$$

**解**　将$f(x)$在$x=a$处展开

$$f(x)=f(a)+f'(\xi)(x-a)$$

其中 $\xi \in [a,b]$，且依赖于 $x$，即 $f'(\xi)$ 是依赖于 $x$ 的连续函数。

对上式两边在区间 $[a,b]$ 上积分，有

$$\int_a^b f(x)\mathrm{d}x = \int_a^b f(a)\mathrm{d}x + \int_a^b f'(\xi)(x-a)\mathrm{d}x$$

$$= (b-a)f(a) + \int_a^b f'(\xi)(x-a)\mathrm{d}x$$

$$R_L = \int_a^b f(x)\mathrm{d}x - (b-a)f(a) = \int_a^b f'(\xi)(x-a)\mathrm{d}x$$

$x-a$ 在区间 $[a,b]$ 上不变号，由广义积分中值定理知，至少有一点 $\eta \in [a,b]$，使

$$R_L = \int_a^b f'(\xi)(x-a)\mathrm{d}x = f'(\eta)\int_a^b (x-a)\mathrm{d}x$$

即

$$R_L = \frac{1}{2}f'(\eta)(b-a)^2, \eta \in [a,b]$$

**例 6-11** 用梯形公式和辛普森公式计算积分 $\int_1^2 \mathrm{e}^{\frac{1}{x}}\mathrm{d}x$ 的近似值，并估计余项。

**解** 用梯形公式计算

$$\int_1^2 \mathrm{e}^{\frac{1}{x}}\mathrm{d}x \approx T = \frac{2-1}{2}(\mathrm{e} + \mathrm{e}^{\frac{1}{2}}) = 2.183\ 5$$

$$f(x) = \mathrm{e}^{\frac{1}{x}}, f'(x) = -\frac{1}{x^2}\mathrm{e}^{\frac{1}{x}}, f''(x) = \left(\frac{2}{x^3} + \frac{1}{x^4}\right)\mathrm{e}^{\frac{1}{x}}$$

$$\max_{1 \leqslant x \leqslant 2}\left|f''(x)\right| = f''(1) = 8.154\ 8$$

估计余项

$$\left|R_1\right| \leqslant \frac{(2-1)^3}{12}\max_{1 \leqslant x \leqslant 2}\left|f''(x)\right| = 0.679\ 6$$

用辛普森公式计算

$$\int_1^2 \mathrm{e}^{\frac{1}{x}}\mathrm{d}x \approx S = \frac{2-1}{6}(\mathrm{e} + 4\mathrm{e}^{\frac{1}{1.5}} + \mathrm{e}^{\frac{1}{2}}) = 2.023\ 6$$

$$f^{(4)}(x) = \left(\frac{1}{x^8} + \frac{12}{x^7} + \frac{36}{x^6} + \frac{24}{x^5}\right)\mathrm{e}^{\frac{1}{x}}$$

$$\max_{1 \leqslant x \leqslant 2}\left|f^{(4)}(x)\right| = f^{(4)}(1) = 198.43$$

估计余项

$$\left|R_2\right| \leqslant \frac{(2-1)^5}{2\ 880}\max_{1 \leqslant x \leqslant 2}\left|f^{(4)}(x)\right| = 0.068\ 90$$

可见辛普森公式比梯形公式的精度高。

### 6.2.4 牛顿-柯特斯公式的稳定性

在数值计算中，初始数据的误差和计算过程中产生的误差都会对计算结果产生影响，如果计算结果对这些误差的影响不敏感，则认为算法是稳定的，否则是不稳定的。

在数值积分中，计算各节点上的函数值 $f(x_k)$ 可能产生误差 $\delta_k$，使实际得到的函数值为 $\bar{f}(x_k)$，即计算函数值的误差

$$\delta_k = f(x_k) - \bar{f}(x_k), k = 0,1,\cdots,n$$

若记和式

$$I[f] = \sum_{k=0}^{n} A_k f(x_k)$$

$$I[\bar{f}] = \sum_{k=0}^{n} A_k \bar{f}(x_k)$$

如果数值积分的误差小于给定正数 $\varepsilon$，即

$$\left| I[f] - I[\bar{f}] \right| = \left| \sum_{k=0}^{n} A_k f(x_k) - \sum_{k=0}^{n} A_k \bar{f}(x_k) \right| \leqslant \varepsilon$$

则表明求积公式是稳定的。给出下面定义。

**定义 6-3** 对于给定 $\varepsilon > 0$，若存在 $\delta > 0$，只要

$$\left| f(x_k) - \bar{f}(x_k) \right| \leqslant \delta, k = 0,1,\cdots,n$$

有

$$\left| I[f] - I[\bar{f}] \right| = \left| \sum_{k=0}^{n} A_k f(x_k) - \sum_{k=0}^{n} A_k \bar{f}(x_k) \right| \leqslant \varepsilon$$

则数值求积公式

$$\int_a^b f(x)\mathrm{d}x \approx \sum_{k=0}^{n} A_k f(x_k)$$

是稳定的。

**定理 6-6** 数值求积公式

$$\int_a^b f(x)\mathrm{d}x \approx \sum_{k=0}^{n} A_k f(x_k)$$

的求积系数 $A_k > 0(k=0,1,2,\cdots,n)$时，求积公式是稳定的。

**证** 对任给 $\varepsilon > 0$，取

$$\delta = \frac{\varepsilon}{b-a}$$

当 $k=0$，1，…，$n$ 时，有 $\left| f(x_k) - \bar{f}(x_k) \right| \leqslant \delta$，又因为数值求积公式

$$\sum_{k=0}^{n} A_k = b - a$$

得

$$\begin{aligned}\left| I[f] - I[\bar{f}] \right| &= \left| \sum_{k=0}^{n} A_k [f(x_k) - \bar{f}(x_k)] \right| \\ &\leqslant \sum_{k=0}^{n} \left| A_k \right| \left| f(x_k) - \bar{f}(x_k) \right| \\ &\leqslant \sum_{k=0}^{n} A_k \delta = (b-a)\frac{\varepsilon}{b-a} = \varepsilon\end{aligned}$$

即当 $A_k$ 全为正数时，求积公式是稳定的。

但若 $A_k$ 有正有负时，将有

$$\delta \sum_{k=0}^{n} A_k > \varepsilon$$

对于柯特斯系数 $C_k$，当 $n\geqslant 8$ 时有正有负，将有

$$(b-a)\delta\sum_{k=0}^{n}A_k > \varepsilon$$

这样求积公式的误差得不到控制，稳定性没有保证。因此实际计算中不使用 $n$ 较大的牛顿-柯特斯公式。

## 6.3 复化求积法

梯形公式、辛普森公式和柯特斯公式在区间 $[a,b]$ 不太大时，用来计算定积分简单实用，但当区间 $[a,b]$ 比较大时，由余项可看出精度较差。而高阶牛顿-柯特斯公式有其局限性。首先，从余项定理看，它含有高阶导数，要求被积函数充分光滑。即使这样，因系数有正有负，估计余项也有困难。其次，从舍入误差看，初始数据不可避免地有舍入误差。初始数据的误差会引起结果误差的扩大，造成求积公式的不稳定。因此提高求积公式精度的实用的方法是复化求积法。

将积分区间分成 $n$ 等份，对每等份分别用梯形公式、辛普森公式和柯特斯公式之一求积分，然后将其结果加起来，作为积分的近似值，这就是复化求积法。

将积分区间 $[a,b]$ 分成 $n$ 等份，每一份称为一个子区间，其长度 $h=\dfrac{b-a}{n}$，分点为 $x_k=a+kh$，$k=0,1,\cdots,n$。复化求积法是利用区间 $[a,b]$ 上的积分值等于每一个子区间 $[x_k,x_{k+1}]$ 积分值之和，即

$$\int_a^b f(x)\,\mathrm{d}x=\sum_{k=0}^{n-1}\int_{x_k}^{x_{k+1}}f(x)\,\mathrm{d}x$$

来求积。因此复化求积法先用低阶求积公式求出每个子区间 $[x_k,x_{k+1}]$ 上积分的近似值，然后将它们累加求和作为区间 $[a,b]$ 上积分的近似值。

### 6.3.1 复化梯形公式

在子区间 $[x_k,x_{k+1}]$ 上利用梯形公式则有复化梯形公式

$$T_n=\sum_{k=0}^{n-1}\frac{h}{2}[f(x_k)+f(x_{k+1})]$$

展开整理后，有

$$T_n=\frac{h}{2}\left[f(a)+2\sum_{k=1}^{n-1}f(x_k)+f(b)\right] \tag{6-18}$$

当 $f(x)$ 在区间 $[a,b]$ 上有连续的二阶导数时，在子区间 $[x_k,x_{k+1}]$ 上梯形公式的余项已知为

$$R_{T_k}=-\frac{h^3}{12}f''(\eta_k),x_k\leqslant\eta_k\leqslant x_{k+1}$$

在区间 $[a,b]$ 上的余项

$$R_T=\sum_{k=1}^{n}R_{T_k}=-\frac{h^3}{12}\sum_{k=1}^{n}f''(\eta_k)$$

设 $f''(x)$ 在区间 $[a,b]$ 上连续，对连续函数在区间 $[a,b]$ 上存在一点 $\eta$，使

$$\frac{1}{n}\sum_{k=1}^{n}f''(\eta_k)=f''(\eta),a\leqslant\eta\leqslant b$$

因此，余项

$$R_T = -\frac{h^3}{12}nf''(\eta) = -\frac{(b-a)}{12}h^2 f''(\eta), a \leqslant \eta \leqslant b \tag{6-19}$$

### 6.3.2 复化辛普森公式

记子区间$[x_k, x_{k+1}]$的中点为$x_{k+\frac{1}{2}}$，复化辛普森公式

$$\begin{aligned} S_n &= \sum_{k=0}^{n-1} \frac{h}{6}[f(x_k) + 4f(x_{k+\frac{1}{2}}) + f(x_{k+1})] \\ &= \frac{h}{6}\left[f(a) + 4\sum_{k=0}^{n-1} f(x_{k+\frac{1}{2}}) + 2\sum_{k=1}^{n-1} f(x_k) + f(b)\right] \end{aligned}$$

复化辛普森法是一种常用的数值求积方法，为了便于编写程序，可将其改写成

$$S_n = \frac{h}{6}\left\{f(a) - f(b) + \sum_{k=1}^{n}[4f(x_{k-\frac{1}{2}}) + 2f(x_k)]\right\} \tag{6-20}$$

当$f(x)$在区间$[a,b]$上有连续的四阶导数时，在区间$[x_k, x_{k+1}]$上辛普森公式的余项

$$R_{S_k} = -\frac{h^5}{2\,880}f^{(4)}(\eta_k), x_k \leqslant \eta_k \leqslant x_{k+1}$$

在区间$[a,b]$上的余项

$$R_S = -\frac{b-a}{2\,880}h^4 f^{(4)}(\eta), a \leqslant \eta \leqslant b \tag{6-21}$$

**例 6-12** 计算积分$I = \int_0^1 e^x dx$，若用复化梯形公式，问区间$[0,1]$应分多少等份才能使误差不超过$\frac{1}{2} \times 10^{-5}$。若改用复化辛普森公式，要达到同样精度，区间$[0,1]$应分多少等份。

**解** 取$f(x) = e^x$，则

$$f''(x) = e^x, f^{(4)}(x) = e^x$$

又由区间长度$b - a = 1$，复化梯形公式有余项

$$|R_n(x)| = \left|-\frac{b-a}{12}h^2 f''(\eta)\right| \leqslant \frac{1}{12}\left(\frac{1}{n}\right)^2 e \leqslant \frac{1}{2} \times 10^{-5}$$

即$n^2 \geqslant \frac{1}{6} \times 10^5$，$n \geqslant 212.85$，取$n = 213$，即将区间$[0,1]$分为 213 等份时，用复化梯形公式计算误差不超过$\frac{1}{2} \times 10^{-5}$。

用复化辛普森公式计算时，要求

$$\begin{aligned} |R_n(x)| &= \left|-\frac{b-a}{2\,880}h^4 f^{(4)}(\eta)\right| \\ &\leqslant \frac{1}{2\,880}\left(\frac{1}{n}\right)^4 e \leqslant \frac{1}{2} \times 10^{-5} \end{aligned}$$

即$n^2 \geqslant \frac{e}{144} \times 10^4$，$n \geqslant 3.706\,6$，取$n = 4$，即将区间$[0,1]$分为 8 等份时，用$n = 4$的复化辛普森公式则可达到误差不超过$\frac{1}{2} \times 10^{-5}$。

从这个例子可以看出，为达到相同的精度，使用复化梯形公式所需的计算量比使用复化辛普森公式大得多。

### 6.3.3 复化柯特斯公式

把每个子区间$[x_k,x_{k+1}]$四等分，内分点依次记$x_{k+\frac{1}{4}}$，$x_{k+\frac{1}{2}}$，$x_{k+\frac{3}{4}}$，则复化柯特斯公式

$$C_n=\frac{h}{90}\left[7f(a)+32\sum_{k=0}^{n-1}f(x_{k+\frac{1}{4}})+12\sum_{k=0}^{n-1}f(x_{k+\frac{1}{2}})+32\sum_{k=0}^{n-1}f(x_{k+\frac{3}{4}})+14\sum_{k=1}^{n-1}f(x_k)+7f(b)\right] \tag{6-22}$$

在区间$[a,b]$上的余项

$$R_C=-\frac{2(b-a)}{945}\left(\frac{h}{4}\right)^6 f^{(6)}(\eta),a\leqslant\eta\leqslant b \tag{6-23}$$

复化求积公式的余项表明，只要被积函数$f(x)$所涉及的各阶导数在区间$[a,b]$上连续，那么复化梯形公式、复化辛普森公式与复化柯特斯公式所得近似值$T_n$、$S_n$、$C_n$的余项和步长的关系依次为$O(h^2)$、$O(h^4)$、$O(h^6)$。因此当$h\to 0$(即$n\to+\infty$)时，$T_n$、$S_n$、$C_n$都收敛于积分真值，且收敛速度一个比一个快。

**例 6-13** 用函数$f(x)=\frac{\sin x}{x}$的数据表(见表 6-3)计算积分$I=\int_0^1 f(x)\,\mathrm{d}x$。

**表 6-3**

| $x$ | $f(x)$ | $x$ | $f(x)$ | $x$ | $f(x)$ |
|---|---|---|---|---|---|
| 0 | 1.000 000 0 | 3/8 | 0.976 726 7 | 3/4 | 0.908 851 6 |
| 1/8 | 0.997 397 8 | 1/2 | 0.958 851 0 | 7/8 | 0.877 192 5 |
| 1/4 | 0.989 615 8 | 5/8 | 0.936 155 6 | 1 | 0.841 470 9 |

**解** 给出的数据表是将积分区间[0,1]分成 8 等份，因此复化梯形法是$T_8$，复化辛普森法是$S_4$，复化柯特斯法是$C_2$。

复化梯形法

$$T_8=\frac{1}{8}\times\frac{1}{2}\left[f(0)+2f\left(\frac{1}{8}\right)+2f\left(\frac{1}{4}\right)+2f\left(\frac{3}{8}\right)+2f\left(\frac{1}{2}\right)+2f\left(\frac{5}{8}\right)+2f\left(\frac{3}{4}\right)+2f\left(\frac{7}{8}\right)+f(1)\right]=0.945\ 690\ 9$$

复化辛普森法

$$S_4=\frac{1}{4}\times\frac{1}{6}\left[f(0)+4f\left(\frac{1}{8}\right)+2f\left(\frac{1}{4}\right)+4f\left(\frac{3}{8}\right)+2f\left(\frac{1}{2}\right)+4f\left(\frac{5}{8}\right)+2f\left(\frac{3}{4}\right)+4f\left(\frac{7}{8}\right)+f(1)\right]$$
$$=0.946\ 083\ 3$$

复化柯特斯法

$$C_2=\frac{1}{90}\times\frac{1}{2}\left[7f(0)+32f\left(\frac{1}{8}\right)+32f\left(\frac{5}{8}\right)+12f\left(\frac{1}{4}\right)+12f\left(\frac{3}{4}\right)+\right.$$

$$32f\left(\frac{3}{8}\right)+32f\left(\frac{7}{8}\right)+14f\left(\frac{1}{2}\right)+7f(1)\Bigg]$$

$$=0.946\,083\,2$$

一般说来，$f(x)$的计算比较复杂，可能有多次乘除法运算，可以用调用$f(x)$的次数考虑计算工作量。复化梯形公式、复化辛普森公式和复化柯特斯公式都需要 9 个点的函数值，调用 9 次$f(x)$，工作量相同，计算结果同准确值 0.946 083 1 相比较，$T_8$ 有 2 位有效数字，$S_4$ 和 $C_2$ 都有 6 位有效数字。这是因为复化辛普森法的区间比复化柯特斯法的区间小，所以二者都有 6 位有效数字。

## 6.4 变步长求积和龙贝格算法

在数值积分中，精度是一个很重要的问题，复化求积法对提高精度是很有效的，但在使用复化求积公式之前必须先给出步长，步长取得太大，精度难以保证，步长太小，则会导致计算量的增加，并且积累误差也会增大，而事先给出一个合适的步长往往是困难的。

实际计算中常常采用变步长求积法，即在步长逐次分半(即步长二分)的过程中，反复利用复化求积公式进行计算，直到所求得的积分值满足精度要求为止。

### 6.4.1 变步长梯形求积法

设将积分区间$[a,b]$分成 $n$ 等份，即有 $n$ 个子区间，分点 $x_k=a+kh$，$k=0，1，\cdots,n$，其中步长 $h=\frac{b-a}{n}$。对于子区间$[x_k,x_{k+1}]$，利用梯形法求其积分近似值

$$\frac{h}{2}[f(x_k)+f(x_{k+1})]$$

对区间$[a,b]$有

$$T_n=\sum_{k=0}^{n-1}\frac{h}{2}[f(x_k)+f(x_{k+1})]$$

对子区间$[x_k,x_{k+1}]$再取其中点 $x_{k+\frac{1}{2}}=\frac{1}{2}(x_k+x_{k+1})$作为新节点，此时区间数增加了一倍为 $2n$，对子区间$[x_k,x_{k+1}]$，其积分近似值

$$\frac{h}{4}[f(x_k)+2f(x_{k+\frac{1}{2}})+f(x_{k+1})]$$

对区间$[a,b]$有

$$T_{2n}=\sum_{k=0}^{n-1}\frac{h}{4}[f(x_k)+2f(x_{k+\frac{1}{2}})+f(x_{k+1})]$$

$$=\frac{h}{4}\sum_{k=0}^{n-1}[f(x_k)+f(x_{k+1})]+\frac{h}{2}\sum_{k=0}^{n-1}f(x_{k+\frac{1}{2}})$$

比较 $T_n$ 和 $T_{2n}$有

$$T_{2n}=\frac{T_n}{2}+\frac{h}{2}\sum_{k=0}^{n-1}f(x_{k+\frac{1}{2}}) \tag{6-24}$$

其中 $h=\frac{b-a}{n}$是分成 $n$ 等份时的步长(二分前的步长)，二分时的中点 $x_{k+\frac{1}{2}}=a+\left(k+\frac{1}{2}\right)h$，$k=0$，

$1,\cdots,n-1$。由此可以看出，为了计算二分后的积分值，只要计算新增加的分点值$f(x_{k+\frac{1}{2}})$就可以了，而原来节点的函数值不必重新计算，因为它已包含在第一项中。式(6-24)称为变步长梯形公式，它和定步长的复化梯形公式没有本质区别，只是在计算过程中将积分区间逐次二分。

当把区间分成 $n$ 等份，用复化梯形公式计算积分 $I$ 的近似值 $T_n$ 时，截断误差

$$R_n = I - T_n = \frac{b-a}{12}\left(\frac{b-a}{n}\right)^2 f''(\xi_n)$$

若把区间再二等分为 $2n$ 等份，计算出定积分的近似值为 $T_{2n}$，则截断误差

$$R_{2n} = I - T_{2n} = -\frac{b-a}{12}\left(\frac{b-a}{2n}\right)^2 f''(\xi_{2n})$$

当$f''(x)$在区间$[a,b]$上变化不大时，有

$$f''(\xi_n) \approx f''(\xi_{2n})$$

这样当步长二分后误差将减至$\frac{1}{4}$，即有

$$\frac{I-T_{2n}}{I-T_n} \approx \frac{1}{4}$$

将上式移项整理，可得验后误差估计式

$$I - T_{2n} \approx \frac{1}{3}(T_{2n} - T_n) \tag{6-25}$$

由此可见，只要二分前后两个积分值 $T_n$ 与 $T_{2n}$ 相当接近，就可以保证计算结果 $T_{2n}$ 的误差很小，使 $T_{2n}$ 接近于积分值 $I$。

因此，用变步长梯形求积法求得 $T_{2n}$ 和 $T_n$ 后，判断二分前后两次积分近似值之差的绝对值是否小于所规定的误差 $\varepsilon$，若有

$$|T_{2n} - T_n| < \varepsilon$$

则取 $T_{2n}$ 为所求结果，否则继续进行二等分直到满足要求为止。这个区间逐次分半的求积方法称为变步长梯形求积法。它是以梯形公式为基础，逐步减小步长，以达到所要求的精度。

图 6-2 是变步长梯形求积法的算法框图，其中 $T_1$ 和 $T_2$ 分别代表二等分前后的积分值。

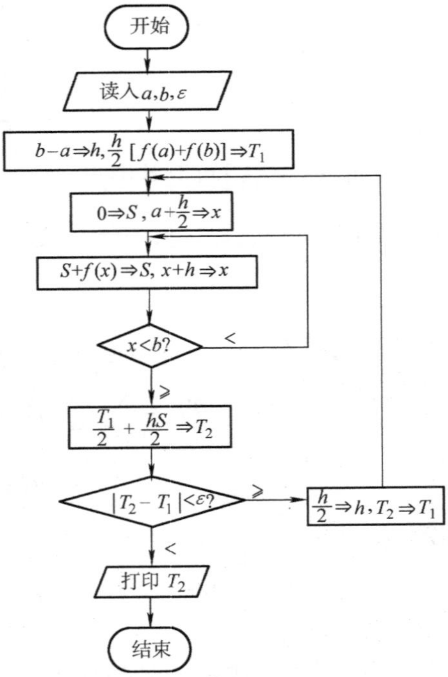

图 6-2　变步长梯形法算法框图

**例 6-14**　用变步长梯形求积法计算 $\int_0^1 \frac{\sin x}{x}dx$ 。

**解**　先对区间$[0,1]$用梯形公式，对于 $f(x)=\frac{\sin x}{x}$，$f(0)=1$，$f(1)=0.841\ 471\ 0$，所以有

$$T_1 = \frac{1}{2}[f(0)+f(1)] = 0.920\ 735\ 5$$

然后将区间二等分，由于$f\left(\frac{1}{2}\right)=0.958\ 851\ 0$，故有

$$T_2 = \frac{1}{2}T_1 + \frac{1}{2}f\left(\frac{1}{2}\right) = 0.939\ 793\ 3$$

再二等分一次，并计算新分点上的函数值$f\left(\frac{1}{4}\right)=0.989\ 615\ 8$，$f\left(\frac{3}{4}\right)=0.908\ 851\ 6$，有

$$T_4=\frac{1}{2}T_2+\frac{1}{4}\left[f\left(\frac{1}{4}\right)+f\left(\frac{3}{4}\right)\right]=0.944\ 513\ 5$$

再二等分一次，新分点上的函数值$f\left(\frac{1}{8}\right)=0.997\ 397\ 9$，$f\left(\frac{3}{8}\right)=0.976\ 726\ 7$，$f\left(\frac{5}{8}\right)=0.936\ 155\ 1$，$f\left(\frac{7}{8}\right)=0.877\ 192\ 6$，有

$$T_8=\frac{1}{2}T_4+\frac{1}{8}\left[f\left(\frac{1}{8}\right)+f\left(\frac{3}{8}\right)+f\left(\frac{5}{8}\right)+f\left(\frac{7}{8}\right)\right]=0.945\ 690\ 9$$

这样不断二分下去，计算结果见表6-4，表中$k$代表二分次数，区间等分数$n=2^k$，积分的准确值为0.946 083 1，用变步长二分10次可得此结果。

**表　6-4**

| $k$ | $T_n$ | $k$ | $T_n$ |
|---|---|---|---|
| 0 | 0.920 735 5 | 6 | 0.946 076 9 |
| 1 | 0.939 793 3 | 7 | 0.946 081 5 |
| 2 | 0.944 513 5 | 8 | 0.946 082 7 |
| 3 | 0.945 690 9 | 9 | 0.946 083 0 |
| 4 | 0.945 985 0 | 10 | 0.946 083 1 |
| 5 | 0.946 059 6 | | |

## 6.4.2　龙贝格算法

龙贝格(Romberg)算法也称逐次分半加速法，它是在复化梯形公式误差估计的基础上应用线性外推的方法构造出的一种加速算法。

将积分区间分成$n$等份和$2n$等份时，求得积分近似值$T_n$和$T_{2n}$，并有误差估计式

$$I-T_{2n}\approx\frac{1}{3}(T_{2n}-T_n)$$

上式又可写成

$$I\approx T_{2n}+\frac{1}{3}(T_{2n}-T_n) \tag{6-26}$$

积分近似值$T_{2n}$的误差大致等于$\frac{1}{3}(T_{2n}-T_n)$，当用$\frac{1}{3}(T_{2n}-T_n)$对$T_{2n}$进行修正时，$\frac{1}{3}(T_{2n}-T_n)$与$T_{2n}$之和比$T_{2n}$更接近于真值$I$，故$\frac{1}{3}(T_{2n}-T_n)$是对$T_{2n}$误差的一种补偿，因此可以期望下式的$\overline{T}$是一个更好的结果

$$\overline{T}=T_{2n}+\frac{1}{3}(T_{2n}-T_n)=\frac{4}{3}T_{2n}-\frac{1}{3}T_n$$

例6-14中所求得的两个梯形值$T_4=0.944\ 513\ 5$和$T_8=0.945\ 690\ 9$的精度都很差(与准确值0.946 083 1相比较,只有一位或两位有效数字)，但如果将它们按上式进行线性组合

$$\overline{T}=\frac{4}{3}T_8-\frac{1}{3}T_4=0.946\ 083\ 4$$

此时近似值有 6 位有效数字。

下面说明 $\overline{T}$ 即是分成 $n$ 等份时辛普森公式的值 $S_n$。将复化梯形公式

$$T_n=\frac{h}{2}\left[f(a)+2\sum_{k=1}^{n-1}f(x_k)+f(b)\right]$$

梯形变步长求积公式

$$T_{2n}=\frac{1}{2}T_n+\frac{h}{2}\sum_{k=0}^{n-1}f(x_{k+\frac{1}{2}})$$

代入上式 $\overline{T}$ 表达式得

$$\overline{T}=\frac{h}{6}\left[f(a)+4\sum_{k=0}^{n-1}f(x_{k+\frac{1}{2}})+2\sum_{k=1}^{n-1}f(x_k)+f(b)\right]=S_n$$

即

$$S_n=\frac{4}{3}T_{2n}-\frac{1}{3}T_n \tag{6-27}$$

这就是说，用梯形法二分前后两个梯形值 $T_n$ 和 $T_{2n}$进行线性外推，结果得到辛普森法的积分值 $S_n$。将误差由 $O(h^2)$变为 $O(h^4)$，从而提高了逼近精度。

再考虑辛普森法。其截断误差与 $h^4$ 成正比，因此，若将步长折半，则误差减至$\frac{1}{16}$，即有

$$\frac{I-S_{2n}}{I-S_n}\approx\frac{1}{16}$$

由此得

$$I\approx\frac{16}{15}S_{2n}-\frac{1}{15}S_n$$

不难验证，上式右端的值其实等于 $C_n$，就是说，用辛普森法二分前后的两个积分值 $S_n$ 与 $S_{2n}$，按上式再进行线性外推，结果得到柯特斯法的积分值 $C_n$，即有

$$C_n=\frac{16}{15}S_{2n}-\frac{1}{15}S_n \tag{6-28}$$

这时将误差由 $O(h^4)$变为 $O(h^6)$，逼近精度又一次得以提高。

用同样的方法，依据柯特斯法的误差公式，可进一步导出下列龙贝格公式

$$R_n=\frac{64}{63}C_{2n}-\frac{1}{63}C_n \tag{6-29}$$

$R_n$ 逼近积分值的误差为 $O(h^8)$，这样龙贝格公式将误差由 $O(h^6)$变为 $O(h^8)$，逼近精度再次得以提高。龙贝格公式有 7 次代数精度，这表明该公式不是牛顿-柯特斯公式。

在步长二分的过程中运用 $S_n$、$C_n$、$R_n$ 表达式加工三次，就能将粗糙的积分值 $T_n$ 逐步加工成精度较高的龙贝格值 $R_n$，或者说，将收敛缓慢的梯形值序列 $T_n$ 加工成收敛迅速的龙贝格值序列 $R_n$，这种加速方法称龙贝格算法，如表6-5 所示。利用上述方法还可继续加工，但由于加工后效果不明显，所以加速到此为止。

表 6-5

| $k$ | 区间等分数<br>$n=2^k$ | 梯形序列<br>$T_{2k}$ | 辛普森序列<br>$S_2^{k-1}$ | 柯特斯序列<br>$C_2^{k-2}$ | 龙贝格序列<br>$R_2^{k-3}$ |
|---|---|---|---|---|---|
| 0 | 1 | $T_1$ | | | |
| 1 | 2 | $T_2$ | $S_1$ | | |
| 2 | 4 | $T_4$ | $S_2$ | $C_1$ | |
| 3 | 8 | $T_8$ | $S_4$ | $C_2$ | $R_1$ |
| 4 | 16 | $T_{16}$ | $S_8$ | $C_4$ | $R_2$ |
| 5 | 32 | $T_{32}$ | $S_{16}$ | $C_8$ | $R_4$ |

**例 6-15** 用龙贝格算法计算

$$\int_0^1 \frac{\sin x}{x}\mathrm{d}x$$

**解** 由例 6-14 已知

$$T_1=0.920\,735\,5,\ T_2=0.939\,793\,3,\ T_4=0.944\,513\,5,\ T_8=0.945\,690\,9$$

利用 $S_n=\frac{4}{3}T_{2n}-\frac{1}{3}T_n$ 计算出

$$S_1=0.946\,145\,9,\ S_2=0.946\,086\,9,\ S_4=0.946\,083\,3$$

利用 $C_n=\frac{16}{15}S_{2n}-\frac{1}{15}S_n$ 计算出

$$C_1=0.946\,083\,1,\ C_2=0.946\,083\,1$$

利用 $R_n=\frac{64}{63}C_{2n}-\frac{1}{63}C_n$ 计算出

$$R_1=0.946\,083\,1$$

这里利用梯形法变步长 3 次的数据，它们的精度只有一位或两位有效数字，通过龙贝格算法求得 $R_1=0.946\,083\,1$，这个结果有 7 位有效数字，可见加速效果十分显著，但计算量比变步长梯形法小得多。

## 6.5 高斯型求积公式

在节点数值不变的情况下，选择节点的位置使求积公式具有最高的代数精度，这种求积公式就是高斯型求积公式。

### 6.5.1 概述

插值求积公式

$$\int_a^b f(x)\,\mathrm{d}x \approx \sum_{k=0}^{n} A_k f(x_k)$$

任意给定 $n+1$ 个节点，至少有 $n$ 次代数精度。牛顿-柯特斯公式是等距节点插值求积公式，当 $n$ 为偶数时，有 $n+1$ 次代数精度。插值求积公式中有 $n+1$ 个节点，$n+1$ 个求积系数，共有 $2n+2$ 个未知参数，适当选取这些参数可使求积公式具有 $2n+1$ 次代数精度，这时就构成了高斯型求积公式。

以两个节点为例进行说明，此时假设

$$\int_{-1}^{1} f(x)\,\mathrm{d}x \approx A_0 f(x_0) + A_1 f(x_1)$$

该式共有 $x_0$、$x_1$、$A_0$、$A_1$ 四个未知参数(此时 $n=1$,未知参数 $2n+2=4$)，令其对 $f(x)=1$，$x$，$x^2$，$x^3$ 准确成立，有 4 个未知数 4 个方程

$$\begin{cases} A_0 + A_1 = 2 \\ A_0 x_0 + A_1 x_1 = 0 \\ A_0 x_0^2 + A_1 x_1^2 = \dfrac{2}{3} \\ A_0 x_0^3 + A_1 x_1^3 = 0 \end{cases}$$

这是一个非线性方程组，由其中的第 2 和第 4 式知

$$A_0 x_0 = -A_1 x_1$$

$$A_0 x_0^3 = -A_1 x_1^3$$

$$x_0^2 = x_1^2$$

代入第 3 式

$$(A_0 + A_1) x_0^2 = \frac{2}{3}$$

再将第 1 式代入，有

$$2x_0^2 = \frac{2}{3}$$

为保证相异节点，取

$$x_0 = -\frac{1}{\sqrt{3}},\quad x_1 = \frac{1}{\sqrt{3}}$$

由第 1 和第 2 式，有

$$A_0 = A_1 = 1$$

所以

$$\int_{-1}^{1} f(x)\,\mathrm{d}x \approx f\left(-\frac{1}{\sqrt{3}}\right) + f\left(\frac{1}{\sqrt{3}}\right)$$

当 $n$ 较大时，用上述待定系数法通过解非线性方程组求解节点和求积系数是不容易做到的，下面讨论利用正交多项式的方法求解节点。

插值求积公式节点一经确定，相应的求积系数就确定了，因此关键在于确定节点。

**定义 6-4** 使插值求积公式 $\int_a^b f(x)\,\mathrm{d}x \approx \sum_{k=0}^{n} A_k f(x_k)$ 有 $2n+1$ 次代数精度的节点 $x_k, k = 0,1,\cdots,n$,称为高斯点,该求积公式称为高斯型求积公式。

**定理 6-7** 节点 $x_k(k=0,1,\cdots,n)$ 为高斯点的充要条件是以这些点为零点的多项式

$$\omega(x) = \prod_{k=0}^{n}(x - x_k)$$

与任意次数不超过 $n$ 的多项式 $P(x)$ 均正交

$$\int_a^b P(x)\omega(x)\,dx = 0 \tag{6-30}$$

**证** 先证必要性。

设 $P(x)$ 是任意的次数不超过 $n$ 的多项式，则 $P(x)\omega(x)$ 的次数不超过 $2n+1$。因此，如果 $x_0$，$x_1$，…，$x_n$ 是高斯点，则求积公式 $\int_a^b f(x)\,dx \approx \sum_{k=0}^{n} A_k f(x_k)$ 对 $P(x)\omega(x)$ 准确成立，即

$$\int_a^b P(x)\omega(x)\,dx = \sum_{k=0}^{n} A_k P(x_k)\omega(x_k)$$

但因 $\omega(x_k)=0$，$k=0$，1，…，$n$，故有

$$\int_a^b P(x)\omega(x)\,dx = 0$$

再证充分性。

对任意次数不超过 $2n+1$ 的多项式 $f(x)$，用 $\omega(x)$ 去除，设商为 $P(x)$，余式为 $q(x)$，有

$$f(x) = P(x)\omega(x) + q(x) \tag{6-31}$$

则 $P(x)$ 和 $q(x)$ 是次数均不超过 $n$ 次的多项式。对上式在区间 $[a,b]$ 上积分

$$\int_a^b f(x)\,dx = \int_a^b P(x)\omega(x)\,dx + \int_a^b q(x)\,dx$$

由正交性 $\int_a^b P(x)\omega(x)\,dx = 0$，有

$$\int_a^b f(x)\,dx = \int_a^b q(x)\,dx \tag{6-32}$$

取 $n+1$ 个节点插值求积时，有 $n$ 次代数精度，故对于次数不超过 $n$ 的 $q(x)$，插值求积公式

$$\int_a^b f(x)\,dx \approx \sum_{k=0}^{n} A_k f(x_k)$$

能准确成立，即

$$\int_a^b q(x)\,dx = \sum_{k=0}^{n} A_k q(x_k)$$

在节点 $x_k$，$\omega(x_k)=0$，由式(6-31)有

$$f(x_k) = q(x_k)$$

从而

$$\int_a^b q(x)\,dx = \sum_{k=0}^{n} A_k f(x_k)$$

将式(6-32)代入，有

$$\int_a^b f(x)\,dx = \sum_{k=0}^{n} A_k f(x_k)$$

即求积公式对一切次数不超过 $2n+1$ 的多项式准确成立，因此，$x_k$，$k=0$，1，…，$n$ 是高斯点。

最后将 $2n+2$ 次多项式 $f(x)=\omega^2(x)$ 代入求积公式

$$\int_a^b f(x)\,dx \approx \sum_{k=0}^{n} A_k f(x_k)$$

左端 $$\int_a^b f(x)\,\mathrm{d}x = \int_a^b \omega^2(x)\,\mathrm{d}x > 0$$

右端 $$\sum_{k=0}^{n} A_k f(x_k) = \sum_{k=0}^{n} A_k \omega^2(x_k) = 0$$

$2n+2$ 次多项式求积公式不能准确成立，故只有 $2n+1$ 次代数精度。

根据定理，譬如为要确定两点公式

$$\int_{-1}^{1} f(x)\,\mathrm{d}x = A_1 f(x_1) + A_2 f(x_2)$$

的高斯点，按正交性条件，在 $n=1$ 时取 $P(x)=1$，$x$，有

$$\int_{-1}^{1} (x-x_1)(x-x_2)\,\mathrm{d}x = 0$$

$$\int_{-1}^{1} x(x-x_1)(x-x_2)\,\mathrm{d}x = 0$$

由此易得

$$x_1 x_2 = -\frac{1}{3},\ x_1 + x_2 = 0$$

故所求的高斯点为 $x_2 = -x_1 = \dfrac{1}{\sqrt{3}}$。

节点确定之后可按下式计算求积系数

$$A_k = \int_a^b l_k(x)\,\mathrm{d}x = \int_a^b \frac{\omega(x)}{(x-x_k)\omega'(x_k)}\mathrm{d}x$$

和余项

$$R_n = \frac{f^{(2n+2)}(\eta)}{(2n+2)!}\int_a^b \omega^2(x)\,\mathrm{d}x,\ a \leqslant \eta \leqslant b \tag{6-33}$$

对于给定的区间$[a,b]$，根据上面导出的公式，可以写出相应的具体求积公式，这些求积公式均称为高斯型求积公式，常用的有高斯-勒让德求积公式、高斯-拉盖尔求积公式、高斯-埃尔米特求积公式和高斯-切比雪夫求积公式。

### 6.5.2 高斯－勒让德求积公式

**1. 区间的变换**

不失一般性，将求积公式 $\int_a^b f(x)\,\mathrm{d}x \approx \sum_{k=0}^{n} A_k f(x_k)$ 的求积区间$[a,b]$转换成区间$[-1,1]$的形式。

对任意求积区间$[a,b]$进行变换

$$x = \frac{b-a}{2}t + \frac{a+b}{2} \tag{6-34}$$

可以变换到区间$[-1,1]$上，这时

$$\int_a^b f(x)\,\mathrm{d}x = \int_a^b f\left(\frac{b-a}{2}t + \frac{a+b}{2}\right)\mathrm{d}\left(\frac{b-a}{2}t + \frac{a+b}{2}\right)$$

$$= \frac{b-a}{2}\int_{-1}^{1} f\left(\frac{b-a}{2}t + \frac{a+b}{2}\right)dt$$

$$\int_a^b f(t)\,dt = \frac{b-a}{2}\int_{-1}^{1}\psi(t)\,dt \tag{6-35}$$

其中 $\psi(t) = f\left(\frac{b-a}{2}t + \frac{a+b}{2}\right)$。

高斯-勒让德求积公式在这里简称高斯公式，它是在区间[ -1,1]上进行讨论的。

**2. 高斯点的求取**

以 $x_k$，$k=0, 1, \cdots, n$ 为根的多项式 $\omega(x)$ 在区间[ -1,1]上与任意不高于 $n$ 次的多项式正交，勒让德多项式具有这种性质，所以 $n+1$ 次勒让德多项式 $L_{n+1}(x)$ 的零点就是求积公式的高斯点，又因为 $\omega(x)$ 最高次幂系数为 1，故只需取最高次幂系数为 1 的 $n+1$ 次勒让德多项式 $\widetilde{L}_{n+1}(x)$ 作为 $\omega(x)$ 即可。将上面叙述的归结为定理的形式：

**定理 6-8** 若 $x_0$，$x_1$，…，$x_n$ 是高斯点，则以这些点为根的多项式 $\omega(x)$ 是最高次幂系数为 1 的 $n+1$ 次勒让德多项式 $\widetilde{L}_{n+1}(x)$，即

$$\omega(x) = \widetilde{L}_{n+1}(x)$$

其中

$$\omega(x) = \prod_{i=0}^{n}(x - x_i),$$

$$\widetilde{L}_{n+1}(x) = \frac{(n+1)!}{(2n+2)!}\frac{d^{n+1}(x^2-1)^{n+1}}{dx^{n+1}}$$

从定理可以看出，当 $n$ 给定 $x_k$ 就确定了。

**3. 求积系数的求取**

当 $n$ 给定，$x_k$ 就确定了，求积系数 $A_k$ 也就跟着确定了。

**定理 6-9** 高斯公式求积系数 $A_k$ 都是正的，且

$$A_k = \frac{2}{1-x_k^2}\left[\frac{\omega(1)}{\omega'(x_k)}\right]^2 = \frac{2}{(1-x_k^2)[L_{n+1}'(x_k)]^2},\ k=0,\ 1,\ 2,\ \cdots,\ n \tag{6-36}$$

**证** 取 $2n$ 次多项式

$$f(x) = \frac{\omega(x)}{x - x_i}\omega'(x)$$

其中 $\omega(x) = (x-x_0)(x-x_1)\cdots(x-x_n)$ 是首项系数为 1 的 $n+1$ 次勒让德多项式。由于高斯型求积公式有 $2n+1$ 次代数精度，所以

$$\int_{-1}^{1}\frac{\omega(x)}{x-x_i}\omega'(x)\,dx = \sum_{k=0}^{n}A_k\frac{\omega(x_k)}{x_k - x_i}\omega'(x_k)$$

又因为

$$\frac{\omega(x_k)}{x_k - x_i} = \begin{cases}\omega'(x_k) & k=i\\ 0 & k\neq i\end{cases}$$

所以求积公式右端等于 $A_k[\omega'(x_k)]^2$，下面对左端进行变换，利用分部积分法

$$\int_{-1}^{1}\frac{\omega(x)}{x-x_i}\omega'(x)\,dx = \frac{\omega^2(x)}{x-x_i}\bigg|_{-1}^{1} - \int_{-1}^{1}\left[\frac{\omega(x)}{x-x_i}\right]'\omega(x)\,dx$$

因为$\left[\frac{\omega(x)}{x-x_i}\right]'$的次数小于$n$，根据勒让德多项式的正交性，上式右端积分项为0，从而

$$\int_{-1}^{1}\frac{\omega(x)}{x-x_i}\omega'(x_k)\mathrm{d}x=\frac{\omega^2(1)}{1-x_i}+\frac{\omega^2(-1)}{1+x_i}$$

由勒让德多项式的性质$\omega(1)=(-1)^{(n+1)}\omega(-1)$

$$\int_{-1}^{1}\frac{\omega(x)}{x-x_i}\omega'(x)\mathrm{d}x=\frac{2\omega(1)}{1-x_i^2}$$

左端和右端相等，从而有

$$A_k=\frac{2}{1-x_k^2}\left[\frac{\omega(1)}{\omega'(x_k)}\right]^2,\ k=0,\ 1,\ 2,\ \cdots,\ n$$

即

$$A_k=\frac{2}{1-x_k^2}\left[\frac{L(1)}{L'(x_k)}\right]^2$$

又因为$L(1)=1$可得

$$A_k=\frac{2}{(1-x_k^2)[L_{n+1}'(x_k)]^2},\ k=0,\ 1,\ \cdots,\ n$$

用上式由$x_k$可得$A_k$，由于区间$[-1,1]$内$|x_k|<1$，故$A_k>0$。又令$f(x)=1$，可得$\sum_{k=0}^{n}A_k=2$，用此式可以检验求出$A_k$的正确性。

**例6-16**　当$n=0$，$L_1(x)=x$，零点$x_0=0$，$A_0=2$，有

$$\int_{-1}^{1}f(x)\mathrm{d}x\approx 2f(0)\quad（中矩形公式）$$

当$n=1$

$$L_2(x)=\frac{1}{2}(3x^2-1),\ 零点\ x_{0,1}=\pm\frac{1}{\sqrt{3}},\ A_{0,1}=\frac{1}{\left(1-\frac{1}{3}\right)\left(\pm\frac{3}{\sqrt{3}}\right)^2}=1,\ 有$$

$$\int_{-1}^{1}f(x)\mathrm{d}x\approx f\left(-\frac{1}{\sqrt{3}}\right)+f\left(\frac{1}{\sqrt{3}}\right)$$

当$n=2$

$$L_3(x)=\frac{1}{2}(5x^3-3x),\ 零点\ x_0=0,\ x_{1,2}=\pm\frac{\sqrt{15}}{5},\ A_0=\frac{9}{8},\ A_{1,2}=\frac{5}{9},\ 有$$

$$\int_{-1}^{1}f(x)\mathrm{d}x\approx\frac{5}{9}f\left(-\frac{\sqrt{15}}{5}\right)+\frac{8}{9}f(0)+\frac{5}{9}f\left(\frac{\sqrt{15}}{5}\right)$$

当$n$给定，$x_k$就确定了，在区间$[-1,1]$内$A_k$也就确定了，$A_k$和被积函数$f(x)$无关，可预先算定，高斯-勒让德公式的节点$x_k$和系数$A_k$以表格的形式给出，如表6-6所示，使用时查表即可。

表 6-6

| $n$ | $x_k$, $k=0$, 1, …, $n$ | $A_k$, $k=0$, 1, …, $n$ |
| --- | --- | --- |
| 0 | 0.000 000 0 | 2.000 000 0 |
| 1 | ±0.577 350 5 | 1.000 000 0 |
| 2 | ±0.774 596 7 | 0.555 555 6 |
|  | 0.000 000 0 | 0.888 888 9 |
| 3 | ±0.861 136 3 | 0.347 854 3 |
|  | ±0.339 881 0 | 0.652 145 2 |
| 4 | ±0.906 179 3 | 0.236 926 9 |
|  | ±0.538 469 3 | 0.478 628 7 |
|  | 0.000 000 0 | 0.568 888 9 |

**例 6-17** 用高斯公式求 $\int_{-1}^{1}\sqrt{x+1.5}\,\mathrm{d}x$。

**解** 取 $n=1$，查表 $x_0=-0.577\,350\,5$，$x_1=0.577\,350\,5$，$A_0=A_1=1.000\,000\,0$

$\int_{-1}^{1}\sqrt{x+1.5}\,\mathrm{d}x\approx\sqrt{-0.577\,350\,5+1.5}+\sqrt{0.577\,350\,5+1.5}=2.401\,848$

取 $n=2$，查表 $x_0=0.000\,000\,0$，$x_1=-0.774\,596\,7$，$x_2=0.774\,596\,7$，$A_0=0.888\,888\,9$，$A_1=A_2=0.555\,555\,6$

$$\int_{-1}^{1}\sqrt{x+1.5}\,\mathrm{d}x\approx 0.555\,555\,6(\sqrt{0.725\,403}+\sqrt{2.274\,597})+$$

$$0.888\,888\,9\sqrt{1.5}=2.399\,709$$

用高斯-勒让德求积公式的计算步骤一般是先将在区间 $[a,b]$ 上的求积转化为区间 $[-1,1]$ 上的积分，再确定 $n$，查表求得 $x_k$ 和 $A_k$，代入求积公式，即可得到积分近似值。

**例 6-18** 用高斯-勒让德求积公式计算

$$\int_{1}^{2}\frac{1}{x}\mathrm{d}x$$

**解** 由题意知 $a=1$，$b=2$

$$x=\frac{b-a}{2}t+\frac{a+b}{2}=\frac{3}{2}+\frac{1}{2}t$$

$$\int_{1}^{2}\frac{1}{x}\mathrm{d}x=\frac{1}{2}\int_{-1}^{1}\frac{1}{3/2+1/2t}\mathrm{d}t=\frac{1}{2}\int_{-1}^{1}\frac{2}{3+t}\mathrm{d}t$$

取 $n=2$，由表 6-6 查得 $x_0$，$x_1$，$x_2$，$A_0$，$A_1$，$A_2$ 并代入求积公式

$$\int_{1}^{2}\frac{1}{x}\mathrm{d}x=\frac{1}{2}\Big(0.555\,555\,6\times\frac{2}{3+0.774\,596\,7}+0.888\,888\,9\times\frac{2}{3+0}+$$

$$0.555\,555\,6\times\frac{2}{3-0.774\,596\,7}\Big)=0.693\,121\,7$$

和实际值 $\int_{1}^{2}\frac{1}{x}\mathrm{d}x=\ln x\Big|_{1}^{2}=0.693\,147\cdots$ 相比有 4 位有效数字，可见求积公式的代数精度是很高的。

**4. 高斯－勒让德求积公式的余项**

由式(6-33)不难得出高斯-勒让德求积公式的余项(截断误差)

$$R=\frac{2^{2n+3}}{2n+3}\frac{[(n+1)!]^4}{[2(n+2)!]^3}f^{(2n+2)}(\eta),\quad -1<\eta<1$$

由此可以得出各阶高斯求积公式的余项。$n=1$ 时，$R=\frac{1}{3}f''(\eta)$；$n=2$ 时，$R=\frac{1}{135}f^{(4)}(\eta)$，$-1<\eta<1$。

高斯公式的一个重要特点是它的收敛性，当 $n\to+\infty$ 时，按高斯公式求得的积分近似值会收敛到积分值 $\int_{-1}^{1}f(x)\,\mathrm{d}x$，不过，高阶的高斯公式由于形式复杂不便于实际应用。

为简化程序设计，可以像处理牛顿－柯特斯公式一样将高斯公式复化。譬如，设将求积区间 $[a,b]$ 分为 $n$ 等份，步长 $h=\frac{b-a}{n}$，在每个子段上使用中矩形公式(一点高斯公式)，则其复化形式为

$$\int_a^b f(x)\,\mathrm{d}x\approx h\sum_{k=0}^{n-1}f\left[a+\left(k+\frac{1}{2}\right)h\right]$$

类似于复化梯形方法的讨论，对于复化中矩形方法亦可运用加速技术进行加速。

## 6.5.3 带权的高斯型求积公式

对于许多函数 $f(x)$ 常需要计算其带权函数 $\rho(x)$ 以后的积分，这时也可通过插值多项式构造求积公式，只需把被积函数 $f(x)$ 换成 $f(x)$ 和权函数 $\rho(x)$ 的乘积 $\rho(x)f(x)$，将

$$\int_a^b \rho(x)f(x)\,\mathrm{d}x\approx\sum_{k=0}^{n}A_k f(x_k)\tag{6-37}$$

称为带权 $\rho(x)$ 的插值求积公式。当然把 $f(x)$ 加权 $\rho(x)$ 变成 $\rho(x)f(x)$ 要有实际使用的背景，否则将不具有实际意义。进行这种推广的另一种作用是被积函数不再限于对有限区间上有界函数的积分才能构造求积公式。例如，可以对

$$\int_{-1}^{1}\frac{f(x)}{\sqrt{1-x^2}}\mathrm{d}x,\ \int_0^{+\infty}\mathrm{e}^{-x}f(x)\,\mathrm{d}x,\ \int_{-\infty}^{+\infty}\mathrm{e}^{-x^2}f(x)\,\mathrm{d}x$$

等构造求积公式，这里的 $\frac{1}{\sqrt{1-x^2}}$，$\mathrm{e}^{-x}$，$\mathrm{e}^{-x^2}$ 是权函数。

当仅考虑具有最高精度带权求积公式时，这时的求积公式称为带权的高斯型求积公式，此时只要将上面讲的高斯型求积公式在积分号内加一个权 $\rho(x)$，并把“正交”修改为“对权正交”，则上面推导的结论仍然成立。

**例 6-19** 构造下列带权的高斯型求积公式

$$\int_0^1\sqrt{x}f(x)\,\mathrm{d}x\approx A_0f(x_0)+A_1f(x_1)$$

**解** 可以用两种方法构造，一种是利用代数精度得到关于 $x_0$，$x_1$，$A_0$，$A_1$ 的非线性方程组，解出 $x_0$，$x_1$，$A_0$，$A_1$；另一种是利用正交多项式的零点作为高斯点。下面介绍后一种方法。

设 $\omega(x)=(x-x_0)(x-x_1)$ 为区间 $[0,1]$ 上带权 $\sqrt{x}$ 的正交多项式。按正交多项式的性

质，有

$$\int_0^1 \sqrt{x}\omega(x)\,\mathrm{d}x = 0$$

$$\int_0^1 \sqrt{x}x\omega(x)\,\mathrm{d}x = 0$$

将 $\omega(x) = (x - x_0)(x - x_1)$ 代入，有

$$\int_0^1 \sqrt{x}(x - x_0)(x - x_1)\,\mathrm{d}x = \frac{2}{7} - \frac{2}{5}(x_0 + x_1) + \frac{2}{3}x_0x_1 = 0$$

$$\int_0^1 \sqrt{x}x(x - x_0)(x - x_1)\,\mathrm{d}x = \frac{2}{9} - \frac{2}{7}(x_0 + x_1) + \frac{2}{5}x_0x_1 = 0$$

令 $x_0 + x_1 = v$，$x_0x_1 = u$，则有

$$\begin{cases} \frac{2}{5}v - \frac{2}{3}u = \frac{2}{7} \\ \frac{2}{7}v - \frac{2}{5}u = \frac{2}{9} \end{cases}$$

解之

$$u = \frac{5}{21},\ v = \frac{10}{9}$$

由韦达定理知 $x_0$ 和 $x_1$ 是方程

$$x^2 - \frac{10}{9}x + \frac{5}{21} = 0$$

的两个根，因此有

$$\begin{cases} x_0 = 0.821\ 162 \\ x_1 = 0.289\ 949 \end{cases}$$

此外，注意到该求积公式对 $f(x) = 1$，$x$ 准确成立，从而有

$$\begin{cases} A_0 + A_1 = \frac{2}{3} \\ A_0x_0 + A_1x_1 = \frac{2}{5} \end{cases}$$

解之

$$\begin{cases} A_0 = 0.389\ 111 \\ A_1 = 0.277\ 556 \end{cases}$$

故有

$$\int_0^1 \sqrt{x}f(x)\,\mathrm{d}x \approx 0.389\ 111f(0.821\ 162) + 0.277\ 556f(0.289\ 949)$$

### 6.5.4 高斯－切比雪夫求积公式

切比雪夫正交多项式

$$T_n(x) = \cos(n\arccos x) \tag{6-38}$$

是区间$(-1,1]$上权函数 $\rho(x) = \frac{1}{\sqrt{1 - x^2}}$ 的正交多项式，选取其 $n+1$ 次多项式的零点

$$x_k=\cos\left[\frac{2k+1}{2(n+1)}\pi\right],\ k=0,\ 1,\ \cdots,\ n$$

为高斯点，相应的求积系数

$$A_k=\int_{-1}^{1}\frac{1}{\sqrt{1-x^2}}l_k(x)\,\mathrm{d}x=-\frac{\pi}{n+1},k=0,1,\cdots,n$$

其中 $l_k(x)$ 是关于所选节点的拉格朗日插值基函数，由此得到的求积公式

$$\int_{-1}^{1}\frac{1}{\sqrt{1-x^2}}f(x)\,\mathrm{d}x\approx\frac{\pi}{n+1}\sum_{k=0}^{n}f(x_k)\tag{6-39}$$

称为高斯-切比雪夫求积公式，其余项

$$R(f)=\frac{2\pi}{2^{2(n+1)}(2n+2)!}f^{(2n+1)}(\eta),\ \eta\in[-1,1]$$

这种公式可用于计算奇异积分。

例如，二次切比雪夫多项式，$T_2(x)=2x^2-1$ 的零点是 $\pm\frac{\sqrt{2}}{2}$，取其为求积节点，又求积系数 $A_0=A_1=\frac{\pi}{2}$，于是二点（$n=1$）高斯-切比雪夫求积公式

$$\int_{-1}^{1}\frac{1}{\sqrt{1-x^2}}f(x)\,\mathrm{d}x\approx\frac{\pi}{2}\left[f\left(-\frac{\sqrt{2}}{2}\right)+f\left(\frac{\sqrt{2}}{2}\right)\right]$$

类似地，可得三点（$n=2$）高斯-切比雪夫求积公式

$$\int_{-1}^{1}\frac{1}{\sqrt{1-x^2}}f(x)\,\mathrm{d}x\approx\frac{\pi}{3}\left[f\left(-\frac{\sqrt{3}}{2}\right)+f(0)+f\left(\frac{\sqrt{3}}{2}\right)\right]$$

### 6.5.5 高斯型求积公式的数值稳定性

当 $n\geqslant 8$ 时，柯特斯系数 $C_k$ 有正有负，从而导致牛顿－柯特斯公式不稳定。而高斯求积公式的求积系数全部大于零，因而高斯求积公式的稳定性得以保证。

设利用高斯求积公式求得计算值为 $I[\bar{f}]$，$\bar{f}(x_k)$ 是 $f(x_k)$ 的计算值，则

$$I[\bar{f}]=\sum_{k=0}^{n}A_k\bar{f}(x_k)$$

与高斯求积公式

$$I[f]=\sum_{k=0}^{n}A_kf(x_k)$$

的误差为

$$\begin{aligned}\left|I[f]-I[\bar{f}]\right|&=\left|\sum_{k=0}^{n}A_k[f(x_k)-\bar{f}(x_k)]\right|\\&\leqslant\sum_{k=0}^{n}A_k\left|f(x_k)-\bar{f}(x_k)\right|\\&\leqslant\max_{0\leqslant k\leqslant n}\left|f(x_k)-\bar{f}(x_k)\right|\sum_{k=0}^{n}A_k\end{aligned}$$

由于高斯求积公式具有 $2n+1$ 次代数精度，故

$$\int_a^b 1\mathrm{d}x = \sum_{k=0}^{n} A_k \cdot 1$$

$$\sum_{k=0}^{n} A_k = b - a$$

于是

$$\left| I[f] - I[\bar{f}] \right| \leqslant (b-a) \max_{0 \leqslant k \leqslant n} \left| f(x_k) - \bar{f}(x_k) \right|$$

说明高斯求积公式是稳定的。

## 6.6 数值微分

函数的表达式复杂，或函数以表格形式给出，可利用数值方法求其导数，这类问题称为数值微分，即以函数 $y=f(x)$ 的离散数据

$$(x_k, f(x_k)), k = 0, 1, \cdots, n$$

来近似表达 $f(x)$ 在节点 $x_k$ 处的导数，这种方法称为数值微分。

### 6.6.1 机械求导法

数值微分就是用离散方法近似地求出函数在某点的导数值。导数 $f'(a)$ 是差商

$$\frac{f(a+h) - f(a)}{h}$$

当 $h \to 0$ 时的极限，如果精度要求不高，可以简单地取差商作为导数的近似值，这样就建立起一种简单的数值求导的方法

$$f'(a) \approx \frac{f(a+h) - f(a)}{h} = \frac{\Delta f(a)}{h} \tag{6-40}$$

这种方法是用向前差商近似计算的。类似地，也可用向后差商进行近似计算

$$f'(a) \approx \frac{f(a) - f(a-h)}{h} = \frac{\nabla f(a)}{h} \tag{6-41}$$

或用中心差商进行近似计算

$$f'(a) \approx \frac{f(a+h) - f(a-h)}{2h} = \frac{\delta f(a)}{2h} \tag{6-42}$$

用中心差商的方法称中点方法，它是向前差商和向后差商方法的算术平均。

用向前差商、向后差商和中心差商近似计算导数的方法都是将导数的计算归结为计算函数 $f(x)$ 若干节点的函数值的线性组合。这种方法称为机械求导法。

上述三种方法的截断误差分别是 $O(h)$、$O(h^2)$ 和 $O(h^2)$，这可用泰勒展开证明，下面给出向前差商近似式的证明。

$$f(x+h) = f(x) + f'(x)h + \frac{1}{2}f''(\xi)h^2$$

即

$$f'(x) = \frac{f(x+h) - f(x)}{h} - \frac{1}{2}f''(\xi)h$$

$$f'(x) = \frac{\Delta f(x)}{h} + O(h)$$

从而

$$f'(a) \approx \frac{\Delta f(a)}{h}$$

在图形上(见图6-3)，上述三种导数的近似值分别表示弦线 $AB$，$AC$ 和 $BC$ 的斜率，比较这三条弦线与切线 $AT$(其斜率等于导数值 $f'(a)$)的斜率，从图形上可以明显地看出，其中以 $BC$ 的斜率更接近于切线 $AT$ 的斜率。因此就精度而言，中点方法更为可取。

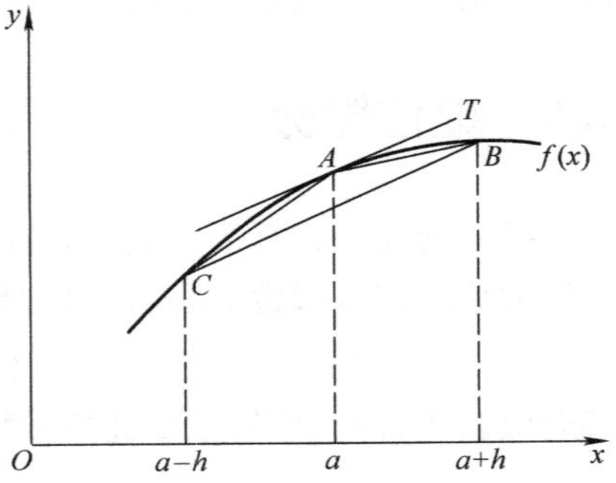


图 6-3　数值微分的几何意义

利用中点公式

$$G(h) = \frac{f(a+h) - f(a-h)}{2h} \tag{6-43}$$

计算导数近似值 $f'(a)$，首先必须选取合适的步长。为此需要进行误差分析。分别将 $f(a \pm h)$ 在 $x = a$ 泰勒展开，有

$$f(a \pm h) = f(a) \pm hf'(a) + \frac{h^2}{2!}f''(a) \pm \frac{h^3}{3!}f'''(a) + \frac{h^4}{4!}f^{(4)}(a) \pm \frac{h^5}{5!}f^{(5)}(a) + \cdots$$

代入式(6-43)得

$$G(h) = f'(a) + \frac{h^2}{3!}f'''(a) + \frac{h^4}{5!}f^5(a) + \cdots$$

由此得知，从截断误差的角度来看，步长越小，计算结果越准确。

再考虑舍入误差。按中点公式(6-43)计算，当 $h$ 很小时，由于 $f(a+h)$ 与 $f(a-h)$ 很接近，直接相减会造成有效数字的严重损失。因此从舍入误差的角度来看，步长不宜太小。

例如，用中心差商公式求 $f(x) = \sqrt{x}$ 在 $x = 2$ 的导数值

$$f'(a) = \frac{\sqrt{2+h} - \sqrt{2-h}}{2h}$$

从理论上说，步长 $h$ 愈小，计算结果愈准确。上机计算的实际情况怎样呢?

设取 5 位数字计算，取 $h = 0.1$ 得

$$f'(2) \approx \frac{1.4491 - 1.3784}{0.2} = 0.35350$$

与导数的精确值 $f'(2) = 0.353553\cdots$ 比较，这项计算还是可取的。但是，如果缩小步长取 $h = 0.0001$，则得

$$f'(2) \approx \frac{1.4142 - 1.4142}{0.0002} = 0$$

算出的结果反而毫无价值。

综上所述，步长过大，则截断误差较大；但如果步长太小，又会导致舍入误差的增长，在实际计算时，希望在保证截断误差满足精度要求的前提下选取尽可能大的步长，然而事先给出一个合适的步长往往是困难的，通常在变步长的过程中实现步长的自动选择。

**例 6-20**　用变步长的中点方法求 $e^x$ 在 $x = 1$ 的导数值，设取 $h = 0.8$ 起算。

**解**　由中点公式，有

$$G(h) = \frac{e^{1+h} - e^{1-h}}{2h}$$

计算结果如表 6-7 所示，表中 $k$ 代表二分的次数，步长 $h = \frac{0.8}{2^k}$。二分 9 次得结果 $G = 2.718\ 28$，其每一数字都是有效数字(所求导数的精确值为 $e = 2.718\ 281\ 8\cdots$)。

**表 6-7**

| $k$ | $G(h)$ | $k$ | $G(h)$ |
|---|---|---|---|
| 0 | 3.017 65 | 6 | 2.718 35 |
| 1 | 2.791 35 | 7 | 2.718 30 |
| 2 | 2.722 81 | 8 | 2.718 29 |
| 3 | 2.719 41 | 9 | 2.718 28 |
| 4 | 2.719 41 | 10 | 2.718 28 |
| 5 | 2.718 56 | | |

## 6.6.2 插值求导公式

若函数 $f(x)$ 由表格给出，或已知在节点 $x_k(k=0,1,\cdots,n)$ 的函数值 $f(x_k)$，构造 $n$ 次插值多项式 $P(x)$

$$P(x) = f(x) - R(x) = f(x) - \frac{f^{(n+1)}(\xi)}{(n+1)!}\omega(x)$$

式中 $R(x)$ 为插值余项。

取 $P'(x)$ 的值作为 $f'(x)$ 的近似值，这样建立了插值求导公式

$$f'(x) \approx P'(x)$$

应当指出的是，即使 $P(x)$ 与 $f(x)$ 处处相差不多，$P'(x)$ 与 $f'(x)$ 在某些点仍然可能出入很大，因而在使用插值求导公式时要注意误差的分析。

插值求导公式的余项

$$f'(x) - P'(x) = \frac{f^{(n+1)}(\xi)}{(n+1)!}\omega'(x) + \frac{\omega(x)}{(n+1)!}\frac{\mathrm{d}}{\mathrm{d}x}f^{(n+1)}(\xi)$$

式中

$$\omega(x) = \prod_{j=0}^{n}(x - x_j)$$

在这一余项公式中，由于 $\xi$ 是 $x$ 的未知函数，无法对它的第二项

$$\frac{\omega(x)}{(n+1)!}\frac{\mathrm{d}}{\mathrm{d}x}f^{(n+1)}(\xi)$$

进行进一步的求取。因此，对于随意给出的点 $x$，误差 $f'(x) - P'(x)$ 是无法预估的。但是，如果只是求某个节点 $x_k$ 上的导数值，则上式的第二项因 $\omega(x_k) = 0$ 而等于 0，这时有余项公式

$$f'(x_k) - P'(x_k) = \frac{f^{(n+1)}(\xi)}{(n+1)!}\omega'(x_k)$$

下面给出实用的两点公式和三点公式。

**1. 两点公式**

设已给出两个节点 $x_0$ 和 $x_1$ 上的函数值 $f(x_0)$ 和 $f(x_1)$，进行线性插值

$$P(x) = \frac{x - x_1}{x_0 - x_1} f(x_0) + \frac{x - x_0}{x_1 - x_0} f(x_1)$$

对上式两端求导，记 $h = x_1 - x_0$，则有

$$P'(x) = \frac{1}{h}[-f(x_0) + f(x_1)]$$

于是有下列求导公式

$$P'(x_0) = \frac{1}{h}[f(x_1) - f(x_0)]$$

$$P'(x_1) = \frac{1}{h}[f(x_1) - f(x_0)]$$

此处 $P'(x_0) = P'(x_1)$，但它们的截断误差是不同的

$$f'(x_0) - P'(x_0) = \frac{f''(\xi)}{2!}(x_0 - x_1) = -\frac{h}{2}f''(\xi)$$

$$f'(x_1) - P'(x_1) = \frac{h}{2}f''(\xi)$$

因此带余项的两点公式是

$$f'(x_0) = \frac{1}{h}[f(x_1) - f(x_0)] - \frac{h}{2}f''(\xi) \tag{6-44}$$

$$f'(x_1) = \frac{1}{h}[f(x_1) - f(x_0)] + \frac{h}{2}f''(\xi) \tag{6-45}$$

**2. 三点公式**

设已给出三个节点 $x_0$，$x_1 = x_0 + h$，$x_2 = x_0 + 2h$ 上的函数值，进行二次插值

$$\begin{aligned} P(x) &= \frac{(x - x_1)(x - x_2)}{(x_0 - x_1)(x_0 - x_2)} f(x_0) + \frac{(x - x_0)(x - x_2)}{(x_1 - x_0)(x_1 - x_2)} f(x_1) + \frac{(x - x_0)(x - x_1)}{(x_2 - x_0)(x_2 - x_1)} f(x_2) \\ &= \frac{(x - x_1)(x - x_2)}{2h^2} f(x_0) + \frac{(x - x_0)(x - x_2)}{(-h^2)} f(x_1) + \frac{(x - x_0)(x - x_1)}{2h^2} f(x_2) \end{aligned}$$

对 $x$ 求导，有

$$P'(x) = \frac{(x - x_1) + (x - x_2)}{2h^2} f(x_0) + \frac{(x - x_0) + (x - x_2)}{-h^2} f(x_1) + \frac{(x - x_0) + (x - x_1)}{2h^2} f(x_2)$$

分别将 $x_0$，$x_1$，$x_2$ 代入上式，于是得到三点公式

$$f'(x_0) \approx P'(x_0) = \frac{1}{2h}[-3f(x_0) + 4f(x_1) - f(x_2)] \tag{6-46}$$

$$f'(x_1) \approx P'(x_1) = \frac{1}{2h}[-f(x_0) + f(x_2)] \tag{6-47}$$

$$f'(x_2) \approx P'(x_2) = \frac{1}{2h}[f(x_0) - 4f(x_1) + 3f(x_2)] \tag{6-48}$$

其中 $f'(x_1)$ 是上面讲过的中点公式，在上列的三个三点公式中，它由于少用了一个函数值 $f(x_1)$ 而常被采用。

利用余项公式可导出三点公式的余项

$$f'(x_0)-P'(x_0)=\frac{f^{(3)}(\xi)}{3!}(x_0-x_1)(x_0-x_2)=\frac{h^2}{3}f^{(3)}(\xi)$$

$$f'(x_1)-P'(x_1)=-\frac{h^2}{6}f^{(3)}(\xi)$$

$$f'(x_2)-P'(x_2)=\frac{h^2}{3}f^{(3)}(\xi)$$

式中 $x_0<\xi<x_2$，截断误差是 $O(h^2)$。

对于三点的二次插值多项式，还可以求二次差商，得二阶数值求导公式

$$f''(x_0)=f''(x_1)=f''(x_2)\approx P''(x_0)=P''(x_1)=P''(x_2)$$
$$=\frac{1}{h^2}[f(x_0)-2f(x_1)+f(x_2)]$$

其余项是 $O(h)$。

用插值多项式 $P(x)$ 作为 $f(x)$ 的近似函数，还可以建立高阶数值求导公式

$$f^{(k)}(x)\approx P^{(k)}(x),\ k=0,\ 1,\ 2,\ \cdots,\ n$$

**例 6-21** 已知 $y=f(x)$ 的下列数值

| $x$ | 2.5 | 2.6 | 2.7 | 2.8 | 2.9 |
|---|---|---|---|---|---|
| $y$ | 12.182 5 | 13.463 7 | 14.879 7 | 16.444 6 | 18.174 1 |

用两点、三点数值微分公式计算 $x=2.7$ 处函数的一、二阶导数值。

**解** $h=0.2$ 时

$$f'(2.7)\approx\frac{1}{0.2}(14.879\,7-12.182\,5)=13.486$$

$$f'(2.7)\approx\frac{1}{2\times0.2}(18.174\,1-12.182\,5)=14.979$$

$$f''(2.7)\approx\frac{1}{0.2^2}(12.182\,5-2\times14.879\,7+18.174\,1)=14.930$$

$h=0.1$ 时

$$f'(2.7)\approx\frac{1}{0.1}(14.879\,7-13.463\,7)=14.160$$

$$f'(2.7)\approx\frac{1}{2\times0.1}(16.444\,6-13.463\,7)=14.904\,5$$

$$f''(2.7)\approx\frac{1}{0.1}(13.463\,7-2\times14.879\,7+16.444\,6)=14.890$$

题中给出的数据是函数 $y=e^x$ 在相应点的数值，因此 $f'(2.7)=f''(2.7)=14.879\,73\cdots$，上面的计算表明，三点公式比两点公式准确。步长越小，结果越准确，这是在高阶导数有界和舍入误差不超过截断误差的前提下得到的。

## 6.7 习题

1. 确定下列求积公式中的待定参数，使其代数精度尽量高，并指明确定出的求积公式具有的代数精度。

(1) $\int_{-h}^{h} f(x)\mathrm{d}x \approx Af(-h) + Bf(x_1)$

(2) $\int_{0}^{3h} f(x)\mathrm{d}x \approx A_0 f(0) + A_1 f(h) + A_2 f(2h)$

2. 求积公式

$$\int_0^1 f(x)\mathrm{d}x \approx A_0 f(0) + A_1 f(1) + B_0 f'(0)$$

已知其余项 $R(f) = kf^{(3)}(\xi)$，$\xi \in (0,1)$，确定求积系数，使求积公式具有尽可能高的代数精度，并给出具有的代数精度及求积公式的余项。

3. 确定求积公式中的待定参数 $a$，使其代数精度尽量高，并指出其具有代数精度及余项。

$$\int_0^h f(x)\mathrm{d}x \approx \frac{h}{2}[f(0)+f(h)] + ah^2[f'(0)-f'(h)]$$

4. 指出下列数值求积公式的代数精度及是否为插值求积公式。

(1) $\int_{-1}^{1} f(x)\mathrm{d}x \approx f\left(-\frac{1}{\sqrt{3}}\right)+f\left(\frac{1}{\sqrt{3}}\right)$

(2) $\int_{-1}^{1} f(x)\mathrm{d}x \approx \frac{1}{2}f(-1)+f(0)+\frac{1}{2}f(1)$

(3) $\int_{-1}^{1} f(x)\mathrm{d}x \approx 2f(0)$

5. 证明柯特斯系数 $C_k$ 可由下列方程组求得

$$\sum_{k=0}^{n} C_k x_k^i = \frac{1}{i+1},\ i = 0,1,\cdots,n;\ x_k = \frac{k}{n}, k = 0,1,\cdots,n$$

6. 用梯形公式、辛普森公式和柯特斯公式求积分 $\int_0^1 \mathrm{e}^x \mathrm{d}x$，并与精确值比较。

7. 导出中矩形公式 $\int_a^b f(x)\mathrm{d}x \approx (b-a)f\left(\frac{a+b}{2}\right)$ 的余项。

8. 若 $f''(x)>0$，证明用梯形公式计算积分 $I = \int_a^b f(x)\mathrm{d}x$ 所得结果比准确值大，并说明其几何意义。

9. 设某物体垂直于 $x$ 轴的可变截面面积为 $S(x)$，且

$$S(x) = Ax^3 + Bx^2 + Cx + D,\quad a \leqslant x \leqslant b$$

其中 $A$，$B$，$C$，$D$ 为常数，求此物体界于 $x=a$ 及 $x=b$ 间的体积

$$V = \frac{b-a}{6}\left[S(a) + 4S\left(\frac{a+b}{2}\right) + S(b)\right]$$

10. 导出计算球、球台的体积公式。

11. 若给定求积分 $\int_0^{0.5} f(x)\mathrm{d}x$ 的数值求积公式，试利用它写出计算 $\int_{-1}^{1.5} f(x)\mathrm{d}x$ 的复化求积公式。

12. 分别用复化梯形法和复化辛普森法计算下列积分。

（1）$\int_0^1 \frac{x}{4+x^2}\mathrm{d}x, n = 8$（用 9 个点上的函数值计算）；

（2）$\int_0^{\frac{\pi}{6}} \sqrt{4-\sin^2\varphi}\,\mathrm{d}\varphi$（用 7 个点上的函数值计算）。

13. 给定定积分 $I = \int_0^1 \frac{\sin x}{x}\mathrm{d}x$

（1）利用复化梯形公式计算上述积分值，使其截断误差不超过 $\frac{1}{2}\times 10^{-3}$；

（2）取同样的求积节点，改用复化辛普森公式时，截断误差是多少？

（3）要求截断误差不超过 $10^{-6}$，若用复化辛普森公式，应取多少个函数值？

14. 计算椭圆 $\frac{x^2}{4}+y^2=1$ 的周长 $l$，使其结果具有 5 位有效数字。

15. 计算积分 $I = \int_0^1 \frac{\sin x}{x}\mathrm{d}x$

（1）用变步长梯形法，要求误差不超过 $\frac{1}{2}\times 10^{-3}$；

（2）用加速辛普森法，要求验后误差不超过 $\frac{1}{2}\times 10^{-6}$。

16. 用龙贝格方法计算积分

$$I = \int_0^1 \frac{4}{1+x^2}\mathrm{d}x$$

要求相邻两次龙贝格值的偏差不超过 $10^{-5}$。

17. 证明求积公式 $\int_{-1}^1 f(x)\mathrm{d}x \approx \frac{1}{9}[5f(\sqrt{0.6})+8f(0)+5f(-\sqrt{0.6})]$ 对于不高于 5 次的多项式是准确的，并计算积分 $\int_0^1 \frac{\sin x}{1+x}\mathrm{d}x$。

18. 在区间 $[-1,1]$ 上，取 $x_1=-\lambda$，$x_2=0$，$x_3=\lambda$，构造插值求积公式，并求它的代数精度。

19. 构造下列形式的高斯求积公式

$$\int_0^1 \frac{1}{\sqrt{x}} f(x)\mathrm{d}x \approx A_0 f(x_0) + A_1 f(x_1)$$

20. 用三点高斯－勒让德求积公式计算下列积分

（1）$\int_0^1 x^2 \mathrm{e}^x \mathrm{d}x$

（2）$\int_1^3 \frac{\mathrm{d}y}{y}$

21. 用三点高斯－切比雪夫求积公式计算积分

$$I = \int_{-1}^{1} \frac{1}{\sqrt{1 - x^2}} \mathrm{d}x$$

22. 证明带权 $\rho(x)$ 高斯求积公式

$$\int_a^b \rho(x) f(x) \mathrm{d}x \approx \sum_{k=0}^{n} A_k f(x_k)$$

的代数精度不超过 $2n + 1$ 次。

23. 证明带权 $\rho(x)$ 高斯求积公式

$$\int_a^b \rho(x) f(x) \mathrm{d}x \approx \sum_{k=0}^{n} A_k f(x_k)$$

其求积系数 $A_k$ 均为正，且求积系数之和 $\sum\limits_{k=0}^{n} A_k = \int_a^b \rho(x) \mathrm{d}x$，若计算 $f(x_k)$ 时有误差 $\varepsilon_k$（$\varepsilon_k \leqslant \varepsilon$，$k = 0,1,\cdots,n$），则计算和式 $\sum\limits_{k=0}^{n} A_k f(x_k)$ 的误差不超过 $\varepsilon \int_a^b \rho(x) \mathrm{d}x$。

24. 设已给出 $f(x) = \dfrac{1}{(1 + x)^2}$ 的数据表

| $x$ | 1.0 | 1.1 | 1.2 |
|---|---|---|---|
| $f(x)$ | 0.250 0 | 0.226 8 | 0.206 6 |

用三点公式计算 $f'(x)$ 在 $x = 1.0, 1.1, 1.2$ 的值，并估计误差。

# 第 7 章　常微分方程初值问题的数值解法

包含自变量、未知函数及未知函数的导数或微分的方程叫微分方程。在求解微分方程时，必须附加某种定解条件。微分方程和定解条件一起组成定解问题。定解条件通常有两种给法，一种是给出积分曲线在初始时刻的性态，这类条件称为初始条件，相应的定解问题就是初值问题；另一种是给出了积分曲线首末两端的性态，这类定解称为边界条件，相应的定解问题称为边值问题。

未知函数为一元函数的微分方程叫作常微分方程，未知函数为多元函数，从而有多元函数偏导数的方程叫作偏微分方程。微分方程中各阶导数的最高阶数是微分方程的阶。本章着重讨论一阶常微分方程的初值问题

$$\begin{cases} y' = f(x,y) \\ y(x_0) = y_0 \end{cases}$$

的数值解法。最后对微分方程组和高阶方程的数值解法进行讨论，其基本思想和一阶常微分方程是完全一样的。

数值解是找解 $y(x)$ 的近似值,因此,总是假设解 $y(x)$ 在区间 $[a,b]$ 上存在且唯一,并具有充分的光滑度,因此,要求 $f(x,y)$ 也充分光滑,譬如关于 $y$ 满足李普希兹 (Lipshitz) 条件，以保证初值问题的解存在且唯一。

**定理 7-1**　常微分方程初值问题

$$\begin{cases} y' = f(x,y) \\ y(x_0) = y_0 \end{cases}$$

设 $x_0 \in [a,b]$ ,$f(x,y)$ 对 $x$ 连续且关于 $y$ 满足李普希兹条件，即存在常数 $L$，使

$$\left| f(x,y_1) - f(x,y_2) \right| \leqslant L \left| y_1 - y_2 \right|$$

对所有 $x \in [a,b]$ 及任何实数 $y_1$ 和 $y_2$ 均成立，则初值问题在区间 $[a,b]$ 上有唯一解。

虽然求解常微分方程有各种各样的解析方法，但解析方法只能解一些特殊类型的方程，求解从实际当中得出来的微分方程主要靠数值解。即使用解析方法得到的解析解，也常常用数值的方法得到数值解。例如，方程

$$\begin{cases} y' = 1 - 2xy \\ y(0) = 0 \end{cases}$$

其解 $y = e^{-x^2}\int_0^x e^{x^2}dt$ ，为了具体计算函数值 $y$，还需要用数值积分的方法，如果需要计算许多点处的 $y$ 值，则其计算量也可能很大。再如，方程

$$\begin{cases} y' = y \\ y(0) = 1 \end{cases}$$

的解 $y = e^x$，虽然有表可查，但对于表上没有给出的 $e^x$ 值，仍需用插值方法来计算。

在实际问题中得到的常微分方程初值问题当求不出解析解的表达式时，只能求出其近似解，求初值问题近似解的一类数值方法是离散变量法，即采用步进的方式求出微分方程的解

析解 $y(x)$ 在存在区间 $[a,b]$ 离散点列 $x_n = x_{n-1} + h_n$，$n=1,2,\cdots,N$ 上的近似值 $y_n$，即数值方法给出解在一些离散点上的近似值，这里 $h_n$ 是 $x_{n-1}$ 到 $x_n$ 的步长，均为正数。一般说来，在计算过程中可以改变，但为了叙述方便，假设 $h_n$ 不变，并略去下标，记为 $h$。

这样把一个连续型问题转化为一个离散型问题的过程称为离散化过程。离散化过程是把连续的微分方程初值问题转化为一个离散的差分方程初值问题，然后将求差分方程初值问题的解 $y_n$ 作为微分方程的解 $y(x)$ 在 $x=x_n$ 处的值 $y(x_n)$ 的近似值。这样的离散变量法又称为差分方法，对应的离散方程称为差分方程或差分格式。

常微分方程初值问题的数值解法一般分为以下两大类：

1）单步法。单步法是在计算 $y_{n+1}$ 时，只用到 $x_{n+1}$，$x_n$ 和 $y_n$，即前一步的值。因此，有了初值以后就可以逐步往下计算，其代表是龙格－库塔法。

2）多步法。多步法是在计算 $y_{n+1}$ 时，除用到 $x_{n+1}$，$x_n$ 和 $y_n$ 以外，还要用到 $x_{n-p}$，$y_{n-p}$ $(p=1,2,\cdots,k)$，即前面 $k$ 步的值，其代表是亚当斯法。

## 7.1 欧拉法

欧拉法是常微分方程初值问题数值方法中最简单的一种方法，其精度不高，所以实际计算中很少直接使用，但是这里仍将仔细介绍，因为欧拉法比较清楚地显示出一些特点，而这些特点也反映了其他复杂方法的特征。

### 7.1.1 欧拉公式

**1. 公式的导出**

初值问题

$$\begin{cases} y' = f(x,y) \\ y(x_0) = y_0 \end{cases} \tag{7-1}$$

的解 $y=y(x)$ 代表通过点 $P_0(x_0,y_0)$ 的一条曲线并称之为微分方程的积分曲线。积分曲线上每一点 $(x,y)$ 的切线的斜率 $y'(x)$ 等于函数 $f(x,y)$ 在这点的值。

欧拉(Euler)法是过点 $P_0(x_0,y_0)$ 作曲线 $y(x)$ 的切线 $y'(x_0)$ 与直线 $x=x_1$ 交于点 $P_1(x_1,y_1)$，用 $y_1$ 作为曲线 $y(x)$ 上的点 $(x_1,y(x_1))$ 的纵坐标 $y(x_1)$ 的近似值，如图 7-1 所示。

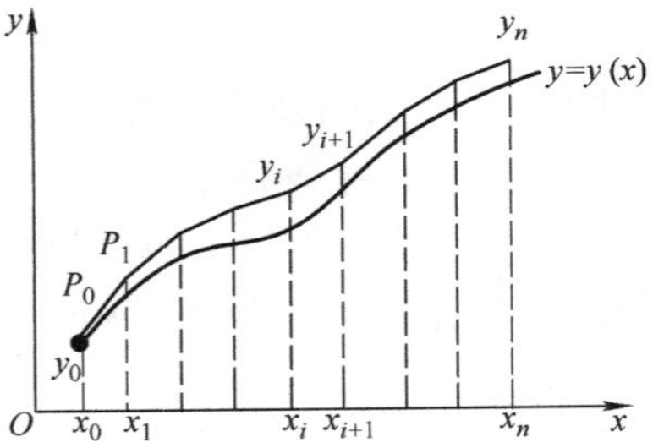

图 7-1 欧拉法的几何意义

过点 $(x_0,y_0)$ 以 $f(x_0,y_0)$ 为斜率的切线方程

$$y = y_0 + f(x_0,y_0)(x - x_0)$$

当 $x=x_1$ 时，得

$$y_1 = y_0 + f(x_0,y_0)(x_1 - x_0)$$

取 $y_1$ 作为解 $y(x_1)$ 的近似值 $y(x_1)\approx y_1$。然后，再过点 $(x_1,y_1)$ 以 $f(x_1,y_1)$ 为斜率作直线

$$y = y_1 + f(x_1,y_1)(x - x_1)$$

当 $x=x_2$ 时，得

$$y_2 = y_1 + f(x_1,y_1)(x_2 - x_1)$$

同样取 $y(x_2)\approx y_2$。

一般地，已求得点$(x_n,y_n)$，过这点，以$f(x_n,y_n)$为斜率作直线

$$y = y_n + f(x_n,y_n)(x - x_n)$$

当$x=x_{n+1}$时，得

$$y_{n+1} = y_n + f(x_n,y_n)(x_{n+1} - x_n)$$

取$y(x_{n+1}) \approx y_{n+1}$。

这样，从$x_0$逐个算出$x_1$，$x_2$，…，$x_n$对应的数值解$y_1$，$y_2$，…，$y_n$。

欧拉法的几何意义就是用一条初始点重合的折线来近似表示曲线$y=y(x)$。

通常取$x_{n+1}-x_n=h_n=h$(常数)，则欧拉法的计算公式

$$\begin{cases} y_{n+1} = y_n + hf(x_n,y_n) \\ x_n = x_0 + nh, n = 0,1,\cdots \end{cases} \tag{7-2}$$

下面从数值微分和数值积分讨论欧拉法。

对微分方程包括的导数(或微分)，数值解法的第一步就是设法消除其导数项，这项工作称为离散化。由于差分是微分的近似运算，实现离散化的基本途径是用差商代替导数。在$x_n$点微分方程

$$y'(x_n) = f(x_n,y(x_n))$$

用差商$\dfrac{y(x_{n+1})-y(x_n)}{h}$代替其中的导数项$y'(x_n)$，结果有

$$y(x_{n+1}) \approx y(x_n) + hf(x_n,y(x_n))$$

设用$y(x_n)$的近似值$y_n$代入上式右端，记所得结果为$y_{n+1}$，这样导出的计算公式

$$y_{n+1} = y_n + hf(x_n,y_n), n = 0,1,2,\cdots$$

就是从数值微分导出的欧拉公式。若初值$y_0$已知，就可逐步算出$y_1$，$y_2$，…。

若将方程$y'=f(x,y)$的两端从$x_n$到$x_{n+1}$求积分

$$\int_{x_n}^{x_{n+1}} y'\mathrm{d}x = \int_{x_n}^{x_{n+1}} f(x,y(x))\mathrm{d}x$$

$$y(x_{n+1}) = y(x_n) + \int_{x_n}^{x_{n+1}} f(x,y(x))\mathrm{d}x \tag{7-3}$$

要通过这个积分关系获得$y(x_{n+1})$的近似值，只要近似地算出其中的积分项$\int_{x_n}^{x_{n+1}} f(x,y(x))\mathrm{d}x$，而选用不同的计算方法计算这个积分项，就会得到不同的差分格式。

用左矩形方法计算积分项

$$\int_{x_n}^{x_{n+1}} f(x,y(x))\mathrm{d}x \approx hf(x_n,y(x_n))$$

代入式(7-3)

$$y(x_{n+1}) \approx y(x_n) + hf(x_n,y(x_n))$$

据此离散化，又可导出欧拉公式。由于数值积分的矩形方法精度很低，欧拉方法当然很粗糙。

对$y(x_{n+1})$在$x_n$处按二阶泰勒展开有

$$y(x_{n+1}) = y(x_n + h) = y(x_n) + hy'(x_n) + \frac{1}{2!}h^2 y''(\xi_n)$$

$$x_n \leqslant \xi_n \leqslant x_{n+1}$$

略去余项得

$$y(x_{n+1}) \approx y(x_n) + hy'(x_n) = y(x_n) + hf(x_n, y(x_n))$$

用近似值 $y_n$ 代替 $y(x_n)$，把上式右端所得值记为 $y_{n+1}$，有

$$y_{n+1} = y_n + hf(x_n, y_n)$$

这就是用泰勒展开法推出的欧拉公式。

以上用几何方法、数值微分、数值积分和泰勒展开法四种方法推导了欧拉公式。泰勒展开法和数值积分法是两种常用的方法，后面用泰勒展开法导出单步法的龙格-库塔法，用泰勒展开法和数值积分法推导线性多步法的亚当斯法。

**例 7-1** 求解初值问题

$$\begin{cases} y' = y - \dfrac{2x}{y}, 0 < x < 1 \\ y(0) = 1 \end{cases}$$

**解** 欧拉公式

$$y_{n+1} = y_n + h\left(y_n - \frac{2x_n}{y_n}\right)$$

取步长 $h=0.1$，$n=0$，1，…，9 时，有

$$n = 0 \quad y_1 = y_0 + h\left(y_0 - \frac{2x_0}{y_0}\right) = 1 + 0.1\left(1 - \frac{2 \times 0}{1}\right) = 1.1$$

$$n = 1 \quad y_2 = y_1 + h\left(y_1 - \frac{2x_1}{y_1}\right) = 1.1 + 0.1\left(1.1 - \frac{2 \times 0.1}{1.1}\right) \approx 1.191\ 818$$

$$\vdots \qquad\qquad\qquad \vdots$$

计算结果如表 7-1 所示，该初值问题有解析解$y=\sqrt{1+2x}$，将解析解 $y(x_n)$ 同近似值 $y_n$ 一起列在了表中，比较两者可以看出欧拉法的精度很低。

**表 7-1**

| $x_n$ | $y_n$ | $y(x_n)$ | $x_n$ | $y_n$ | $y(x_n)$ |
|---|---|---|---|---|---|
| 0.1 | 1.100 000 | 1.095 445 | 0.6 | 1.508 966 | 1.483 240 |
| 0.2 | 1.191 818 | 1.183 216 | 0.7 | 1.580 338 | 1.549 193 |
| 0.3 | 1.277 438 | 1.264 911 | 0.8 | 1.649 783 | 1.612 452 |
| 0.4 | 1.358 213 | 1.341 641 | 0.9 | 1.717 779 | 1.673 320 |
| 0.5 | 1.435 133 | 1.414 214 | 1.0 | 1.784 771 | 1.732 051 |

**2. 局部截断误差和阶**

为了衡量微分方程数值解法的精度，引入局部截断误差和阶数的概念。

**定义 7-1** 在 $y_n$ 准确的前提下，即 $y_n=y(x_n)$时，用数值方法计算 $y_{n+1}$的误差

$$y(x_{n+1}) - y_{n+1}$$

称为该数值方法计算 $y_{n+1}$时的局部截断误差。

对于欧拉公式，假定 $y_n=y(x_n)$，则有

$$y_{n+1} = y(x_n) + hf(x_n, y(x_n)) = y(x_n) + hy'(x_n)$$

而按二阶泰勒公式

$$y(x_{n+1}) = y(x_n) + hy'(x_n) + \frac{h^2}{2}y''(\xi), x_n < \xi < x_{n+1}$$

有

$$y(x_{n+1}) - y_{n+1} = \frac{h^2}{2}y''(\xi) \tag{7-4}$$

**定义 7-2** 若数值方法的局部截断误差为$O(h^{p+1})$，则称这种数值方法的阶数是 $p$。

步长 $h<1$，因此 $p$ 越高，局部截断误差越小，计算精度越高。

欧拉法的局部截断误差为$O(h^2)$，欧拉方法仅为一阶方法。

从图形上看，假设顶点 $P_0(x_0,y_0)$位于积分曲线 $y=y(x)$上，则按欧拉方法定出的顶点 $P_1(x_1,y_1)$必落在积分曲线 $y=y(x)$的切线上(见图 7-1)，从这个角度也可以看出欧拉方法是很粗糙的。

**3. 隐式欧拉公式**

设改用向后差商$\frac{1}{h}[y(x_{n+1})-y(x_n)]$替代方程 $y'(x_{n+1})=f(x_{n+1},y(x_{n+1}))$中的导数项 $y'(x_{n+1})$，再离散化，即可导出下列格式

$$y_{n+1} = y_n + hf(x_{n+1},y_{n+1}) \tag{7-5}$$

这一公式与欧拉公式有着本质的区别，欧拉公式(7-1)是关于 $y_n$ 的一个直接的计算公式，这类公式称为显式的。而格式(7-5)的右端含有未知的 $y_{n+1}$，它实际上是关于 $y_{n+1}$的一个函数方程，这类公式称为隐式的。

显式和隐式两类方法各有特点，虽然使用显式公式远比隐式公式方便得多，但考虑到数值稳定性等其他因素，有时需要选用隐式方法，隐式公式可选用迭代法求解，因迭代过程的实质是逐步显式化。

用显式欧拉公式给出初始值，再由隐式公式进行迭代，因此得到

$$\begin{cases} y_{n+1}^{(0)} = y_n + hf(x_n,y_n) \\ y_{n+1}^{(k+1)} = y_n + hf(x_{n+1},y_{n+1}^{(k)}), k = 0,1,\cdots \end{cases} \tag{7-6}$$

如果迭代过程收敛，则 $y_{n+1} = \lim\limits_{k\to+\infty} y_{n+1}^{(k)}$ 为隐式方程的解，在实际计算中，通常只需迭代一两步就可以了。

由于数值微分的向前差商公式与向后差商公式具有同等精度，可以预料，隐式欧拉公式与显式欧拉公式的精度相当，都是一阶方法。

对式(7-3)的积分项用右矩形方法计算，再离散化时有

$$y_{n+1} = y_n + hf(x_{n+1},y_{n+1})$$

由此也可以看出，隐式欧拉公式与显式欧拉公式精度相当。

## 7.1.2 两步欧拉公式

为了改善精度，改用中心差商$\frac{1}{2h}[y(x_{n+1})-y(x_{n-1})]$替代方程 $y'(x_n)=f(x_n,y(x_n))$中的导数项，并离散化得出

$$y_{n+1} = y_{n-1} + 2hf(x_n,y_n)$$

无论是显式欧拉公式，还是隐式欧拉公式都是单步法，其特点是计算 $y_{n+1}$时只用到前

一步的信息 $y_n$，然而上面推导出的公式，除了 $y_n$ 以外，还用到更前一步的信息 $y_{n-1}$，即调用了前面两步的信息，因此该公式称为两步欧拉公式。

两步欧拉公式比显式或隐式欧拉公式具有更高的精度。设 $y_n=y(x_n)$，$y_{n-1}=y(x_{n-1})$，前两步准确，则两步欧拉公式

$$y_{n+1}=y(x_{n-1})+2hf(x_n,y(x_n))$$

又将 $y(x_{n+1})$ 进行泰勒展开

$$y(x_{n+1})=y(x_{n-1})+2hy'(x_n)+\frac{h^3}{3}y'''(\xi),x_{n-1}<\xi<x_{n+1}$$

上两式相比较

$$y(x_{n+1})-y_{n+1}=O(h^3)$$

因此这是一种二阶方法。

### 7.1.3 梯形法

将方程 $y'=f(x,y)$ 的两端从 $x_n$ 到 $x_{n+1}$ 求积分得

$$y(x_{n+1})=y(x_n)+\int_{x_n}^{x_{n+1}}f(x,y(x))\mathrm{d}x$$

为了提高精度，改用梯形方法计算积分项代替矩形方法计算积分项，即将

$$\int_{x_n}^{x_{n+1}}f(x,y(x))\mathrm{d}x\approx\frac{h}{2}[f(x_n,y(x_n))+f(x_{n+1},y(x_{n+1}))]$$

代入，从而有

$$y(x_{n+1})\approx y(x_n)+\frac{h}{2}[f(x_n,y(x_n))+f(x_{n+1},y(x_{n+1}))]$$

设将式中的 $y(x_n)$，$y(x_{n+1})$ 分别用 $y_n$，$y_{n+1}$ 代替，作为离散化的结果导出下列计算公式

$$y_{n+1}=y_n+\frac{h}{2}[f(x_n,y_n)+f(x_{n+1},y_{n+1})] \tag{7-7}$$

与梯形求积公式相对应的这一差分公式称作梯形公式。

设 $y(x)$ 是微分方程初值问题的解析解，则梯形公式的局部截断误差

$$\begin{aligned}y(x_{n+1})-y_{n+1}&=y(x_{n+1})-y(x_n)-\frac{h}{2}[f(x_n,y(x_n))+f(x_{n+1},y(x_{n+1}))]\\&=y(x_{n+1})-y(x_n)-\frac{h}{2}[y'(x_n)+y'(x_{n+1})]\end{aligned} \tag{7-8}$$

将 $y(x_{n+1})$ 在 $x_n$ 处泰勒展开

$$y(x_{n+1})=y(x_n)+hy'(x_n)+\frac{1}{2}h^2y''(x_n)+\frac{1}{6}h^3y'''(x_n)+O(h^4)$$

将 $y'(x_{n+1})$ 在 $x_n$ 处泰勒展开

$$y'(x_{n+1})=y'(x_n)+hy''(x_n)+\frac{1}{2}h^2y'''(x_n)+O(h^3)$$

将上两式代入式(7-8)，有

$$y(x_{n+1}) - y_{n+1} = hy'(x_n) + \frac{1}{2}h^2y''(x_n) + \frac{1}{6}h^3y'''(x_n) - \frac{h}{2}\Big[2y'(x_n) + hy''(x_n) + \frac{1}{2}h^2y'''(x_n)\Big] + O(h^4)$$

$$= -\frac{1}{12}h^3y'''(x_n) + O(h^4)$$

梯形公式的局部截断误差为 $O(h^3)$，比欧拉公式和隐式欧拉公式高一阶。

容易看出，梯形格式实际上是显式欧拉格式与隐式欧拉格式的算术平均。因此梯形格式是隐式方式，不易求解，一般构成如下计算公式

$$\begin{cases} y_{n+1}^{(0)} = y_n + hf(x_n, y_n) \\ y_{n+1}^{(k+1)} = y_n + \dfrac{h}{2}[f(x_n, y_n) + f(x_{n+1}, y_{n+1}^{(k)})] \end{cases} \tag{7-9}$$

$$k = 0,1,2,\cdots; n = 0,1,2,\cdots$$

使用时，先用式(7-9)的上式算出 $x_{n+1}$ 处 $y_{n+1}$ 的初始近似值 $y_{n+1}^{(0)}$，再用式(7-9)的下式反复进行迭代，得到 $y_{n+1}^{(1)}$，$y_{n+1}^{(2)}$，…，用 $\left|y_{n+1}^{(k+1)} - y_{n+1}^{(k)}\right| \leqslant \varepsilon$ 控制迭代次数，$\varepsilon$ 为允许误差。把满足误差要求的 $y_{n+1}^{(k+1)}$ 作为 $y(x_{n+1})$ 的近似值 $y_{n+1}$，类似地可得 $y_{n+2}$，$y_{n+3}$，…。

### 7.1.4 改进欧拉法

欧拉公式是一种显式算法，计算量小，但精度低。梯形公式虽提高了精度，但它是一种隐式算法，需要迭代求解，计算量大。

在实用上，当 $h$ 取值较小时，让梯形法的迭代公式只迭代一次就结束。这样先用欧拉公式求得一个初步近似值 $y_{n+1}^{(0)}$，称之为预报值，预报值的精度不高，用它替代梯形法右端的 $y_{n+1}$，再直接计算得出 $y_{n+1}$，并称之为校正值，这时得到预报－校正公式。将预报－校正公式

$$\begin{cases} y_{n+1}^{(0)} = y_n + hf(x_n, y_n) \\ y_{n+1} = y_n + \dfrac{h}{2}[f(x_n, y_n) + f(x_{n+1}, y_{n+1}^{(0)})] \end{cases} \tag{7-10}$$

称为改进欧拉公式。这是一种一步显式格式，它可以表示为嵌套形式

$$y_{n+1} = y_n + \frac{h}{2}[f(x_n, y_n) + f(x_{n+1}, y_n + hf(x_n, y_n))] \tag{7-11}$$

或者表示成下列平均化形式

$$\begin{cases} y_p = y_n + hf(x_n, y_n) \\ y_c = y_n + hf(x_{n+1}, y_p) \\ y_{n+1} = \dfrac{1}{2}(y_p + y_c) \end{cases} \tag{7-12}$$

图 7-2 描述了改进欧拉方法，其中 $h$ 为步长，$N$ 为步数，$x_0$，$y_0$ 为“老值”，即前一步的近似解，$x_1$，$y_1$ 为

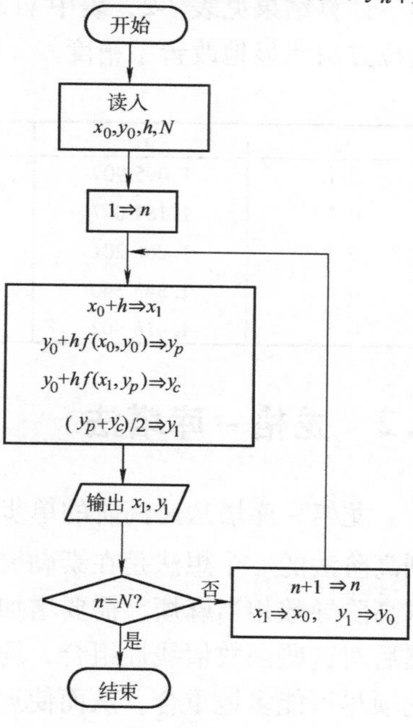


图 7-2 改进欧拉法框图

"新值"，即该步计算结果。

**例 7-2** 用改进欧拉法，求解上例初值问题。

**解** 改进欧拉法的具体形式为

$$\begin{cases} y_p = y_n + h\left(y_n - \dfrac{2x_n}{y_n}\right) \\ y_c = y_n + h\left(y_p - \dfrac{2x_{n+1}}{y_p}\right) \\ y_{n+1} = \dfrac{1}{2}(y_p + y_c) \end{cases}$$

仍取 $h=0.1$，$n=0$，1，…，9 进行计算。

$$n=0 \quad y_p = y_0 + h\left(y_0 - \frac{2x_0}{y_0}\right) = 1 + 0.1\left(1 - \frac{2\times 0}{1}\right) = 1.1$$

$$y_c = y_0 + h\left(y_p - \frac{2x_1}{y_p}\right) = 1 + 0.1\left(1.1 - \frac{2\times 0.1}{1.1}\right) = 1.091\ 818$$

$$y_1 = \frac{1}{2}(y_p + y_c) = 1.095\ 909$$

$$n=1 \quad y_p = y_1 + h\left(y_1 - \frac{2x_1}{y_1}\right) = 1.095\ 909 + 0.1\left(1.095\ 909 - \frac{2\times 0.1}{1.095\ 909}\right) = 1.187\ 250$$

$$y_c = y_1 + h\left(y_p - \frac{2x_2}{y_p}\right) = 1.095\ 909 + 0.1\left(1.187\ 250 - \frac{2\times 0.2}{1.187\ 250}\right) = 1.180\ 943$$

$$y_2 = \frac{1}{2}(y_p + y_c) = 1.184\ 097$$

计算结果见表 7-2，表中 $y(x_n)$ 表示准确值。同上例欧拉方法的计算结果相比较，改进欧拉方法明显地改善了精度。

**表 7-2**

| $x_n$ | $y_n$ | $y(x_n)$ | $x_n$ | $y_n$ | $y(x_n)$ |
|---|---|---|---|---|---|
| 0.1 | 1.095 909 | 1.095 445 | 0.6 | 1.485 956 | 1.483 240 |
| 0.2 | 1.184 097 | 1.183 216 | 0.7 | 1.562 514 | 1.549 193 |
| 0.3 | 1.266 201 | 1.264 911 | 0.8 | 1.616 475 | 1.612 452 |
| 0.4 | 1.343 360 | 1.341 641 | 0.9 | 1.678 166 | 1.673 320 |
| 0.5 | 1.416 402 | 1.414 214 | 1.0 | 1.737 867 | 1.732 051 |

## 7.2 龙格－库塔法

龙格－库塔法是高阶的单步法，单步法是在计算 $y_{n+1}$ 时只用到前一步 $x_n$ 上的值 $y_n$，得到高阶法的一个想法是在泰勒展开时可取 $y(x)$ 的高阶导数，但是这个方法并不实用，因为求高阶导数相当麻烦，需要增加很大的计算量。龙格－库塔法是用计算不同点上的函数值，然后对这些函数值线性组合，构造近似公式，把近似公式和相应的泰勒展开相比较，使前面的项尽可能多地重合，从而使近似公式达到一定的阶数，这就有在哪些点上计算函数值以及如何组合的问题。

### 7.2.1 泰勒级数展开法

设 $y_n = y(x_n)$，将 $y(x_{n+1})$ 在 $x_n$ 处泰勒展开

$$
\begin{aligned}
y(x_{n+1}) &= y(x_n + h) \\
&= y(x_n) + hy'(x_n) + \frac{h^2}{2}y''(x_n) + \frac{h^3}{3!}y'''(x_n) + \cdots
\end{aligned}
$$

若取右端前有限项为 $y(x_{n+1})$ 的近似值，就可得到计算 $y(x_{n+1})$ 的各种不同截断误差的数值公式。

当取前两项时

$$y(x_{n+1}) \approx y(x_n) + hy'(x_n) = y(x_n) + hf(x_n, y(x_n)) = y_n + hf(x_n, y_n)$$

即有

$$y_{n+1} = y_n + hf(x_n, y_n)$$

这就是局部截断误差为 $O(h^2)$ 的欧拉公式。

若取前三项时，可得局部截断误差为 $O(h^3)$ 的公式

$$
\begin{aligned}
y(x_{n+1}) &\approx y(x_n) + hy'(x_n) + \frac{h^2}{2}y''(x_n) \\
&= y(x_n) + hf(x_n, y(x_n)) + \frac{h^2}{2}[f'_x(x_n, y(x_n)) + f(x_n, y(x_n))f'_y(x_n, y(x_n))]
\end{aligned}
$$

其中

$$
\begin{aligned}
y'(x_n) &= f(x_n, y(x_n)) \\
y''(x_n) &= f'_x(x_n, y(x_n)) + f'_y(x_n, y(x_n))y'(x_n) \\
&= f'_x(x_n, y(x_n)) + f(x_n, y(x_n)) + f'_y(x_n, y(x_n))
\end{aligned}
$$

类似地，若取前 $p+1$ 项作为 $y(x_{n+1})$ 的近似值，可得到局部截断误差为 $O(h^{p+1})$ 的数值计算公式。这些公式的计算必须依赖于求 $y(x_n)$ 的 $p$ 阶导数，除非 $f(x,y)$ 足够简单，否则直接用泰勒展开法求解将很复杂。但是泰勒级数展开法的基本思想是很多数值方法的基础。

### 7.2.2 龙格 - 库塔法的基本思路

初值问题

$$
\begin{cases}
y'(x) = f(x, y(x_n)) \\
y(x_0) = y_0
\end{cases}
$$

等价于

$$
\begin{aligned}
y(x_{n+1}) &\approx y(x_n) + \int_{x_n}^{x_{n+1}} f(x, y(x))\,\mathrm{d}x \\
&= y(x_n) + hf(x_n + \theta h, y(x_n + \theta h)), \quad 0 < \theta < 1
\end{aligned}
$$

龙格-库塔法的基本思路是用 $f(x,y)$ 在几个不同点的数值加权平均代替 $f(x_n + \theta h, y(x_n + \theta h))$ 的值，而使截断误差的阶数尽可能高。也就是说，取不同点的斜率加权平均作为平均斜率，从而提高方法的阶数。这样龙格 - 库塔法保留了泰勒展开法所具有的高阶局部截断误差，同时避免了计算函数 $f(x,y)$ 的高阶导数。

常微分方程的离散化方程

$$y_{n+1} = y_n + h\varphi(x_n, y_n, h)$$

其中 $\varphi(x_n, y_n, h)$ 是 $f(x, y)$ 在一些点的线性组合，解释为 $f(x, y)$ 的平均斜率，即表示成

$$\varphi(x_n, y_n, h) = \sum_{i=1}^{r} c_i k_i$$

其中 $k_1 = f(x_n, y_n), k_i = f(x_n + \lambda_i h, y_n + h\sum_{j=1}^{i-1} \mu_{ij} k_j)$ ，$i = 2, 3, \cdots, r$。

或写成

$$\begin{cases} y_{n+1} = y_n + h\varphi(x_n, y_n, h) \\ \varphi(x_n, y_n, h) = \sum_{i=1}^{r} c_i k_i \\ k_1 = f(x_n, y_n) \\ k_i = f(x_n + \lambda_i h, y_n + h\sum_{j=1}^{i-1} \mu_{ij} k_j), i = 2, 3, \cdots, r \end{cases} \tag{7-13}$$

式(7-13)中计算了 $r$ 个 $f$ 的函数值，称该式为 $r$ 级的龙格－库塔法。这里系数 $c_i$，$\lambda_i$，$\mu_{ij}$ 均为常数，其选取原则是使 $y_{n+1}$ 的展开表达式

$$y_{n+1} = y_n + \alpha_1 h + \frac{1}{2!}\alpha_2 h^2 + \frac{1}{3!}\alpha_3 h^3 + \cdots$$

与微分方程的解 $y(x_{n+1})$ 在点 $(x_n, y_n)$ 处的泰勒展开式

$$y(x_{n+1}) = y(x_n) + hy'(x_n) + \frac{1}{2!}h^2 y''(x_n) + \cdots$$

有尽可能多的项相重合，以减小局部截断误差。

下面通过欧拉公式和改进欧拉公式进一步说明龙格-库塔法的基本思路。

欧拉公式

$$y_{n+1} = y_n + hf(x_n, y_n)$$

可以写成

$$y_{n+1} = y_n + hk_1$$

其中斜率 $k_1 = f(x_n, y_n)$。

计算 $y_{n+1}$ 时需调用(计算)一次 $f(x, y)$，$y_{n+1}$ 的表达式与 $y(x_{n+1})$ 的泰勒展开式的前两项完全相同，即局部截断误差为 $O(h^2)$，有一阶精度。

改进欧拉公式

$$\begin{cases} y_{n+1}^{(0)} = y_n + hf(x_n, y_n) \\ y_{n+1} = y_n + \frac{h}{2}[f(x_n, y_n) + f(x_{n+1}, y_{n+1}^{(0)})] \end{cases} \tag{7-14}$$

也可以写成

$$y_{n+1} = y_n + \frac{h}{2}(k_1 + k_2)$$

其中斜率 $k_1 = f(x_n, y_n)$，$k_2 = f(x_n + h, y_n + hk_1)$。

计算 $y_{n+1}$ 时，需要计算两个斜率 $k_1$ 和 $k_2$，即调用两次 $f(x, y)$，$y_{n+1}$ 与 $y(x_{n+1})$ 泰勒展

开式的前三项完全相同，局部截断误差为 $O(h^3)$，有二阶精度。这就是二阶显式龙格－库塔法。

上述两组公式在形式上有一个共同点：都是用 $f(x,y)$ 在某些点上的函数值的线性组合得出 $y(x_{n+1})$ 的近似值 $y_{n+1}$。增加调用 $f(x,y)$ 的次数，可提高精度的阶数。或者说，在区间 $[x_n,\ x_{n+1}]$ 这一步内多预报几个点的斜率值，然后将其加权平均作为平均斜率，则可构造出有更高精度的计算公式，这就是龙格－库塔法的基本思路。

### 7.2.3 二阶龙格－库塔法和三阶龙格－库塔法

将预报－校正欧拉公式改写成

$$\begin{cases} y_{n+1} = y_n + h(\omega_1 k_1 + \omega_2 k_2) \\ k_1 = f(x_n, y_n) \\ k_2 = f(x_n + \alpha h, y_n + \beta k_1) \end{cases}$$

适当选取 $\alpha$、$\beta$、$\omega_1$、$\omega_2$ 的值，使局部截断误差

$$y(x_{n+1}) - y_{n+1}$$

的阶数尽可能高。这里仍假定 $y_n = y(x_n)$，显然

$$k_1 = y'(x_n)$$

由二元函数的泰勒展开

$$\begin{aligned} k_2 &= f(x_n, y_n) + \alpha h f'_x(x_n, y_n) + \beta h k_1 f'_y(x_n, y_n) + \cdots \\ &= y'(x_n) + h[\alpha f'_x(x_n, y_n) + \beta f(x_n, y_n) f'_y(x_n, y_n) + O(h^2)] \end{aligned}$$

将 $k_1$ 与 $k_2$ 的表达式代入

$$\begin{aligned} y_{n+1} = y_n + (\omega_1 + \omega_2) h y'(x_n) + h^2[\alpha\omega_2 f'_x(x_n, y_n) + \\ \beta\omega_2 f(x_n, y_n) f'_y(x_n, y_n)] + O(h^3) \end{aligned}$$

为使

$$y(x_{n+1}) - y_{n+1} = O(h^3)$$

比较 $y(x_{n+1})$ 和 $y_{n+1}$，可得

$$\begin{cases} \omega_1 + \omega_2 = 1 \\ \alpha\omega_2 = \dfrac{1}{2} \\ \beta\omega_2 = \dfrac{1}{2} \end{cases}$$

这是四个未知数三个方程的不定方程组。任一未知数可设为自由变量，求出其余三个未知数，这样每一组未知数的组合就确定了一种二阶龙格－库塔格式。

当取 $\omega_1 = \dfrac{1}{4}$ 时，$\omega_2 = \dfrac{3}{4}$，$\alpha = \beta = \dfrac{2}{3}$，则有

$$\begin{cases} y_{n+1} = y_n + \dfrac{1}{4} h(k_1 + 3k_2) \\ k_1 = f(x_n, y_n) \\ k_2 = f\left(x_{n+\frac{2}{3}}, y_n + \dfrac{2}{3} h k_1\right) \end{cases}$$

这种方法称为休恩(Heun)公式。

当取 $\omega_1=\frac{1}{2}$时，$\omega_2=\frac{1}{2}$，$\alpha=\beta=1$，此即为改进欧拉公式。

当取 $\omega_1=0$ 时，$\omega_2=1$，$\alpha=\beta=\frac{1}{2}$，这时二阶龙格-库塔公式称为变形欧拉公式，其形式是

$$\begin{cases} y_{n+1}=y_n+hk_2 \\ k_1=f(x_n,y_n) \\ k_2=f\left(x_{n+\frac{1}{2}},y_n+\frac{h}{2}k_1\right) \end{cases} \tag{7-15}$$

在式(7-15)中，注意到 $y_{n+\frac{1}{2}}=y_n+\frac{h}{2}k_1$ 是用欧拉方法预报出的中点 $x_{n+\frac{1}{2}}$ 的近似解，而 $k_2=f(x_{n+\frac{1}{2}},\ y_{n+\frac{1}{2}})$ 则近似地等于中点的斜率值 $f(x_{n+\frac{1}{2}},\ y(x_{n+\frac{1}{2}}))$，所以这种公式可以理解为用中点的斜率取代平均斜率，由于这个缘故，此公式也称中点公式。

表面上看，中点公式 $y_{n+1}=y_n+hk_2$ 中仅含一个斜率值 $k_2$，但 $k_2$ 是通过 $k_1$ 计算出来的，因此每进行一步仍然需要两次计算函数 $f$ 的值，工作量和改进欧拉公式相同。

下面再从平均斜率的角度对二阶龙格－库塔法给予说明。

考察区间 $[x_n, x_{n+1}]$ 内任一点

$$x_{n+p}=x_n+ph,0\leqslant p\leqslant 1$$

用 $x_n$ 和 $x_{n+1}$ 两个点的斜率值 $k_1$ 和 $k_2$ 加权平均得到平均斜率 $k$，即令

$$y_{n+1}=y_n+h[(1-\lambda)k_1+\lambda k_2]$$

式中，$\lambda$ 为待定系数。同改进欧拉公式一样，这里仍取 $k_1=f(x_n,y_n)$，问题在于该怎样预报 $x_{n+p}$ 处的斜率值 $k_2$。

仿照改进欧拉公式，先用欧拉方法提供 $y(x_{n+p})$ 的预报值

$$y_{n+p}=y_n+phk_1$$

然后用 $y_{n+p}$ 通过计算 $f$ 产生的斜率值

$$k_2=f(x_{n+p},y_{n+p})$$

这样设计出的计算公式

$$\begin{cases} y_{n+1}=y_n+h[(1-\lambda)k_1+\lambda k_2] \\ k_1=f(x_n,y_n) \\ k_2=f(x_n+ph,y_n+phk_1) \end{cases}$$

其中含两个待定参数 $\lambda$ 和 $p$，适当选取这些参数的值，使得此公式具有较高的精度。

仍然假定 $y_n=y(x_n)$，分别将 $k_1$ 和 $k_2$ 泰勒展开有

$$k_1=f(x_n,y_n)=y'(x_n)$$

$$\begin{aligned} k_2&=f(x_{n+p},y_n+phk_1) \\ &=f(x_n,y_n)+ph[f_x(x_n,y_n)+f(x_n,y_n)f_y(x_n,y_n)]+O(h^2) \\ &=y'(x_n)+phy''(x_n)+O(h^2) \end{aligned}$$

代入计算公式，有

$$y_{n+1}=y(x_n)+hy'(x_n)+\lambda ph^2y''(x_n)+O(h^3)$$

和二阶泰勒展开式

$$y(x_{n+1}) = y(x_n) + hy'(x_n) + \frac{h^2}{2}y''(x_n) + O(h^3)$$

比较系数即可发现，欲使公式的截断误差为$O(h^3)$，只要使

$$\lambda p = \frac{1}{2}$$

满足这一条件的一簇公式统称二阶龙格－库塔公式。

特别地，当$p=1$，$\lambda=1/2$时，龙格－库塔公式就是改进欧拉公式。

如果改取$p=\frac{1}{2}$，$\lambda=1$，这时二阶龙格－库塔公式称为变形欧拉公式，又称中点公式。

当取$p=\frac{2}{3}$，$\lambda=\frac{3}{4}$时，二阶龙格－库塔公式称为休恩公式。

为了进一步提高精度，除$x_{n+p}$外再考察一点

$$x_{n+q} = x_n + qh, p \leqslant q \leqslant 1$$

用三个点$x_n$、$x_{n+p}$和$x_{n+q}$的斜率$k_1$、$k_2$和$k_3$加权平均得出平均斜率的近似值，这时计算公式，除

$$\begin{aligned} y_{n+1} &= y_n + h[(1-\lambda-\mu)k_1 + \lambda k_2 + \mu k_3] \\ k_1 &= f(x_n, y_n) \\ k_2 &= f(x_n + ph, y_n + phk_1) \end{aligned}$$

三式外，还要有预报点$x_{n+q}$的斜率$k_3$，在区间$[x_n, x_{n+q}]$内有两个斜率$k_1$和$k_2$，可将$k_1$和$k_2$加权平均得出区间$[x_n, x_{n+p}]$上的平均斜率，从而得到$y(x_{n+q})$的预报值

$$y_{n+q} = y_n + qh[(1-\alpha)k_1 + \alpha k_2]$$

于是可得

$$k_3 = f(x_{n+q}, y_{n+q})$$

运用泰勒展开选择参数$p$，$q$，$\lambda$，$\mu$，$\alpha$，可使此格式具有三阶精度，这类格式统称为三阶龙格－库塔格式，下式是其中的一种：

$$\begin{cases} y_{n+1} = y_n + \dfrac{h}{6}(k_1 + 4k_2 + k_3) \\ k_1 = f(x_n, y_n) \\ k_2 = f(x_{n+\frac{1}{2}}, y_n + \dfrac{1}{2}k_1) \\ k_3 = f(x_{n+1}, y_n + h(-k_1 + 2k_2)) \end{cases}$$

此外常用的三阶休恩格式是

$$\begin{cases} y_{n+1} = y_n + \dfrac{h}{4}(k_1 + 3k_3) \\ k_1 = f(x_n, y_n) \\ k_2 = f(x_{n+\frac{1}{3}}, y_n + \dfrac{1}{3}hk_1) \\ k_3 = f(x_{n+\frac{2}{3}}, y_n + \dfrac{2}{3}hk_2) \end{cases}$$

### 7.2.4 经典龙格－库塔法

二阶龙格－库塔法是由使用在区间$[x_k, x_{k+1}]$内两个不同点上的函数值的线性组合而构成的，用区间$[x_k, x_{k+1}]$内三个不同点上的函数值的线性组合就得到三阶龙格－库塔法。同样，用区间$[x_k, x_{k+1}]$内四个不同点上的函数值的线性组合就得到四阶龙格-库塔法。

四阶龙格－库塔法

$$\begin{cases} y_{n+1} = y_n + h(\omega_1 k_1 + \omega_2 k_2 + \omega_3 k_3 + \omega_4 k_4) \\ k_1 = f(x_n, y_n) \\ k_2 = f(x_n + \lambda_1 h, y_n + \mu_{11} k_1 h) \\ k_3 = f(x_n + \lambda_2 h, y_n + \mu_{21} k_1 h + \mu_{22} k_2 h) \\ k_4 = f(x_n + \lambda_3 h, y_n + \mu_{31} k_1 h + \mu_{32} k_2 h + \mu_{33} k_3 h) \end{cases}$$

其中$\omega_1$，$\omega_2$，$\omega_3$，$\omega_4$，$\lambda_1$，$\lambda_2$，$\lambda_3$，$\mu_{11}$，$\mu_{21}$，$\mu_{22}$，$\mu_{31}$，$\mu_{32}$，$\mu_{33}$均为待定系数。

类似于前面的讨论，把$k_2$，$k_3$，$k_4$分别在$x_n$点展成$h$的幂级数，代入$y_{n+1}$并进行化简，然后与$y(x_{n+1})$在$x_n$点上的泰勒展开式比较，使其两式右端直到$h^4$的系数相等，经过复杂的数学演算可得到关于$\omega_i$，$\lambda_i$，$\mu_{ij}$的一组特解

$$\begin{cases} \lambda_1 = \lambda_2 = \mu_{11} = \mu_{22} = \dfrac{1}{2} \\ \mu_{21} = \mu_{31} = \mu_{32} = 0 \\ \lambda_3 = \mu_{33} = 1 \\ \omega_1 = \omega_4 = \dfrac{1}{6} \\ \omega_2 = \omega_3 = \dfrac{1}{3} \end{cases}$$

从而得到下列常用的经典龙格－库塔法或称经典公式

$$\begin{cases} y_{n+1} = y_n + \dfrac{h}{6}(k_1 + 2k_2 + 2k_3 + k_4) \\ k_1 = f(x_n, y_n) \\ k_2 = f(x_{n+\frac{1}{2}}, y_n + \dfrac{h}{2}k_1) \\ k_3 = f(x_{n+\frac{1}{2}}, y_n + \dfrac{h}{2}k_2) \\ k_4 = f(x_{n+1}, y_n + hk_3) \end{cases} \tag{7-16}$$

经典龙格－库塔法每一步需要四次计算函数值$f(x,y)$，它具有四阶精度，即局部截断误差是$O(h^5)$。

经典公式精度较高，可满足一般工程计算的要求，通常就将其称为龙格－库塔法。图7-3给出了这种方法的框图，可以看出这种方法需要编制的程序比较简单，每次计算$y_{n+1}$时，只用到前一步的计算结果$y_n$，因此在已知初值$y_0$的条件下，可以自动地运用步进式进行计算，

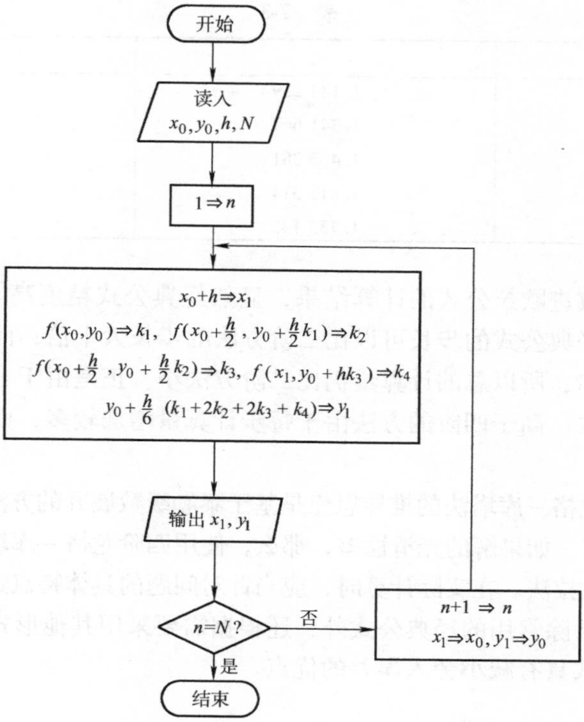


图 7-3　龙格－库塔法框图

并且可以在计算过程中随时改变步长 $h$，缺点是每前进一步需多次调用函数 $f(x,y)$，工作量较大，且误差不易估计。

**例 7-3**　设取步长 $h=0.2$，从 $x=0$ 到 $x=1$，用经典公式求解初值问题

$$\begin{cases}y'=y-\dfrac{2x}{y}\\y(0)=1\end{cases}$$

**解**　四阶经典公式

$$\begin{cases}y_{n+1}=y_n+\dfrac{h}{6}(k_1+2k_2+2k_3+k_4)\\k_1=y_n-\dfrac{2x_n}{y_n}\\k_2=y_n+\dfrac{h}{2}k_1-\dfrac{2x_n+h}{y_n+\dfrac{h}{2}k_1}\\k_3=y_n+\dfrac{h}{2}k_2-\dfrac{2x_n+h}{y_n+\dfrac{h}{2}k_2}\\k_4=y_n+hk_3-\dfrac{2(x_n+h)}{y_n+hk_3}\end{cases}$$

表 7-3 记录了计算结果，其中 $y(x_n)$ 仍表示准确解。

表 7-3

| $x_n$ | $y_n$ | $y(x_n)$ |
| --- | --- | --- |
| 0.2 | 1.183 229 | 1.183 216 |
| 0.4 | 1.341 667 | 1.341 641 |
| 0.6 | 1.483 281 | 1.483 240 |
| 0.8 | 1.612 514 | 1.612 45 |
| 1.0 | 1.732 142 | 1.732 05 |

比较经典公式和改进欧拉公式的计算结果，显然经典公式精度高。许多计算实例表明，要达到相同的精度，经典公式的步长可以比二阶方法的步长大十倍，而经典公式每步的计算量仅比二阶方法大一倍，所以总的计算量仍比二阶方法小。正是由于上述原因，工程上常用四阶经典龙格－库塔法。高于四阶的方法由于每步计算量增加较多，而精度提高不快，因此使用得比较少。

值得指出的是，龙格－库塔法的推导思想是基于泰勒级数展开的方法，因而它要求所求的解具有较好的光滑性质。如果解的光滑性差，那么，使用四阶龙格－库塔法求得的数值解的精度可能反而不如改进欧拉法。在实际计算时，应当针对问题的具体特点选择合适的算法。

四阶龙格－库塔法除常用的经典公式外，还根据需要采用其他形式，如库塔公式和基尔公式等，其中基尔公式具有减小舍入误差的优点。

库塔公式

$$\begin{cases} y_{n+1} = y_n + \dfrac{h}{8}(k_1 + 2k_2 + 3k_3 + k_4) \\ k_1 = f(x_n, y_n) \\ k_2 = f\left(x_n + \dfrac{1}{3}h, y_n + \dfrac{1}{3}hk_1\right) \\ k_3 = f\left(x_n + \dfrac{2}{3}h, y_n - \dfrac{1}{3}hk_1 + hk_2\right) \\ k_4 = f(x_n + h, y_n + hk_1 - hk_2 + hk_3) \end{cases} \tag{7-17}$$

基尔公式

$$\begin{cases} y_{n+1} = y_n + \dfrac{h}{6}[k_1 + (2 - 2\sqrt{2})k_2 + (2 + \sqrt{2})k_3 + k_4] \\ k_1 = f(x_n, y_n) \\ k_2 = f\left(x_n + \dfrac{h}{2}, y_n + \dfrac{1}{2}hk_1\right) \\ k_3 = f\left(x_n + \dfrac{h}{2}, y_n + \dfrac{\sqrt{2} - 1}{2}hk_1 + \dfrac{2 - \sqrt{2}}{2}hk_2\right) \\ k_4 = f\left(x_n + h, y_n - \dfrac{\sqrt{2}}{2}hk_2 + \dfrac{2 + \sqrt{2}}{2}hk_3\right) \end{cases} \tag{7-18}$$

在微分方程的数值解中，选择适当的步长是非常重要的。从每跨一步的截断误差来看，步长越小，截断误差就越小。但是，随着步长的减小，在一定的求解区间内所需的步数就要增多，这样会引起计算量的增大，并且会引起舍入误差的大量积累与传播。因此，微分方程数值解法也有选择步长的问题。

以四阶经典龙格－库塔法为例。从节点 $x_n$ 出发，以 $h$ 为步长求一个近似值记为 $y_{n+1}^{(h)}$，由于局部截断误差为 $O(h^5)$，故有

$$y(x_{n+1}) - y_{n+1}^{(h)} \approx ch^5 \tag{7-19}$$

这里假定系数 $c$ 变化很慢，近似常数，并且在 $h$ 很小时，$c$ 与 $h$ 无关。然后将步长折半，即取 $\frac{h}{2}$ 为步长，从 $x_n$ 跨两步到 $x_{n+1}$，再求得一个近似值 $y_{n+1}^{(\frac{h}{2})}$，每跨一步的截断误差是 $c\left(\frac{h}{2}\right)^5$，因此有

$$y(x_{n+1}) - y_{n+1}^{(\frac{h}{2})} \approx 2c\left(\frac{h}{2}\right)^5 \tag{7-20}$$

可以看出，步长折半后，误差大约减少 $\frac{1}{16}$，即

$$\frac{y(x_{n+1}) - y_{n+1}^{(\frac{h}{2})}}{y(x_{n+1}) - y_{n+1}^{(h)}} \approx \frac{1}{16}$$

由此易得出下列验后误差估计式

$$y(x_{n+1}) - y_{n+1}^{(\frac{h}{2})} \approx \frac{1}{15}\left(y_{n+1}^{(\frac{h}{2})} - y_{n+1}^{(h)}\right) \tag{7-21}$$

这样可以通过检查步长折半前后两次计算结果的偏差

$$\Delta = \left| y_{n+1}^{(\frac{h}{2})} - y_{n+1}^{(h)} \right| \tag{7-22}$$

来判断所选取的步长是否合适。具体地说，将分为以下两种情况来处理：

1）对于给定的精度 $\varepsilon$，如果 $\Delta > \varepsilon$，则反复将步长折半进行计算，直到 $\Delta < \varepsilon$ 为止，这时取步长折半后的“新值”作为结果。

2）如果 $\Delta < \varepsilon$，则反复将步长加倍，直到 $\Delta > \varepsilon$ 为止，这时取步长加倍前的“老值”作为结果。

这种通过步长加倍或折半来处理步长的方法称为变步长方法。表面上看，为了选择步长，每一步的计算量增加了，但总体考虑往往是合算的。

### 7.2.5 隐式龙格－库塔法

上面讨论的龙格－库塔法都是显式的，也可构造隐式龙格－库塔法，这只需把式(7-13)中的 $k_i$ 改写成

$$k_i = f\left(x_n + \lambda_i h, y_n + h\sum_{j=1}^{r}\mu_{ij}k_j\right),\ i = 1,2,\cdots,r$$

即可，这里 $k_i$ 是隐式方程组，可用迭代法求解。

例如梯形方法

$$\begin{cases} y_{n+1} = y_n + \dfrac{h}{2}(k_1 + k_2) \\ k_1 = f(x_n, y_n) \\ k_2 = f\left(x_n + h, y_n + \dfrac{h}{2}k_1 + \dfrac{h}{2}k_2\right) \end{cases} \tag{7-23}$$

是二阶方法。

对 $r$ 阶隐式龙格－库塔法其阶数可以大于 $r$。例如一阶隐式中点方法

$$\begin{cases} y_{n+1} = y_n + hk_1 \\ k_1 = f\left(x_n + \dfrac{h}{2}, y_n + \dfrac{h}{2}k_1\right) \end{cases} \tag{7-24}$$

或写成

$$y_{n+1} = y_n + hf\left(x_n + \frac{h}{2}, \frac{1}{2}(y_n + y_{n+1})\right)$$

是二阶方法。

另一种二阶隐式龙格－库塔法

$$\begin{cases} y_{n+1} = y_n + \dfrac{h}{2}(k_1 + k_2) \\ k_1 = f\left(x_n + \left(\dfrac{1}{2} + \dfrac{\sqrt{3}}{6}\right)h, y_n + \dfrac{1}{4}hk_1 + \left(\dfrac{1}{4} + \dfrac{\sqrt{3}}{6}\right)hk_2\right) \\ k_2 = f\left(x_n + \left(\dfrac{1}{2} - \dfrac{\sqrt{3}}{6}\right)h, y_n + \left(\dfrac{1}{4} - \dfrac{\sqrt{3}}{6}\right)hk_1 + \dfrac{1}{4}hk_2\right) \end{cases}$$

是四阶方法。

隐式龙格－库塔法每步要解方程组，所以计算量比较大，但其优点之一是稳定性一般比显式的好。

## 7.3 线性多步法

单步法在计算时只用前面一步的值，因此给定初值后便可一步一步地进行计算，这是单步法的优点，但是为了提高计算精度，单步法(如龙格－库塔法)每一步都需要先预报几个点上的导数值(斜率值)，计算量比较大，考虑到计算 $y_{n+1}$ 之前已经得到一系列节点 $x_n$，$x_{n-1}$，…上的导数值(斜率值)，利用这些“老信息”来减少计算量，这就是多步法的基本出发点。多步法中最常用的是线性多步法的亚当斯法。

### 7.3.1 一般形式

线性多步法是利用已求出若干节点 $x_n$，$x_{n-1}$，…上的近似值 $y_n$，$y_{n-1}$，…和其一阶导数 $y'_n$，$y'_{n-1}$，…线性组合来求出下一个节点 $x_{n+1}$处的近似值 $y_{n+1}$，写成一般形式

$$y_{n+1} = \sum_{i=0}^{k-1} \alpha_i y_{n-i} + h\sum_{i=-1}^{k-1} \beta_i y'_{n-i} \tag{7-25}$$

其中，$\alpha_i$，$\beta_i$ 为待定常数。

若 $\alpha_{k-1}^2 + \beta_{k-1}^2 \neq 0$，称为线性 $k$ 步法，计算时用到前面已算出的 $k$ 个导数值 $y'_{n-k+1}$，…，$y'_{n-1}$，$y'_n$。当 $\beta_{-1} = 0$ 时，右端是已知的，称为显式多步法；当 $\beta_{-1} \neq 0$ 时，右端有未知的 $y'_{n+1} = f(x_{n+1}, y_{n+1})$，因此是隐式多步法。

构造线性多步法公式常用泰勒展开法和数值积分法。利用泰勒展开可构成任意多步法，其方法是根据多步法公式的形式，直接在 $x_n$ 处进行泰勒展开即可。当微分方程能转化为等

价的积分方程时，可利用数值积分法建立多步法。

**例 7-4** 给定一个四步显式差分公式

$$y_{n+1}=y_{n-3}+h(af_n+bf_{n-1})$$

其中$f_n=f(x_n,y_n)$，$f_{n-1}=f(x_{n-1},y_{n-1})$，用泰勒展开原理确定 $a$ 和 $b$，使之有尽可能高的阶。

**解** 将初值问题的解 $y(x_{n+1})$在 $x_n$ 处泰勒展开

$$y(x_{n+1})=y(x_n)+hy'(x_n)+\frac{h^2}{2}y''(x_n)+\frac{h^3}{3!}y'''(x_n)+O(h^4)$$

又因考虑局部截断误差，令差分公式中 $y_{n-3}=y(x_{n-3})$，$f_{n-1}=y'(x_{n-1})$，并在 $x_n$ 泰勒展开，有

$$y_{n+1}=y_{n-3}+h(af_n+bf_{n-1})=y(x_{n-3})+h(ay'(x_n))\quad+by'(x_{n-1})$$

$$=\left[y(x_n)-3hy'(x_n)+\frac{(-3h)^2}{2}y''(x_n)+\frac{(-3h)^3}{3!}y'''(x_n)+O(h^4)\right]+ahy'(x_n)+$$

$$bh\left[y'(x_n)-hy''(x_n)+\frac{h^2}{2}y'''(x_n)+O(h^3)\right]$$

$$=y(x_n)+(a+b-3)hy'(x_n)+\left(\frac{9}{2}-b\right)h^2y''(x_n)+\left(-\frac{9}{2}+\frac{b}{2}\right)h^3y'''(x_n)+O(h^4)$$

对比 $y(x_{n+1})$与 $y_{n+1}$之展开式，可知

$$\begin{cases}a+b-3=1\\ \dfrac{9}{2}-b=\dfrac{1}{2}\end{cases}$$

解得

$$\begin{cases}a=0\\ b=4\end{cases}$$

则四步显式差分公式

$$y_{n+1}=y_{n-3}+4hf_{n-1}$$

局部截断误差为

$$\left(-\frac{9}{2}+\frac{4}{2}\right)h^3y'''(x_n)+O(h^4)=-\frac{5}{2}h^3y'''(x_n)+O(h^4)$$

即公式有二阶精度。

**例 7-5** 对初值问题

$$\begin{cases}y'=f(x,y)\\ y(x_0)=y_0\end{cases}$$

建立

$$y_{n+1}=y_{n-1}+\frac{h}{3}(f_{n+1}+4f_n+f_{n-1})$$

其中$f_i=f(x_i,y_i)$，$i=n-1$，$n$，$n+1$。

**解** 用数值积分法建立，将方程 $y'=f(x,y)$两边从 $x_{n-1}$到 $x_{n+1}$积分，有

$$y(x_{n+1})-y(x_{n-1})=\int_{x_{n-1}}^{x_{n+1}}f(x,y(x))\mathrm{d}x$$

对求积项采用辛普森求积公式，有

$$y(x_{n+1})\approx y(x_{n-1})+\frac{2h}{6}[f(x_{n+1},y(x_{n+1}))+4f(x_n,y(x_n))+f(x_{n-1},y(x_{n-1}))]$$

即可得

$$y_{n+1}=y_{n-1}+\frac{h}{3}(f_{n+1}+4f_n+f_{n-1})$$

### 7.3.2 亚当斯法和其他常用方法

线性多步法取如下形式的 $k$ 步法

$$y_{n+1}=y_n+h\sum_{i=-1}^{k-1}\beta_i y'_{n-i} \tag{7-26}$$

则称为亚当斯法，且当 $\beta_{-1}=0$ 时为显式亚当斯法；当 $\beta_{-1}\neq 0$ 时为隐式亚当斯法。

构造亚当斯公式也常用泰勒展开法和数值积分法。

**1. 用泰勒展开法构造**

用泰勒展开法构造亚当斯法的基本思路是先将线性多步法的表达式 $y_{n+1}$ 在 $x=x_n$ 处进行泰勒展开，并与真实值 $y(x_{n+1})$ 在 $x_n$ 处的泰勒展开式相比较，当其局部截断误差为 $O(h^{k+1})$ 时，要使二者直到 $h^k$ 项重合，以此确定公式中的系数 $\beta_i$，便得到 $k$ 阶亚当斯法。

设用 $x_{n-1}$，$x_n$ 两点的斜率值加权平均作为区间 $[x_n,x_{n+1}]$ 上的平均斜率，则有计算公式

$$\begin{cases}y_{n+1}=y_n+h(\beta_0 y'_n+\beta_1 y'_{n-1})\\ y'_n=f(x_n,y_n)\\ y'_{n-1}=f(x_{n-1},y_{n-1})\end{cases}$$

选取参数 $\beta_0$，$\beta_1$，使上述公式有二阶精度。

将 $y'_{n-1}$ 在 $x_n$ 点泰勒展开

$$y'_{n-1}=y'_n+y''_n(-h)+\frac{1}{2!}y'''_n(-h)^2+\cdots$$

代入计算公式化简，并假设 $y_n=y(x_n)$，$y_{n-1}=y(x_{n-1})$，因此有

$$y_{n+1}=y_n+h\beta_0 y'_n+h\beta_1 y'_n-h^2\beta_1 y'_n-\frac{1}{2}h^3\beta_1 y'''_n-\cdots$$

和 $y(x_{n+1})$ 在 $x_{n+1}$ 处的泰勒展开式

$$y(x_{n+1})=y(x_n)+hy'(x_n)+\frac{1}{2}h^2y''(x_n)+\cdots$$

相比较，需取

$$\begin{cases}\beta_0+\beta_1=1\\ \beta_1=-\dfrac{1}{2}\end{cases}\qquad\begin{cases}\beta_0=\dfrac{3}{2}\\ \beta_1=-\dfrac{1}{2}\end{cases}$$

才使计算公式具有二阶精度。这样导出的计算公式

$$y_{n+1} = y_n + \frac{h}{2}(3y_n' - y_{n-1}')$$

称为二阶亚当斯公式。

类似地，可以导出三阶亚当斯公式

$$y_{n+1} = y_n + \frac{h}{12}(23y_n' - 16y_{n-1}' + 5y_{n-2}')$$

和四阶亚当斯公式

$$y_{n+1} = y_n + \frac{h}{24}(55y_n' - 59y_{n-1}' + 37y_{n-2}' - 9y_{n-3}') \tag{7-27}$$

这里和下面均记 $y_{n-k}' = f(x_{n-k}, y_{n-k})$。

上述几种亚当斯公式都是显式的，算法比较简单，但用节点 $x_n$，$x_{n-1}$，…的斜率值来预报区间 $[x_n, x_{n+1}]$ 上的平均斜率是个外推过程，效果不够理想。为了进一步改善精度，变外推为内插，即增加节点 $x_{n+1}$ 的斜率值来得出 $[x_n, x_{n+1}]$ 上的平均斜率。譬如考察形如

$$\begin{cases} y_{n+1} = y_n + h(\beta_{-1}y_{n+1}' + \beta_0 y_n') \\ y'_n = f(x_n, y_n) \\ y_{n+1}' = f(x_{n+1}, y_{n+1}) \end{cases}$$

的隐式公式，设式右端的 $y_n = y(x_n)$，$y_{n+1} = y(x_{n+1})$，泰勒展开有

$$y_{n+1} = y(x_n) + h\beta_{-1}y'(x_n) + h\beta_0 y'(x_n) + h^2\beta_0 y''(x_n) + \cdots$$

当取 $\beta_{-1} = \beta_0 = \dfrac{1}{2}$ 时，就可构造出二阶隐式亚当斯公式

$$y_{n+1} = y_n + \frac{h}{2}(y_{n+1}' + y_n')$$

其实就是梯形格式。

类似地，可以导出三阶隐式亚当斯公式

$$y_{n+1} = y_n + \frac{h}{12}(5y_{n+1}' + 8y_n' - y_{n-1}')$$

和四阶隐式亚当斯公式

$$y_{n+1} = y_n + \frac{h}{24}(9y_{n+1}' + 19y_n' - 5y_{n-1}' + y_{n-2}') \tag{7-28}$$

线性多步法还有其他实用方法，如四阶显式米尔尼(Milne)公式

$$y_{n+1} = y_{n-3} + \frac{4}{3}h(2y_n' - y_{n-1}' - 2y_{n-2}') \tag{7-29}$$

其局部截断误差

$$y(x_{n+1}) - y_{n+1} = \frac{14}{45}h^5 y^{(5)}(x_n) + O(h^6) \tag{7-30}$$

四阶隐式汉明(Harmming)公式

$$y_{n+1} = \frac{1}{8}(9y_n - y_{n-2}) + \frac{3}{8}h(y_{n+1}' + 2y_n' - y_{n-1}') \tag{7-31}$$

其局部截断误差

$$y(x_{n+1})-y_{n+1}=-\frac{1}{40}h^5y^{(5)}(x_n)+O(h^6) \tag{7-32}$$

四阶隐式辛普森公式

$$y_{n+2}=y_n+\frac{h}{3}(y'_n+4y'_{n+1}+y'_{n+2}) \tag{7-33}$$

其局部截断误差

$$y(x_{n+1})-y_{n+1}=-\frac{1}{90}h^5y^{(5)}(x_n)+O(h^6) \tag{7-34}$$

**2. 用数值积分法构造**

基于数值积分法构造亚当斯公式时是将 $y'=f(x,y)$ 在区间 $[x_n,x_{n+1}]$ 上积分，得到

$$y(x_{n+1})=y(x_n)+\int_{x_n}^{x_{n+1}}f(x,y(x))\mathrm{d}x$$

对上式右端的积分项给出不同的积分近似值便可得到不同的计算公式。

利用 $k+1$ 个节点上的被积函数值 $f(x_n,y_n)$，$f(x_{n-1},y_{n-1})$，…，$f(x_{n-k},y_{n-k})$ 构造 $k$ 阶牛顿后插多项式 $P(x_n+th)$，$t\in[0,1]$，有

$$\int_{x_n}^{x_{n+1}}f(x,y(x))\mathrm{d}x=\int_0^1P(x_n+th)h\mathrm{d}t+\int_0^1R(x_n+th)h\mathrm{d}t$$

其中 $R$ 是牛顿插值余项。

进行离散化取差分公式

$$y_{n+1}=y_n+h\int_0^1P(x_n+th)\mathrm{d}t$$

以及局部截断误差

$$R_n=y(x_{n+1})-y_{n+1}=h\int_0^1R(x_n+th)\mathrm{d}t$$

当取 $k=1$ 时，有

$$\begin{aligned}R(x_n+th)&=f(x_n,y_n)+t\nabla f(x_n,y_n)\\&=f(x_n,y_n)+t[f(x_n,y_n)-f(x_{n-1},y_{n-1})]\end{aligned}$$

$$\begin{aligned}y_{n+1}&=y_n+h\int_0^1\{f(x_n,y_n)+t[f(x_n,y_n)-f(x_{n-1},y_{n-1})]\}\mathrm{d}t\\&=y_n+\frac{h}{2}[3f(x_n,y_n)-f(x_{n-1},y_{n-1})]\end{aligned}$$

即是

$$y_{n+1}=y_n+\frac{h}{2}(3y_n'-y_{n-1}')$$

这就是二阶亚当斯公式。

类似地，可导出高阶的亚当斯公式，常用的四阶亚当斯公式是

$$y_{n+1}=y_n+\frac{h}{24}(55y_n'-59y_{n-1}'+37y_{n-2}'-9y_{n-3}') \tag{7-35}$$

其中

$$y_{n-k}' = f(x_{n-k} - y_{n-k})$$

同样地，可用隐式方式代替上述的显式方式，即用节点 $x_{n+1}$ 的斜率值得出 $k$ 阶牛顿前插多项式，得出一系列的隐式公式。

例如，$k=1$ 时

$$y_{n+1} = y_n + \frac{h}{2}(y_{n+1}' + y_n')$$

$k=3$ 时，有四阶隐式亚当斯公式

$$y_{n+1} = y_n + \frac{h}{24}(9y_{n+1}' + 19y_n' - 5y_{n-1}' + y_{n-2}') \tag{7-36}$$

### 7.3.3 亚当斯预报－校正公式

隐式方法是内插方式，显式方法是外推方式，内插比外推更准确，即误差小，同时稳定性也好，但隐式方法计算量大。将显式和隐式相结合，用同阶显式公式作为预报，再用同阶隐式公式作为校正，可以构成预报－校正公式(PECE 公式)，以四阶亚当斯预报－校正公式为例：

$$\begin{cases} \bar{y}_{n+1} = y_n + \dfrac{h}{24}(55y_n' - 59y_{n-1}' + 37y_{n-2}' - 9y_{n-3}') & \text{预报} \\ \bar{y}_{n+1}' = f(x_{n+1}, \bar{y}_{n+1}) & \text{求值} \\ y_{n+1} = y_n + \dfrac{h}{24}(9\bar{y}_{n+1}' + 19y_n' - 5y_{n-1}' + y_{n-2}') & \text{校正} \\ y_{n+1}' = f(x_{n+1}, y_{n+1}) & \text{求值} \end{cases} \tag{7-37}$$

这种预报－校正公式是四步法，它在计算 $y_{n+1}$ 时不但要用到前一步的信息 $y_n$ 和 $y_n'$，而且要用到更前面三步的信息 $y_{n-1}'$，$y_{n-2}'$，$y_{n-3}'$，因此它不能自行启动。在实际计算时，可借助于某种单步法，譬如用四阶龙格－库塔法提供开始值 $y_1$，$y_2$，$y_3$。

**例 7-6** 用亚当斯预报－校正公式求解初值问题

$$\begin{cases} y' = y - \dfrac{2x}{y}, x \in [0,1] \\ y(0) = 1 \end{cases}$$

**解** 用亚当斯法求解，必须先用其他方法求出开头几点的数值。现用龙格－库塔法求出开头三步的值，然后用预报－校正公式计算，结果列于表 7-4，表中步长 $h=0.1$，$\bar{y}_n$ 和 $y_n$ 分别为预报值和校正值，同时列出了准确值 $y(x_n)$ 以比较计算结果的精度。

表 7-4

| $x_n$ | 龙格－库塔法 | $\bar{y}_n$ | $y_n$ | $y(x_n)$ |
|---|---|---|---|---|
| 0.0 | 1 | | 1.000 000 | 1.000 000 |
| 0.1 | 1.095 446 | | 1.095 446 | 1.095 446 |
| 0.2 | 1.183 217 | | 1.183 217 | 1.183 217 |
| 0.3 | 1.264 916 | | 1.264 916 | 1.264 916 |
| 0.4 | | 1.341 551 | 1.341 551 | 1.341 641 |
| 0.5 | | 1.414 045 | 1.414 245 | 1.414 214 |

（续）

| $x_n$ | 龙格-库塔法 | $\bar{y}_n$ | $y_n$ | $y(x_n)$ |
| --- | --- | --- | --- | --- |
| 0.6 | | 1.483 017 | 1.483 217 | 1.483 240 |
| 0.7 | | 1.549 892 | 1.549 217 | 1.549 193 |
| 0.8 | | 1.612 416 | 1.612 414 | 1.612 452 |
| 0.9 | | 1.673 317 | 1.673 314 | 1.673 320 |
| 1.0 | | 1.732 077 | 1.732 066 | 1.732 051 |

### 7.3.4 误差修正法

预报公式和校正公式具有同等的精度，局部截断误差是 $O(h^5)$，都是四阶精度，但预报公式是显式格式，校正公式是隐式格式，内插法比外推法误差小，利用误差估计可以提供一种提高精度的有效方法，一般称之为PMECME方法。

先考察预报公式。假设 $y_{n-k}=y(x_{n-k})$，$k=0$，1，2，3，这时

$$y_{n-k}'=f(x_{n-k},y_{n-k})=y'(x_{n-k})$$

代入预报公式，并在 $x_n$ 展开，有

$$\bar{y}_{n+1}=y(x_n)+hy'(x_n)+\frac{h^2}{2}y''(x_n)+\frac{h^3}{6}y'''(x_n)+\frac{h^4}{24}y^{(4)}(x_n)-\frac{49}{144}h^5y^{(5)}(x_n)+\cdots$$

另一方面，对于精确解

$$y(x_{n+1})=y(x_n)+hy'(x_n)+\frac{h^2}{2}y''(x_n)+\frac{h^3}{6}y'''(x_n)+\frac{h^4}{24}y^{(4)}(x_n)+\frac{h^5}{120}y^{(5)}(x_n)+\cdots$$

因而预报公式的截断误差是

$$y(x_{n+1})-\bar{y}_{n+1}\approx\frac{251}{720}h^5y^{(5)}(x_n)$$

类似地，可以导出校正公式的截断误差

$$y(x_{n+1})-y_{n+1}\approx-\frac{19}{720}h^5y^{(5)}(x_n)$$

将上两式相减，解出

$$h^5y^{(5)}(x_n)\approx\frac{720}{270}(y_{n+1}-\bar{y}_{n+1})$$

于是有下列事后估计式

$$y(x_{n+1})-\bar{y}_{n+1}\approx\frac{251}{270}(y_{n+1}-\bar{y}_{n+1})$$

$$y(x_{n+1})-y_{n+1}\approx\frac{19}{270}(y_{n+1}-\bar{y}_{n+1})$$

利用这种估计出的误差作为计算结果的一种补偿，有可能使精度进一步得到改善。

令 $P_n$ 和 $C_n$ 分别代表第 $n$ 步的预报值和校正值，由事后估计式，$P_{n+1}-\frac{251}{270}(P_{n+1}-C_{n+1})$ 和 $C_{n+1}+\frac{19}{270}(P_{n+1}-C_{n+1})$ 分别可以取为 $P_{n+1}$ 和 $C_{n+1}$ 的改进值。在校正值 $C_{n+1}$ 尚未

求出之前，可以用上一步的偏差值 $P_n - C_n$ 来代替 $P_{n+1} - C_{n+1}$ 进行计算，这样就可以将亚当斯预报-校正格式进一步加工成下列计算方案

$$\begin{cases} P_{n+1} = y_n + \dfrac{h}{24}(55y_n' - 59y_{n-1}' + 37y_{n-2}' - 9y_{n-3}') & \text{预报(P)} \\ m_{n+1} = P_{n+1} + \dfrac{251}{270}(C_n - P_n) & \text{改进(M)} \\ m_{n+1}' = f(x_{n+1}, m_{n+1}) & \text{求值(E)} \\ C_{n+1} = y_n + \dfrac{h}{24}(9m_{n+1}' + 19y_n' - 5y_{n-1}' + y_{n-2}') & \text{校正(C)} \\ y_{n+1} = C_{n+1} - \dfrac{19}{270}(C_{n+1} - P_{n+1}) & \text{改进(M)} \\ y_{n+1}' = f(x_{n+1}, y_{n+1}) & \text{求值(E)} \end{cases} \tag{7-38}$$

运用上述计算方法时，要用到前几步的信息 $y_n$，$y_n'$，$y_{n-1}'$，$y_{n-2}'$，$y_{n-3}'$ 和 $P_n - C_n$，因此在启动计算之前必须先给出开始值 $y_1$，$y_2$，$y_3$ 和 $P_3 - C_3$。$y_1$，$y_2$，$y_3$ 可用其他四阶单步法（如四阶龙格－库塔法）来提供，而一般令 $P_3 - C_3$ 为0。

实际上还常用米尔尼公式和汉明公式构成的 PMECME 方法（见习题20）。

## 7.4 收敛性与稳定性

微分方程初值问题的数值解法在理论上是否合理，一方面要看数值解 $y_n$ 是否收敛于原方程的精确解 $y(x_n)$，另一方面要讨论当计算中某一步有舍入误差，随着计算逐步推进，此舍入误差的传播能否得到控制。前者是方法的收敛性问题，后者是方法的数值稳定性问题，下面仅以显式一步法为例说明收敛性和稳定性问题。

### 7.4.1 误差分析

假定在计算 $y_{n+1}$ 时，用到的前一步的值是准确值 $y(x_n)$，把用 $y(x_n)$ 计算得到的近似值记为 $\tilde{y}_{n+1}$，则 $y(x_{n+1}) - \tilde{y}_{n+1}$ 叫作局部截断误差，也就是计算一步所产生的误差。

实际上只有计算 $y_1$ 时用到的是准确值 $y_0$，因此每步计算时除局部截断误差以外，还有由于前一步不准确而引起的误差，这种误差称为总体截断误差。总体截断误差有一个积累过程，它与计算步数有关。记第 $n$ 步的总体截断误差

$$\varepsilon_n = y(x_n) - y_n \tag{7-39}$$

这样对任意的第 $n+1$ 步有

$$|\varepsilon_{n+1}| = |y(x_{n+1}) - y_{n+1}| \leqslant |y(x_{n+1}) - \tilde{y}_{n+1}| + |y_{n+1} - \tilde{y}_{n+1}|$$

式中，$y(x_{n+1}) - \tilde{y}_{n+1}$ 是局部截断误差，另一项 $y_{n+1} - \tilde{y}_{n+1}$ 如果能求出，$\varepsilon_{n+1}$ 即可估计出。

### 7.4.2 收敛性

通过收敛性分析，可以估计误差。

用数值方法求解微分方程的基本方法是将微分方程以某种手段离散化成差分方程，然后

对差分方程求解，这种转化是否合理要看差分方程的解 $y_n$，当 $h \to 0$ 时是否收敛到微分方程的准确解 $y(x_n)$。

**定义 7-3** 当$h \to 0$(即 $n \to +\infty$)时，$\varepsilon_{n+1} \to 0$，即 $y_{n+1}$能和 $y(x_{n+1})$充分接近，数值解法就是收敛的。

作为例子，以下研究欧拉法的收敛性。

**定理 7-2** 如果$f(x,y)$关于 $y$ 满足李普希兹条件

$$\left| f(x,y_2) - f(x,y_1) \right| \leqslant L \left| y_2 - y_1 \right|$$

则欧拉法的整体截断误差 $\varepsilon_n$ 满足

$$\left| \varepsilon_n \right| \leqslant \mathrm{e}^{TL} \varepsilon_0 + \frac{ch}{L}(\mathrm{e}^{TL} - 1)$$

其中 $L$ 为李普希兹常数；$T$ 为区间长度，$T = b - a$；$c = \dfrac{1}{2} \max\limits_{a \leqslant x \leqslant b} \left| y''(x) \right|$。

**证** 欧拉公式 $y_{n+1} = y_n + hf(x_n, y_n)$。

设 $\tilde{y}_{n+1}$表示在 $y = y(x_n)$时欧拉格式的解，即

$$\tilde{y}_{n+1} = y(x_n) + hf(x_n, y(x_n))$$

局部截断误差

$$y(x_{n+1}) - \tilde{y}_{n+1} = \frac{h^2}{2} y''(\xi), x_n < \xi < x_{n+1}$$

设有常数

$$c = \frac{1}{2} \max_{a \leqslant x \leqslant b} \left| y''(x) \right|$$

则

$$\left| y(x_{n+1}) - \tilde{y}_{n+1} \right| \leqslant ch^2 \tag{7-40}$$

总体截断误差

$$\left| \varepsilon_{n+1} \right| = \left| y(x_{n+1}) - y_{n+1} \right| \leqslant \left| y(x_{n+1}) - \tilde{y}_{n+1} \right| + \left| y_{n+1} - \tilde{y}_{n+1} \right|$$

又

$$\begin{aligned} \left| y_{n+1} - \tilde{y}_{n+1} \right| &= \left| y_n + hf(x_n, y_n) - y(x_n) - hf(x_n, y(x_n)) \right| \\ &\leqslant \left| y(x_n) - y_n \right| + h \left| f(x_n, y(x_n)) - f(x_n, y_n) \right| \end{aligned} \tag{7-41}$$

由于$f(x,y)$关于 $y$ 满足李普希兹条件

$$\left| f(x_n, y(x_n)) - f(x_n, y_n) \right| \leqslant L \left| y(x_n) - y_n \right|$$

代入上式，有 $\left| y_{n+1} - \tilde{y}_{n+1} \right| \leqslant (1 + hL) \left| y(x_n) - y_n \right|$

$$= (1 + hL) \left| \varepsilon_n \right|$$

利用式(7-40)和式(7-41)

$$\left| \varepsilon_{n+1} \right| \leqslant (1 + hL) \left| \varepsilon_n \right| + ch^2$$

上式给出了第 $n+1$ 步的总体截断误差与第 $n$ 步的总体截断误差之间的关系，它对一切 $n$ 都是成立的。所以

$$\left| \varepsilon_n \right| \leqslant (1 + hL) \left| \varepsilon_{n-1} \right| + ch^2$$

又将 $\left|\varepsilon_{n-1}\right| \leqslant (1+hL)\left|\varepsilon_{n-2}\right| + ch^2$ 代入上式，并递推之，可得

$$\begin{aligned}\left|\varepsilon_n\right| &\leqslant (1+hL)^n\left|\varepsilon_0\right| + ch^2\sum_{i=0}^{n-1}(1+hL)^i \\ &\leqslant (1+hL)^n\left|\varepsilon_0\right| + \frac{ch}{L}[(1+hL)^n - 1], n = 1,2,\cdots,N\end{aligned}$$

取 $N = \dfrac{b-a}{h}$，且

$$x_n = a + nh \leqslant b$$

取 $b-a=T$，即 $nh \leqslant T$，又 $1+hL \leqslant e^{hL}$，所以

$$(1+hL)^n \leqslant (1+hL)^N \leqslant e^{TL}$$

$$\left|\varepsilon_n\right| \leqslant e^{TL}\left|\varepsilon_0\right| + \frac{ch}{L}(e^{TL} - 1) \tag{7-42}$$

若 $\varepsilon_0 = y(x_0) - y_0 = 0$，则

$$\left|\varepsilon_n\right| = O(h)$$

即欧拉法总体截断误差的阶与 $h$ 同阶而比局部截断误差低一阶。

总体截断误差与局部截断误差之间有关系为

$$总体截断误差 = O(h^{-1} \times 局部截断误差)$$

**定义 7-4** 一个数值方法的总体截断误差若为$O(h^r)$，称它为 $r$ 阶的方法。

一般说来，方法的总体截断误差阶数越高，能达到的精度也越高。

又因为从式(7-42)可以看出，当 $\varepsilon_0 = 0$，$h \to 0$ 时，近似值 $y_n$ 能和微分方程的解 $y(x_n)$ 充分接近，即欧拉法的数值解是收敛的。

### 7.4.3 稳定性

微分方程初值问题的数值方法是用差分公式进行计算的，在讨论收敛性时，必须假定差分方法的计算过程是准确的。但实际的计算过程是初始值会有误差，计算过程中一般也会产生舍入误差。这些误差(或称扰动)的传播、积累对以后的计算结果将产生影响，这就是差分方法的数值稳定性问题。

在实际计算时，希望某一步产生的扰动值在后面的计算中能够被控制，甚至是逐步衰减的。具体地说，如果一种差分方法在节点值 $y_n$ 上产生大小为 $\delta$ 的扰动，于以后各节点值 $y_m$ $(m>n)$ 上产生的偏差均不超过 $\delta$，则称该方法是稳定的。

**定义 7-5** 用一种数值方法，求解微分方程

$$y' = \lambda y \tag{7-43}$$

其中 $\lambda$ 是一个复常数，对于给定步长 $h>0$，在计算 $y_n$ 时引入误差 $\delta$。若这个误差在计算后面的 $y_{n+k}(k=1,2,\cdots)$ 中所引进的误差按绝对值不增加，就说这个数值方法对于步长 $h$ 和复数 $\lambda$ 是绝对稳定的。

为了保证方法的绝对稳定，步长 $h$ 和 $\lambda$ 都要受到一定限制，它们的允许范围就称为该方法的绝对稳定区域。

稳定性问题比较复杂，为简化讨论，不论方程本身形式如何，都以模型方程

$$y' = \lambda y, \lambda < 0$$

代替原方程进行讨论。如果一个数值方法对如此简单的方程还不是绝对稳定的，就难以用它来解一般方程的初值问题。当然一个数值方法，对模型方程是绝对稳定，也不一定对一般方程绝对稳定。但用模型方程在一定程度上反映了数值方法的某些特性。

先考察欧拉方法的稳定性。模型方程 $y'=\lambda y$ 的欧拉公式

$$y_{n+1} = (1 + h\lambda)y_n \tag{7-44}$$

设在节点值 $y_n$ 上有一扰动值 $\varepsilon_n$，它的传播使节点值 $y_{n+1}$ 上产生大小为 $\varepsilon_{n+1}$ 的扰动值，假设欧拉方法的计算过程不再引进新的误差，则扰动值满足

$$\varepsilon_{n+1} = (1 + h\lambda)\varepsilon_n$$

可见扰动值满足原来的差分方程(7-44)。这样，如果原差分方程的解是不增长的，即有

$$|y_{n+1}| \leqslant |y_n|$$

则欧拉方法就是稳定的。

显然，要保证差分方程(7-44)的解不增长，必须选取 $h$ 充分小，使

$$|1 + h\lambda| \leqslant 1$$

这表明欧拉方法是条件稳定的，上述稳定性条件亦可表示为

$$0 < h \leqslant -\frac{2}{\lambda}$$

## 7.5 方程组与高阶微分方程

一阶常微分方程组初值问题

$$\begin{cases} \dfrac{\mathrm{d}y_i}{\mathrm{d}x} = f_i(x, y_1, y_2, \cdots, y_n) \\ y_i(x_0) = y_{i0}, i = 1, 2, \cdots, n \end{cases}$$

若把其中的未知函数和方程右端都表示成向量形式

$$\boldsymbol{Y} = (y_1, y_2, \cdots, y_n)^{\mathrm{T}}, \boldsymbol{F} = (f_1, f_2, \cdots, f_n)^{\mathrm{T}}$$

初值条件表示成

$$\boldsymbol{Y}(x_0) = \boldsymbol{Y}_0 = (y_{10}, y_{20}, \cdots, y_{n0})^{\mathrm{T}}$$

则方程可表示成

$$\begin{cases} \dfrac{\mathrm{d}\boldsymbol{Y}}{\mathrm{d}x} = \boldsymbol{F}(x, \boldsymbol{Y}) \\ \boldsymbol{Y}(x_0) = \boldsymbol{Y}_0 \end{cases} \tag{7-45}$$

这种写法的优点在于简洁且形式上同一个方程的初值问题类似，其数值解法可以完全按照一个方程的情形去做，甚至误差估计、收敛性、稳定性等都可以类似地加以讨论。

譬如，对于方程组

$$\begin{cases} y' = f(x, y, z), y(x_0) = y_0 \\ z' = g(x, y, z), z(x_0) = z_0 \end{cases}$$

令 $x_n = x_0 + nh$，$n = 1, 2, \cdots$，以 $y_n$，$z_n$ 表示节点 $x_n$ 上的近似解，则其改进欧拉公式具有形式

预报 $$\tilde{y}_{n+1} = y_n + hf(x_n, y_n, z_n)$$

$$\tilde{z}_{n+1} = z_n + hg(x_n, y_n, z_n)$$

校正

$$y_{n+1} = y_n + \frac{h}{2}[f(x_n, y_n, z_n) + f(x_{n+1}, \tilde{y}_{n+1}, \tilde{z}_{n+1})]$$

$$z_{n+1} = z_n + \frac{h}{2}[g(x_n, y_n, z_n) + g(x_{n+1}, \tilde{y}_{n+1}, \tilde{z}_{n+1})]$$

又因为相应的四阶龙格－库塔格式(经典格式)为

$$\begin{cases} y_{n+1} = y_n + \dfrac{h}{6}(k_1 + 2k_2 + 2k_3 + k_4) \\ z_{n+1} = z_n + \dfrac{h}{6}(l_1 + 2l_2 + 2l_3 + l_4) \end{cases} \tag{7-46}$$

式中

$$\begin{cases} k_1 = f(x_n, y_n, z_n) \\ l_1 = g(x_n, y_n, z_n) \\ k_2 = f\left(x_{n+\frac{1}{2}}, y_n + \dfrac{h}{2}k_1, z_n + \dfrac{h}{2}l_1\right) \\ l_2 = g\left(x_{n+\frac{1}{2}}, y_n + \dfrac{h}{2}k_1, z_n + \dfrac{h}{2}l_1\right) \\ k_3 = f\left(x_{n+\frac{1}{2}}, y_n + \dfrac{h}{2}k_2, z_n + \dfrac{h}{2}l_2\right) \\ l_3 = g\left(x_{n+\frac{1}{2}}, y_n + \dfrac{h}{2}k_2, z_n + \dfrac{h}{2}l_2\right) \\ k_4 = f(x_{n+1}, y_n + hk_3, z_n + hl_3) \\ l_4 = g(x_{n+1}, y_n + hk_3, z_n + hl_3) \end{cases} \tag{7-47}$$

这是一步法，利用节点值 $y_n$ 和 $z_n$，按式(7-47)顺序计算 $k_1$，$l_1$，$k_2$，$l_2$，$k_3$，$l_3$，$k_4$，$l_4$，然后代入式(7-46)即可求得节点值 $y_{n+1}$ 和 $z_{n+1}$。

还指出一点，有时引进一个新变量 $t$，把 $x$ 也作为未知函数而在式(7-45)之外再加一个方程 $\frac{dx}{dt}=1$ 及初始条件 $x(t_0)=x_0$，则式(7-45)可写成

$$\begin{cases} \dfrac{d\boldsymbol{Y}}{dt} = \boldsymbol{F}(x, \boldsymbol{Y}), \dfrac{dx}{dt} = 1 \\ \boldsymbol{Y}\Big|_{t=t_0} = \boldsymbol{Y}_0, x\Big|_{t=t_0} = x_0 \end{cases}$$

这个系统右边不含自变量，有时称为自治系统。在编程时，自变量与未知函数不必加以区别，较为方便。

一个高阶导数已表示成自变量、未知函数及其他低阶导数的高阶常微分方程

$$y^{(n)} = f(x, y, y', \cdots, y^{(n-1)})$$

其初值问题应在初值点 $x=x_0$ 处给出 $n$ 个条件

$$y(x_0) = y_0, y'(x_0) = y_0', \cdots, y^{(n-1)}(x_0) = y_0^{(n-1)}$$

对于这个初值问题，可引进新的未知函数

$$y_1 = y, y_2 = y', \cdots, y_n = y^{(n-1)}$$

从而把上述初值问题变成一个一阶常微分方程组

$$\begin{cases} y_1' = y_2 \\ y_2' = y_3 \\ \vdots \\ y_{n-1}' = y_n \\ y_n' = f(x, y_1, y_2, \cdots, y_n) \end{cases}$$

初始条件则为

$$y_1(x_0) = y_0, y_2(x_0) = y_0', \cdots, y_n(x_0) = y_0^{(n-1)}$$

譬如，对于下列二阶方程的初值问题

$$\begin{cases} y'' = f(x, y, y') \\ y(x_0) = y_0, y'(x_0) = y_0' \end{cases}$$

若引进新的变量 $z = y'$，即可化为一阶方程组的初值问题

$$\begin{cases} y' = z, y(x_0) = y_0 \\ z' = f(x, y, z), z(x_0) = y_0' \end{cases}$$

对这个问题应用四阶龙格－库塔格式，有

$$\begin{cases} y_{n+1} = y_n + \dfrac{h}{6}(k_1 + 2k_2 + 2k_3 + k_4) \\ z_{n+1} = z_n + \dfrac{h}{6}(l_1 + 2l_2 + 2l_3 + l_4) \end{cases}$$

其中

$$\begin{cases} k_1 = z_n, l_1 = f(x_n, y_n, z_n) \\ k_2 = z_n + \dfrac{h}{2}l_1, l_2 = f\left(x_{n+\frac{1}{2}}, y_n + \dfrac{h}{2}k_1, z_n + \dfrac{h}{2}l_1\right) \\ k_3 = z_n + \dfrac{h}{2}l_2, l_3 = f\left(x_{n+\frac{1}{2}}, y_n + \dfrac{h}{2}k_2, z_n + \dfrac{h}{2}l_2\right) \\ k_4 = z_n + hl_3, l_4 = f(x_{n+1}, y_n + hk_3, z_n + hl_3) \end{cases}$$

消去 $k_1$，$k_2$，$k_3$，$k_4$，上述格式可简化为

$$\begin{cases} y_{n+1} = y_n + hz_n + \dfrac{h^2}{6}(l_1 + l_2 + l_3) \\ z_{n+1} = z_n + \dfrac{h}{6}(l_1 + 2l_2 + 2l_3 + l_4) \end{cases}$$

其中

$$\begin{cases} l_1 = f(x_n, y_n, z_n) \\ l_2 = f\left(x_{n+\frac{1}{2}}, y_n + \dfrac{h}{2}z_n, z_n + \dfrac{h}{2}l_1\right) \\ l_3 = f\left(x_{n+\frac{1}{2}}, y_n + \dfrac{h}{2}z_n + \dfrac{h^2}{4}l_1, z_n + \dfrac{h}{2}l_2\right) \\ l_4 = f\left(x_{n+1}, y_n + hz_n + \dfrac{h^2}{2}l_2, z_n + hl_3\right) \end{cases}$$

**例 7-7** 求微分方程

$$\begin{cases} y'' - 2y' + 2y = e^{2x}\sin x \\ y(0) = -0.4 \\ y'(0) = -0.6 \end{cases}$$

的解，$x \in [0,1]$，取步长 $h = 0.1$。

**解** 进行变换 $z = y'$，则上述二阶常微分方程转化为一阶方程组

$$\begin{cases} y' = z \\ z' = e^{2x}\sin x - 2y + 2z \\ y(0) = -0.4 \\ z(0) = -0.6 \end{cases}$$

用经典龙格－库塔格式

$$\begin{cases} y_{n+1} = y_n + hz_n + \dfrac{h^2}{6}(l_1 + l_2 + l_3) \\ z_{n+1} = z_n + \dfrac{h}{6}(l_1 + 2l_2 + 2l_3 + l_4) \end{cases}$$

其中

$$\begin{cases} l_1 = e^{2x_n}\sin x_n - 2y_n + 2z_n \\ l_2 = e^{2(x_n+0.05)}\sin(x_n + 0.05) - 2(y_n + 0.05z_n) + 2(z + 0.05l_1) \\ l_3 = e^{2(x_n+0.05)}\sin(x_n + 0.05) - 2[y_n + 0.05(z_n + 0.05l_1)] + 2(z_n + 0.05l_2) \\ l_4 = e^{2(x_n+0.1)}\sin(x_n + 0.1) - 2[y_n + 0.1(z_n + 0.05l_2)] + 2(z_n + 0.1l_3) \end{cases}$$

求解结果如表 7-5 所示，表中 $y(x_n)$ 为准确值。

表 7-5

| $x_n$ | $y_n$ | $y(x_n)$ | $\lvert y(x_n) - y_n \rvert$ |
|---|---|---|---|
| 0 | −0.4 | −0.4 | 0 |
| 0.1 | −0.461 733 34 | −0.461 732 97 | $0.37\times10^{-6}$ |
| 0.2 | −0.525 598 8 | −0.525 559 05 | $0.83\times10^{-6}$ |
| 0.3 | −0.588 601 44 | −0.588 600 05 | $0.139\times10^{-5}$ |
| 0.4 | −0.646 612 31 | −0.646 610 28 | $0.203\times10^{-5}$ |
| 0.5 | −0.693 566 66 | −0.693 563 95 | $0.271\times10^{-5}$ |
| 0.6 | −0.721 151 90 | −0.721 148 49 | $0.341\times10^{-5}$ |
| 0.7 | −0.718 152 95 | −0.718 148 90 | $0.405\times10^{-5}$ |
| 0.8 | −0.669 711 33 | −0.669 706 77 | $0.456\times10^{-5}$ |
| 0.9 | −0.556 442 90 | −0.556 438 14 | $0.476\times10^{-5}$ |
| 1.0 | −0.353 398 86 | −0.353 394 36 | $0.450\times10^{-5}$ |

## 7.6 习题

1. 取步长 $h = 0.2$，用欧拉法解初值问题

$$\begin{cases} y' = -y - xy^2 \\ y(0) = 1 \end{cases}$$

其中 $x \in [0,0.6]$。

2. 用欧拉法、隐式欧拉法和梯形法求解初值问题

$$\begin{cases} y' = \dfrac{0.9}{1+2x}y \\ y(0) = 1 \end{cases}$$

从 $x=0$ 到 $x=0.1$ 的数值解，取步长 $h=0.02$。

3. 用反复迭代(反复校正)的欧拉预报-校正法求解初值问题

$$\begin{cases} y' + y = 0 \\ y(0) = 1 \end{cases}$$

其中 $x \in [0,0.2]$，取步长 $h=0.1$，每步迭代误差不超过 $10^{-5}$。

4. 用梯形法和改进欧拉法解初值问题

$$\begin{cases} y' = x^2 + x - y \\ y(0) = 0 \end{cases}$$

取步长 $h=0.1$，计算到 $x=0.5$，并与准确值 $y=\mathrm{e}^{-x}+x^2-x+1$ 相比较。

5. 用改进欧拉法计算积分

$$y = \int_0^x \mathrm{e}^{-t^2}\mathrm{d}t$$

在 $x=0.5$，0.75，1 时的近似值。

6. 用欧拉预报－校正公式求解初值问题

$$\begin{cases} y' + y + y^2\sin x = 0 \\ y(1) = 1 \end{cases}$$

要求步长 $h=0.2$，计算 $y(1.2)$，$y(1.4)$的近似值。

7. 对初值问题

$$\begin{cases} y' + y = 0 \\ y(0) = 1 \end{cases}$$

证明用梯形欧拉法求得的近似解为

$$y_n = \left(\frac{2-h}{2+h}\right)^n, x = nh$$

并证明当步长 $h \to 0$ 时，$y_n$ 收敛于精确解 $\mathrm{e}^{-x}$。

8. 用欧拉法解初值问题

$$\begin{cases} y' = ax + b \\ y(0) = 0 \end{cases}$$

证明其截断误差

$$y(x_{n+1}) - y_{n+1} = \frac{1}{2}anh^2$$

这里 $x_n = nh$，$y_n$ 是欧拉方法的近似解，而 $y(x) = \frac{1}{2}ax^2 + bx$ 为原初值问题的精确解。

9. 证明对于任意参数 $t$，下列公式是二阶的

$$\begin{cases} y_{n+1} = y_n + \frac{h}{2}(k_2 + k_3) \\ k_1 = f(x_n, y_n) \\ k_2 = f(x_n + th, y_n + thk_1) \\ k_3 = f(x_n + (1-t)h,\ y_n + (1-t)hk_1) \end{cases}$$

10. 用经典龙格–库塔格式求解初值问题

$$\begin{cases} y' = 2xy \\ y(0) = 1 \end{cases}$$

其中 $x \in [0, 0.4]$，取步长 $h = 0.2$。

11. 写出经典龙格–库塔法求解初值问题

$$\begin{cases} y' = -y + x + 1 \\ y(0) = 1 \end{cases}$$

的计算公式，并取步长 $h = 0.2$，计算 $y(0.4)$ 的近似值。

12. 用二阶泰勒展开法求解初值问题

$$\begin{cases} y' = \dfrac{0.9}{1 + 2x} y \\ y(0) = 1 \end{cases}$$

从 $x = 0$ 到 $x = 0.1$ 的数值解，取步长 $h = 0.02$。

13. 建立求解初值问题

$$\begin{cases} y' = f(x, y) \\ y(x_0) = y_0 \end{cases}$$

的数值方法

$$y_{n+1} = y_n + \frac{h}{2}(3f_n - f_{n-1})$$

其中 $f_n = f(x_n, y_n)$，$f_{n-1} = f(x_{n-1}, y_{n-1})$，并说明这是几阶的。

14. 已知常微分方程初值问题

$$\begin{cases} y' = f(x, y) \\ y(x_0) = y_0 \end{cases}$$

的单步数值方法

$$y_{n+1} = y_n + \frac{h}{3}[f(x_n, y_n) + 2f(x_{n+1}, y_{n+1})]$$

求其局部截断误差和阶数，并证明该方法是无条件稳定的。

15. 解初值问题 $\begin{cases} y' = f(x, y) \\ y(x_0) = y_0 \end{cases}$ 用显式二步法 $y_{n+1} = \alpha_0 y_n + \alpha_1 y_{n-1} + h(\beta_0 f_n + \beta_1 f_{n-1})$，其中 $f_n = f(x_n, y_n)$，$f_{n-1} = f(x_{n-1}, y_{n-1})$。确定参数 $\alpha_0$，$\alpha_1$，$\beta_0$，$\beta_1$ 使方法阶数尽可能高，并确定局部截断误差。

16. 设有求常微分方程初值问题

$$\begin{cases} y' = f(x, y) \\ y(x_0) = y_0 \end{cases}$$

的如下公式

$$y_{n+1}=y_n+2hf(x_n,y_n)$$

试用泰勒展开法求该二步公式的局部截断误差并回答该方法是几阶精度的。

17. 选取参数 $p$，$q$，使公式

$$\begin{cases}y_{n+1}=y_n+hk_1\\k_1=f(x_n+ph,y_n+qhk_1)\end{cases}$$

具有二阶精度。

18. 证明下列格式具有三阶精度

$$\begin{cases}y_{n+1}=y_n+\frac{h}{4}(k_2+3k_3)\\k_1=f(x_n,y_n)\\k_2=f\left(x_n+\frac{1}{3}h,\ y_n+\frac{1}{3}hk_1\right)\\k_3=f\left(x_n+\frac{2}{3}h,\ y_n+\frac{2}{3}hk_1\right)\end{cases}$$

19. 用四阶亚当斯显式公式来求解初值问题

$$\begin{cases}y'=\frac{2}{3}xy^{-2}\\y(0)=1\end{cases}$$

的数值解，其中 $x\in[0.1,1.2]$，取步长 $h=0.1$，并与精确解比较。

20. 将下列米尔尼(Milne)公式和汉明(Hamming)公式构建预报公式和校正公式，用误差修正建立 PMECME 方法。

米尔尼公式 $$y_{n+1}=y_{n-3}+\frac{4}{3}h(zy'_n-y'_{n-1}+zy'_{n-2})$$

汉明公式 $$u_{n+1}=\frac{1}{8}(9y_n-y_{n-2})+\frac{3}{8}h(y'_{n+1}+zy'_n-y'_{n-1})$$

21. 用改进欧拉法和经典龙格－库塔格式求解初值问题

$$\begin{cases}y'=3y+2z,\ y(0)=0\\z'=4y+z,\ z(0)=1\end{cases}$$

取步长 $h=0.1$，算到 $x=1$，并与精确解 $y(x)=\frac{1}{3}(e^{5x}-e^{-x})$，$z(x)=\frac{1}{3}(e^{5x}+2e^{-x})$ 相比较。

22. 用经典龙格－库塔格式求解初值问题

$$\begin{cases}y''-2y^3=0,\ 1\leqslant x\leqslant 1.5\\y(1)=y'(1)=-1\end{cases}$$

取步长 $h=0.1$，计算到 $x=1.5$，并与精确解 $y=\frac{1}{x-2}$ 相比较。

23. 对二阶常微分方程初值问题

$$\begin{cases} y'' = f(x,y,y') \\ y(a) = \alpha \\ y'(a) = \beta \end{cases}$$

写出用欧拉法求解的计算公式。

# 附录　部分习题参考答案

## 第1章　数值计算引论

1. (1) 3.141 6，$\frac{1}{2}\times10^{-4}$

   (2) 3.141 6，$\frac{1}{2}\times10^{-4}$

   (3) 3.141 59

2. (1) 0.5，0.014%，4

   (2) $0.5\times10^{-4}$，0.11%，3

   (3) 0.000 5，0.001 7%，5

   (4) $0.5\times10^{-9}$，0.017%，4

3. (1) 0.0013，0.04138%，3

   (2) 0.000 76，0.024 19%，3

   (3) $2.67\times10^{-7}$，0.000 008 5%，7

4. $e_r(t^*)\approx9.21\times10^{-4}<0.1\%$

5. 4位，3位

6. 2位

7. $\delta$，$\frac{\delta}{|\ln x^*|}$

8. 0.1%

10. $I_n=\frac{1}{n}-5I_{n-1}$，不稳定；$I_{n-1}=\frac{1}{5}\left(\frac{1}{n}-I_n\right)$，稳定

11. 0.02，1位；0.015 81，4位

12. 第3式

13. 1位，$0.1\times10^{-4}$；4位，$0.000\,3\times10^{-4}$；3位，$0.002\times10^{-4}$

14. 不可靠，大数吃掉小数

15. 0.003，$0.834\times10^{-6}$

16. 57.98，0.017 86

17. 2

18. $t=\frac{1}{x-1}$，$y=10+[3+(4-6t)t]\,t$

## 第2章　非线性方程的数值解法

1. [−1，−0.25]，[0.5,1.25]，[1.25,2]

2. $x^* \approx x_6 \approx 0.33$

3. 9 次，$x^* \approx 1.325$

4. 利用 $|\varphi'(x)| = |1-\lambda f'(x)| < 1$

5. 利用 $\varphi(x)$ 的反函数

6. (1)(2)满足收敛定理，利用(2)迭代，$x^* \approx 1.466$

8. (2) $x^* \approx x_7 = 3.3474$

   (3) 线性收敛

9. $x^* \approx 1.405$

10. (1) 能用迭代法

    (2) 改成 $x = \ln(4-x)\dfrac{1}{\ln 2}$

11. $x_6 = 3.146$，$x_3 = 3.146193227$

14. 迭代格式 $x_{k+1} = \sqrt{2+x_k}$，$x_0 = 0$

15. $x_{k+1} = \dfrac{2}{3}x_k + \dfrac{a}{3{x_k}^2}$，平方收敛

16. $x_{k+1} = 1.5x_k - 0.5ax_k^3$，$k=0, 1, \cdots$

17. 三重根，$x_7 = 0.033530$，$x_2 = 0.00032687$

19. $x_{k+1} = x_k - \dfrac{(x_k-1)(x_k+3)}{4(x_k+2)}$，$x_{k+1} = x_k - 3\dfrac{(x_k-1)(x_k+3)}{4(x_k+2)}$

21. 单点弦法 $x^* \approx 1.368808$，双点弦法 $x^* \approx 1.368808$

22. $x^2+2x-1$

## 第3章 线性代数方程组的数值解法

1. (1) $(1, 1, 1)^T$

   (2) $(-1, 3, 1)^T$

2. (1) $(3, 1, 1)^T$，59

   (2) $(1, 2, 3, 0)^T$，$-182$

4. $x_1 = 10.00$，$x_2 = 1.000$

5. 0，11.85

6. $\begin{pmatrix} 0 & \frac{1}{3} & \frac{1}{3} \\ 0 & \frac{1}{3} & -\frac{2}{3} \\ -1 & \frac{2}{3} & -\frac{1}{3} \end{pmatrix}$

7. $\begin{pmatrix} 0 & 1 \\ 1 & 0 \end{pmatrix}$

8. (1) $(1,2,1)^T$，$-14$

   (2) $(2,-2,1)^T$，36

9. $(1,-1,1,-1)^{\mathrm{T}}$

10. $(1,2,-2)^{\mathrm{T}}$

11. $(0,1,-1,2)^{\mathrm{T}}$

12. $\left(-\frac{1}{2},\ -\frac{1}{4},\ 0\right)^{\mathrm{T}}$，576

13. $(2,1,-1)^{\mathrm{T}}$

14. (1) $a<-1$，$-1<b<2$

(2) $\left(\frac{1}{2},\ 1,\ \frac{1}{2}\right)^{\mathrm{T}}$

15. 4，9，$\sqrt{29}$；8，6，$4\sqrt{2}$

16. $|x_1|+|2x_2|+|x_3|$是，$|x_1+3x_2|+|x_3|$不是

19. $1\times10^{10}$

20. $1.687\ 5\times10^{-5}$

22. (1) $x^{(19)}=(0.231\ 082, 0.147\ 052, 0.508\ 359)^{\mathrm{T}}$，$x^{(11)}=(0.231\ 082, 0.147\ 052, 0.508\ 359)^{\mathrm{T}}$

(2) $x^{(10)}=(1.000\ 1, 1.999\ 8, -0.999\ 8, 0.998\ 8)^{\mathrm{T}}$，$x^{(5)}=(1.000\ 1, 2.000\ 0, -1.000\ 0, 1.000\ 0)^{\mathrm{T}}$

23. $x^*=x^{(4)}=(1,1,1)^{\mathrm{T}}$

24. 本题高斯－赛德尔迭代快于雅可比迭代，$\omega=1.22$ 时，快于 $\omega=1.80$ 时

25. $x^{(16)}=(1.200\ 00, 1.400\ 00, 1.600\ 00, 0.800\ 00)^{\mathrm{T}}$

26. $\rho(\boldsymbol{J})=0.9<1$

27. $\rho(\boldsymbol{J})=1$，$\rho(\boldsymbol{G})=\frac{\sqrt{10}}{8}<1$

28. $\rho(\boldsymbol{J})=0.945<1$，$\rho(\boldsymbol{G})=1$

29. 都收敛，高斯-赛德尔迭代方法快

30. (1) $\rho(\boldsymbol{J})=\sqrt{0.6}<1$，$\rho(\boldsymbol{G})=0.6<1$

(2) $-\frac{2}{1+\sqrt{0.6}}<\alpha<0$

31. $\boldsymbol{J}=\begin{pmatrix}0 & \frac{1}{2}\\ -\frac{2}{3} & 0\end{pmatrix}$，　$\boldsymbol{G}=\begin{pmatrix}0 & \frac{1}{2}\\ 0 & -\frac{1}{3}\end{pmatrix}$

32. 2①＋②，①＋②＋10③

34. 变成对角占优方程组，$x^*\approx x^{(4)}=(1.000\ 0, 1.000\ 0, 1.000\ 0)^{\mathrm{T}}$

35. 行交换成严格对角占优；$\|\boldsymbol{J}\|<1$

36. 严格对角占优

37. (1) $\begin{cases} x_1^{(k+1)} = \frac{1}{3}x_2^{(k)} + b_1 \\ x_2^{(k+1)} = \frac{1}{3}x_1^{(k)} + \frac{1}{3}x_3^{(k)} + b_2 \\ x_3^{(k+1)} = \frac{1}{3}x_2^{(k)} + b_3 \end{cases}$ $\begin{cases} x_1^{(k+1)} = \frac{1}{3}x_2^{(k)} + b_1 \\ x_2^{(k+1)} = \frac{1}{3}x_1^{(k+1)} + \frac{1}{3}x_3^{(k)} + b_2 \\ x_3^{(k+1)} = \frac{1}{3}x_2^{(k+1)} + b_3 \end{cases}$

(2) $\rho(\boldsymbol{J}) = \frac{\sqrt{2}}{3} < 1$, $\rho(\boldsymbol{G}) = \frac{2}{9} < 1$

38. $\tau < \dfrac{2}{\sum\limits_{i=1}^{n} a_{ii}}$

## 第4章 插 值 法

1. $p(x) = 56x^3 + 24x^2 + 5$
2. 0. 121 4
3. (1) 取$f(x) = x^j$, $j = 1, 2, \cdots, n$
   (2) 取$f(x) = (x - t)^j$, $j = 1, 2, \cdots, n$
4. 0, 0, $x^5 + 2x^4 + x^3 + 1$
7. $3x^3 + x^2 - 3x$
9. 0. 760 080, 0. 006 595 16, 0. 765 434, 0. 000 767 382
10. $\frac{41}{24}$
11. (1) 0. 495 552 928
    (2) 0. 476 929 624
16. 83, 1, 0
18. 0, 1
19. 0. 232, $1.18 \times 10^{-4}$, 0. 232 03, $4.32 \times 10^{-6}$
20. (1) −0. 406 25
(2) 2. 910 7
22. $0.02t^2 + 0.30t + 1.00$, $0 \leqslant t \leqslant 1$
24. $H_3(1.5) = 2.625$
25. $H_3(x) = -\frac{14}{225}x^3 + \frac{263}{450}x^2 + \frac{233}{450}x - \frac{1}{25}$, $R(x) = \frac{f^{(4)}(\xi)}{4!}\left(x - \frac{1}{4}\right)(x-1)^2\left(x - \frac{9}{4}\right)$,

$\frac{1}{4} < \xi < \frac{9}{4}$

26. 0. 25
27. $\frac{h^2}{4}$
28. $h \leqslant 0.429\,19 \times 10^{-2}$
29. $n = 57$
30. $\frac{h^4}{16}$

31. $s(x)=\begin{cases}-3x^3+13x^2-16x+8 & 1\leqslant x\leqslant 2\\ 3x^3-23x^2+56x-40 & 2\leqslant x\leqslant 3\end{cases}$

32. 1.875, 4.57

## 第 5 章　曲线拟合的最小二乘法

2. $2.77+1.13x$
3. $a=0.2$，$b=0.3$，$c=0.5$
4. $y-14=\frac{5}{28}(x-3)^2+\frac{5}{28}(x-3)-\frac{1}{7}$
5. $y=0.973+0.050x^2$
6. $y=0.008\,33x^3+0.857x^2+0.391\,6x+0.408\,6$, 0.000 194
7. $a=84.852\,8$，$b=-0.456\,4$
8. $y=\frac{1}{-2.053\,5+3.026\,5x}$
9. $x_1=3.040\,3$，$x_2=1.241\,8$，0.340 66

## 第 6 章　数值积分和数值微分

1. （1）$A=\frac{1}{2}h$，$B=\frac{3}{2}h$，$x=\frac{h}{3}$，2 次

   （2）$A_0=\frac{3}{4}h$，$A_1=0$，$A_2=\frac{9}{4}h$，2 次

2. $A_0=\frac{2}{3}$，$A_1=\frac{1}{3}$，$B_0=\frac{1}{6}$，2 次，$-\frac{1}{72}f^{(3)}(\xi)$，$\xi\in(0,1)$

3. $a=\frac{1}{12}$，3 次，$\frac{h^5}{720}f^{(4)}(\xi)$，$\xi\in(0,h)$

4. （1）是，3 次

   （2）不是

   （3）是，1 次

6. 1.859, 1.718 86, 1.718 283, 1 位, 3 位, 6 位

7. 泰勒展开时多展一项

10. $V=\frac{4}{3}\pi R^3$　$V=\frac{\pi H}{6}[3(r_0^2+r_1^2)+H^2]$

12. （1）$T_8=0.111\,402\,354$，$S_4=0.111\,571\,813$

    （2）$T_6=1.035\,62$，$S_3=1.035\,76$

13. （1）0.945 7

    （2）$0.271\times 10^{-6}$

    （3）3 等分，7 个节点

14. 9.688 4

15. （1）0.945 985 4

(2) 0.946 083 2

16. 3.141 59

17. 0.284 249

18. $\int_{-1}^{1} f(x)\,\mathrm{d}x \approx \frac{5}{9}f\left(-\sqrt{\frac{3}{5}}\right)+\frac{8}{9}f(0)+\frac{5}{9}f\left(\sqrt{\frac{3}{5}}\right)$,5 次

20. (1)0.718 252

(2) 1.098 039

21. 2.630 411

24. −0.247,0.002 5;−0.217,0.001 25;−0.187,0.002 5

## 第 7 章　常微分方程初值问题的数值解法

1. 0.8,0.614 4,0.461 321

2. 1.000 0,0.982 0,0.965 5,0.948 9,0.933 6,0.919 2;
1.000 0,0.983 0,0.966 9,0.951 6,0.937 0,0.923 2;
1.000 0,0.982 50,0.965 95,0.950 26,0.935 37,0.921 20

3. $y(0.2)\approx y_2 = y_2^{(4)} = 0.818\ 594$

4. 0.005 50,0.021 93,0.050 15,0.090 94,0.145 00;
0.005 24,0.021 41,0.049 37,0.089 91,0.143 73

5. 1.828 813 454,2.503 105 258,2.971 936 391

6. 0.715 489,0.526 112

10. −0.846 347 508

11. 1.018 733,1.070 324

12. 1.000 00,0.982 52,0.965 99,0.950 32,0.935 44,0.921 29

13. 二阶

14. $O(h^2)$,一阶

15. $\alpha_0=-4$,$\alpha_1=5$,$\beta_0=4$,$\beta_1=2$,三阶

16. 二阶

17. $p=\frac{1}{2}$,$q=\frac{1}{2}$

19. 1.050 695,1.077 171,1.142 086,1.179 189,1.218 605,1.259 842,1.302 487,1.346 198

21. $\begin{cases} y_{n+1}=1.400\ 570\ 8y_n+0.247\ 866\ 6z_n \\ z_{n+1}=0.495\ 900y_n+1.152\ 704\ 1\ z_n \end{cases}$;改进的欧拉法,当 $x_n=1.0$ 时,$y_n=42.674\ 052$,$z_n=43.042\ 592$;经典龙格－库塔法,当 $x_n=1.0$ 时,$y_n=49.272\ 649$,$z_n=49.651\ 347$

22. $x_n=1.5$ 时　$y_n=-1.999\ 624\ 0$,$z_n=-3.999\ 573\ 7$

23. $\begin{cases} y_{n+1}=2y_n-y_{n-1}+h^2 f\left(x_{n-1},\ y_{n-1},\ \frac{y_n-y_{n-1}}{h}\right) \\ y_0=\alpha,\ y_1=\alpha+h\beta \end{cases}$

# 参考文献


[1]王能超．数值分析简明教程[M].2版．北京：高等教育出版社，2003.

[2]聂铁军．计算方法[M]. 北京：国防工业出版社，1988.

[3]李有法．数值计算方法[M].2版．北京：高等教育出版社，2004.

[4]钱焕延，赵晓彬．计算方法[M].2版．西安：西安电子科技大学出版社，2004.

[5]李信真，车刚明，欧阳洁，等．计算方法[M].2版．西安：西北工业大学出版社，2010.

[6]冯康．数值计算方法[M]. 北京：国防工业出版社，1978.

[7]ATKINSON K E. An Introduction to Numerical Analysis[M]. New York：Wiley，1978.

[8]武汉大学，山东大学．计算方法[M]. 北京：人民教育出版社，1979.

[9]白玉山．计算方法[M]. 沈阳：辽宁人民出版社，1984.

[10]徐萃薇．计算方法引论[M].3版．北京：高等教育出版社，2007.

[11]邓建中，葛仁杰，程正兴．计算方法[M].2版．西安：西安交通大学出版社，2004.

[12]胡祖炽，林源渠．计算方法[M]. 北京：高等教育出版社，1986.

[13]徐树方，高立，张平文．数值线性代数[M]. 北京：北京大学出版社，2000.

[14]李庆扬，王能超，易大义．数值分析[M].5版．北京：清华大学出版社，2008.

[15]关治，陆金甫．数值分析基础[M].2版．北京：高等教育出版社，2010.

[16]林成森．数值计算方法[M].2版．北京：科学出版社，2005.

[17]黄铎，陈兰平，王风．数值分析[M]. 北京：科学出版社，2000.

[18]施吉林，刘淑珍，陈桂芝．计算机数值方法[M].2版．北京：高等教育出版社，2005.

[19]曹志浩，张玉德，李瑞遐．矩阵计算和方程求根[M].2版．北京：高等教育出版社，1984.

[20]王德人．非线性方程组解法[M]. 北京：人民教育出版社，1979.

[21]李岳生，黄友谦．数值逼近[M]. 北京：高等教育出版社，1978.

[22]李荣华，冯果忱．微分方程数值解法[M].3版．北京：高等教育出版社，1996.

[23]封建湖，车刚明，聂玉峰．数值分析原理[M]. 北京：科学出版社，2001.

[24]郑咸义．计算方法[M]. 广州：华南理工大学出版社，2002.

[25]薛毅，耿美英．数值分析[M]. 北京：北京工业大学出版社，2003.

[26]吴勃英．数值分析原理[M]. 北京：科学出版社，2003.

[27]蔺小林．现代数值分析方法[M]. 北京：科学出版社，2014.

[28]现代应用数学手册编委会．现代应用数学手册：计算与数值分析卷[M]. 北京：清华大学出版社，2005.

[29]巴赫瓦洛夫，热依德科夫，等．数值方法[M].5版．陈阳舟，译．北京：高等教育出版社，2014.